Brandschutzbeauftragter

Aufgaben – Qualifikation – Ausbildung – Bestellung
Leitfaden zur Richtlinie mit Praxisbeispielen

3., aktualisierte und erweiterte Auflage

mit 59 Abbildungen und 37 Tabellen

Lars Oliver Laschinsky
Fachlehrer im technischen Ausbildungsdienst beim Institut für Sicherheits- und Gefahrentraining sowie erster Vorsitzender des Vereins der Brandschutzbeauftragten in Deutschland e.V. (VBBD)

Dipl.-Ing. Uwe Wiemann
Mitarbeiter des Bereiches Vertrieb und Produktmanagement bei der B·A·D Gesundheitsvorsorge und Sicherheitstechnik GmbH sowie zweiter Vorsitzender des Vereins der Brandschutzbeauftragten in Deutschland e.V. (VBBD)

FeuerTrutz RM Rudolf Müller

Inhalt

1 Entwicklung der „Brandschutzbeauftragten-Richtlinie"

Bereits 1993 sieht eine EG-weite Regelung den „Brandschutzbeauftragten" in Betrieben vor. Zu diesem Zeitpunkt steht bereits aufbauend auf einer Bestandsaufnahme zum Brandschutz in Betrieben durch die Berufsgenossenschaften im Referat 12 der Vereinigung zur Förderung des deutschen Brandschutzes e. V. (vfdb) ein Konzept zur Aufgabenbeschreibung des Brandschutzbeauftragten und ein Nachschlagewerk in Form einer Sammlung von Brandschutzvorschriften zur Verfügung. Die von einer Arbeitsgruppe erarbeiteten Vorstellungen zu Bestellung, Aufgaben, Qualifikation und Ausbildung von Brandschutzbeauftragten wurden dann 1997 im Referat 12 abgeglichen und dem Vorsitzenden des Technisch-wissenschaftlichen Beirates (TWB) der vfdb als Vorschlag für eine vfdb-Richtlinie 12/01 „Der Brandschutzbeauftragte" vorgelegt.

Erste Richtlinien zum Brandschutzbeauftragten

Einen Versuch, die einheitliche Festlegung der Tätigkeit des Brandschutzbeauftragten durchzuführen, unternahm 1998 der Arbeitskreis Feuerschutz der Berufsgenossenschaft Nahrungsmittel und Gaststätten (BGN) mit einer Leitlinie [1]. Nachdem diese Leitlinie aufgrund missverständlicher Formulierungen schnell wieder zurückgezogen wurde, veröffentlichte die vfdb 2001 eine fast wortgleiche Richtlinie 12-09/01 „Bestellung, Aufgaben, Qualifikation und Ausbildung von Brandschutzbeauftragten" [2]. Obwohl die BGN 2003 auch wieder eine Berufsgenossenschaftliche Information (BGI 847) „Aufgaben, Qualifikation, und Ausbildung von Brandschutzbeauftragten" [3] herausgab, entwickelte sich die vfdb-Richtlinie zur Leitlinie für die Ausbildung und Qualifikation des Brandschutzbeauftragten. 2003 folgte ein ergänzendes Merkblatt 12-09/01a zur Prüfungsdurchführung [4]. 2007 veröffentlichte der Verein der Brandschutzbeauftragten in Deutschland e. V. (VBBD) einen Richtlinienentwurf [5], der Schwächen in der Anwendbarkeit der bestehenden Richtlinien beseitigen sollte. Auch die VdS Schadenverhütung GmbH (VdS) entwickelte 2010 mit der VdS 3111 einen weiteren unverbindlichen Leitfaden für Aufgaben, Bestellung, Qualifikation und Stellung im Betrieb eines Brandschutzbeauftragten als „Fachkraft für Brandschutz" [6].

Leitlinie BGN

Richtlinie vfdb 12-09/01:2001-06

BGI 847 (2003-04)

Merkblatt vfdb 12-09/01a:2003-04

Richtlinienentwurf VBBD 2007-01

Aktualisierung der vfdb-Richtlinie 12-09/01

Die Vorarbeit zur Aktualisierung der vfdb-Richtlinie 12-09/01 leisteten zu großen Teilen die Arbeitskreise „Bemessung von Einsatzzeiten für Brandschutzbeauftragte“ (BEB) und „Qualitätssicherung der Ausbildung Brandschutzbeauftragter“ (QAB) des VBBD, die den Richtlinienentwurf VBBD 2007-01 entwickelt hatten. Eine eigene Richtlinie des VBBD schien jedoch nicht angezeigt, da es mit vfdb 12-09/01:2001-06 bereits eine anerkannte Richtlinie gab. Daher befürwortete der VBBD, die vorhandenen Regelwerke mit dem VBBD-Entwurf als gemeinsame Richtlinie zusammenführen. Auch der Bundesverband der Deutschen Industrie (BDI) begrüßte dem VBBD gegenüber eine gemeinsame Richtlinie.

Bundesverband der Deutschen Industrie (BDI)

Die vfdb als führende Brandschutzorganisation in Deutschland wünschte ebenfalls eine Weiterentwicklung der Richtlinie vfdb 12-09/01:2001-06 und richtete einen Arbeitskreis ein, der die Aufgabe erhielt, die Richtlinie an die Entwicklung der rechtlichen und technischen Rahmenbedingungen anzupassen. Um dabei eine einheitliche Richtlinie zu entwerfen, wurde unter Beteiligung des VBBD mit den vfdb-Referaten 9 und 12, dem Bundesverband Betrieblicher Brandschutz/Werkfeuerwehrverband Deutschland e. V. (WFVD) und der VdS Schadenverhütung GmbH eine Arbeitsgruppe gebildet.

Dieser Arbeitskreis zur neuen Brandschutzbeauftragten-Richtlinie erarbeitete eine Version, die den Brandschutzbeauftragten eine bessere Regelung ihrer Tätigkeit ermöglichen sollte. Das Ergebnis war die vfdb-Richtlinie 12-09/01:2009-03 [7], mit der bis dahin nur ungenau beschriebene Anforderungen und Tätigkeiten konkretisiert und der rechtliche und organisatorische Rahmen an aktuelle Rechtsvorschriften und Normen angeglichen wurde.

Notwendige Überarbeitung der BGI 847

Neben der 2011 aktualisierten vfdb-Richtlinie existierte weiterhin die unter Mitwirkung des Fachausschusses Nahrungs- und Genussmittel erarbeitete und von der Berufsgenossenschaft Nahrungsmittel und Gaststätten herausgegebene BGI 847 „Aufgaben, Qualifikation und Ausbildung von Brandschutzbeauftragten“ (früher ZH 1/445) (2003-04).

Im Zuge der Integration der Unfallkassen in die Deutsche Gesetzliche Unfallversicherung (DGUV) wurde der bisherige Arbeitskreis

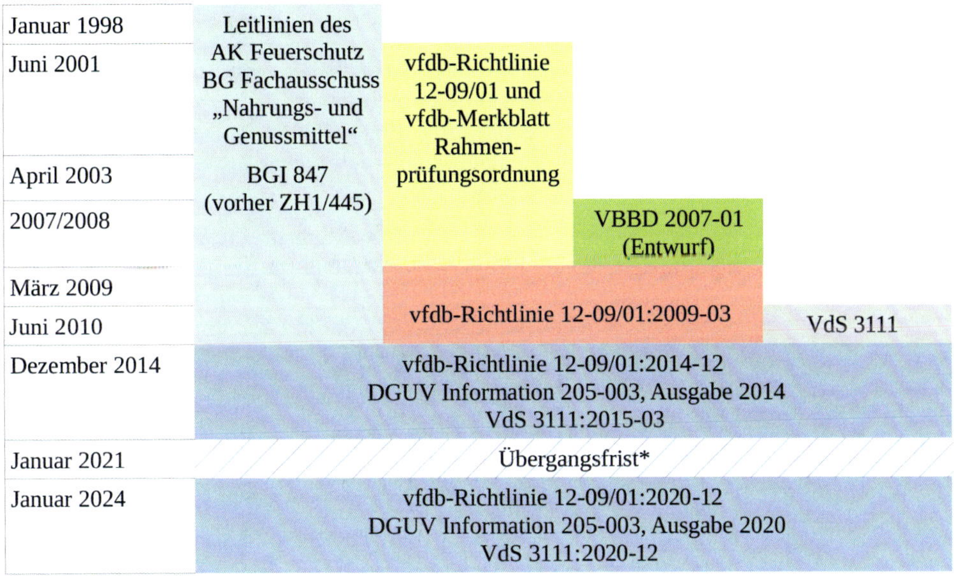

* Übergangsweise darf die DGUV Information 205-003, Ausgabe 2014, noch bis zum 31.12.2023 angewendet werden.

Abb. 1.1: Die Entwicklung der Richtlinien zum Brandschutzbeauftragten

Feuerschutz 2012 durch den neuen Fachbereich Feuerwehren, Hilfeleistungen, Brandschutz (FB FHB) der DGUV abgelöst. Dieser neue Fachbereich befasst sich u. a. mit allen Belangen des betrieblichen Brandschutzes, wie z. B. betrieblicher Brandschutz als integraler Bestandteil des Arbeitsschutzes, Brandschutzbeauftragte und Brandschutzhelfer. Da sich seit der ursprünglichen Textfassung von 2003 der BGI 847 (2003-04) zahlreiche übergeordnete Rechtsvorschriften inhaltlich und methodisch geändert haben (z. B. BetrSichV [8], Arbeitsstättenverordnung – ArbStättV [9] und Gefahrstoffverordnung – GefStoffV [10]) oder durch weitere staatliche Vorschriften und Regeln ergänzt wurden (Technische Regeln zu Arbeitsstätten, Gefahrstoffen und Betriebssicherheit), erhielt innerhalb des Fachbereiches das untergeordnete Sachgebiet „Betrieblicher Brandschutz“ die Aufgabe, die BGI 847 zu überarbeiten, um die bestehenden Regelungen zu Aufgaben, Qualifikation und Ausbildung von Brandschutzbeauftragten an das übergeordnete Regelwerk anzupassen.

Vereinheitlichung der Richtlinien

Auf Initiative des Sachgebietes Betrieblicher Brandschutz sollten dabei auch die Interessen anderer betroffener Fachverbände des betrieblichen Brandschutzes Berücksichtigung finden, sodass sich die Chance ergab, erstmals eine gemeinsame, übergreifende Brandschutzbeauftragten-Richtlinie zu entwerfen.

Im Jahr 2013 begann dann der nächste Schritt: Ziel war die Vereinheitlichung der vfdb-Richtlinie 12-09/01:2009-03, der VdS 3111 und der DGUV Information 205-003 (BGI 847). Unter Führung des Sachgebietes Betrieblicher Brandschutz wurde ein Gremium einberufen, um diese drei vorhandenen Regelungen zu vereinheitlichen. Das Ergebnis dieser Arbeit sind drei inhaltsgleiche Regelungen.

In einer gemeinsamen Arbeitsgruppe aus

- Deutscher Gesetzliche Unfallversicherung (DGUV), Sachgebiet Betrieblicher Brandschutz,
- Vereinigung zur Förderung des Deutschen Brandschutzes e. V. (vfdb), Referat 9 „Betriebliches Gefahrenabwehr- und Krisenmanagement“ und Referat 12 „Brandschutzaufklärung, -erziehung, Öffentlichkeitsarbeit“,
- Gesamtverband der Deutschen Versicherungswirtschaft (GDV) e. V., VdS Schadenverhütung GmbH,
- Bundesverband Betrieblicher Brandschutz Werkfeuerwehrverband Deutschland e. V. (WFVD),
- Verein der Brandschutzbeauftragten in Deutschland e. V. (VBBD), Deutscher Feuerwehrverband e. V. (DFV) und der
- Projektgruppe Feuerwehrdienstvorschriften (PG FwDV)

wurde seit März 2013 konsequent an der Vereinheitlichung der bisherigen Richtlinien zur Ausbildung, Bestellung und Qualifikation von Brandschutzbeauftragten vfdb 12-09/01:2009-03, BGI 847 und VdS 3111 gearbeitet. Die in dieser Arbeitsgruppe aus der Zusammenführung und Überarbeitung der bisherigen Veröffentlichungen entworfene Richtlinie konnte Anfang 2015 als gemeinsame Textfassung unter dem Titel „Aufgaben, Qualifikation, Ausbildung und Bestellung von Brandschutzbeauftragten“ [11] durch die drei Herausgeber vfdb, DGUV und VdS veröffentlicht werden. Sie ersetzte die drei vorherigen Veröffentlichungen der BGI/GUV-I 847, vfdb-Richtlinie 12-09/01:2009-03 sowie der VdS 3111 zur Ausbildung von Brandschutzbeauftragten.

Periodische Überprüfung der gemeinsamen Richtlinie

Auch wenn für die Erstellung von DGUV Informationen nicht die formellen Regelungen zur Erstellung von DGUV Regeln gelten, müssen auch die DGUV Informationen den Entwicklungen des zugrunde liegenden gesetzlichen, berufsgenossenschaftlichen und technischen Regelwerkes Rechnung tragen, um weiterhin deren praktische Anwendbarkeit zur Erfüllung von Regelungen zu einem bestimmten Sachgebiet oder Sachverhalt im Bereich Sicherheit und Gesundheit zu ermöglichen. Daher wurde das zuständige Sachgebiet Betrieblicher Brandschutz von der DGUV beauftragt, auch die DGUV Information 205-003 redaktionell und inhaltlich mindestens nach fünf Jahren zu überprüfen.

Aufgrund der mit der einheitlich gestalteten Richtlinie erreichten Akzeptanz und Umsetzung im Bereich der Ausbildung und Tätigkeit der Brandschutzbeauftragten war bei den drei Herausgebern DGUV, vfdb und VdS unstrittig, auch weiterhin eine einheitliche Form der Brandschutzbeauftragten-Richtlinie beizubehalten. Die anstehende Überarbeitung der Schriften zur Ausbildung und Qualifikation von Brandschutzbeauftragten (DGUV Information 205-003, VdS 3111 und vfdb 12-09/01 von 2014) wurde auf Einladung des DGUV mit einer gemeinsamen Auftaktsitzung im Dezember 2019 begonnen. Die Prüfung der Projektgruppe „Brandschutzbeauftragte" kam mehrheitlich zum Ergebnis einer kompletten Überarbeitung und Neuanpassung. Der inhaltliche Themenschwerpunkt soll bei einer Neukonzeption der Ausbildung liegen, um die Ausbildungsanforderungen von inhaltlichen Vorgaben künftig auf den Erwerb benötigter Kompetenzen umzustellen.

Die aktualisierte DGUV Information 205-003 [12] ist nach einer Übergangsfrist, während der die Ausgabe November 2014 der DGUV Information 205-003 übergangsweise noch Anwendung finden kann, ab spätestens 1. Januar 2024 anzuwenden. Sie ersetzt dann die Vorgängerversion.

2 Rechtsstellung

Der Begriff „Brandschutzbeauftragter" ist weder gesetzlich definiert, noch sind seine Aufgaben, Tätigkeiten oder Verantwortung verbindlich geregelt. „Brandschutzbeauftragter" wird im Allgemeinen und im betrieblichen Sprachgebrauch unterschiedlich verwendet, z. B. auch zur Bezeichnung von Brandschutzhelfern und Selbsthilfekräften nach § 10 Arbeitsschutzgesetz (ArbSchG) [1]. Genauso uneinheitlich wie die Bezeichnung sind auch die angebotenen Ausbildungen für Brandschutzbeauftragte. Je nach Definition seiner Funktion werden aus verschiedenen Interessen heraus Richtlinien, Hinweise und Informationen zum Brandschutzbeauftragten veröffentlicht. Für die rechtssichere Erfüllung behördlicher oder versicherungstechnischer Auflagen muss jedoch ein einheitliches Verständnis von Aufgaben, Tätigkeiten und Verantwortung eines Brandschutzbeauftragten vereinbart werden.

§ 10 Arbeitsschutzgesetz (ArbSchG)

2.1 Gesetzliches Regelwerk

In Gesetzen und Verordnungen werden in zunehmendem Maße nur noch Schutzziele zu Sicherheit, Gesundheitsschutz oder Brandschutz festgelegt. Dabei werden die konkret zu erfüllenden Anforderungen an Produkte, Verfahren oder Maßnahmen zum Erreichen dieser Schutzziele nicht über Einzelfestlegungen, sondern nur noch über die so genannten Technikklauseln „allgemein anerkannte Regeln der Technik", „Stand der Technik" oder „Stand von Wissenschaft und Technik" beschrieben. So sind nach § 3 Musterbauordnung (MBO) [2] bauliche Anlagen grundsätzlich *„so anzuordnen, zu errichten, zu ändern und instand zu halten, dass die öffentliche Sicherheit und Ordnung, insbesondere Leben, Gesundheit und die natürlichen Lebensgrundlagen, nicht gefährdet werden".* Hierzu sind die von der obersten Bauaufsichtsbehörde eingeführten technischen Regeln zu beachten.

§ 3 Musterbauordnung (MBO)

2.1.1 Technische Baubestimmungen

Die als Technische Baubestimmungen veröffentlichten technischen Regeln für die Planung, Bemessung und Konstruktion baulicher Anlagen sind allgemein verbindlich, da sie nach geltendem Baurecht der Länder beachtet werden müssen. Sie ersparen den Bauherren die Nachweise für im Einzelfall beabsichtigte Erleichterungen und Abweichungen von den sonst geltenden allgemeinen Bauvorschriften. Sie ermöglichen ferner den prüfenden und genehmigenden Behörden eine übereinstimmende Beurteilung gleich gelagerter Risiken und führen somit in gleich gelagerten Fällen zu identischen Anforderungsergebnissen. Zu den eingeführten Technischen Baubestimmungen, die für den Brandschutzbeauftragten von Bedeutung sind, zählen folgende Richtlinien:

- **Muster-Industriebaurichtlinie (MIndBauRL)** [3]: Sie fordert vom Betreiber eines Industriebaus mit einer Summe der Geschossflächen von insgesamt mehr als 5000 m^2 die Bestellung eines geeigneten Brandschutzbeauftragten. *„Der Betreiber eines Industriebaus mit einer Summe der Grundflächen der Geschosse aller Brandabschnitte bzw. aller Brandbekämpfungsabschnittsflächen von insgesamt mehr als 5.000 m^2 hat einen geeigneten Brandschutzbeauftragten zu bestellen. Der Brandschutzbeauftragte hat die Aufgabe, die Einhaltung des genehmigten Brandschutzkonzeptes und der sich daraus ergebenden betrieblichen Brandschutzanforderungen zu überwachen und dem Betreiber festgestellte Mängel zu melden. Die Aufgaben des Brandschutzbeauftragten sind im Einzelnen schriftlich festzulegen. Der Name des Brandschutzbeauftragten und jeder Wechsel sind der Brandschutzdienststelle auf Verlangen mitzuteilen.“* (Abschnitt 5.14.3 MIndBauRL)
- **Muster-Verkaufsstättenverordnung (MVKVO)** [4]: Der Betreiber einer Verkaufsstätte hat einen Brandschutzbeauftragten zu bestellen und im Einvernehmen mit der für den Brandschutz zuständigen Dienststelle für eine entsprechende Ausbildung zu sorgen. *„Der Brandschutzbeauftragte hat für die Einhaltung des § 13 Abs. 5, der §§ 24, 25 Abs. 3, des § 26 Abs. 5 und des § 27 zu sorgen“* (§ 26 MVKVO).
- **Muster-Hochhaus-Richtlinie (MHHR)** [5]: Die Muster-Hochhaus-Richtlinie gilt als anerkannte Regel der Technik und wurde bzw. wird in aktualisierter Version als Sonderbauverordnung in das Baurecht der einzelnen Bundesländer überführt. Danach hat der Eigentümer eine geeignete und mit dem Hochhaus und dessen technischen Einrichtungen vertraute brandschutzbeauftragte Person zu bestellen und der für den Brandschutz zuständigen Dienststelle zu benennen. Die mit dem Brandschutz beauftragte Person hat *„die Aufgabe, die Einhaltung des genehmigten Brandschutzkonzeptes und der sich daraus ergebenden Anforderungen an den betrieblichen Brandschutz zu überwachen und dem Eigentümer festgestellte Mängel zu melden“* (Abschnitt 9.3.2 MHHR).

Grundsatzanforderungen

Als Technische Baubestimmungen werden nur die zur Erfüllung der Grundsatzanforderungen des Bauordnungsrechts unerlässlichen technischen Regeln eingeführt. Der Gesetzgeber verzichtet im Regelfall auf eine Festlegung der konkreten Anforderungen mit allen erforderlichen technischen Einzelheiten. Die schnelle und teilweise auch unterschiedliche Entwicklung der Technik im Brandschutz führt dazu, dass Normenorganisationen, technisch-wissenschaftliche Vereine und andere technisch legitimierte Organisationen schneller, wirksamer und auch bei Änderungen konkreter arbeiten, als dies im langwierigen Verfahren der Entwicklung von Rechtsnormen (Gesetzen, Verordnungen usw.) möglich wäre.

anerkannte Regeln der Technik

So werden genauere Anforderungen an Qualifikation und Tätigkeit des Brandschutzbeauftragten in den verschiedenen Sonderbauverordnungen nicht ausgeführt. Für das konkrete technische Ausfüllen des allgemeinen, unbestimmten Rechtsbegriffes des Brandschutzbeauftragten verbleibt deshalb nur der Verweis auf die relevanten allgemein anerkannten Regeln der Technik als Hilfsmittel.

2.2 Technisches Regelwerk

Technische Regeln dienen im Wesentlichen der technischen Sicherung von Leben, Gesundheit und Sachgütern, dem Schutz der Umwelt und der Sicherung der Vergleichbarkeit, der Kompatibilität sowie der Qualität von Produkten und Dienstleistungen. Sie sind Empfehlungen, Handlungsanleitungen oder Vorschläge, die einen möglichen Weg zur Einhaltung eines Gesetzes, einer Verordnung oder eines technischen Sachverhalts aufzeigen. Grundsätzlich entfalten technische Regeln zwar keine eigene Rechtswirkung, sie können jedoch bei der Bemessung und Bewertung des Erreichungsgrades verbindlicher Schutzziele herangezogen werden.

2.2.1 Allgemein anerkannte Regeln der Technik

Allgemein anerkannte Regeln der Technik sind im technischen Regelwerk beschriebene Anforderungen, die in der Fachpraxis erprobt und bewährt sind und nach vorherrschender Meinung von Fachleuten den sicherheitstechnischen Anforderungen entsprechen. Wer diese allgemein anerkannten Regeln der Technik einhält, kann die – im Einzelfall widerlegbare – Vermutung für sich beanspruchen, alles technisch Notwendige in seinem Handeln oder Unterlassen berücksichtigt zu haben, um die allgemeinen Anforderungen aus der zugrunde liegenden Rechtsnorm im Einzelfall zu erfüllen (vgl. Verordnung [EG] Nr. 352/2009 – CSM-Verordnung [6]).

Verordnung (EG) Nr. 352/2009 (CSM-Verordnung)

Technische Regelsetzer

Technische Regeln werden von wenigen nationalen, europäischen und internationalen Normungsorganisationen, öfter durch andere staatliche, halbstaatliche und privatrechtlich organisierte Gremien, Verbände und Organisationen formuliert.

Technische Regelsetzer

Neben den bekanntesten Herausgebern technischer Regeln, wie z. B. dem Deutschen Institut für Normung e.V. (DIN-Normen), dem VDE – Verband der Elektrotechnik Elektronik Informationstechnik e. V. (VDE-Bestimmungen) oder dem VDI – Verein Deutscher Ingenieure e. V. (VDI-Richtlinien), gehören auch die drei Herausgeber der Richtlinie zu „Aufgaben, Qualifikation, Ausbildung und Bestellung von Brandschutzbeauftragten" zu den technischen Regelsetzern:

vfdb

- **Vereinigung zur Förderung des Deutschen Brandschutzes e. V. (vfdb):** Die Vereinigung zur Förderung des Deutschen Brandschutzes e. V. (vfdb) wurde 1950 in Stuttgart gegründet, um die wissenschaftlichen, technischen und organisatorischen Weiterentwicklungen in der Gefahrenabwehr für mehr Sicherheit im Brandschutz, der technischen Hilfeleistung, des Umweltschutzes, des Rettungsdienstes und des Katastrophenschutzes zu fördern (nichtpolizeiliche

Gefahrenabwehr). Die vfdb ist „Member of CFPA-Europe" (Confederation of Fire Protection Associations). Die vfdb arbeitet gemeinsam mit dem Deutschen Feuerwehrverband maßgeblich bei der internationalen Organisation CTIF (Comité Technique International de prévention et d'extinction du Feu) mit.

DGUV

- **Deutsche Gesetzliche Unfallversicherung (DGUV):** Die Deutsche Gesetzliche Unfallversicherung (DGUV) entstand am 1. Juni 2007 durch Zusammenlegung des Hauptverbands der gewerblichen Berufsgenossenschaften (HVBG) und des Bundesverbands der Unfallkassen (BUK) und ist der Spitzenverband der gewerblichen Berufsgenossenschaften und der Unfallkassen, die als Träger der gesetzlichen Unfallversicherung zusammen 70 Millionen Menschen gegen die Folgen von Arbeitsunfällen, Wegeunfällen und Berufskrankheiten versichern. Zur Umsetzung des gesetzlichen Präventionsauftrags im Bereich der Arbeitssicherheit und des Gesundheitsschutzes richtete die Deutsche Gesetzliche Unfallversicherung (DGUV) 2012 verschiedene Fachbereiche ein. Sie haben die Aufgabe, eine für alle Unfallversicherungsträger verbindliche, einheitliche und gesicherte Fachmeinung zu Präventionsthemen zu bilden und die fachlichen Interessen aller Unfallversicherungsträger zu vertreten.

GDV und VdS

- **Gesamtverband der Deutschen Versicherungswirtschaft e. V. (GDV) bzw. VdS Schadenverhütung GmbH (VdS):** Der Gesamtverband der Deutschen Versicherungswirtschaft (GDV) vertritt als Dachorganisation der privaten Versicherer rund 470 Mitgliedsunternehmen der Versicherungswirtschaft in Deutschland. Die VdS Schadenverhütung GmbH – aus den Technischen Abteilungen des Verbandes der Sachversicherer (VdS) hervorgegangen – ist heute ein Tochterunternehmen des Gesamtverbandes der Deutschen Versicherungswirtschaft e. V. Die VdS Schadenverhütung GmbH ist Europas größter Zertifizierer für Sicherheitsprodukte und -dienstleistungen und setzt mit der Veröffentlichung eines umfassenden Regelwerks für Brandschutz- und Sicherheitstechnik internationale Standards.

Ausarbeitung technischer Regeln

Für die Ausarbeitung und Veröffentlichung von technischen Regeln und Richtlinien bestehen konkrete Voraussetzungen, um den Anspruch einer allgemein anerkannten Regel der Technik zu erfüllen (vgl. Bauer, 1987 [7]).

Fachgremien zur Ausarbeitung technischer Regeln

Um den rechtlichen Status „allgemein anerkannt" beanspruchen zu können, muss das herausgebende Gremium (Technisch repräsentatives Fachgremium) durch die Mitarbeit von Fachleuten aller betroffenen Bereiche als technisch repräsentativ nachweisbar legitimiert sein.

TWB

- **Technisch-Wissenschaftlicher Beirat (TWB) der vfdb:** Der Technisch-Wissenschaftliche Beirat (TWB) ist ein Organ der vfdb. Er ist der Zusammenschluss der Referate der vfdb, die jeweils ein spezielles fachliches Teilgebiet vertreten und stellt ein Beratungsgremium für das Präsidium und den Vorstand dar. Der TWB vertritt die vfdb im

Einvernehmen mit dem Präsidium in technisch-wissenschaftlichen Angelegenheiten des Brandschutzes. Die Mitglieder des Beirates sind die jeweiligen Vorsitzenden der Referate mit ihren Stellvertretern.
An der Erarbeitung der gemeinsamen Textfassung der Richtlinie waren das Referat 9 Betriebliche Gefahrenabwehr und Krisenmanagement und das Referat 12 Brandschutzaufklärung und -erziehung beteiligt:

Referate 9 und 12 des vfdb

Das Referat 9 ist das Expertennetzwerk der vfdb aus Vertretern von Betriebs- und Werkfeuerwehren, der Brandschutzbeauftragten, der Versicherungswirtschaft sowie aus Wissenschaft und Forschung für Brandschutz, Gefahrenabwehr und Krisenmanagement in Betrieben und Industrie. Es hat sich zur Aufgabe gemacht, anwenderorientierte Veröffentlichungen zu erstellen sowie Kommentierungen und Positionierungen zu Regelungen und Vorschriften für die betriebliche Praxis zu erarbeiten.
Das Referat 12 arbeitet zusammen mit den Vertretern der Landesfeuerwehrverbände und des Deutschen Feuerwehrverbandes DFV als gemeinsamer Ausschuss zur Brandschutzerziehung und Brandschutzaufklärung. Das Referat ist Ansprechpartner für organisatorische Fragen des betrieblichen Brandschutzes und pflegt eine regelmäßige Zusammenarbeit und einen Wissensaustausch mit dem Referat 9.

Fachbereiche und Sachgebiete der DGUV

- **Fach- und Sachgebiet zum Brandschutz der DGUV:** Die Fachbereiche und Sachgebiete sind Einrichtungen der DGUV (vgl. DGUV Grundsatz 300-001 (vorher: 401) „Fachbereiche und Sachgebiete der DGUV“ [8]. Aufgabe der Fachbereiche ist die fachliche Beratung und Unterstützung der DGUV und ihrer Mitglieder, staatlicher Stellen, der Hersteller sowie anderer interessierter Kreise in Fragen der Prävention innerhalb ihres Zuständigkeitsbereiches. Sie sollen insbesondere eine für alle UV-Träger verbindliche, einheitliche und gesicherte Fachmeinung bilden und die fachlichen Interessen aller UV-Träger vertreten.
Der Fachbereich Feuerwehren, Hilfeleistungen, Brandschutz (FB FHB) befasst sich u.a. mit allen Belangen des betrieblichen Brandschutzes, wie z. B. betrieblicher Brandschutz als integraler Bestandteil des Arbeitsschutzes, Brandschutzbeauftragte und Brandschutzhelfer. Für Teile des Aufgabengebietes eines Fachbereiches können nach fachlichen und inhaltlichen Kriterien die sogenannten Sachgebiete als spezifische Arbeitsebenen eines Fachbereiches gebildet werden. Diesen Sachgebieten obliegen insbesondere die Beobachtung, Auswertung sowie Förderung von Entwicklungen im Bereich der Arbeitssicherheit und des Gesundheitsschutzes, die Zusammenführung von Erkenntnissen, Erfahrungswissen und Fachmeinungen. Sie sollen daraus Präventionsmaßnahmen und Strategien ableiten, praktische Lösungen zu Arbeitssicherheit und Gesundheitsschutzproblemen erarbeiten und praxis- und zielgruppenorientierte Medien, Seminare und Schulungskonzeptionen erarbeiten.
Das Sachgebiet „Betrieblicher Brandschutz“ im Fachbereich „Feuerwehren, Hilfeleistungen, Brandschutz“ (FB FHB) der DGUV behandelt Themen des Brandschutzes stellvertretend für alle gewerblichen

und öffentlichen Unfallversicherungsträger. Im Sachgebiet werden Vorschriften, Berufsgenossenschaftliche Informationen und Merkblätter, in denen brandschutzrelevante Problematiken geregelt werden, erarbeitet. Das Sachgebiet „Betrieblicher Brandschutz" ist Ansprechpartner für alle UV-Träger und deren Mitgliedsbetriebe, staatlichen Stellen, Hersteller sowie anderen interessierten Kreisen und steht diesen beratend zur Seite.

GDV
- **Gesamtverband der Deutschen Versicherungswirtschaft e. V. (GDV):** In den Gremien des Gesamtverbandes der Deutschen Versicherungswirtschaft e. V. (GDV) werden Konzepte zur Erkennung und Bewertung neuer und bestehender Risiken sowie zur Vermeidung, Begrenzung bzw. Sanierung von Schäden aus Sicht des Sachwertschutzes und des Ertragsausfallschutzes erarbeitet. Durch die 100%ige Tochtergesellschaft VdS werden in Zusammenarbeit mit interessierten Kreisen auf der Basis von Schadenerfahrungen und Forschung Prüfgrundlagen entwickelt. Diese enthalten technische oder qualitätsbezogene Anforderungen an Produkte/Anlagen, Herstellerverfahren, Dienstleistungen und Methoden im Schadenverhütungsbereich. Ziel dieser Prüfgrundlagen ist es, Schäden an Leben, Gesundheit und Eigentum der Verbraucher (Sachwertschutz) zu vermeiden. Die Papiere dienen zudem dazu, die Versicherungsunternehmen beim Risikomanagement und der angemessenen Bewertung von Risiken zu unterstützen.

Neben den drei Herausgebern vfdb, DGUV und VdS waren an der Ausarbeitung des gemeinsamen Richtlinientextes darüber hinaus viele wichtige Fach- und Branchenverbände aus dem Bereich des betrieblichen Brandschutzes beteiligt:

WFVD
- **Bundesverband Betrieblicher Brandschutz Werkfeuerwehrverband Deutschland e. V. (WFVD):** Der Bundesverband Betrieblicher Brandschutz/Werkfeuerwehrverband Deutschland e. V. (WFVD) ist der Zusammenschluss der Werkfeuerwehrverbände der Bundesländer und als Dachverband die entsprechende Vertretung von Unternehmen und Körperschaften, die über eigene Betriebs- oder Werkfeuerwehren verfügen. Ziel des Verbandes ist die Förderung der wissenschaftlichen und technischen Entwicklung des Brandschutzwesens für die Industrie, der Erfahrungsaustausch auf brandschutztechnischem Gebiet und die Vertretung der brandschutztechnischen Interessen seiner Mitgliedsunternehmen.

VBBD
- **Verein der Brandschutzbeauftragten in Deutschland e. V. (VBBD):** Der Verein der Brandschutzbeauftragten in Deutschland e.V. (VBBD) ist die größte Berufs- und Interessenvertretung der Brandschutzbeauftragten (BSB). Als unabhängiger Verein bemüht er sich um die Belange von Brandschutzbeauftragten und anderen im Brandschutz tätigen Personen. Er setzt sich durch Richtlinien- und Gremienarbeit in der Erarbeitung und Aktualisierung der Richtlinien zu Ausbildung und Tätigkeiten von Brandschutzbeauftragten ein, um Mindestanforderungen an die Qualifikation, Ausbildung und Bestellung von Brandschutzbeauftragten zu formulieren. Durch eigene Fachtagungen und Unterstützung von Brandschutz-

kongressen, Fachmessen und Fortbildungsveranstaltungen fördert der VBBD eine nachhaltige Aus- und Fortbildung von Brandschutzbeauftragten.

- **Deutscher Feuerwehrverband e.V. (DFV):** Der Deutsche Feuerwehrverband bündelt und vertritt die Interessen der 16 Landesfeuerwehrverbände und der beiden Bundesgruppen der Berufs- sowie der Werkfeuerwehren. 14 Fachbereiche, zum Teil in Kooperation mit der Vereinigung zur Förderung des Deutschen Brandschutzes (vfdb) und der Arbeitsgemeinschaft der Leiter der Berufsfeuerwehren (AGBF), analysieren in Ad-hoc-Arbeitskreisen Probleme und Ereignisse, begleiten Entwicklungen, erarbeiten fachliche Stellungnahmen und Konzepte für die Arbeit der Feuerwehren und die Vertretung der Feuerwehrinteressen. DFV
- **Projektgruppe Feuerwehrdienstvorschriften (PG FwDV):** Die Projektgruppe steuert und koordiniert im Auftrag des Ausschusses für Feuerwehrangelegenheiten, Katastrophenschutz und zivile Verteidigung (AFKzV) des Arbeitskreises V der Innenministerkonferenz die Erstellung und Überarbeitung der Feuerwehrdienstvorschriften, die den Bundesländern zur Einführung auf Grundlage ihrer entsprechenden Feuerwehrgesetze empfohlen werden. PG FwDV

Öffentliche Bekanntmachung

öffentliche Bekanntmachung von Entwürfen

Die Entwürfe müssen allen, auch an der Ausarbeitung unbeteiligten Fachleuten, für einen ausreichend langen Zeitraum öffentlich zugänglich sein, damit sie geprüft werden und Hinweise oder Einsprüche gegen vorgesehene Regelungen formuliert werden können. Danach sind Entwürfe im Vorfeld öffentlich zu diskutieren. Nach dem Ende einer eindeutig zu terminierenden Einspruchsfrist müssen alle Einwendungen in einer Auswertungssitzung analysiert werden. Kommt es innerhalb dieser Auswertung nicht zu einem Konsens, so muss ein weiteres fachlich qualifiziertes, unabhängiges Gremium bestehen, in dem die Entscheidungen der ersten erstellenden Instanz einer sachlich-inhaltlichen Revision unterzogen werden können und das danach endgültig entscheidet.

Geschäftsordnung des Technisch-Wissenschaftlichen Beirates (TWB) der vfdb

- **Fachreferate der vfdb:** Die Erstellung offizieller Dokumente der vfdb (Richtlinien, Merkblätter, Technische Berichte und Denkschriften) unterliegt einem strengen Reglement (siehe [9]). Arbeitsergebnisse der Fachreferate der vfdb, Vorträge und Aussprachen bei Tagungen und Seminaren werden dokumentiert und stehen der interessierten Öffentlichkeit im In- und Ausland zur Verfügung. Jedes interessierte vfdb-Mitglied und darüber hinaus jeder andere Fachinteressierte kann sich mit Sachfragen jederzeit an die Mitglieder der Referate, bevorzugt an die Vorsitzenden der Referate oder deren Stellvertreter, wenden und so Meinungen in die Sacharbeit einbringen. Hinweise, Einsprüche und Ähnliches sind dann durch das bearbeitende Referat zu prüfen. Erst danach erfolgt nach demokratischen Prinzipien auf Vorschlag des Technisch-Wissenschaftlichen Beirats (TWB) durch das Präsidium der vfdb die Bestätigung als ein offizielles Dokument. Ab diesem Zeitpunkt stellen die Informationen den

Stand des Wissens im Bereich Brandschutz, bei der Gefahrenverhütung und Gefahrenabwehr dar.

Fachbereiche und Sachgebiete der DGUV

- **Fach- und Sachgebiete der DGUV:** Die Fachbereiche mit ihren jeweiligen Sachgebieten sind direkte Ansprechpartner für die Unfallversicherungsträger, staatliche Stellen, Hersteller sowie andere interessierte Kreise in Fragen der Prävention innerhalb ihres Zuständigkeitsbereiches. In ihnen arbeiten Aufsichtspersonen und sonstige Präventionsfachleute der Unfallversicherungsträger, Vertreter/innen der DGUV und ihrer Institute, Vertreter/innen der Sozialpartner, des Bundesministeriums für Arbeit und Soziales (BMAS), der Länder, der Hersteller und Betreiber sowie besondere Sachverständige mit. Sie bilden so ein Netzwerk thematisch abgestimmter Kompetenzen mit ausgewiesenen Experten. Im Rahmen ihrer Aufgabenstellung entsprechend (vgl. DGUV Grundsatz 300-001 (vorher: 401) „Fachbereiche und Sachgebiete der DGUV" werden von den Fachbereichen der Unfallversicherungsträger Publikationen verschiedenster Art herausgegeben. Die Fachbereiche verfolgen mit der Herausgabe von DGUV-Informationen das Ziel, mit Experten und Fachgremien abgestimmte Praxistipps und Erläuterungen qualitätsgesichert bereitzustellen. Nach der Erarbeitung einer DGUV-Information wird diese als „Entwurf" veröffentlicht und parallel dazu an die Mitglieder des entsprechenden Fachbereichs, bestehend aus Vertretern der Unfallversicherungsträger, staatlicher Stellen, von Sozialpartnern, Herstellern, Betreibern und anderen interessierten Kreisen, zur Kommentierung weitergeleitet. Nach Einarbeitung dieser Kommentare wird die DGUV-Information als „Ausgabe" mit dem zugehörigen Monat und Jahr der Veröffentlichung veröffentlicht.

Konsultationsverfahren des GDV

- **Konsultationsverfahren des GDV:** Die im VdS-Verlag erscheinenden Konzepte, Richtlinien und die ergänzende Literatur zur Schadenverhütung in Industrie- und Gewerbebetrieben werden in den Gremien des Gesamtverbandes der Deutschen Versicherungswirtschaft e. V. (GDV) zur Erkennung und Bewertung neuer und bestehender Risiken sowie zur Vermeidung, Begrenzung bzw. Sanierung von Schäden aus Sicht des Sachwertschutzes und des Ertragsausfallschutzes erarbeitet [10]. Die Projektarbeit in Gremien des GDV erfolgt von Anfang an in enger Zusammenarbeit beispielsweise mit Fachleuten aus der betroffenen Wirtschaft, mit Behörden und Sachverständigen. Vor der Verabschiedung der Publikation und deren Veröffentlichung haben in einem Konsultationsverfahren interessierte Dritte die Gelegenheit, ihre Stellungnahmen abzugeben. Mit der Veröffentlichung wird außerdem jedem berechtigterweise Interessierten sowie den betroffenen Verbänden eine Möglichkeit zur Stellungnahme innerhalb eines angemessenen Zeitrahmens gegeben. Die Frist hierfür beträgt in der Regel zwei Monate, mindestens aber vier Wochen. Bei etwaigen Einwendungen wird ein Konsensverfahren angestrebt. Es soll hier versucht werden, eine Einigung mit dem Einsprechenden zu erzielen.

Innerhalb dieser Diskussions- und Auswertungsphase der Fachgremien werden Anregungen, Änderungsvorschläge und Einsprüche in den beteiligten Gremien sowohl einzeln, als auch in der gemeinsamen Arbeitsgruppe beraten und diskutiert. Der daraus entstandene Richtlinienentwurf zur einheitlichen Textfassung wird durch weitere Branchenverbände ausdrücklich unterstützt:

- **Bundesverband Technischer Brandschutz e.V. (bvfa):** Der bvfa - Bundesverband Technischer Brandschutz e. V. ist der maßgebliche Verband in Deutschland für vorbeugenden und abwehrenden Technischen Brandschutz. In ihm sind die führenden deutschen Anbieter von stationärer und mobiler Brandschutztechnik sowie von Systemen des baulichen Brandschutzes zusammengeschlossen. Hinzu kommen qualifizierte Brandschutzbetriebe, die Produkte der Hersteller vertreiben und warten. bvfa
- **Bundesverband Brandschutz-Fachbetriebe e.V. (bvbf):** Der Bundesverband Brandschutz-Fachbetriebe e. V. (bvbf) ist die Interessenvertretung der Fachbetriebe, Fachhändler, Hersteller und Dienstleister des technischen und organisatorischen Brandschutzes in Deutschland. bvbf

Inhalte technischer Regeln

Technische Regeln sind Empfehlungen und technische Vorschläge, die einen Weg zur Einhaltung eines Gesetzes, einer Verordnung, eines technischen Ablaufes usw. empfehlen. Sie sind keine Rechtsnormen und haben damit auch nicht zwangsläufig den Charakter von gesetzlichen Vorschriften. Werden diese Empfehlungen eingehalten, ist in der Regel davon auszugehen, dass die getroffenen Maßnahmen dem Stand der Technik entsprechen. Die fachlichen Inhalte anerkannter Regeln der Technik müssen von der Mehrheit der Fachleute anerkannt, wissenschaftlich begründet und praktisch erprobt sein sowie zum Lösen technischer Aufgaben ausreichend bewährte Regeln darstellen.

Technische Regeln: Empfehlungen, keine Rechtsnormen

Anerkennung technischer Regeln: Ob eine durch eine Normenorganisation, einen technisch-wissenschaftlichen Verein oder eine andere technisch legitimierte Organisation veröffentlichte Regel oder Richtlinie von den Fachleuten des jeweiligen Bereiches allgemein anerkannt wird und damit als Maßstab zur Bewertung der Erfüllung gesetzlicher Grundpflichten herangezogen werden kann, unterliegt in der Regel der Einzelprüfung durch die Gerichte und den durch sie hinzugezogenen – vornehmlich öffentlich bestellten und vereidigten – Sachverständigen. Verfügbare allgemein anerkannte Regeln der Technik verschiedener nationaler und internationaler Regelsetzer werden durch das Deutsche Informationszentrum technischer Regelwerke (DITR) als Tochtergesellschaft des Deutschen Instituts für Normung (DIN) e. V. zusammengestellt. Auch die Richtlinien der vfdb sowie die VdS-Richtlinien werden in der DITR-Datenbank der DIN Software Informationsdienst GmbH regelmäßig geführt.

Anerkennung technischer Regeln nach Einzelprüfung

Deutsches Informationszentrum technischer Regelwerke (DITR)

www.din sw.de

Masterarbeit zur Prüfung der Richtlinie

Wissenschaftliche Begründung: In einer Kooperation zwischen dem VBBD und dem Europäischem Institut für postgraduale Bildung (EIPOS) der Technischen Universität Dresden wurde 2012 in einer wissenschaftlichen Arbeit zur Erlangung des akademischen Grades Master of Engineering (MEng) im Rahmen des berufsbegleitenden Studienganges Vorbeugender Brandschutz durch Dipl.-Ing. (FH) Nico Richter die Qualifizierung und Bestellung von Brandschutzbeauftragten untersucht [11]. Anhand der zu diesem Zeitpunkt in Deutschland aktuell zur inhaltlichen Orientierung an die Qualifikation, Bestellung, Aufgaben und Ausbildung von Brandschutzbeauftragten zur Verfügung stehenden vfdb-Richtlinie 12-09/01:2009-03 [12] sollte im Rahmen dieser Master-Arbeit geklärt werden, ob diese Richtlinie tatsächlich den Anforderungen eines Brandschutzbeauftragten in der Praxis entspricht und ob zukünftig ggf. weitere Ausbildungsinhalte hinzugefügt werden müssen.

Unter Berücksichtigung der Tätigkeits- bzw. Aufgabenfelder von Brandschutzbeauftragten wurden vordergründig in Bezug auf die baurechtlichen Anforderungen Qualifikationsziele erarbeitet und entsprechende Ausbildungsinhalte abgeleitet. Der derzeitige Ausbildungsstand der Brandschutzbeauftragten wurde durch Fragebögen evaluiert und mit den erarbeiteten Qualifikationszielen analysiert. Als Ergebnis erfolgten eine Zusammenstellung der zu bewältigenden Hauptaufgaben von Brandschutzbeauftragten sowie die Darstellung der hierfür notwendigen Ausbildungsinhalte. Die Ergebnisse dieser wissenschaftlichen Untersuchung wurden durch den VBBD in die Arbeitsgremien eingebracht.

vfdb 12-09/01:2001-06

Praktische Erprobung: Seit Erstveröffentlichung der vfdb-Richtlinie 12-09/01 [13] zum Brandschutzbeauftragten 2001 ist die Notwendigkeit von Brandschutzbeauftragten zur langfristigen Sicherstellung des Brandschutzes in der Industrie, bei den Sach- und Feuerversicherungen sowie bei Aufsichtsbehörden und Berufsgenossenschaften anerkannt. Die Veröffentlichung der weitgehend wortgleichen BG-Information BGI 847 „Aufgaben, Qualifikation und Ausbildung von Brandschutzbeauftragten“ [14] bekräftigte bereits 2003 die Bedeutung des Brandschutzbeauftragten in der Praxis. Die im Rahmen der durchgeführten Recherchen und empirischen Untersuchungen der Master-Thesis zur Qualifizierung und Bestellung von Brandschutzbeauftragten gewonnenen Ergebnisse belegen, dass Brandschutzbeauftragte einen wesentlichen Teil zur Umsetzung eines wirkungsvollen Brandschutzes beitragen. Durch eine gezielte Ausbildung und damit verbunden, eine erforderliche Qualifikation von Brandschutzbeauftragten, können Fragestellungen des vorbeugenden Brandschutzes, insbesondere der betrieblichen und organisatorischen Belange bewertet und Problemstellungen gelöst werden.

BGI 847

Master-Thesis bestätigt Bedeutung von Brandschutzbeauftragten

Ausreichende Bewährung: Damit eine technische Regel oder Richtlinie in ihrer Wirksamkeit von der Mehrheit der Fachleute des jeweiligen Bereiches als richtig und zweckmäßig anerkannt wird, muss sie methodisch und inhaltlich Bestandteil des allgemeinen, in sich schlüssigen technischen Regelwerkes sein. Seit der ursprünglichen Textfassung von 2001 bzw. 2003 der Richtlinien vfdb 12-09/01:2001-06 bzw. der BGI 847 (2003-04) haben sich zahlreiche übergeordnete Rechtsvorschriften inhaltlich und methodisch geändert (z. B. BetrSichV [15], Arbeitsstättenverordnung – ArbStättV [16] und Gefahrstoffverordnung – GefStoffV [17]) oder wurden durch weitere staatliche Vorschriften und Regeln ergänzt (Technische Regeln zu Arbeitsstätten, Gefahrstoffen und Betriebssicherheit). Während die vfdb-Richtlinie 12-09/01 bereits 2011 umfassend aktualisiert wurde, musste die BGI 847 zu Aufgaben, Qualifikation und Ausbildung von Brandschutzbeauftragten an das geänderte technische Regelwerk angepasst werden, um den Anspruch einer allgemeinen und widerspruchsfreien Anwendbarkeit auch weiterhin aufrechterhalten zu können. Die Umfragen zur Erstellung der Master-Thesis zur Qualifizierung und Bestellung von Brandschutzbeauftragten haben ergeben, dass für die Ausübung der Tätigkeit als Brandschutzbeauftragter aus Sicht der Bauaufsichten und Feuerwehren eine Ausbildung nach den Inhalten der vfdb-Richtlinie 12-09/01:2009-03 als richtig erachtet wird. Der derzeitige Ausbildungsstand von Brandschutzbeauftragten wird eher positiv bewertet, jedoch lassen die Umfragewerte aufgrund der relativ geringen Umfragebeteiligung in dieser Hinsicht Steigerungspotenzial vermuten. Die Untersuchungen zur Ausbildung von Brandschutzbeauftragten zeigten auch, dass zwar nach Angabe diverser Bildungsträger eine Ausbildung nach den Grundsätzen der vfdb-Richtlinie 12-09/01:2009-03 erfolgt, sich diese jedoch in den Ausbildungsdauern unterscheiden. Ziel der zukünftigen Ausbildung von Brandschutzbeauftragten musste es daher sein, die Ausbildungsinhalte und auch Ausbildungsdauern zu vereinheitlichen und somit zu einem einheitlichen Qualitätsstandard zu gelangen.

Betriebssicherheitsverordnung
Arbeitsstättenverordnung (ArbStättV)
Gefahrstoffverordnung (GefStoffV)

2.2.2 Stand der Technik

Über die Erfüllung allgemein anerkannter Regeln der Technik hinaus fordert z. B. § 4 ArbSchG bei Maßnahmen des Arbeitsschutzes, die eine Gefährdung für Leben und Gesundheit vermeiden oder eine verbleibende Gefährdung verringern, die Berücksichtigung von Stand der Technik, Arbeitsmedizin und Hygiene sowie sonstigen gesicherten arbeitswissenschaftlichen Erkenntnissen.

§ 4 ArbSchG

Der Stand der Technik stellt gegenüber den anerkannten Regeln der Technik eine höhere Stufe der technischen Entwicklung dar. Er beschreibt den technisch und wirtschaftlich realisierbaren Fortschritt. Während die allgemein anerkannten Regeln der Technik in der Praxis eine Mehrheitsmeinung darstellen, ist der Stand der Technik nicht von der herrschenden Auffassung unter Praktikern abhängig, sondern bestimmt den technischen Fortschritt, der für geeignet, notwendig oder angemessen gehalten wird.

Der § 5 des Bundes-Immissionsschutzgesetzes (BImSchG) [18] definiert den Stand der Technik als Entwicklungsstand fortschrittlicher Verfahren, Einrichtungen oder Betriebsweisen, der sicherstellt, dass

§ 5 Bundes-Immissionsschutzgesetz (BImSchG)

eine Maßnahme zur bestmöglichen Begrenzung von Gefahren zum Schutz der Allgemeinheit geeignet ist, ohne die Umwelt zu beeinträchtigen, einen Entwicklungsstand also, der die Gefahrenabwehr und die Risikovorsorge als gesichert erscheinen lässt.

DIN EN 45020

Diese Definition ist verallgemeinerungsfähig und wird in der Praxis auf alle technischen Fachgebiete angewendet. In den Grundlagen der europäischen Normung, DIN EN 45020 „Normung und damit zusammenhängende Tätigkeiten – Allgemeine Begriffe" (Ausgabe 2007) [19] wird der Stand der Technik als ein auf gesicherten Erkenntnissen von Wissenschaft, Technik und Erfahrung entwickeltes Stadium der technischen Möglichkeiten von Produkten, Prozessen und Dienstleistungen definiert. Zur näheren Bestimmung des Stands der Technik sind mit Erfolg erprobte Maßnahmen heranzuziehen, wobei die betreffenden Verfahren, Einrichtungen oder Betriebsweisen noch nicht notwendigerweise allgemein anerkannt sein müssen. Es genügt die technische Erprobung eines Entwicklungsstandes, der die praktische Eignung im technischen Maßstab gesichert erscheinen lässt.

Arbeitsstättenregeln – ASR

Der Stand der Technik zum Einrichten und Betreiben von Arbeitsstätten wird durch den Ausschuss für Arbeitsstätten (ASTA) ermittelt und durch das Bundesministerium für Arbeit und Soziales in den Technischen Regeln für Arbeitsstätten (Arbeitsstättenregeln – ASR) veröffentlicht. In der Technischen Regel für Arbeitsstätten ASR A2.2 „Maßnahmen gegen Brände", Ausgabe Mai 2018 [20], wird zur Organisation des betrieblichen Brandschutzes die Benennung eines Brandschutzbeauftragten empfohlen. Ermittelt der Unternehmer oder die Unternehmerin eine erhöhte Brandgefährdung, kann demnach die Benennung eines Brandschutzbeauftragten erforderlich sein, der eine beratende und unterstützende Funktion übernimmt.

Gesicherter Erfolg der Gefahrenabwehr und Risikovorsorge: Der Brandschutzbeauftragte hat aus dem bautechnischen Regelwerk heraus die Aufgabe, die Einhaltung des genehmigten Brandschutzkonzeptes und der sich daraus ergebenden betrieblichen Brandschutzanforderungen zu überwachen und dem Betreiber festgestellte Mängel zu melden. Brandschutzmaßnahmen werden jedoch meist in einem komplexen betrieblichen Umfeld durchgeführt. Aufgrund der vielfältigen betrieblichen Anforderungen kann der Brandschutz nicht auf bestimmte Bereiche beschränkt bleiben, sondern muss mit sicherheitstechnischen Zielen des Arbeitsschutzes, der Gefahrstoff- und Betriebssicherheit vernetzt werden. Der Brandschutzbeauftragte soll daher Gefahren und Brandrisiken erkennen, identifizieren und geeignete Schutzmaßnahmen ergreifen können, um den betrieblichen Brandschutz zu planen, zu organisieren und zu betreiben.

Qualifikation und Ausbildung des Brandschutzbeauftragten

Damit er seine Aufgabe, den Brandschutz technisch und organisatorisch umzusetzen, erfüllen kann, wurden bei der Aktualisierung des Richtlinientextes die Qualifikationsvoraussetzungen und die Mindestanforderungen der Brandschutzbeauftragten-Ausbildung überarbeitet und an die erforderlichen Betriebskenntnisse angepasst.

Abb. 2.1: Herausgeber und beteiligte Organisationen der einheitlichen Richtlinie

Entwicklungsstand fortschrittlicher Verfahren und Betriebsweisen: Unternehmensentscheidungen werden in einer globalisierten und vernetzten Wirtschaft durch immer komplexere Risiken beeinflusst. Daher ist eine der wichtigsten Aufgaben der Unternehmensleitung, Risiken zu erfassen, zu beurteilen und in der Folge durch geeignete Maßnahmen zu beeinflussen. Das Risikomanagement steuert die Führung des Unternehmens aus der Gesamtschau aller seiner Risiken und ihrer Beherrschung. Mit Gefahren ist planvoll und zielgerichtet umzugehen. Dadurch sollen bestehende und vor allem auch potenzielle Risiken kalkulierbar und somit kontrollierbar werden. Mit einem seit Ende 2008 gesetzten weltweit gültigen Standard zum Risikomanagement gewinnt ein ganzheitliches Risikomanagement stetig an Bedeutung. Die immer stärker werdende Integration von Arbeits- und Umweltschutz sowie Qualitäts- und Risikomanagement durch integrierte Managementsysteme nimmt immer mehr zu und stellt neue Anforderungen an die grundlegende Organisation des Brandschutzes. Um diese in einem komplexen betrieblichen Umfeld mit einer Vielzahl von Unternehmensbereichen umsetzen zu können, muss die isolierte Betrachtungsweise des Brandschutzes zugunsten eines Integrationsprozesses

ISO 31000 aufgegeben werden. Auf der Grundlage der ISO 31000 „Risikomanagement – Grundsätze und Richtlinien“ (Ausgabe 2009) [21] werden sich verstärkt ganzheitliche Unternehmenssteuerungssysteme etablieren, deren grundlegende Methoden des Risikomanagementprozesses für alle technischen, finanziellen, operativen und administrativen Abwägungen zwischen Gefährdung und Schutzmaßnahmen anwendbar ist.

Mit einem Brandschutzmanagement können Abläufe, Prozesse und Entscheidungen im betrieblichen Brandschutz auch in bestehende Managementsysteme integriert werden. Es ermöglicht durch eine definierte betriebliche Organisation von Verantwortungen und Zuständigkeiten, durch die Abstimmung von Schnittstellen und Informationsflüssen zwischen unterschiedlichen Betriebsbereichen sowie durch eine bereichsübergreifende Koordination im Brandschutz eine systematische Erfassung, Planung und Umsetzung von Brandschutzmaßnahmen. So wird der Brandschutz in die betriebliche Organisation, z. B. bei Investitionen, Umbauten, Prozessänderungen, im Einklang mit Arbeitssicherheit, Umweltschutz, Gebäudetechnik, Produktionsplanung und -steuerung, Einkauf und Betriebswirtschaft eingebunden. Mit einem Brandschutzmanagement kann die Brandsicherheit des Unternehmens durch eine ganzheitliche Betrachtung des Brandschutzes wirksam sichergestellt, rechtssicher dokumentiert und nachgewiesen werden. Der Brandschutzbeauftragte nimmt dabei eine Schlüsselstellung ein. Er soll nicht nur die Gefahren und Brandrisiken erkennen, identifizieren und geeignete Schutzmaßnahmen ergreifen, sondern den betrieblichen Brandschutz „managen“, das heißt planen, organisieren und betreiben.

Praktische Eignung: Um Brandschutzmaßnahmen den allgemeinen und besonderen Schutzzielen anzupassen, muss das spezifische Brandrisiko berücksichtigt werden. Hierzu ist eine ganzheitliche Gefährdungsbeurteilung durchzuführen, die alle für die Entstehung, Ausbreitung und Auswirkung eines Brandes relevanten Faktoren umfasst. Die im Januar 2011 in Kraft getretene Technische Regel für Gefahr-
TRGS 800 stoffe TRGS 800 „Brandschutzmaßnahmen“ (Ausgabe 2010) [22] konkretisiert die baurechtlichen, arbeitsschutz- und gefahrstoffrechtlichen Anforderungen zum Brandschutz und beschreibt die systematische Informationsermittlung und Gefährdungsbeurteilung zu Brandentstehung und -ausbreitung sowie die Ableitung von geeigneten Brandschutzmaßnahmen. Eine einfache Festlegung von Schutzmaßnahmen nach Betriebsgrößen, Mitarbeiterzahlen oder technischen Bedingungen ist nicht mehr zeitgemäß. Es ist konsequenterweise notwendig, die Grundlage der Tätigkeit des Brandschutzbeauftragten ebenfalls auf eine Gefährdungsbeurteilung zu beziehen. Daher wurde das bereits im Arbeitsschutz und der Betriebssicherheit etablierte und in der täglichen Praxis bewährte Verfahren der Gefährdungsbeurteilung auch zur Beurteilung der Notwendigkeit eines Brandschutzbeauftragten sowie die Durchführung der Gefährdungsbeurteilung als wesentlicher Ausbildungsinhalt in die gemeinsame Fassung der Richtlinie übernommen.

2.3 Dokumente

Die überarbeitete und aktualisierte einheitliche Richtlinie zu Aufgaben, Qualifikation, Ausbildung und Bestellung von Brandschutzbeauftragten stellt die konsequente Weiterführung der Richtlinien zu Aufgaben, Qualifikation, Ausbildung und Bestellung von Brandschutzbeauftragten dar. Die gemeinsame Textfassung der Richtlinie wird unter dem Titel „Aufgaben, Qualifikation, Ausbildung und Bestellung von Brandschutzbeauftragten" durch die drei Herausgeber vfdb, DGUV und VdS wortgleich unter vfdb 12-09/01, DGUV Information 205-003 und VdS 3111 veröffentlicht.

2.3.1 vfdb-Richtlinien

aktuelle Ausgabe der vfdb-Richtlinie unter: https://shop.vds.de/de/produkt/vfdb-12-09-01/

Die durch den Technisch-Wissenschaftlichen Beirat (TWB) angenommenen und durch das Präsidium der vfdb veröffentlichten Richtlinien stellen aus dem vorhandenen Expertenwissen und der erarbeiteten Auslegung von Sachverhalten praktische Handlungsanweisungen nach einem anerkannten Stand der Technik für Brandschutzthemen dar, für die aus Sicht der vfdb zusätzlicher Regelungsbedarf besteht. Durch die paritätische Zusammensetzung des Präsidiums aus Vertretern der Feuerwehren, aus Brandschutzdienststellen, der Versicherungswirtschaft, der Fach- und Berufsverbände und weiteren Sachverständigen und Experten des Brandschutzes sowie der Industrie- und Handwerksverbände, der Arbeitgebervereinigungen und Gewerkschaften vertritt die vfdb nicht nur verschiedenste Brandschutzinteressen, sondern fasst die breite Zustimmung aller betroffenen Interessensgruppen zusammen. Die aktuelle Ausgabe der vfdb-Richtlinie 12-09/01 wird wie alle weiteren vfdb-Richtlinien über den VdS-Verlag verlegt und kann übers Internet eingesehen, bestellt und heruntergeladen werden.

2.3.2 DGUV-Informationen

Unterhalb der verbindlichen Vorschriftenebene werden innerhalb der Deutschen Gesetzlichen Unfallversicherung (DGUV) umfassende Regelwerke aus DGUV-Regeln, -Informationen und -Grundsätzen zur Unterstützung der Unternehmer und Versicherten bei der Wahrnehmung ihrer Pflichten im Bereich von Sicherheit und Gesundheitsschutz erarbeitet (vgl. § 14 SGB VII: „*… die Unfallversicherungsträger haben mit allen geeigneten Mitteln für die Verhütung von Arbeitsunfällen, Berufskrankheiten und arbeitsbedingten Gesundheitsgefahren … zu sorgen.*" [23]). Die Fach- und Sachgebiete der DGUV verfolgen mit der Herausgabe der DGUV-Informationen das Ziel, mit Experten und Fachgremien abgestimmte Praxistipps und Erläuterungen qualitätsgesichert bereitzustellen. DGUV-Informationen sind somit Veröffentlichungen für Zielgruppen aus einzelnen Branchen und Tätigkeiten sowie für Anwender bestimmter Arbeitsmittel. Sie enthalten als Merkblätter, Broschüren oder sonstige Schriften ausschließlich Hinweise, Empfehlungen und Beschreibungen für die praktische Anwendung von Maßnahmen zum Arbeits- und Gesundheitsschutz. Durch ein einheitliches Erscheinungsbild, Downloadmöglichkeit über das Internet und eine Themenwahl entsprechend den aktuellen Erfordernissen der betrieblichen Praxis soll vor allem eine unmittelbare, jederzeit aktuelle und allseitige Verfügbarkeit erreicht werden. Die Richtlinie „Aufgaben, Qualifikation, Ausbildung und Bestellung von Brandschutzbeauftragten" kann wie alle anderen Unfallverhütungsvorschriften, Regeln, Informationen und Grundsätze der gewerblichen Berufsgenossenschaften und der Unfallversicherungsträger der öffentlichen Hand sowie die von der DGUV herausgegebenen Medien als DGUV-Information 205-003 über das Internet-Portal der DGUV eingesehen und bestellt werden.

DGUV Information 205-003 unter: https://publikationen.dguv.de/regelwerk/dguv-informationen/

2.3.3 VdS-Publikationen

Im VdS-Verlag erscheinen Konzepte, Richtlinien und ergänzende Literatur zur Schadenverhütung in Industrie- und Gewerbebetrieben. Das VdS-Verlagsprogramm wird mit der zeitnahen Aktualisierung der Publikationen und Richtlinien permanent weiterentwickelt, damit die VdS-Veröffentlichungen mit den neuesten wissenschaftlichen Entwicklungen Schritt halten. Die VdS-Richtlinien haben sich so als Regeln der Technik etabliert. Da die VdS-Richtlinien in der Fachwelt eine hohe Akzeptanz haben und vielfach die Vermutung sicherheitsgerechten Handelns auslösen, ist aus arbeitsschutzrechtlicher Sicht zu empfehlen, bei der Erstellung einer Gefährdungsbeurteilung die VdS-Richtlinien zu berücksichtigen und bei vorgesehenen Abweichungen eine entsprechende Begründung in die Gefährdungsbeurteilung aufzunehmen. Die Richtlinie zu „Aufgaben, Qualifikation, Ausbildung und Bestellung von Brandschutzbeauftragten" kann unter der Dokumentennummer VdS 3111 im Internet bestellt werden.

Richtlinie VdS 3111 unter: https://shop.vds.de/de/produkt/vds-3111/

3 Brandschutzorganisation

Der Unternehmer, Arbeitgeber oder Leiter einer Einrichtung ist verantwortlich für den Brandschutz in seinem Betrieb. Dies ergibt sich aus den Gesetzen und Regelungen, die in Kapitel 2 genannt sind. Er muss daher die Aufgaben, die sich aus dieser Verantwortung ergeben, erfüllen. Da der Unternehmer dies in der Regel nicht alleine bewältigen kann, muss er eine innerbetriebliche Struktur aufbauen, um im Hinblick auf den Brandschutz Rechtssicherheit zu erreichen. Aufgrund der Vielfältigkeit der Aufgaben ist es erforderlich, dass er sich der Unterstützung durch mindestens einen Brandschutzbeauftragten innerhalb der Brandschutzorganisation bedient. Die Aufgaben und Qualifikation eines Brandschutzbeauftragten werden in den folgenden Kapiteln erläutert.

Die vfdb-Richtlinie 12-09/01 [1] geht bis auf die kurze Darstellung eines Organigramms für den Brandschutz in einem Betrieb nicht weiter auf das Thema Brandschutzorganisation ein. Im deutschen Vorschriftenwerk und der sich darauf beziehenden Literatur gibt es jedoch einige Anhaltspunkte, wie eine solche Brandschutzorganisation sinnvoll aufzubauen ist. Im Folgenden wird daher ein Leitfaden zum Aufbau einer Brandschutzorganisation vorgestellt. Dabei wird auf vorhandene Regelwerke z. B. aus dem Arbeitsschutz zurückgegriffen.

Leitfaden zum Aufbau einer Brandschutzorganisation

3.1 Verantwortung des Unternehmers

Der Unternehmer als oberste Stufe in der Hierarchie eines Unternehmens ist verantwortlich für alle Belange rund um den Brandschutz. Er trägt daher auch die Verantwortung für die Sicherheit der Beschäftigten. Er kann diese Aufgaben an nachgeordnete Führungskräfte delegieren, entbindet sich aber dadurch nicht der Verantwortung. Er hat weiterhin seinen Pflichten im Brandschutz nachzukommen. Das sind im Einzelnen:

Pflichten des Unternehmers

- Aufbau einer geeigneten Brandschutzorganisation,
- Auswahl geeigneter Funktionsträger (z. B. Brandschutzbeauftragter, Brandschutzhelfer, Evakuierungshelfer),
- schriftliche Bestellung des Brandschutzbeauftragten mit klarer Aufgaben-, Kompetenz-, Budget- und Berichtspflichtenzuweisung,
- Kontrolle der Führungskräfte, Funktionsträger,
- Festlegung der Kommunikationswege,
- Sicherstellung der Behebung von festgestellten Brandschutzmängeln,
- innerbetriebliche Dokumentation aller getroffenen Maßnahmen.

3.2 Aufbauorganisation

Pflichten der Führungskräfte

Der Unternehmer legt die Aufgaben und Verantwortungen der Führungskräfte fest. Sie haben in dieser Funktion die folgenden Pflichten zu erfüllen:

- Umsetzung der Brandschutzorganisation,
- Auswahl geeigneter Mitarbeiter für bestimmte Funktionen und Aufgaben,
- Übertragung von Pflichten an nachgeordnete Führungskräfte,
- Übertragung von Aufgaben an nachgeordnete Führungskräfte und Funktionsträger,
- innerbetriebliche Dokumentation.

rechtssichere Übertragung von Pflichten

Um eine rechtssichere Übertragung der oben genannten Pflichten zu gewährleisten, muss der Unternehmer die Übertragung der Pflichten schriftlich dokumentieren. Wichtig hierbei ist, dass derjenige, dem die Pflichten übertragen wurden, dies auch schriftlich mittels Unterschrift bestätigt hat. Der Unternehmer hat mehrere Möglichkeiten, Pflichten an Mitarbeiter zu übertragen:

- Arbeitsvertrag,
- Stellen- und Aufgabenbeschreibung, die mit dem Arbeitsvertrag verbunden ist,
- schriftliche Aufgabenübertragung mittels eines separaten Dokuments (siehe Abb. 3.1).

3.3 Ablauforganisation

Die Ablauforganisation dient dazu, die logisch-zeitlichen Abfolgen innerhalb der Brandschutzorganisation zu regeln. Sie beinhaltet daher beispielsweise Hilfsmittel wie:

Hilfsmittel der Ablauforganisation

- Ablaufbeschreibungen,
- Verfahrensanweisungen,
- Checklisten,
- Formulare.

Daraus ergeben sich mehrere Aufgaben, die im Nachfolgenden dargestellt werden:

Information und Unterweisung

Die Mitarbeiter sind regelmäßig zu informieren und zu unterweisen. Hier ist analog den bekannten Regelungen der Arbeitsschutzvorschriften zu verfahren, die eine mindestens jährliche Information bzw. Unterweisung der Mitarbeiter fordern. Inhalt dieser Unterweisung ist das Vorschriften- und Regelwerk zum Brandschutz. Dazu gehören die einschlägigen Gesetze, Verordnungen und Vorschriften. Grundvoraussetzung hierfür ist die regelmäßige Prüfung, welche Neuerungen und Änderungen sich in den Regelwerken zum Thema Brandschutz ergeben haben. Dabei ist sicher zu stellen, dass die Informationen zielgruppen-

Muster-Pflichtenübertragung im Brandschutz

Hiermit übertragen wir gemäß § 13 Abs. 2 Arbeitsschutzgesetz

Frau/Herrn* ____________________

für den Verantwortungsbereich ____________________

folgende dem Arbeitgeber obliegenden Pflichten.

Aufgaben

Frau/Herr* ____________ hat im Rahmen ihrer/seiner* betrieblichen und finanziellen Kompetenzen in eigener Verantwortung insbesondere dafür Sorge zu tragen, dass (Zutreffendes bitte ankreuzen/streichen)

- ☐ die Gefährdungsbeurteilung in Bezug auf den Brandschutz unter Beteiligung der betroffenen Beschäftigten durchgeführt und fortgeschrieben wird,
- ☐ die Beschäftigten vor Arbeitsbeginn zyklisch wiederkehrend und bei besonderen Ereignissen in Themen des Brandschutzes informiert werden,
- ☐ festgestellte Brandschutzmängel unverzüglich beseitigt bzw. entsprechende Informationen und Maßnahmen zu deren Beseitigung eingeleitet werden,
- ☐ eine wirksame Notfallorganisation (Erste Hilfe, Brandschutz und Evakuierung) sichergestellt wird, erforderliches Personal (z. B. Ersthelfer/innen) bestellt ist und für dessen ordnungsgemäße Aus- und Fortbildung gesorgt wird,
- ☐ ____________________

Befugnisse

Frau/Herr* ____________ ist befugt, zur Erfüllung ihrer/seiner* vorstehenden Aufgaben (Zutreffendes bitte ankreuzen)

- ☐ verbindliche Weisungen gegenüber den unterstellten Beschäftigten zu erteilen,
- ☐ notwendige Anschaffungen bis zu einem Kostenaufwand von insgesamt Euro ______ pro Jahr zu tätigen.
- ☐ Sofern Anschaffungen über die oben angegebene Summe hinaus notwendig sind, ist unverzüglich Frau/Herr* ____________ zu informieren, die/der dann die entsprechende Entscheidung zu treffen hat.

Fortbildung

Frau/Herr* ____________ ist verpflichtet, sich über den aktuellen Inhalt der für ihren/seinen* Aufgabenbereich einschlägigen Rechtsvorschriften zu informieren.

Sie/Er* wird dabei insbesondere von dem Brandschutzbeauftragten unterstützt.

Das Unternehmen stellt sicher, dass sich Frau/Herr* ____________ das für obige Aufgaben notwendige aktuelle Wissen aneignen kann, so etwa beispielsweise durch den Besuch von Lehrgängen, Fachveranstaltungen und Messen.

Ort ____________ Datum ____________

____________ ____________

Unterschrift des Arbeitgebers Unterschrift des/r Verpflichteten

Eine Ausfertigung dieser Pflichtenübertragung wird dem/der Verpflichteten ausgehändigt.

* Nichtzutreffendes streichen

Abb. 3.1: Muster Pflichtenübertragung

gerecht aufgearbeitet werden, um sie dann durch die Verantwortlichen verständlich vermitteln zu können. Hierbei ist vorab zu klären, inwieweit die zu Unterweisenden der deutschen Sprache mächtig sind und ob sie die vermittelten Inhalte in der deutschen Sprache verstehen. Das kann dazu führen, dass die Unterweisung eventuell in einer für den jeweiligen Mitarbeitenden verständlichen Sprache erfolgt oder die Unterweisung z. B. von einem Dolmetscher begleitet wird. Ebenso hat der Unternehmer darauf zu achten, dass die Durchführung der Unterweisung und die Vermittlung der Brandschutzinhalte durch die Teilnehmer per Unterschrift bestätigt werden, damit der Unternehmer einen Nachweis über die erfolgte Unterweisung hat. Sinnvollerweise wird zum Ende der Unterweisung evaluiert, ob die Inhalte auch verstanden wurden. Dies kann man über Fragen, in einem kleinen Quiz oder mit ähnlichen Methoden ermitteln.

Nachweis über Unterweisung

Gefährdungsbeurteilung

Die Gefährdungsbeurteilung dient zur Ermittlung des Ist-Zustandes in einem Unternehmen. Ziel ist es, Abweichungen von dem durch Regelwerke geforderten Soll-Zustand festzustellen. Sich daraus ergebene Maßnahmen sind durch den Unternehmer umzusetzen und auf Wirksamkeit zu prüfen. Dieser Themenkomplex wird in Kapitel 5 näher behandelt.

Arbeitsschutzausschuss

§ 11 Arbeitssicherheitsgesetz (ASiG)

Der aus dem Arbeits- und Gesundheitsschutz bekannte Arbeitsschutzausschuss (§ 11 Arbeitssicherheitsgesetz – ASiG [2]) hat auch den Brandschutz zu berücksichtigen. Daher sollte hier keine Parallelorganisation für den Brandschutz aufgebaut werden, sondern der *Brandschutz ein integrierter Bestandteil dieses Ausschusses* sein, da in diesem Ausschuss dieselben Vertreter sitzen, die auch für den Brandschutz erforderlich sind. Durch die Ergänzung des Themenkomplexes „Brandschutz“ im Arbeitsschutzausschuss können Synergien genutzt werden, die möglicherweise bei getrennten Gremien entfallen würden.

Aus- und Fortbildung

Ein wesentlicher Bestandteil einer funktionierenden Brandschutzorganisation ist die richtige Aus- bzw. Fortbildung der für den Brandschutz eingesetzten Funktionsträger. Hier hat der Unternehmer regelmäßig Zeiten und ein Budget einzuplanen, damit die zu seiner Unterstützung benannten Personen auch die Tätigkeit vollumfänglich ausüben können. Der Unternehmer ist gemäß des Regelwerkes auch für die geeignete Auswahl der Funktionsträger verantwortlich und macht sich strafbar, wenn er wissentlich davon abweicht. Dabei ist zu prüfen, ob die für die Funktionen eingesetzten Mitarbeitenden z. B. über das Wissen, die Persönlichkeit usw. verfügen.

Begehungen

Regelmäßige Begehungen durch die für den Brandschutz eingesetzten Personen sind unerlässlich und müssen bei kleinen und mittelständischen Betrieben regelmäßig mindestens einmal im Quartal durchgeführt werden.

Tabelle 3.1: EU-Definition kleiner und mittlerer Unternehmen (KMU)

Typ	Beschäftigte		Umsatzerlöse (Mio. €)		Bilanzsumme (Mio. €)
Kleinstunternehmen	< 10	und	≤ 2	und	≤ 2
kleine Unternehmen	< 50	und	≤ 10	und	≤ 10
mittlere Unternehmen	< 250	und	≤ 50	und	≤ 43

Bei Großbetrieben sind die Begehungen an die örtlichen Gegebenheiten anzupassen. Sie dienen dazu, Schwachstellen im Brandschutz aufzuzeigen, die Behebung von Schwachstellen zu kontrollieren sowie die getroffenen Maßnahmen, die u. a. auch mithilfe der durchgeführten Gefährdungsbeurteilung dokumentiert wurden, auf ihre Wirksamkeit hin zu überprüfen. Anschließend ist an die zuständigen Führungskräfte Bericht zu erstatten.

3.4 Muster für die Brandschutzorganisation

Nr. 1 vfdb 12-09/01 schlägt den folgenden Aufbau für die betriebliche Brandschutzorganisation vor: Nr. 1 vfdb 12-09/01

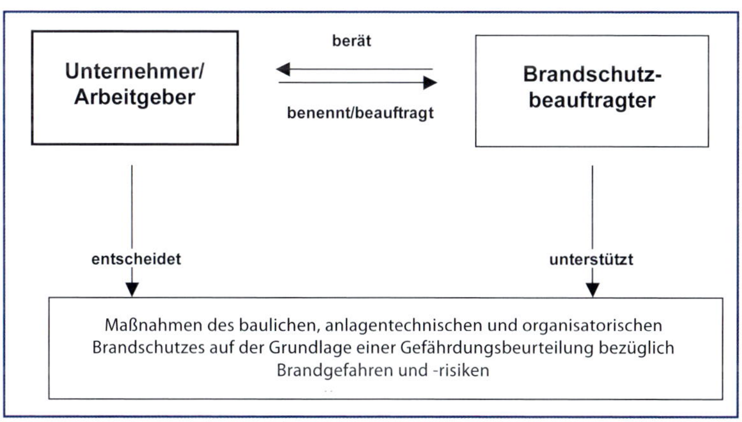

Abb. 3.2: Muster für die Struktur und Stellung des Brandschutzbeauftragten im betrieblichen Brandschutz ([1], Nr. 1, Abb. 1)

In der aktuellen Richtlinie wird geregelt, an welcher Stelle der Brandschutzbeauftragte in der betrieblichen Organisationsstruktur einzuordnen ist. Der Brandschutzbeauftragte ist, vergleichbar mit der Fachkraft für Arbeitssicherheit, direkt dem Arbeitgeber anzugliedern. Bei Betrieben, die eine Werkfeuerwehr haben, sollten die Aufgaben der Leitung der Werkfeuerwehr übertragen werden.

Der Brandschutzbeauftragte bleibt in der Anwendung seiner brandschutztechnischen Fachkunde weisungsfrei. Er darf daher auch nicht aufgrund der ihm übertragenen Aufgaben benachteiligt werden.

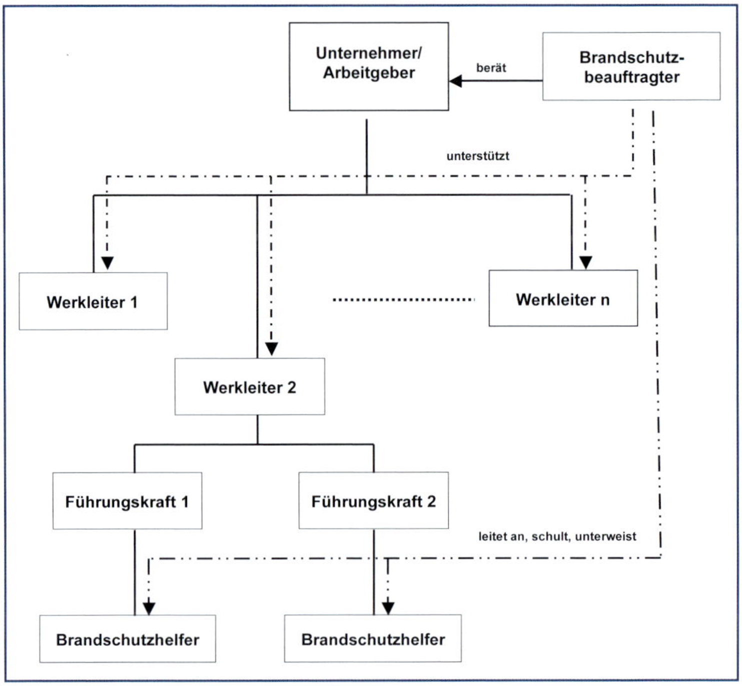

Abb. 3.3: Aufgaben des Brandschutzbeauftragten innerhalb der Unternehmensstruktur

Je nach Unternehmenshierarchie unterscheiden sich die Aufgaben des Brandschutzbeauftragten. Bezogen auf die Funktionen einzelner Mitarbeiter des Unternehmens reichen seine Tätigkeiten von Beratung über Unterstützung bis hin zur Anleitung, Unterweisung und Schulung von Mitarbeitern und Führungskräften.

4 Bestellung eines Brandschutzbeauftragten

Die Bestellung eines Brandschutzbeauftragten dient der fachgerechten Erfüllung der obliegenden Verantwortlichkeiten des Unternehmers, Arbeitgebers oder Gebäudebetreibers im Brandschutz, um ein durch rechtliche, technische und normative Vorgaben oder durch individuell festgelegte Schutzziele beschriebenes Brandschutzniveau einzuhalten.

4.1 Verantwortung im Brandschutz

Betreiber- und Arbeitgeberpflichten

Die sich aus den allgemeinen Betreiber- und Arbeitgeberpflichten ergebende Verantwortung für die Ermittlung, Beachtung, Umsetzung und Kontrolle notwendiger baulicher, technischer und organisatorischer Brandschutzmaßnahmen obliegt dem Eigentümer eines Gebäudes bzw. seinem Nutzer als Mieter oder Pächter oder als Betreiber einer Arbeitsstätte. Bauliche Anlagen sind so anzuordnen und zu errichten, aber eben auch während ihrer Nutzung und des Betriebes so zu ändern und instand zu halten, dass die öffentliche Sicherheit und Ordnung, insbesondere Leben, Gesundheit und die natürlichen Lebensgrundlagen, nicht gefährdet werden (§ 3 Abs. 1 MBO [1]). Hierzu zählt auch die Erfüllung der einschlägigen Schutzziele des baulichen Brandschutzes, sodass jederzeit der Entstehung eines Brandes und der Ausbreitung von Feuer und Rauch vorgebeugt und bei einem Brand die Rettung von Menschen und Tieren sowie wirksame Löscharbeiten ermöglicht werden (§ 14 MBO). Im Rahmen der unternehmerischen Pflichten für die Arbeitssicherheit und den Gesundheitsschutz der durch ihn beschäftigten Personen muss ein Arbeitgeber entsprechend der Art der Arbeitsstätte und der Tätigkeiten sowie der Zahl der Beschäftigten alle erforderlichen Maßnahmen zur Brandbekämpfung und Evakuierung ermitteln, beurteilen und auf ihre Wirksamkeit hin überprüfen sowie erforderlichenfalls geänderten Gegebenheiten anpassen (§ 3 Abs. 1 ArbSchG [2]).

§ 3 Abs. 1 MBO

§ 14 MBO

§ 3 Abs. 1 ArbSchG

Der Umfang der zu treffenden Brandschutzmaßnahmen richtet sich also nur zu einem Teil nach feststehenden, geregelten Mindeststandards. Vielmehr wird der Brandschutz durch die Gefährdungen bestimmt, die sich aus den Arbeits- und Produktionsverfahren, den gelagerten und verwendeten Materialien sowie der Anzahl der Beschäftigten oder sich im Gebäude aufhaltenden Personen ergeben. Diese variablen Einflussfaktoren können sich im Laufe einer Gebäudenutzung beliebig oft ändern. Daher müssen sowohl bauliche als auch technische und organisatorische Brandschutzmaßnahmen den sich verändernden Randbedingungen angepasst werden. Die hierbei zu beachtenden und heranzuziehenden Rechtsvorschriften, Standards des technischen und normativen Regelwerks, berufsgenossenschaftlichen

Regelvielfalt

Vorschriften, versicherungsvertraglichen Regelungen und besonderen vertragsrechtlichen Vereinbarungen zwischen Auftraggebern und Lieferanten, die den Brandschutz in Bezug auf Gebäude, Arbeitsplätze, Betriebssicherheit, Umweltschutz sowie Produktions- und Lieferfähigkeit betreffen, sind vielfältig.

Eine unwissentliche oder fahrlässige Vernachlässigung dieser Verpflichtungen kann im Schadenfall durch die entstehenden Personen-, Sach- und Umweltschäden unmittelbar zu erheblichen rechtlichen und finanziellen Konsequenzen führen, langfristig zu moralischen und imageschädigenden Folgen, die nicht selten indirekte Auswirkungen wie Lieferunfähigkeit und damit verbundene Kundenabwanderung nach sich ziehen. Existenzbedrohende betriebswirtschaftliche Konsequenzen sind also nicht auszuschließen. Brandschutz dient somit auch direkt den unternehmerischen Zielen einer wirtschaftlich erfolgreichen Betätigung und der Aufrechterhaltung eines zuverlässigen Betriebes.

betriebswirtschaftliche Konsequenzen

Damit liegt der Brandschutz immer in der Verantwortung des Unternehmers selbst bzw. des Managements und seiner untergeordneten Führungskräfte. Dennoch ist dieses wichtige Aufgabenspektrum des Brandschutzes in den seltensten Fällen Teil der Kernkompetenzen der Geschäftsführung.

4.2 Notwendigkeit eines Brandschutzbeauftragten

Um ihre Pflichten im Brandschutz mit der generellen Festlegung von Schutzzielen, den Entscheidungen zu notwendigen oder gewünschten Brandschutzvorkehrungen und der anschließenden Umsetzung der erforderlichen baulichen, technischen und organisatorischen Brandschutzmaßnahmen verantwortungsvoll erfüllen zu können, benötigen die durch den Gesetzgeber, Versicherungsträger oder Vertragspartner angesprochenen Entscheidungsträger Unterstützung durch eine fachkundige Beratung in Fragen des Brandschutzes. Diese fachliche Beratung muss eine fundierte Grundlage für Entscheidungen der Unternehmens- und Betriebsführung bieten.

fachliche Beratung

§ 54 MBO

Einfache brandschutzrelevante Fragestellungen zur baulichen Gestaltung, Verwendung von Baustoffen und anderen Mindestanforderungen aus dem jeweils geltenden Landesbaurecht können von Architekten oder anderen bauvorlageberechtigten Planungsbeteiligten abschließend beantwortet werden (§ 54 MBO). Weitere technische und organisatorische Brandschutzanforderungen aus dem Arbeitsschutzrecht wie z. B. das Erstellen von Flucht- und Rettungsplänen, die Einrichtung einer betrieblichen Brandschutzorganisation oder die Bewertung von Brandgefahren aus Arbeits- und Fertigungsprozessen und daraus resultierende einzelne Brandschutzmaßnahmen zur sicheren Einrichtung und Ausrüstung von Arbeitsplätzen und Maschinen gehören zum üblichen Beratungsspektrum der Fachkraft für Arbeitssicherheit. Somit stehen dem Brandschutzverantwortlichen eines Gebäudes oder einer Arbeitsstätte kompetente Fachkräfte mit beratender Funktion zur Seite, auf deren Sachverstand er seine Entscheidungen und Festlegungen zu dem von ihm zu vertretenden Brandschutzniveau gründen kann. Soweit bei Vorliegen einer normalen, d. h. das übliche Brandrisiko nicht übersteigenden, Brandgefährdung die erforderliche Brandsicherheit durch einfache und isolierte Brandschutzlösungen erreicht werden kann, wird diese Beratung und Entscheidungsfindung mit Hilfe von Fachkräften anderer Bereiche ausreichen.

Übersteigt jedoch die Brandgefährdung in Bezug auf die Häufigkeit auftretender Brandereignisse und/oder die bei einem Brandereignis drohenden Personen-, Sach- und Folgeschäden das normale Maß, können die gesetzten brandschutztechnischen Schutzziele der Brandvermeidung, Verhinderung der Brandausbreitung und Menschenrettung sowie wirksame Löscharbeiten nur durch aufwändige, ggf. ineinandergreifende oder voneinander abhängige Brandschutzmaßnahmen erreicht werden.

Brandschutz im Industriebau

Sonderbauten

Bei den meisten Gebäuden besonderer Art oder Nutzung (Sonderbauten), also insbesondere im Industriebau, müssen zur Verwirklichung bestimmter baulicher Abweichungen vom Landesbaurecht, z. B. bei der Überschreitung von Brandabschnittsgrößen, bereits verschiedene bauliche und technische Brandschutzmaßnahmen zur Erreichung der bauordnungsrechtlichen Schutzziele durch einen geeigneten Brandschutzfachplaner abgewogen und deren Zusammenwirken in einem Brandschutzkonzept nachgewiesen werden (§ 51 MBO in Verbindung mit MIndBauRL [3]). Bei nachträglichen Änderungen der brandschutztechnischen Infrastruktur oder einer z. B. betriebstechnisch erforderlichen Erhöhung der Brandlast gehört eine Überprüfung des Brandschutzkonzeptes zu den Pflichten des Betreibers. Ergeben sich aus diesen Veränderungen höhere Anforderungen an das Gebäude, bedürfen diese eines Bauantrages und einer Baugenehmigung. Dies gilt auch bei Änderungen und Ergänzungen des Brandschutzkonzeptes nach Erteilung der Baugenehmigung. Daher ist für Industrie-Sonderbauten über 5000 m^2 für die betriebliche Umsetzung des Brandschutzkonzeptes bereits in der Industriebaurichtlinie die Benennung eines Brandschutzbeauftragten explizit vorgesehen. Der Brandschutzbeauftragte hat die Aufgabe, die Einhaltung des genehmigten Brandschutzkonzeptes und der sich daraus ergebenden betrieblichen Brandschutzanforderungen zu überwachen und dem Betreiber festgestellte Mängel zu melden (Abschnitt 9 MIndBauRL).

Abschnitt 5.14.3 MIndBauRL

Neben diesen allgemeinen Schutzzielen der Gebäudeplanung kommen weitergehende Schutzziele aus den individuellen Anforderungen und Vorstellungen der Bauherren, Betreiber und Versicherer aufgrund der vorgesehenen Nutzung hinzu. Die Vielzahl möglicher Brandgefahren durch gefährliche Arbeits- und Fertigungsverfahren, die Verwendung brennbarer Arbeits-, Betriebs- und Hilfsstoffe, eine erhöhte Gefährdung von Personen, zu befürchtende hohe Sach- oder Umweltschäden, betriebsbedingte Zuverlässigkeits- oder Qualitätsvorgaben sowie besonders schutzwürdige Daten, technische Einrichtungen oder Kulturgüter können auch in nicht gesetzlich geregelten Zusam-

individuelle Schutzziele

menhängen das Zusammenwirken von verschiedenen Brandschutzmaßnahmen erforderlich machen. Hier stehen insbesondere betriebsspezifische Sachwert- und wirtschaftliche Risikobetrachtungen sowie Kosten-Nutzen-Abwägungen der möglichen Brandschutzmaßnahmen im Vordergrund. Daher ist eine einfache Festlegung zur Notwendigkeit eines Brandschutzbeauftragten nach Betriebsgröße, Mitarbeiterzahl oder technischen Bedingungen aufgrund der vielfältigen, individuellen Anforderungen an den Brandschutz nicht möglich.

Gefährdungsbeurteilung

Nr. 1.2 vfdb 12-09/01

Für den Aufbau einer geeigneten Brandschutzorganisation müssen zunächst in einer Gefährdungsbeurteilung die branchen- und betriebsspezifischen Brandgefährdungen ermittelt und die damit verbundenen Risiken bewertet werden (Nr. 1.2 vfdb 12-09/01, DGUV-I 205-003, VdS 3111 [4]). Ist ein Brandschutzbeauftragter nicht aufgrund von verbindlichen Rechtsvorschriften, behördlichen Anordnungen oder versicherungsrechtlichen Vereinbarungen erforderlich, führt eine individuelle, betriebsspezifische Ermittlung der Brandgefahren und des Umfangs notwendiger Brandschutzmaßnahmen zur Feststellung, ob die Bestellung eines Brandschutzbeauftragten notwendig ist. Eine solche Gefährdungsbeurteilung ist bereits in zahlreichen Vorschriften wie dem Arbeitsschutzgesetz (§ 5 ArbSchG), der Arbeitsstättenverordnung (§ 3 ArbStättV [5]), der Gefahrstoffverordnung (§ 6 GefStoffV [6]) oder der Betriebssicherheitsverordnung (§ 3 BetrSichV, [7]) verankert und Grundlage fast aller betrieblichen Schutzmaßnahmen. Dabei werden Gefahren und Schutzmaßnahmen systematisch ermittelt, entsprechende Schutzmaßnahmen festgelegt und auf ihre Wirksamkeit überprüft. Auch Brandgefahren fallen als Gefährdung für Leben und Gesundheit, als Ursache für Gefährdungen durch Gefahrstoffe sowie zur sicheren Einrichtung von Arbeitsstätten in den Betrachtungsumfang jeder Gefährdungsbeurteilung. Überschreiten die dabei festgestellten Gefahren das normalerweise überall anzutreffende Gefährdungspotenzial oder werden infolge der Gefährdungsbeurteilung besondere oder komplexe Brandschutzmaßnahmen notwendig, müssen diese in einem betrieblichen, ganzheitlichen Brandschutzkonzept zusammengefasst, deren Zusammenwirken aufeinander abgestimmt und eine gegenseitige negative Beeinflussung ausgeschlossen werden. Wird mit der Gefährdungsbeurteilung eine erhöhte Brandgefährdung festgestellt, kann nach ASR A2.2 [8] die Benennung eines Brandschutzbeauftragten zweckmäßig sein. Dieser berät und unterstützt den Arbeitgeber zu Themen des betrieblichen Brandschutzes.

ganzheitliches Brandschutzkonzept

Ein ganzheitliches Brandschutzkonzept führt die Einzelmaßnahmen aus dem vorbeugenden baulichen, anlagentechnischen und organisatorischen sowie aus dem abwehrenden Brandschutz zusammen unter Berücksichtigung der Gebäudenutzung, der sich daraus ergebenden Brandgefährdung sowie des Aufwandes und des zu erwartenden Schadenausmaßes. Zur Erreichung der festgelegten Schutzziele sollte für die

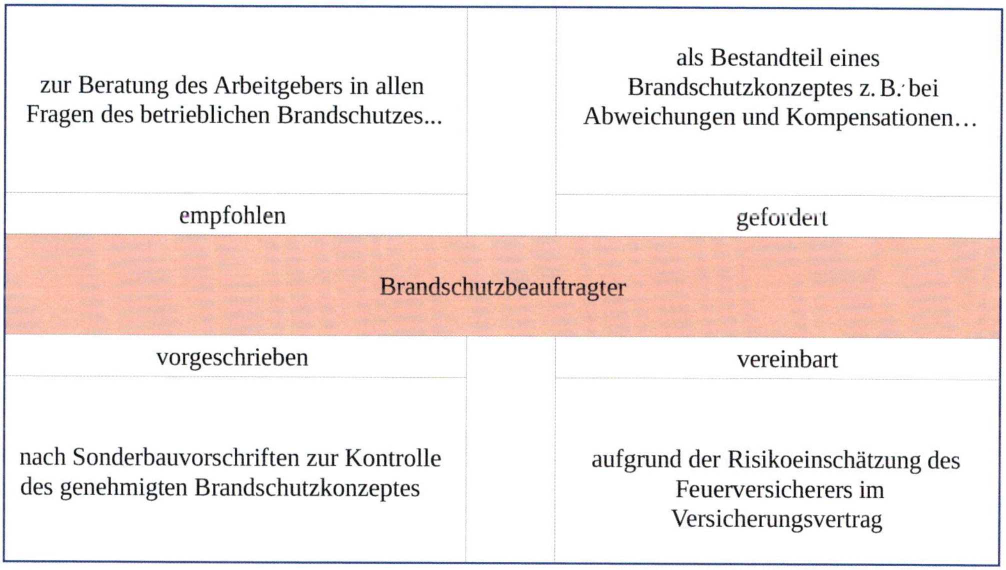

Abb. 4.1: Notwendigkeit eines Brandschutzbeauftragten gemäß verschiedener Rechtsvorschriften

Umsetzung, Überwachung und Anpassung dieser Maßnahmen durch den Unternehmer eine fachkundige Person als Brandschutzbeauftragter bestellt werden (Laschinsky, 2010 [9]).

Für die Durchführung der Gefährdungsbeurteilung ist der Unternehmer verantwortlich. In den meisten Fällen wird er sich dabei durch geeignete Fachkräfte mit entsprechender Fach- und Sachkunde beraten lassen. Aber auch die in den Rechtsvorschriften genannte Fachkraft für Arbeitssicherheit, der Betriebsarzt oder eine andere fachkundige Person sind nicht immer Spezialisten im Brandschutz und können nicht jeden brandschutztechnischen Zusammenhang abschließend bewerten. Auch dies ist bereits ohne Ergebnis einer Gefährdungsbeurteilung im Brandschutz ein Anhaltspunkt für die Notwendigkeit der fachlichen Beratung durch einen Brandschutzbeauftragten.

4.3 Stellung des Brandschutzbeauftragten

Der Brandschutzbeauftragte soll als direkter Berater der Geschäfts- und Betriebsführung die notwendigen Grundlagen und Fakten zu allen den Brandschutz betreffenden unternehmerischen, d. h. verantwortlichen Entscheidungen zusammenstellen, um eine objektive Bewertung erforderlicher oder anzupassender Brandschutzmaßnahmen zu ermöglichen.

Eine ähnliche Aufgabe erfüllen die Fachkraft für Arbeitssicherheit oder der Betriebsarzt, denn auch sie unterstützen im Bereich Arbeitssicherheit, Unfallverhütung und Gesundheitsschutz den Arbeitgeber mit ihrer fachlichen Beratung zu allen Entscheidungen hinsichtlich Planung, Beschaffung, Gestaltung und Beurteilung mit den sich daraus ergebenden Konsequenzen. Sie sind durch das Arbeitssicherheitsgesetz vorgeschrieben, d. h., der Unternehmer muss sie bestellen und in Anspruch nehmen (§ 1 ASiG [10]). Diese Fachkräfte sind explizit weisungsfrei bei der Anwendung ihrer arbeitsmedizinischen und sicherheitstechnischen Fachkunde und unterstehen unmittelbar dem Leiter des Betriebs (§ 8 ASiG). Sie nehmen ihm keine Pflichten ab. Sie erleichtern ihm nur die Aufgabe durch fachlichen Rat, Hinweise und Beobachtung der Verhältnisse und Abläufe. Anders als die Stellung der Fachkraft für Arbeitssicherheit oder des Betriebsarztes ist jedoch die Funktion des „Brandschutzbeauftragten" gesetzlich nicht geregelt. Jedoch sollten Brandschutzbeauftragte vergleichbar mit der betrieblichen Stellung der Fachkraft für Arbeitssicherheit unmittelbar dem Arbeitgeber unterstellt sein (Nr. 1.3 vfdb 12-09/01, DGUV-I 205-003, VdS 3111).

§ 1 ASiG

§ 8 ASiG Weisungsfreiheit

Keinesfalls darf die Funktion des Brandschutzbeauftragten aufgrund der Begriffsähnlichkeit mit dem Sicherheitsbeauftragten gleichgestellt werden. Aufgabe des Sicherheitsbeauftragten ist es, einzelne Gefahren oder Gefahren in einzelnen überschaubaren Bereichen im Auge zu behalten (§ 22 Siebtes Sozialgesetzbuch SGB VII [11] in Verbindung mit § 20 DGUV Vorschrift 1 als Unfallverhütungsvorschrift Grundsätze der Prävention [12]). Der Sicherheitsbeauftragte ist kein Verantwortungsträger im Arbeitsschutzsystem, folglich braucht er nicht einzugreifen, zu belehren oder Mängel zu beseitigen. Für fehlerhafte oder unterlassene Hinweise kann der Sicherheitsbeauftragte strafrechtlich oder haftungsrechtlich nicht verantwortlich gemacht werden. Dies gilt auch für die Funktion des Brandschutzhelfers, der nach §10 Abs. 2 ArbSchG i. V. m. § 22 DGUV-Vorschrift 1 und den Technischen Regeln für Arbeitsstätten (ASR) A2.2 „Maßnahmen gegen Brände" Abschnitt 6.2 „Brandschutzhelfer" durch den Arbeitgeber benannt wird und Aufgaben der Brandbekämpfung und Evakuierung der Beschäftigten übernimmt.

§ 22 SGB VII

§ 22 BGV A1

Beratende Stabsstelle

Der Unternehmer bzw. Arbeitgeber muss an dieser Stelle durch eigene, betriebsinterne Regelungen eine geeignete Organisationsstruktur schaffen und die Funktion des Brandschutzbeauftragten in die betrieblichen Führungsstrukturen einbinden, damit dieser seinen Mitwirkungspflichten nachkommen kann. Diese Pflichten kann der Brandschutzbeauftragte nur erfüllen, wenn er weisungsfrei und unabhängig von anderen betrieblichen Strukturen ist. Daher ist die Funktion des Brandschutzbeauftragten in der Regel gleich der Fachkraft für Arbeitssicherheit oder dem Betriebsarzt als beratende Stabsstelle einzurichten. Diese fachliche Beratungsfunktion kann sich selbstverständlich auf alle Vorgesetzten erstrecken. Mit seiner Kenntnis der brandschutztechnischen Anforderungen und Verpflichtungen aus arbeitsschutz- und gefahrstoffrechtlichen Vorgaben bezüglich der betriebenen Arbeitsstätte kann der Brandschutzbeauftragte die für den Brandschutz verant-

weisungsfrei und unabhängig

wortliche Unternehmens- und Betriebsleitung sowie die ihr nachgeordneten betrieblichen Führungskräfte in der Erkennung und Bewertung betriebstechnischer Brandgefährdungen unterstützen und sie mit seinen umfassenden betriebsinternen Kenntnissen zu Arbeitsabläufen, Materialflüssen und Betriebsorganisation in der Umsetzung eines wirkungsvollen betrieblichen Brandschutz beraten. Der Brandschutzbeauftragte ist somit die zentrale Ansprechperson für alle Brandschutzfragen im Betrieb. Er berät und unterstützt den Betrieb in allen Fragen des vorbeugenden, abwehrenden und organisatorischen Brandschutzes sowie im betrieblichen Notfallmanagement (Nr. 3 vfdb 12-09/01, DGUV-I 205-003, VdS 3111).

Nr. 3 vfdb 12-09/01

4.4 Schnittstellen innerhalb der Sicherheitsorganisation

Der betriebliche Brandschutz ist keine Einzeldisziplin. So vielfältig die Ursachen und die daraus entstehenden Gefahren durch ein Brandereignis sein können, so vielfältig sind auch die Ansatzpunkte und gesetzlichen Vorgaben, die der Brandschutz im Unternehmen erfüllen muss. Aufgrund dieser vielfältigen Anforderungen kann auch der Brandschutz nicht auf einzelne Bereiche beschränkt bleiben, sondern muss mit anderen sicherheitstechnischen Disziplinen vernetzt werden. Mit der Definition und Beschreibung von Schnittstellen erfolgt eine Einbindung des Brandschutzes in die betriebliche Organisation.

Komplexe, vernetzte und abgestimmte Brandschutzmaßnahmen können bereits durch kleine Veränderungen in einem sich ändernden betrieblichen Umfeld beeinflusst und im schlimmsten Fall wirkungslos werden. Um seine fachliche Beratungspflicht gegenüber dem bestellenden Unternehmer oder Gebäudebetreiber erfüllen zu können, muss der Brandschutzbeauftragte in betriebliche Entscheidungsprozesse eingebunden werden. Damit dies in einem komplexen betrieblichen Umfeld mit einer Vielzahl von Unternehmensbereichen umgesetzt werden kann, muss die isolierte Betrachtungsweise des Brandschutzes zugunsten eines Integrationsprozesses aufgegeben werden. Dies bedeutet konkret, dass alle Schnittstellen zu anderen Unternehmensbereichen, z. B. zu Arbeitssicherheit, Umweltschutz, Produktionsplanung und -steuerung, Logistik oder Personalwesen, bestimmt und organisatorisch geregelt werden. Ein Brandschutzbeauftragter, der durch den Unternehmer in beratender Stabsfunktion und als zentraler Ansprechpartner im Betrieb bestellt wurde, kann durch die Definition von Schnittstellen innerhalb der internen Sicherheitsorganisation und eine frühzeitige Einbindung in interne Abläufe zu Investitionen, Umbauten oder Prozessänderungen die betrieblichen Interessen im Brandschutz wirksam vertreten (Laschinsky, 2010 [13]).

Integration in die betrieblichen Abläufe

Grundsätzlich hat der Unternehmer bzw. Arbeitgeber die Wahlmöglichkeit, ob er einen eigenen Mitarbeiter zum Brandschutzbeauftragten bestellt, einen externen Brandschutzbeauftragten beauftragt oder einen Dienstleister mit der Stellung eines Brandschutzbeauftragten beauftragt. Welche Variante geeigneter oder günstiger ist, kann nicht

interne oder externe Beauftragung

pauschal beantwortet werden, da Vor- und Nachteile jeweils von Beratungsumfang, Einbindung des Brandschutzbeauftragten in betriebliche Entscheidungsprozesse und betrieblichem Gefahrenpotenzial abhängig sind. Die Entscheidung, ob intern oder extern beauftragt werden soll, bedarf in jedem Fall einer gründlichen Abwägung.

4.4.1 Betriebsinterne Brandschutzbeauftragte

maßgeschneiderte Problemlösungen

Der betriebsinterne Brandschutzbeauftragte kann durch die betriebsspezifischen Orts-, Prozess- und Produktkenntnisse, durch Kenntnis der Betriebsstruktur und bestehende personelle und funktionale Besonderheiten sehr schnell konkrete Gefährdungen erkennen und deren Auswirkungen abschätzen. Unter Einbeziehung der ihm bekannten Betriebsentwicklung und des sich ggf. daraus ergebenden Bestandschutzes kann er mit einer betriebsbezogenen Umsetzung der Vorschriften zu baulichen, technischen und organisatorischen Anforderungen maßgeschneiderte Problemlösungen entwickeln.

persönliche Kontakte

Mit der Einbindung in das Team der Mitarbeiter und Führungskräfte besitzt der innerbetriebliche Brandschutzbeauftragte wichtige direkte Kontakte zu betriebsorganisatorischen Zuständigkeiten. Durch persönliche Kontakte als Belegschaftsmitglied kann Vertrauen geschaffen werden, mit dem die Beratung vertieft und die Umsetzung von Maßnahmen erleichtert wird. In dieser Vertrauensstellung kann der Brandschutzbeauftragte unter Wahrung von Betriebsgeheimnissen auch vertrauliche Informationen zu internen Abläufen und ungehinderten Zugang zu allen Bereichen des Betriebes ohne Begleitung und Anmeldung erhalten.

Mit seiner schnellen Erreichbarkeit durch ständige Anwesenheit im Betrieb können insbesondere akute Problemstellungen sofort betrachtet, beurteilt und bearbeitet werden. So kann er sich durch eine unkomplizierte Beratung nicht nur des Unternehmers, sondern auch der Führungskräfte und der Mitarbeiter des Betriebes als zentraler Ansprechpartner in Fragen des betrieblichen Brandschutzes etablieren.

Synergieeffekte

Durch den möglichen Erfahrungsaustausch und die kontinuierliche Zusammenarbeit innerhalb der innerbetrieblichen Arbeitsschutzorganisation und mit anderen Bereichen des Betriebes können Überschneidungen in Aufgaben und Tätigkeiten vermieden sowie Synergieeffekte durch Nutzung interner Erfahrungen erreicht werden.

4.4.2 Externe Brandschutzbeauftragte

Benötigt ein Unternehmen die fachliche Beratung durch einen Brandschutzbeauftragten, verfügt der Betrieb jedoch über keinen eigenen Brandschutzbeauftragten oder kann keine Mitarbeiterin/kein Mitarbeiter dazu ausgebildet werden, ist ein externer Brandschutzbeauftragter zu beauftragen. Die Beauftragung eines externen Brandschutzbeauftragten lässt durch die betriebliche Unabhängigkeit und Neutralität in der Beurteilung vorhandener Gefährdungspotenziale einen sachlicheren Umgang in der Erkennung und Bewertung von brandschutztechnischen Zusammenhängen erwarten. Eine mögliche Betriebsblindheit durch jahrelanges Arbeiten im betrieblichen Sozialgefüge wird dadurch vermieden. Häufig betrachten gerade externe Personen interne Betriebsabläufe objektiver und können die in anderen Unternehmen gesammelten Erfahrungen weitergeben. Durch das kritische Hinterfragen von Gewohnheiten und Abläufen werden externe Brandschutzbeauftragte jedoch oftmals nicht als vertraute Berater, sondern eher als „Prüfer" wahrgenommen. So ist der Brandschutzbeauftragte oft von internen Kommunikationsprozessen ausgeschlossen. Daher müssen an die Einbindung und Erreichbarkeit externer Brandschutzbeauftragter besondere Anforderungen gestellt werden. Die Tätigkeit des Brandschutzbeauftragten muss sich in die Sicherheitsorganisation des Betriebes einfügen, auch wenn die Funktion durch externe Fachkräfte wahrgenommen wird. Hierzu sind insbesondere Zuständigkeiten und Schnittstellen festzulegen sowie die rechtzeitige Einbindung in interne Abläufe (z. B. Investitionen, Umbauten, Prozessänderungen) sicherzustellen. Ebenso muss ein externer Brandschutzbeauftragter in der Lage sein, kurzfristig den Betrieb in seiner Funktion beraten und unterstützen zu können (Nr. 2.2 vfdb 12-09/01, DGUV-I 205-003, VdS 3111).

objektive Betrachtung

Nr. 2.2 vfdb 12-09/01

Zum Schutz des betriebsinternen Wissens in der Entwicklung von Arbeitsabläufen und Herstellungsprozessen ist es u. U. notwendig, die an den Brandschutzbeauftragten zu gebenden Informationen vorher zu bearbeiten, um Betriebsgeheimnisse zu bewahren. Auch kann sich eine externe Person auf dem Betriebsgelände vielfach nicht allein bewegen und tätig werden.

Schutz von Betriebsgeheimnissen

Der externe Brandschutzbeauftragte muss für seine eigene Tätigkeit immer einen finanziellen Gewinn erzielen, den der Auftraggeber zusätzlich aufbringen, d. h. erwirtschaften muss. Dieser zusätzliche finanzielle Aufwand kann sich jedoch lohnen, wenn für besondere Aufgabenstellungen eine besondere Qualifikation benötigt wird, die ein eigener Mitarbeiter nicht oder nur unter hohem zeitlichen oder finanziellen Aufwand erreichen kann.

finanzieller Aufwand

4.5 Beauftragung eines Brandschutzbeauftragten

Die unternehmerischen Pflichten des Brandschutzes können so zahlreich, umfangreich und vielschichtig sein, dass eine verantwortungsgerechte und wirkungsvolle Wahrnehmung durch die Führungskräfte nicht mehr möglich ist. Der Unternehmer selbst wäre überfordert, alle Pflichten allein wahrzunehmen. Dann ist die Delegation das einzig angemessene Mittel zur Erfüllung seiner Pflichten. Zum Aufbau einer hierzu erforderlichen Brandschutzorganisation und für die damit verbundenen vielfältigen Aufgaben sollten Arbeitgeberinnen oder Arbeitgeber zur Beratung einen Brandschutzbeauftragten bestellen. So kann er auch ohne fachliche Kenntnisse im Brandschutz seiner Verantwortung für den Brandschutz nachkommen.

Erfüllung von Unternehmerpflichten

4.5.1 Personalauswahl

§ 7 ArbSchG

Der Unternehmer bleibt immer verantwortlich für eine sachgemäße Delegation und die richtige Auswahl der Funktionsträger. Bei der Übertragung von Aufgaben auf Beschäftigte hat der Arbeitgeber je nach Art der Tätigkeiten zu berücksichtigen, ob die Beschäftigten befähigt sind, die für die Sicherheit und den Gesundheitsschutz bei der Aufgabenerfüllung zu beachtenden Bestimmungen und Maßnahmen einzuhalten (§ 7 ArbSchG). Die Benennung eines geeigneten Brandschutzbeauftragten erfolgt gemäß der Personalauswahlpflicht des Unternehmens. Dieses entscheidet auch über die jeweilige Eignung, da Aufgaben und Qualifikation von Brandschutzbeauftragten nicht gesetzlich geregelt sind. Der Unternehmer darf Pflichten nur auf solche Mitarbeiter delegieren, die eine entsprechende Qualifikation und persönliche Eignung haben. Die Auswahlkriterien richten sich daher vorrangig nach dem Umfang der zu übertragenden Aufgaben und der Komplexität der Brandschutzmaßnahmen. Der Brandschutzbeauftragte muss in der Lage sein, den Unternehmer und seine nachrangigen Führungskräfte in Fragen des betrieblichen Brandschutzes vollständig, fachlich kompetent und sachlich richtig beraten zu können.

Qualifikation

Eine formelle Anforderung an die Qualifikation eines Brandschutzbeauftragten gibt es nicht. Ohne entsprechende fachliche Kenntnisse im Brandschutz ist es dem Unternehmer jedoch nicht möglich, die für seinen Betrieb notwendigen fachlichen Anforderungen und notwendigen Kenntnisse an einen ihn beratenden Brandschutzbeauftragten festzulegen. Der Unternehmer kann sich bei der Bestellung eines Brandschutzbeauftragten z. B. auf die in den vfdb-, DGUV- und VdS-Richtlinien zu Aufgaben, Qualifikation, Ausbildung und Bestellung von Brandschutzbeauftragten beschriebene Qualifizierung und Fortbildung berufen. Sie berücksichtigen die Anforderungen an einen Brandschutzbeauftragten, die eine Einbindung in komplexe, industrielle Brandschutzkonzepte erfordert.

technische Kompetenzen

Denn der Brandschutzbeauftragte benötigt nicht nur technische Kompetenzen. Sein Erfolg und die Anerkennung seiner Beratungsleistung im Betrieb hängen auch von seiner persönlichen Eignung ab. Der betriebliche Brandschutz umfasst auch die Gestaltung von organisatorischen Abläufen und kann sogar Formen der Mitarbeiterführung berühren. Um im Betrieb Beschäftigte und Führungskräfte überzeugen zu können, braucht ein erfolgreicher Brandschutzbeauftragter soziale und methodische Qualifikationen. Auch hierzu sind in den vfdb-, DGUV- und VdS-Richtlinien zu Aufgaben, Qualifikation, Ausbildung und Bestellung von Brandschutzbeauftragten die Ausbildungs- und Fortbildungsthemen zum Brandschutzmanagement sowie Methoden-, Medien- und soziale Kompetenzen aufgenommen, um den Brandschutzbeauftragten auf seine steuernde Tätigkeit bei der Integration des Brandschutzes in die betriebliche Organisation und auf die aktive Gestaltung des Brandschutzes im vernetzten Betriebssystem vorzubereiten.

soziale und Methodenkompetenz

4.5.2 Schriftliche Beauftragung

Brandschutzbeauftragte werden von Arbeitgeberin oder Arbeitgeber schriftlich bestellt. In dieser Bestellung sind der Zuständigkeitsbereich, die Aufgaben sowie die Rahmenbedingungen zu definieren und festzulegen. Hierzu enthalten die vfdb-, DGUV- und VdS-Richtlinien zu Aufgaben, Qualifikation, Ausbildung und Bestellung von Brandschutzbeauftragten im Anhang 1 ein Musterbestellungsschreiben.

Bis auf seine Organisations- und Kontrollpflicht kann der Unternehmer grundsätzlich jede seiner Pflichten und Aufgaben, also auch alle Verpflichtungen im Brandschutz, auf andere Personen übertragen. Eine ordnungsgemäße Pflichtenübertragung bewirkt, dass neben dem allein in Gesetzen, Vorschriften und technischen Regelungen angesprochenen Unternehmer nunmehr auch der Beauftragte verantwortlich ist (§ 13 ArbSchG).

§ 13 ArbSchG: Verantwortliche Personen

Für eine wirkungsvolle Übertragung von Verantwortungen muss der diese Pflichten übernehmende Mitarbeiter auch in die Lage versetzt werden, die erforderlichen Brandschutzmaßnahmen in Eigenverantwortung umsetzen und verwirklichen zu können. Die Wahrnehmung von Führungsaufgaben erfordert daher eine entsprechende Weisungs- und damit verbundene Disziplinarbefugnis bei Versäumnissen oder Verstößen gegen ergangene Weisungen. Auch zählen hierzu Dispositions- und Entscheidungsbefugnisse wie z. B. ein ausreichendes finanzielles Budget, damit die erforderlichen Maßnahmen durch den Beauftragten umgesetzt werden können. Eine solche umfangreiche Übertragung aller Brandschutzverpflichtungen kollidiert allerdings mit vielen innerbetrieblichen Arbeits-, Führungs- und Entscheidungsprozessen, da der Brandschutzbeauftragte auch in die Aufgabenbereiche anderer Abteilungsvorgesetzter oder zentraler Betriebsabteilungen eingreifen würde. Daher scheidet in der Mehrheit der Fälle eine generelle Übertragung der Verantwortung im Brandschutz aus. Vielmehr werden in der Regel nur ausgewählte Pflichten und Aufgaben des betrieblichen Brandschutzes, z. B. Beratungs-, Kontroll- und Meldetätigkeiten, aber keine Führungs- und Aufsichtspflichten auf den Brandschutzbeauftragten übertragen.

Führungsaufgaben, Weisungsbefugnis

Abgrenzung zu beratender Tätigkeit

Für eine eindeutige und rechtssichere Regelung der verschiedenen Delegationen und für das lückenlose Zusammenwirken der unterschiedlichen Funktionen in der betrieblichen Organisation ist und bleibt allein der Unternehmer verantwortlich. Er muss alle Regelungen treffen, die für eine sichere Organisation der Betriebs- und Arbeitsabläufe erforderlich sind. Der Unternehmer selbst muss weiterhin überwachen, dass alle anderen Mitarbeiter im Betrieb ihre Organisationspflichten erfüllen (§ 3 Abs. 2 ArbSchG). Sonst liegt ein Organisationsverschulden vor. Das kann für den Unternehmer selbst zu rechtlichen Konsequenzen führen, auch wenn der eigentliche Fehler ganz woanders gemacht worden ist (§ 130 Gesetz über Ordnungswidrigkeiten – OWiG [14]).

§ 3 Abs. 2 ArbSchG

§ 130 OWiG

Pflichtenübertragung

Eine entsprechende Aufgabenverteilung an Vorgesetzte und Mitarbeiter und der Aufbau der gesetzlich vorgeschriebenen Sicherheitsorganisation aus Fachkräften für Arbeitssicherheit, Betriebsärzten und eben auch erforderlichen Brandschutzbeauftragten erfordert immer eine Festlegung der übertragenen Pflichten und Aufgaben sowie die Bestätigung der Pflichtenübernahme in schriftlicher Form (§ 13 DGUV-Vorschrift 1; vgl. [15]). Hierbei handelt es sich jedoch nur um eine Formvorschrift, d. h., die allein aus rechtlichen Gründen unwirksame mündliche Pflichtenübertragung ändert die Verantwortlichkeit des Beauftragten nicht. Eine verbindliche Delegation setzt voraus, dass der Mitarbeiter, auf den Aufgaben übertragen werden, mit der Delegation einverstanden ist. Die Bestätigung kann schriftlich oder mündlich erfolgen. Eine Bestätigung ist auch darin zu sehen, dass der Mitarbeiter zugewiesene Aufgaben oder ein übertragenes Aufgabengebiet wahrnimmt (konkludentes Einverständnis).

Einverständniserklärung

Beauftragung

Unter diesen Voraussetzungen delegierte Pflichten sind wirksam übertragen, und der Unternehmer ist insoweit in seinen Pflichten und schließlich auch in seiner Verantwortlichkeit entlastet. Es braucht also faktisch nur ein Auftragsverhältnis vorzuliegen, mit dem allerdings nicht unbedingt eine rechtssichere, d. h. zusammenwirkende, lückenlose Organisationsstruktur geschaffen werden kann. Organisationsfehler bzw. Organisationsverschulden, das ursächlich für Personen- und Sachschäden war, wird von der Rechtsprechung schon seit geraumer Zeit straf- und zivilrechtlich geahndet. Zur Rechtssicherheit beider Seiten sollte die Bestellung eines Brandschutzbeauftragten durch den Unternehmer also immer schriftlich erfolgen.

Rechtssicherheit

4.5.3 Verantwortungsbereich

Neben der schriftlichen Bestellung entscheidet auch die Beschreibung der wahrzunehmenden Aufgaben und durchzuführenden Tätigkeiten über die Rechtsstellung und damit auch über die Verantwortung und die daraus möglicherweise resultierende Haftung des Brandschutzbeauftragten.

Betriebliche Vorgesetzte, die neben den Personalführungsaufgaben auch Unternehmerpflichten (z. B. Organisationspflichten) wahrnehmen, sind genauso verantwortlich wie der Unternehmer. Zunächst einmal sind sie für ihr eigenes Handeln verantwortlich, darüber hinaus aber auch für das Handeln der ihnen unterstellten Mitarbeiter, wenn sie ihrer Pflicht, ihre Beschäftigten ordnungsgemäß auszuwählen und über sie Aufsicht zu führen, zumindest fahrlässig nicht ausreichend nachkommen. Führt ein aktives Handeln, aber auch ein Unterlassen der Aufsichts- und Kontrollpflichten oder das Dulden einer sicherheitswidrigen Situation durch einen Vorgesetzten zu einem Brand, Unfall o. Ä. und ist das Verschulden als zumindest fahrlässig zu bewerten, so muss der Vorgesetzte mit straf-, ordnungs- und zivilrechtlichen Konsequenzen rechnen.

Haftung

Für die Fachkräfte für Arbeitssicherheit hat der Gesetzgeber bewusst geregelt, dass auf diese nicht die Pflichten des Unternehmers in der Arbeitssicherheit übertragbar sind. Er räumt ihnen keine Weisungs- und Disziplinarbefugnisse gegenüber Mitarbeitern ein, verpflichtet sie nicht, in Arbeitsabläufe einzugreifen oder Sicherheitsmängel an Maschinen und Anlagen selbst zu beseitigen. Das ist nur ausnahmsweise in Situationen notwendig, in denen eine akute Gefahr für Leben oder Gesundheit besteht und diesen Sicherheitsmangel gerade kein Vorgesetzter schnell genug beseitigen kann.

Dieser gesetzliche Vorbehalt gilt allerdings nur für die Fachkraft für Arbeitssicherheit, jedoch nicht für die gesetzlich ungeregelte Funktion eines Brandschutzbeauftragten. Durch – eventuell auch unbewusste – Formulierungen in seiner schriftlichen Bestellung wie „ausführen", „überwachen", „entscheiden" kann der Brandschutzbeauftragte aus seiner eigentlichen Beratungsfunktion in die Verantwortung eines Vorgesetzten geraten. Diese indirekte Pflichtenübertragung mit allen Folgen für Verantwortung und Haftung ist jedoch normalerweise nicht gewünscht. Der Brandschutzbeauftragte wäre in größeren Betrieben auch überfordert, die Brandschutzpflichten des Unternehmers und der Vorgesetzten der verschiedenen Bereiche zu übernehmen. In einer solchen Delegation könnte sogar ein Organisationsmangel vermutet werden. Die Verantwortung liegt dann wieder beim Unternehmer bzw. beim zuständigen Vorgesetzten, nicht aber beim Brandschutzbeauftragten.

indirekte Pflichtenübertragung

Beratungs- und Unterstützungstätigkeit

Daher muss die Beratungs- und Unterstützungstätigkeit präzise formuliert werden. Dass eine Beschränkung auf eine Beratungs- und Unterstützungstätigkeit beabsichtigt ist, geht beispielhaft aus Formulierungen wie „mitwirken", „beraten", „unterstützen" und „kontrollieren" hervor. Natürlich können auch Brandschutzbeauftragte Fehler machen, für die sie dann verantwortlich sind. Allerdings beschränkt sich ihre Haftung auf die mit der erforderlichen Sorgfalt durchzuführende Beratung mithilfe der regelgerechten Anwendung des technischen Regelwerkes. Erfüllt der Brandschutzbeauftragte diese Sorgfaltspflicht, kann er nicht zur Verantwortung gezogen werden, auch wenn das Ergebnis falsch sein sollte.

Sorgfaltspflicht

Besonders wichtig ist eine präzise Beschreibung des Verantwortungsbereichs, wenn der eigentlich beratende Brandschutzbeauftragte auch Vorgesetzter oder Führungskraft im Unternehmen ist. Denn hier müssen seine Rechte und Pflichten bezüglich Entscheidungen und Anordnungen, Personalführung und Aufsicht als im Interesse des Unternehmers handelnder Vertreter klar von der beratenden Tätigkeit des Brandschutzbeauftragten abgegrenzt werden.

Abgrenzung verschiedener Pflichtenkreise

4.5.4 Tätigkeitsbereich

Als zentraler Ansprechpartner ist der Brandschutzbeauftragte grundsätzlich für alle Fragen des bestellenden Unternehmers zum betrieblichen Brandschutz, also für das gesamte Unternehmen, zuständig. Je komplizierter und umfangreicher sich jedoch der Brandschutz gestaltet, desto größer ist die Gefahr, Pflichten zu übersehen oder falsch zu beurteilen.

Je nach Größe und Struktur (mehrere Zweigwerke, Filialen, Betriebsstellen) des Unternehmens, nach der betriebsspezifischen Gefährdung (Spezialisierung auf bestimmte Fachbereiche) und nach dem Umfang getroffener Brandschutzmaßnahmen – und dem damit erforderlichen Zeitbedarf – kann es notwendig sein, mehrere Brandschutzbeauftragte innerhalb eines Unternehmens zu bestellen. So können einzelne Brandschutzbeauftragte nur für einzelne Gebäude, bestimmte Betriebsbereiche oder Abteilungen oder für die zentrale, gemeinsam genutzte Betriebsinfrastruktur zuständig sein. Auch hier ist im Sinne einer ausreichenden Sicherheitsorganisation eine detaillierte Beschreibung der Zuständigkeiten und Schnittstellen zwischen den einzelnen Beauftragten erforderlich, insbesondere dann, wenn sich Zuständigkeiten nicht eindeutig dem einen oder anderen Tätigkeitsbereich zuordnen lassen.

mehrere Brandschutzbeauftragte

Sind mehrere Brandschutzbeauftragte erforderlich, erfolgen Koordinierung und Abstimmung zwischen den einzelnen Brandschutzbeauftragten durch einen Gesamt-Brandschutzbeauftragten, der zum einen die für ein einheitliches Brandschutzniveau erforderlichen Rahmenbedingungen festlegt und zum anderen die Arbeitsergebnisse der einzelnen Brandschutzbeauftragten auswertet, zusammenfasst und dem bestellenden Unternehmer Bericht erstattet.

Gesamt-Brandschutzbeauftragter

Bei einer Arbeitsteilung mit mehreren Brandschutzbeauftragten kann der Unternehmer die Brandschutzorganisation nur noch durch Führungsmaßnahmen herbeiführen. In diesem Sonderfall kann es durchaus gerechtfertigt sein, den Gesamt-Brandschutzbeauftragten zumindest innerhalb dieser Brandschutzorganisation entgegen der üblichen Bestellung durch eine schriftliche Pflichtenübertragung auch zum Vorgesetzten und damit zur verantwortlichen Führungskraft gegenüber den untergeordneten Brandschutzbeauftragten zu ernennen. Ihm obliegen dann die Aufgabenverteilung an seine Mitarbeiter und die Abdeckung der Schnittstellen. Weiterhin zählt dann auch die Kontrolle der Ergebnisse und des Erfolgs der Führungsmaßnahmen zu seinen Aufgaben, um ggf. nachsteuern zu können. Damit hat der Gesamt-Brandschutzbeauftragte verantwortlich dafür zu sorgen, dass alle Beteiligten der benötigten Gefahrenabwehr aufgestellt sind, diese auch im erforderlichen Umfang tätig werden und wirksam zusammenarbeiten. So kann der Unternehmer seine Verpflichtung einer geeigneten Sicherheitsorganisation im Bereich des Brandschutzes erfüllen.

Führungsaufgaben

4.5.5 Aufgabenbeschreibung

Die Gesamtheit des betrieblichen Brandschutzes ist ein interdisziplinäres Zusammenwirken verschiedener Schutzmaßnahmen, die aus völlig unterschiedlichen Rechtsquellen hervorgehen können. Bereits die Ermittlung der bestehenden Brandgefährdungen basiert auf unterschiedlichen Verpflichtungen zu einer Gefährdungsbeurteilung. Eine der wichtigsten Aufgaben des Brandschutzes ist der Schutz von Leben und Gesundheit der vom Brand betroffenen Menschen. Brandgefahren müssen daher auch als Gefährdung in der betrieblichen Gefährdungsbeurteilung betrachtet werden. Die Grundlage für die Einrichtung von Arbeitsstätten, für die sichere Gestaltung von Flucht- und Rettungswegen und für die Ausstattung mit Feuerlöschgeräten ist ebenfalls eine Gefährdungsbeurteilung. Auch im Bereich der Gefahrstoffe wird die Festlegung der erforderlichen Maßnahmen gegen Brand- oder Explosionsgefahren durch entzündbare oder brandfördernde Gefahrstoffe durch eine Gefährdungsbeurteilung gefordert. Eine besondere Gefährdungsbeurteilung ist für explosionsgefährdete Bereiche gefordert. Daher ist der allgemeine Brandschutz immer auch ein Tätigkeitsbereich in der Arbeitssicherheit und fällt damit in den Aufgabenbereich der Fachkraft für Arbeitssicherheit.

Arbeitssicherheit

Je nach Maßnahmenschwerpunkt innerhalb des Brandschutzes können auch Bereiche außerhalb der klassischen Sicherheitsorganisation zur Durchführung des Brandschutzes geeignet und zuständig sein. Der technische und bauliche Brandschutz ist immer auch Teil der Gebäudetechnik und -versorgung. Instandhaltungs- und Reparaturmaßnahmen oder Umbau- und Erweiterungsarbeiten in der Gebäudetechnik sowie Nutzungsänderungen in Gebäuden beeinflussen erfahrungsgemäß fast immer den Brandschutz. Dabei muss sichergestellt sein, dass bauliche und technische Einrichtungen des Brandschutzes stets funktionsfähig bleiben. Aufgabe eines betrieblichen Umweltmanagements ist es, die ökonomischen und ökologischen Aspekte des Betriebes in Einklang zu bringen. Brandereignisse bedeuten immer eine erhebliche Umweltgefahr durch freiwerdende Schadstoffe, zurückbleibende Brandreste und verunreinigtes Löschwasser. Die Chancen eines Unternehmens, sich bei zunehmendem Wettbewerbsdruck zu behaupten, hängen von seiner Fähigkeit ab, termingerecht und zu konkurrenzfähigen Preisen zu liefern und Kundenerwartungen möglichst genau zu treffen. Ein Brandereignis nimmt durch Brand-, Ruß-, Löschmittel- und Korrosionsschäden an Werkzeugen, Betriebsmitteln, Vorprodukten, Waren und Mustern sowie durch Produktionsunterbrechungen wesentlichen Einfluss auf die Qualität und Zuverlässigkeit der Produktion.

Gebäudetechnik

Umweltmanagement

Qualitätssicherung

Somit können Zuständigkeiten für einzelne Brandschutzmaßnahmen innerhalb der betrieblichen Organisationsstruktur durchaus unterschiedlichen Unternehmens- und Funktionsbereichen zugeordnet sein. Immer häufiger werden bereits zentrale Aufgaben der Haus-

Abgrenzung innerhalb der betrieblichen Sicherheitsorganisation

oder Betriebstechnik an Dienstleister übertragen. Jede Person, auf die Brandschutzaufgaben übertragen werden, muss wissen, wo ihre Aufgaben und Pflichten enden und wie sie gegenüber den anderen Mitwirkenden abgegrenzt sind. Daher ist ein wichtiger Bestandteil der Bestellung eines Brandschutzbeauftragten die Definition und Beschreibung der auf ihn in der betrieblichen Sicherheitsorganisation entfallenden Aufgaben.

4.5.6 Einsatzzeiten

Der betriebliche Brandschutz kann bereits bei mittelständischen Unternehmen erhebliche Arbeitszeit beanspruchen. Jedoch wird es nur in großen Unternehmen und Konzernen sinnvoll und finanziell vertretbar sein, einen Brandschutzbeauftragten in einer Vollzeitstellung zu beschäftigen. In der Regel muss ein Brandschutzbeauftragter seine Aufgaben neben anderen betrieblichen Tätigkeiten und Aufgaben erfüllen oder als externe Kraft weitere Betriebsstätten und andere Unternehmen betreuen. Sowohl für den betriebsinternen, erst recht aber für den externen Brandschutzbeauftragten muss daher zur Gewährleistung seiner umfassenden Beratung und wirkungsvollen Tätigkeit ein zeitlicher Rahmen vereinbart werden.

Zeitbedarf

Welcher Zeitbedarf für die Tätigkeit eines Brandschutzbeauftragten veranschlagt werden muss, hängt zum einen von Branche, Gefährdung, Betriebsgröße und Unternehmensstruktur, zum anderen vom Umfang der getroffenen Maßnahmen ab. Dabei müssen sowohl allgemeine Anforderungen als auch betriebsspezifische Gegebenheiten berücksichtigt werden, um die Arbeitszeit des Brandschutzbeauftragten angemessen zu bestimmen. Erst seine tatsächliche Tätigkeit wird zeigen, ob der gewählte Zeitrahmen ausreicht. Daher muss die Festlegung der Einsatzzeiten im Sinne der Gefährdungsbeurteilung regelmäßig überprüft und bei Bedarf an die tatsächlich benötigte Arbeitszeit angepasst werden.

4.5.7 Weitere Rahmenbedingungen

Zu den weiteren Rahmenbedingungen, die eine schriftliche Bestellung eines Brandschutzbeauftragten enthalten sollten, gehören z. B. Zugriff auf alle brandschutzrelevanten Unterlagen und Informationen, Zutritt zu allen betreffenden Liegenschaften und Räumen sowie verfügbare Arbeitsmittel, die der Brandschutzbeauftragte zur Wahrnehmung seiner Aufgaben, zur Beurteilung des Brandschutzes und für seine weitere Tätigkeit benötigt.

5 Gefährdungsbeurteilung im Brandschutz

Das europäische Arbeitsschutzkonzept folgt dem Grundsatz der Arbeitgeberverantwortung. Der Gesetzgeber räumt den Verantwortlichen einen breiten Spielraum zur Umsetzung des Arbeits- und Gesundheitsschutzes ein. Die Pflichten werden in der Regel über Schutzziele und nicht über konkrete Bestimmungen definiert. Dieses Konzept wird seit Einführung des Arbeitsschutzgesetzes [1] im Jahr 1996 auch in der deutschen Gesetzgebung umgesetzt und findet zunehmend Eingang in das technische Regelwerk. Diese allgemein formulierten Schutzziele lassen sich jedoch nicht immer direkt in betriebliche Maßnahmen umsetzen.

ArbSchG

Kernpunkt ist die Gefährdungsbeurteilung. Sie ist das Verfahren zur Beurteilung von Gesundheits- und Sicherheitsgefährdungen der Arbeitnehmer, die aus Gefahren am Arbeitsplatz resultieren. Die Gefährdungsbeurteilung ist eine systematische Untersuchung aller Aspekte der Arbeit, um herauszufinden, wodurch Verletzungen oder Schäden verursacht werden können, wie die Gefahren beseitigt werden können und, falls dies nicht möglich ist, welche Präventions- oder Schutzmaßnahmen zur Begrenzung der Gefährdungen vorhanden sind oder sein sollten (EU-Leitfaden zur Gefährdungsbeurteilung bei der Arbeit, Europäische Kommission, 1996 [2]). Eine Gefährdungsbeurteilung beschreibt somit die systematische Erfassung aller Gefahrenquellen, deren Bewertung, die daraus resultierenden Schutzmaßnahmen und die anschließende Überprüfung auf deren Wirksamkeit.

EU-Leitfaden zur Gefährdungsbeurteilung bei der Arbeit

Für die Durchführung der Gefährdungsbeurteilung von Arbeitsplätzen ist der Arbeitgeber, für die Durchführung der sicherheitstechnischen Bewertung von Betriebs- und Arbeitsmitteln ist der Betreiber verantwortlich. Sofern er nicht selbst über die erforderlichen Kenntnisse verfügt, wird dem Arbeitgeber oder Betreiber empfohlen, sich z. B. durch Fachkräfte für Arbeitssicherheit und Betriebsärzte fachkundig beraten zu lassen. Bei Gefährdungen durch Brandereignisse kann dies auch ein Brandschutzbeauftragter übernehmen, der über die notwendigen Fachkenntnisse verfügt, systematisch bei der Gefährdungsbeurteilung vorzugehen.

5.1 Gefährdungen durch Brandereignisse

Definition Gefährdung

Eine Gefährdung ist ein Zustand oder eine Situation, in der die Möglichkeit besteht, dass ein Schaden eintritt, ohne dass bestimmte Anforderungen an dessen Ausmaß oder Eintrittswahrscheinlichkeit gestellt werden. Die Gefährdung entsteht, wenn ein räumliches und/oder zeitliches Zusammentreffen einer Gefahrenquelle mit einem Menschen oder Objekt möglich ist. Der Mensch kann hierbei verletzt werden oder erkranken, das Objekt kann beschädigt oder vernichtet werden. Gefährdungen im Sinne des Arbeits- und Brandschutzes können sich insbesondere ergeben durch:

1. die Gestaltung und die Einrichtung der Arbeitsstätte und des Arbeitsplatzes,
2. physikalische, chemische und biologische Einwirkungen,
3. die Gestaltung, die Auswahl und den Einsatz von Arbeitsmitteln insbesondere von Arbeitsstoffen, Maschinen, Geräten und Anlagen sowie den Umgang damit,
4. die Gestaltung von Arbeits- und Fertigungsverfahren, Arbeitsabläufen und Arbeitszeit und deren Zusammenwirken,
5. unzureichende Qualifikation und Unterweisung der Beschäftigten.

Definition Brand

Als Brand gilt ein mit einer Lichterscheinung (Feuer, Flamme, Glut, Glimmen, Funken) verbundener Verbrennungs-, Seng- oder Schmelzvorgang, der ohne einen bestimmungsgemäßen Herd entstanden ist oder ihn – unkontrolliert – verlassen hat und sich aus eigener Kraft auszubreiten vermag. Solch ein Brand wird auch als Schadensfeuer bezeichnet. Wenn sich ein Feuer unkontrolliert ausbreitet, entstehen als

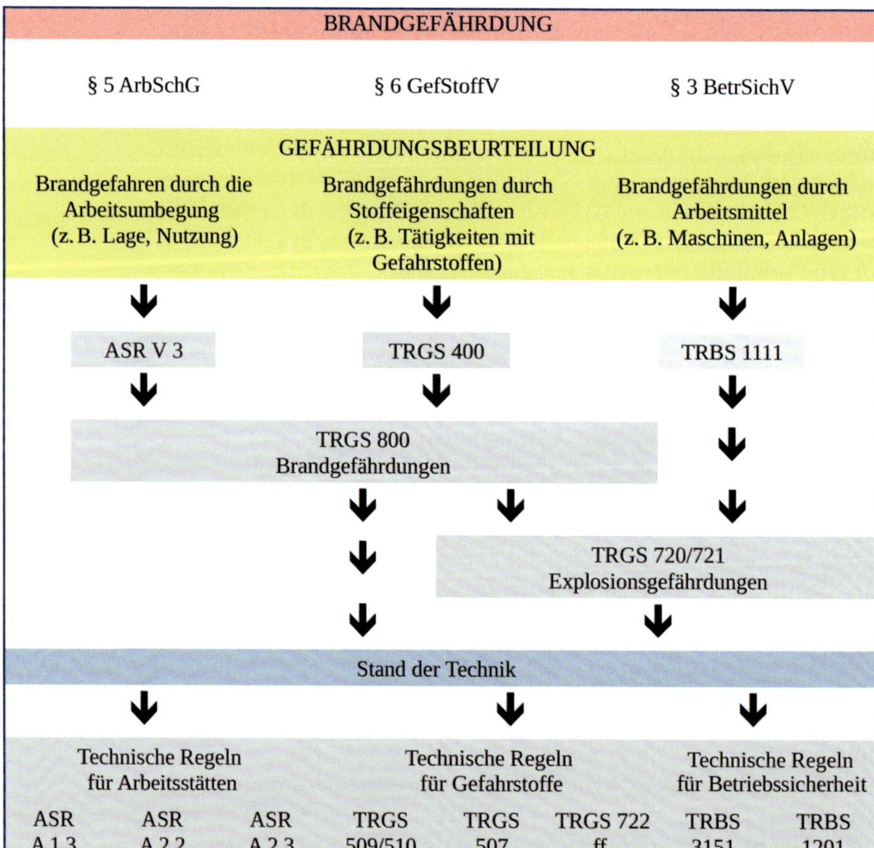

Abb. 5.1: Die Gefährdungsbeurteilung im Brandschutz muss vielfältigen gesetzlichen Vorschriften und technischen Regeln genügen.

direkte Auswirkung oftmals erhebliche Personen-, Sach- oder Umweltschäden. Auch Gefahren durch brennbare Stoffe, vorhandene Zündquellen und einen Brandausbruch müssen daher grundsätzlich als Gefährdung im Rahmen einer Gefährdungsbeurteilung ermittelt werden.

So vielfältig die Gefahren durch ein Brandereignis sind, so vielfältig sind auch die Ansatzpunkte und gesetzlichen Vorgaben, die ein ganzheitlicher Brandschutz im Unternehmen zu beachten hat.

5.1.1 Gefährdungsbeurteilung im Arbeitsschutz

Eine der wichtigsten Aufgaben des Brandschutzes ist der Schutz von Leben und Gesundheit der vom Brand betroffenen Menschen. „*Der Arbeitgeber hat durch eine Beurteilung der für die Beschäftigten mit ihrer Arbeit verbundenen Gefährdung zu ermitteln, welche Maßnahmen des Arbeitsschutzes erforderlich sind*“ (§ 5 Abs. 1 ArbSchG). Im betrieblichen Umfeld fällt dieses Schutzziel daher hauptsächlich in den Bereich Arbeitssicherheit. Aus Sicht des Arbeitsschutzes müssen auch Brandgefahren als Gefährdung für Leben und Gesundheit der von einem Brandereignis betroffenen Beschäftigten in die Gefährdungsbeurteilung miteinbezogen werden. In dieser Gefährdungsbeurteilung hat der Arbeitgeber „*entsprechend der Art der Arbeitsstätte und der Tätigkeiten sowie der Zahl der Beschäftigten alle Maßnahmen zu treffen, die zur Ersten Hilfe, Brandbekämpfung und Evakuierung der Beschäftigten erforderlich sind*“ (§ 10 Abs. 1 ArbSchG).

§ 5 Abs. 1 ArbSchG

§ 10 Abs. 1 ArbSchG

5.1.2 Gefährdungsbeurteilung für Arbeitsstätten

„*Bei der Beurteilung der Arbeitsbedingungen nach § 5 des Arbeitsschutzgesetzes hat der Arbeitgeber zunächst festzustellen, ob die Beschäftigten Gefährdungen beim Einrichten und Betreiben von Arbeitsstätten ausgesetzt sind oder ausgesetzt sein können*“ (§ 3 Abs. 1 ArbStättV [3]). Hierzu konkretisiert die ASR V3 [4] die Anforderungen an die Gefährdungsbeurteilung nach § 3 Arbeitsstättenverordnung (ArbStättV) und beschreibt eine systematische Vorgehensweise zur Durchführung im Rahmen der Beurteilung der Arbeitsbedingungen nach § 3 Arbeitsschutzgesetz (ArbSchG). Alle die Sicherheit und den Gesundheitsschutz berührenden Aspekte zu Einrichtung und Betrieb von Arbeitsstätten sind in ArbStättV gesetzlich geregelt. Entsprechend dem Ergebnis der Gefährdungsbeurteilung nach ArbStättV hat der Arbeitgeber Schutzmaßnahmen gemäß den Vorschriften dieser Verordnung einschließlich ihres Anhangs nach dem Stand der Technik, Arbeitsmedizin und Hygiene festzulegen. Hierzu beinhaltet die ArbStättV grundlegende Anforderungen für das Betreiben und Einrichten von Arbeitsstätten, ebenso Anforderungen an die einzuhaltenden Arbeitsbedingungen wie z. B. Schutzmaßnahmen gegen Entstehungsbrände oder bauliche Voraussetzungen zur Flucht und Rettung im Gefahrenfall. Die Anforderungen der ArbStättV werden hinsichtlich der Ermittlung und Bewertung von Gefährdungen sowie der Ableitung von geeigneten Schutzmaßnahmen in Technischen Regeln für Arbeitsstätten (Arbeitsstätten-Richtlinien – ASR) konkretisiert. Diese enthalten Regeln und sonstige gesicherte arbeitswissenschaftliche

§ 3 Abs. 1 ArbStättV

Technische Regeln für Arbeitsstätten (ASR)

Erkenntnisse für das Einrichten und Betreiben von Arbeitsstätten, die dem Stand der Technik, Arbeitsmedizin und Hygiene entsprechen, sodass bei Anwendung der beispielhaft genannten Maßnahmen von einer ausreichenden Beachtung des Standes der Technik ausgegangen werden kann (Vermutungswirkung).

5.1.3 Gefährdungsbeurteilung für Gefahrstoffe

Bei *„der Beurteilung der Arbeitsbedingungen nach § 5 des Arbeitsschutzgesetzes hat der Arbeitgeber festzustellen, ob die Beschäftigten Tätigkeiten mit Gefahrstoffen ausüben oder ob bei Tätigkeiten Gefahrstoffe entstehen oder freigesetzt werden können. Ist dies der Fall, so hat er alle hiervon ausgehenden Gefährdungen der Gesundheit und Sicherheit der Beschäftigten [...] zu beurteilen"* (§ 6 Abs. 1 GefStoffV [5]). Die TRGS 400 „Gefährdungsbeurteilung für Tätigkeiten mit Gefahrstoffen" (2010-12) [6] beschreibt Vorgehensweisen zur Informationsermittlung und Gefährdungsbeurteilung von Gefahrstoffen. Sie bindet die Vorgaben der Gefahrstoffverordnung in den durch das ArbSchG vorgegebenen Rahmen ein. Bei der Beurteilung physikalisch-chemischer Gefährdungen sind Brand- und Explosionsgefahren sowie sonstige durch Gefahrstoffe bedingte Gefährdungen zu berücksichtigen. Der Arbeitgeber hat auf der Grundlage der Beurteilung bestehender physikalisch-chemischer Gefährdungen ergänzende Schutzmaßnahmen nach dem Stand der Technik zu treffen, die zur Vermeidung von Brand- und Explosionsgefahren und zum Schutz von Gesundheit und Sicherheit der Beschäftigten oder anderer Personen vor Brand- und Explosionsgefahren erforderlich sind (Anhang I Nr. 1 GefStoffV).

Anhang I Nr. 1 GefStoffV

Die Anforderungen der Gefahrstoffverordnung an die Gefährdungsbeurteilung von Brandgefährdungen durch Gefahrstoffe konkretisiert die Technische Regel für Gefahrstoffe „Brandschutzmaßnahmen" (TRGS 800) [7]. Die TRGS 800 gilt für Tätigkeiten mit brennbaren oder oxidierenden Gefahrstoffen, bei denen Brandgefährdungen entstehen können. Sie berücksichtigt auch die Ermittlung und Bewertung, ob die Stoffe, Zubereitungen oder Erzeugnisse bei Tätigkeiten, auch unter Berücksichtigung der stofflichen Eigenschaften, der Arbeitsmittel, der Verfahren und der Arbeitsumgebung sowie ihrer möglichen Wechselwirkungen, zu einer Brandgefährdung führen können.

TRGS 800

5.1.4 Gefährdungsbeurteilung im Explosionsschutz

Explosionsschutz

Die Betriebssicherheitsverordnung [8] regelt im Zusammenhang mit der Gefahrstoffverordnung unter anderem den Schutz von Beschäftigten vor Explosionsgefährdungen. Im Rahmen der Novellierung beider Verordnungen haben sich Anforderungen an die Gefährdungsbeurteilung und an das Explosionsschutzdokument von der BetrSichV in die GefStoffV verschoben, während die Anforderungen an die Prüfungen von Arbeitsmitteln und überwachungsbedürftigen Anlagen geändert wurden. Die Beurteilung der Explosionsgefährdung („Explosionsschutzdokument") ist nun Bestandteil der Gefährdungsbeurteilung für Gefahrstoffe.

Explosionsschutzdokument

Der Arbeitgeber hat festzustellen, ob die verwendeten Stoffe, Gemische, Zubereitungen und/oder Erzeugnisse bei Tätigkeiten zu Brand- oder Explosionsgefährdungen führen können. Verwendete Arbeitsmittel und Verfahren müssen hierbei genauso berücksichtigt werden, wie die Arbeitsumgebung sowie möglicher Wechselwirkungen.

Dabei hat der Arbeitgeber zu beurteilen,

- ob gefährliche Mengen oder Konzentrationen von Gefahrstoffen, die zu Brand- und Explosionsgefährdungen führen können, auftreten,
- ob Zündquellen oder Bedingungen, die Brände oder Explosionen auslösen können, vorhanden sind und
- ob schädliche Auswirkungen von Bränden oder Explosionen auf die Gesundheit und Sicherheit der Beschäftigten möglich sind (§ 6 (4) GefStoffV).

Hinweise zur Ermittlung und Bewertung von Explosionsgefährdungen und zur Ableitung geeigneter Schutzmaßnahmen gibt das staatliche Regelwerk der Technischen Regeln für Gefahrstoffe (TRGS). Sie konkretisieren mit der TRGS 721 „Gefährliche explosionsfähige Atmosphäre – Beurteilung der Explosionsgefährdung" [9] die Anforderungen an die Beurteilung von Explosionsgefährdungen. Die bewährte DGUV Regel 113-001 (bisher BGR 104) „Explosionsschutz-Regeln" [10] enthält zur konkreten Betrachtung von Standardfällen eine ausführliche Beispielsammlung.

Explosionsschutz-Regeln

5.1.5 Gefährdungsbeurteilung für Arbeitsmittel

Für die sichere Verwendung von Arbeitsmitteln fordert auch die Betriebssicherheitsverordnung eine Gefährdungsbeurteilung für eingesetzte Arbeitsmittel, also Werkzeuge, Geräte, Maschinen oder Anlagen, die für die Arbeit verwendet werden, sowie für überwachungsbedürftige Anlagen.

Gefährdungsbeurteilung für Arbeitsmittel

Der Arbeitgeber hat vor der Verwendung von Arbeitsmitteln die auftretenden Gefährdungen zu beurteilen (Gefährdungsbeurteilung) und daraus notwendige und geeignete Schutzmaßnahmen abzuleiten. In die Beurteilung sind alle Gefährdungen einzubeziehen, die bei der Verwendung von Arbeitsmitteln ausgehen, und zwar von den Arbeitsmitteln selbst, der Arbeitsumgebung und den Arbeitsgegenständen, an denen Tätigkeiten mit Arbeitsmitteln durchgeführt werden.

Gefährdungsbeurteilung durch den Arbeitgeber

Konkretisiert wird die BetrSichV durch die Technische Regel für Betriebssicherheit TRBS 1111 „Gefährdungsbeurteilung" [11]. Sie beschreibt die Vorgehensweise zur Ermittlung und Bewertung von Gefährdungen sowie zur Ableitung der notwendigen Maßnahmen für die Bereitstellung und Benutzung von Arbeitsmitteln sowie das Betreiben überwachungsbedürftiger Anlagen. Bei dieser Gefährdungsbeurteilung sind insbesondere auch vorhersehbare Betriebsstörungen und die Gefährdung bei Maßnahmen zu deren Beseitigung zu berücksichtigen. Zur Ermittlung von Gefährdungen muss geprüft werden, ob durch die Bereitstellung von Arbeitsmitteln durch den Arbeitgeber bzw. durch die Benutzung der Arbeitsmittel durch die Beschäftigten z. B. Brand- und Explosionsgefährdungen zu erwarten sind.

TRBS 1111 „Gefährdungsbeurteilung und sicherheitstechnische Bewertung"

Weiterhin hat der Arbeitgeber die Anforderungen an das bereitzustellende Arbeitsmittel hinsichtlich möglicher Wechselwirkungen des Arbeitsmittels mit bereits vorhandenen Arbeitsmitteln, Arbeitsstoffen und der Arbeitsumgebung zu ermitteln. Diese sind dahingehend zu bewerten, ob hierdurch neue Gefährdungen auftreten oder bereits vorhandene Gefährdungen verändert werden.

Die BetrSichV regelt hinsichtlich der in Anhang 2 genannten überwachungsbedürftigen Anlagen zugleich Maßnahmen zum Schutz anderer Personen im Gefahrenbereich, soweit diese aufgrund der Verwendung dieser Anlagen gefährdet werden können. Unter die von der BetrSichV erfassten überwachungsbedürftigen Anlagen fallen z. B. explosionsgefährdete Anlagen, Lackierräume und -anlagen sowie Lager und Füllstellen brennbarer Flüssigkeiten. Der sichere Betrieb dieser Anlagen und Einrichtungen hängt auch wesentlich von einem funktionierenden Brandschutz ab. Besteht zusätzlich zur Brandgefährdung auch eine Explosionsgefährdung, dann ist diese nach den einschlägigen Vorschriften zu betrachten. Hierzu enthalten z.B. auch die betriebsspezifischen technischen Regeln DGUV Information 209-046 „Lackierräume und -einrichtungen für flüssige Beschichtungsstoffe" [12], DGUV Information 209-052 „Elektrostatisches Beschichten" [13], sowie die TRGS 510 „Lagerung von Gefahrstoffen in ortsbeweglichen Behältern" [14] konkrete Vorgaben zum Explosionsschutz.

Vorgaben zum Explosionsschutz

5.1.6 Methodik der Gefährdungsbeurteilung

Im Rahmen der Gefährdungsbeurteilung nach dem Arbeitsschutzgesetz in Verbindung mit der GefStoffV und/oder BetrSichV ist zu prüfen, ob mit der betrachteten Tätigkeit bzw. im betrachteten Betriebsbereich eine erhöhte oder hohe Brandgefährdung einhergeht.

Beurteilung anhand konkreter betrieblicher Gegebenheiten

Die Gefährdungsbeurteilung ist die systematische Ermittlung und Bewertung relevanter Gefährdungen der Beschäftigten mit dem Ziel, erforderliche Maßnahmen für Sicherheit und Gesundheit bei der Arbeit festzulegen. Dabei sind auch Gefährdungen zu ermitteln und zu beurteilen, mit denen z. B. bei Bränden, Unfällen oder sonstigen Betriebsstörungen zu rechnen ist. Es sind entsprechende Brandschutzmaßnahmen festzulegen, die zum Schutz der Mitarbeiter notwendig sind. Umfang und Methodik der Gefährdungsbeurteilung orientieren sich dabei grundsätzlich an den konkreten betrieblichen Gegebenheiten. Wie die Gefährdungsbeurteilung durchzuführen ist, schreibt daher weder das Arbeitsschutzgesetz noch die Arbeitsstättenverordnung detailliert vor.

Das technische Regelwerk der ASR V3, TRGS 400 und TRBS 1111 beschreibt eine in der Praxis bewährte Vorgehensweise zur Durchführung von Gefährdungsbeurteilungen in folgenden Schritten:

- Vorbereiten der Gefährdungsbeurteilung
- Ermitteln der Gefährdungen
- Beurteilen der Gefährdungen
- Festlegen konkreter Schutzmaßnahmen
- Durchführen der Maßnahmen
- Überprüfen der Durchführung und Wirksamkeitsprüfung
- Fortschreiben der Gefährdungsbeurteilung

Mit dem Durchlaufen dieser empfohlenen Prozessschritte werden die vom Arbeitsschutzgesetz, der Arbeitsstättenverordnung und anderen gesetzlichen Vorschriften vorgeschriebenen Anforderungen an die Gefährdungsbeurteilung erfüllt.

Sofern eine erhöhte bzw. hohe Brandgefährdung vorliegt, sind zusätzliche Maßnahmen erforderlich, die den baulichen Brandschutz nach Baurecht sowie den allgemeinen Brandschutz nach Arbeitsstättenrecht ergänzen.

5.1.7 Ganzheitliche Brandgefährdungsbeurteilung

Bei besonderer Brandgefährdung ist eine ganzheitliche Gefährdungsbeurteilung, die alle für die Entstehung, Ausbreitung und Auswirkung eines Brandes relevanten Faktoren umschließt, durchzuführen. Bei der ganzheitlichen Beurteilung der Brandgefährdung werden nicht nur die verwendeten Stoffe und eingesetzten Arbeitsmittel betrachtet, sondern auch die Arbeits- und Verfahrensbedingungen, die Arbeitsumgebung und bauliche Gegebenheiten sowie mögliche Wechselwirkungen untereinander.

5.2 Systemabgrenzung

Eine Gefährdungsbeurteilung ist grundsätzlich für jede ausgeübte Tätigkeit bzw. jeden Arbeitsplatz sowie jeden Betriebszustand erforderlich. Um bei der Ermittlung der Gefährdungen, aber auch bei der anschließenden Umsetzung und späteren Kontrolle der Schutzmaßnahmen die Übersicht zu bewahren, ist es meist sinnvoll, die Gefährdungsbeurteilung anhand bestehender betrieblicher Strukturen zu unterteilen. Mit einer solchen Systemabgrenzung wird der Rahmen abgesteckt, innerhalb dessen die Beurteilung vorgenommen wird. Durch eine sinnvolle Festlegung der Betrachtungseinheiten kann so der Umfang der Beurteilungen auf das erforderliche Maß begrenzt werden.

Festlegung der Betrachtungseinheiten

5.2.1 Ermittlungsbereich

Die Verantwortung für die Gefährdungsbeurteilung liegt beim Unternehmer bzw. Arbeitgeber. In der Praxis wird die Durchführung der Gefährdungsbeurteilung aufgrund der benötigten betriebs- und arbeitsspezifischen Fachkenntnisse auf die Führungskräfte wie z. B. Schichtführer, Anlagenverantwortliche sowie Betriebs- oder Abteilungsleiter übertragen.

Untergliederung

Je nach Betriebsorganisation ist es daher empfehlenswert, den in der Gefährdungsbeurteilung zu beurteilenden Gesamtbetrieb zunächst in einzelne Arbeits- und Betriebsbereiche wie einzelne Gebäude, Brandabschnitte, Anlagen- oder Maschinenbereiche zu untergliedern.

5.2.2 Betrachtungsbereich

Bei gleichartigen Betriebsstätten, gleichen Arbeitsverfahren und gleichen Arbeitsplätzen ist die Beurteilung eines Arbeitsplatzes oder einer Tätigkeit ausreichend. Daher können Gefährdungen, die jeweils arbeitsplatz-, tätigkeits- oder personenbezogen entstehen, in der Betrachtung zusammengefasst werden:

Betriebsumgebung

- **Arbeitsplatzbezogene Beurteilungen** bieten sich an, wenn z. B. mehrere stationäre Arbeitsplätze durch Kollektivgefährdungen Brandgefährdungen oder Gefahrstoffexpositionen ausgesetzt sind. Dort werden zunächst, unabhängig von den arbeitenden Personen, die für den Arbeitsplatz typischen relevanten Gefährdungen ermittelt.

Aufgaben und Tätigkeiten

- **Tätigkeitsbezogene Beurteilungen** können bei gleichartigen, stationären Tätigkeiten wie z. B. dem Umgang mit potentiellen Zündquellen oder brennbaren Stoffen durchgeführt werden. Dabei werden zunächst, unabhängig von der Arbeitsumgebung, die für die Tätigkeiten typischen relevanten Gefährdungen ermittelt.

Qualifikation und Eignung

- **Personenbezogene Beurteilungen** werden bei nichtstationären Arbeitsplätzen wie z. B. bei Betriebshandwerkern und auf Baustellen sowie bei der Beschäftigung besonderer Personengruppen notwendig.Dabei werden die arbeitsplatz- und tätigkeitsbezogenen Gefährdungen in ihren konkreten Auswirkungen auf den einzelnen Mitarbeiter analysiert.

Betriebszustände

5.2.3 Betriebszustände

Durch die Gestaltung, die Auswahl und den Einsatz von Arbeitsmitteln, insbesondere von Arbeitsstoffen, Maschinen, Geräten und Anlagen, können sich in unterschiedlichen Betriebszuständen abweichende Brandgefährdungen ergeben. Die Beurteilung ist daher unter Berücksichtigung der verschiedenen Betriebszustände durchzuführen. Dabei sind insbesondere folgende Betriebszustände zu berücksichtigen:

1. Normalbetrieb einschließlich aller dazugehörigen Tätigkeiten von Beschäftigten oder anderen Personen,
2. In- und Außerbetriebnahme von Anlagen und Arbeitsmitteln,

3. Betriebsstörungen,
4. vorhersehbarer nicht bestimmungsgemäßer Betrieb (z. B. zu erwartende Fehlanwendung von Arbeitsmitteln).

Instandhaltungsarbeiten (Wartung, Inspektion, Instandsetzung, Verbesserung) oder eine In- und Außerbetriebnahme von Sicherheitsbauteilen oder -anlagen wie Brandmelde- und Löschanlagen oder Gaswarnanlagen sind Betriebszustande, die stets getrennt beurteilt werden müssen, da sie gesonderte Maßnahmen erforderlich machen (TRBS 1112 „Instandhaltung" [15]). Die Brandschutzmaßnahmen sind für alle möglichen Betriebszustände auszulegen. Wenn erforderlich, sind diese an sich ändernde Gegebenheiten anzupassen. TRBS 1112

Weitere betriebsspezifische Faktoren können die Brandgefährdung beeinflussen und müssen als zusätzliche Aspekte berücksichtigt werden, z. B.:

- Anwesenheit und Anzahl von Beschäftigten oder anderen Personen, insbesondere nicht mit den örtlichen Gegebenheiten vertraute Personen,
- Zugänglichkeit für andere Personen sowie unbefugter Zugriff,
- in der Mobilität oder in ihrer Wahrnehmungsfähigkeit eingeschränkte Personen,
- besondere Arbeitsbedingungen (lange oder unübersichtliche Fluchtwege, Arbeiten auf Gerüsten),
- Hilfsfrist und vorhandene Ausrüstung der Feuerwehr.

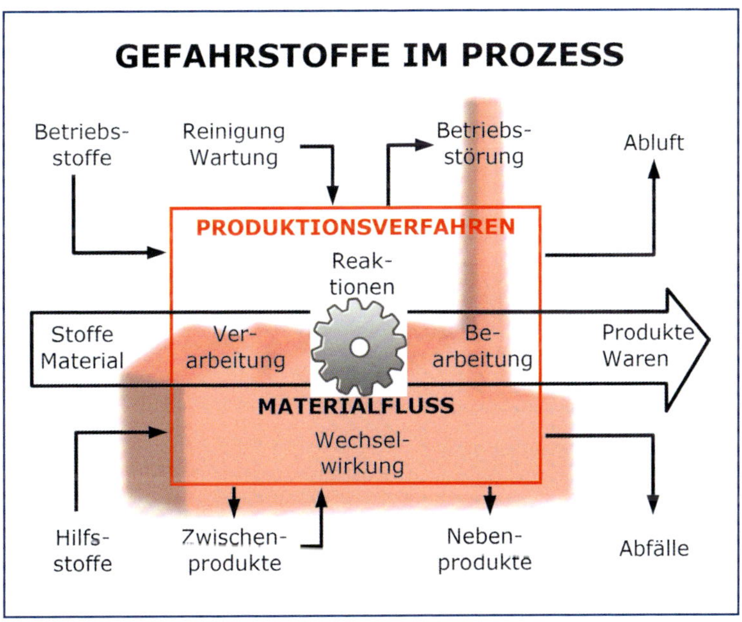

Abb. 5.2: Entstehung von brennbaren oder explosionsfähigen Stoffen durch Produktions- und Fertigungsprozesse.

5.3 Definition der Schutzziele

Die Leistungsfähigkeit der Brandschutzmaßnahmen muss den tatsächlichen Brandgefahren und Brandrisiken entsprechen. Deren Erfolg wird am Erfüllungsgrad der Schutzziele des Brandschutzes gemessen. Vor Beginn der Gefährdungsbeurteilung von Brandgefahren müssen daher die zu erreichenden Schutzziele definiert werden. Die Schutzziele ergeben sich aus verschiedenen Rechtsquellen und werden oftmals durch betriebsinterne Vorgaben und Werksnormen konkretisiert oder ergänzt. Durch die Vielzahl der Schutzziele und ihrer unterschiedlichen Gewichtungen ist es meist notwendig, eine detaillierte Definition der dem Einzelfall zugrundeliegenden Schutzziele vorzunehmen. Die Schutzziele des Brandschutzes können unter Beachtung von Mindestvorgaben unterschiedlich gewichtet werden und stellen in der Risikobewertung den Soll-Zustand dar.

Soll-Zustand

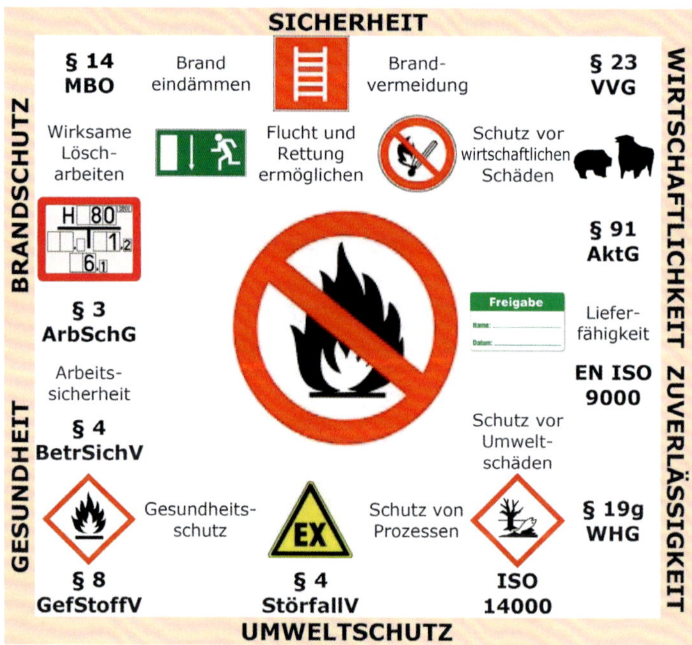

AktG = Aktiengesetz
StörfallV = Störfall-Verordnung
VVG = Versicherungsvertragsgesetz
WHG = Wasserhaushaltsgesetz
DIN EN ISO 9000 „Produktabbildung – Qualitätsmanagementsysteme – Grundlagen und Begriffe (ISO 9000:2005); Dreisprachige Fassung EN ISO 9000:2005 Qualitätsmanagementsysteme – Grundlagen und Begriffe" (Ausgabe 2005)
ISO 14000 „Environmental Management (Ausgabe 2007)

Abb. 5.3: Die Schutzziele im Brandschutz ergeben sich aus gesetzlichen Anforderungen, versicherungsrechtlichen Bestimmungen und der individuellen Sicherheitsphilosophie.

5.3.1 Gesetzliche Schutzziele

Die wichtigsten Schutzziele sind durch eine Vielzahl gesetzlicher Vorschriften mit unterschiedlichen Zielsetzungen vorgegeben, z. B. Verhinderung von Brandgefahren, Eindämmung von Feuer und Rauch, Möglichkeiten der Rettung von Menschen und Tieren sowie wirksame Löscharbeiten zum Schutz von Leben und Gesundheit (§ 14 MBO [16]). Weitere gesetzliche Regelungen zielen auf die Sicherheit besonderer technischer Anlagen oder chemischer Prozesse zum Schutz von Dritten, der Umgebung sowie der Umwelt. Die Erreichung dieser Schutzziele wird durch Aufsichtsbehörden und Versicherungsträger der gesetzlichen Unfallversicherung überwacht. Eine Verletzung dieser Schutzziele kann ordnungsrechtlich verfolgt und im Schadenfall nach den straf- und zivilrechtlichen Vorschriften erhebliche Haftungsrisiken und Schadenersatzforderungen nach sich ziehen. So sind diese gesetzlichen Schutzziele als der im Brandschutz zu erfüllende Mindeststandard anzusehen.

§ 14 MBO

Mindeststandard

5.3.2 Versicherungstechnische Schutzziele

Das trotz der Einhaltung von bauordnungsrechtlichen Bestimmungen verbleibende Restrisiko wird üblicherweise durch den Abschluss von Sach-, Feuer- und Betriebsunterbrechungsversicherungen auf die Sach- und Feuerversicherer übertragen. Deren Schutzziele basieren vorwiegend auf betriebswirtschaftlichen Betrachtungen und beinhalten die Minimierung der Wahrscheinlichkeit und die lokale Begrenzung eines Brandereignisses, um das Großschadenpotenzial auf ein akzeptables Maß und die aus dem Brandereignis resultierende Betriebsunterbrechung zu begrenzen (Böwe, 2009 [17]). Die Erfüllung der versicherungstechnischen Schutzziele bestimmt die Versicherbarkeit des bestehenden Brandrisikos, von der nicht nur die Kosten der Versicherungsdeckung und die Schadenregulierung, sondern oftmals auch die Beurteilung der Kreditwürdigkeit abhängen. Eine gezielte Abstimmung der brandschutztechnischen Maßnahmen auf die versicherungsrechtlichen Schutzziele kann durchaus zur Optimierung der Kosten für die Versicherungsdeckung genutzt werden.

Brandschutz optimiert Versicherungskosten

5.3.3 Betriebsinterne Schutzziele

Während die oben genannten Schutzziele im Wesentlichen in öffentlich-rechtlichen und privatrechtlichen Regelwerken formuliert sind, zwingen betriebswirtschaftliche sowie gesellschaftspolitische Schutzinteressen viele Unternehmen zu einer weiteren Begrenzung des verbleibenden Brandrisikos. Diese individuellen Schutzziele können in Normen und Managementsystemen verankert sein und über den gesetzlich geforderten Mindeststandard hinausgehen. Hierzu zählt insbesondere der Schutz von Waren und Produktionsmitteln sowie besonderen Sachwerten wie z. B. unwiederbringlichen Dokumenten, Mustern, Werkzeugen u. Ä. zur Begrenzung von Nutzungsausfall und Lieferverzug, der in der Regel existenzbedrohenden Kundenverlust be-

individuelle Schutzziele

deutet. Ein solcher Schutz dient auch der Vermeidung von straf- und zivilrechtlicher Haftung insbesondere der Führungskräfte sowie der Vermeidung von Umweltproblemen, die Imageschäden und Vertrauensverlust in der Öffentlichkeit nach sich ziehen können.

5.4 Ermittlung des Brandrisikos

Eine Gefährdungsanalyse muss alle für die Entstehung, Ausbreitung und Auswirkung eines Brandes relevanten Faktoren berücksichtigen.

Analyse der Brandgefährdungen

Für die Ermittlung und Bewertung der betriebsspezifischen Brandgefährdungen sind folgende Faktoren zu betrachten:

- Nutzung (z. B. Lager, Produktion, Forschung & Entwicklung, Werkstatt, Verwaltung, Pflege, Versammlung, Entsorgung),
- mögliche Auswirkungen im Schadensfall,
- sicherheitstechnische Kennzahlen, Verarbeitungsparameter,
- Zündquellen,
- Anzahl und räumliche Verteilung von Beschäftigten und Dritten im Betriebsbereich,
- Ortskenntnis, Mobilität und Ausbildungsgrad der Personen,
- baulicher Brandschutz,
- anlagentechnischer Brandschutz,
- organisatorischer Brandschutz,
- abwehrender Brandschutz,
- Löschwasserversorgung, Löschwasserrückhaltung.

Brandgefährdung

Brandgefährdung

Mit der Gefährdungsbeurteilung nach § 5 ArbSchG werden systematisch relevante Gefährdungen der Beschäftigten ermittelt. Gefährdungen für Personen ergeben sich insbesondere aus Rauch, weiteren (toxischen) Brandfolgeprodukten, Wärme sowie dem Versagen von Bauteilen. Der Begriff „Gefährdung" bezeichnet dabei die Möglichkeit eines Schadens oder einer gesundheitlichen Beeinträchtigung ohne Ausmaß oder Eintrittswahrscheinlichkeit zu bewerten. Demnach liegt bereits eine Brandgefährdung vor, wenn brennbare Stoffe vorhanden sind und durch Zündquellen die theoretische Möglichkeit einer Brandentstehung besteht.

Brandpotenzial

Brandpotenzial

Die Gefährdungsermittlung nach TRGS 800 berücksichtigt nicht nur Brandgefährdungen für die Beschäftigten, sondern auch die Sicherheit und Gesundheit von anderen sowie den Schutz der Umwelt (z. B. vor Folgeschäden durch Brandgase, Löschmittel u. a.). Die Brandgefährdung im Sinne dieser TRGS wird daher als Möglichkeit definiert, dass aufgrund der Entstehung oder Ausbreitung eines Brandes und damit einhergehender Folgen wie Wärme oder Brandrauch die Sicherheit oder Gesundheit von Beschäftigten, anderen Personen oder die Umwelt beeinträchtigt wird. Ob Gefahrstoffe einen Einfluss auf das Brandgeschehen nehmen und die Gefährdung durch einen Brand verstärken, ist abhängig davon, an welchen Orten, in welchen Mengen und in welchem Zustand brennbare oder oxidierende Gefahrstoffe vorhanden sind oder entstehen können. Dabei sind insbesondere zu berücksichtigen:

- vorhandene Gefahrstoffe und deren gefährliche Eigenschaften, die Brandausbreitung in der Anfangsphase, die auftretenden Brandfolgeprodukte, z. B. Partikel, Rauchgase sowie Brandrückstände,
- eingesetzte Arbeitsmittel einschließlich Anlagen,
- die Betriebsweise von Anlagen,
- Arbeitsverfahren mit offener Flamme oder hohen Temperaturen,
- bauliche, örtliche und betriebliche Gegebenheiten,
- Arbeitsbedingungen, -organisation und -umgebung und
- mögliche Wechselwirkungen.

Die Wahrscheinlichkeit einer Brandentstehung, die Geschwindigkeit der Brandausbreitung und die damit verbundene Gefährdung von Beschäftigten und anderen Personen durch Rauch oder Wärme wird in der TRGS 800 [7] durch den Begriff „Brandpotenzial“ beschrieben.

Brandrisiko

Da die Gefährdungsbeurteilung nur die Sicherheit und Gesundheit von Beschäftigten und anderen sowie den Schutz der Umwelt berücksichtigt, kann zur Erfüllung weitergehender Schutzziele wie z.B. dem Schutz von Sachwerten oder dem Schutz vor Betriebsunterbrechungen eine weitergehende Risikobetrachtung erforderlich sein. Der Begriff des Risikos wird allgemein definiert als die Gewichtung zwischen dem Auftreten eines Ereignisses (Eintrittswahrscheinlichkeit) und dessen Konsequenz, soweit sie die Abweichung von gesteckten Zielen (Schadenschwere) berührt. Das Brandrisiko ergibt sich somit aus der Betrachtung, wie häufig die ermittelten Brandgefahren zu Brandereignissen führen und welche Brand-, Rauch-, Ausfall- und Imageschäden dann als Brandfolge zu befürchten sind. Daher müssen alle vorhandenen oder absehbaren baulichen, technischen, organisatorischen, aber auch von außen einwirkenden Faktoren und Folgeschäden ermittelt werden, die das Erfüllen und Erreichen der festgelegten Schutzziele gefährden können.

Eintrittswahrscheinlichkeit versus Schadenschwere

Abb. 5.4: Die Eintrittswahrscheinlichkeit eines Brandereignisses hängt vom gleichzeitigen Wirksamwerden stofflicher und energetischer Voraussetzungen ab.

5.4.1 Eintrittswahrscheinlichkeit

Die Eintrittswahrscheinlichkeit ist das Eintreten eines bestimmten unerwünschten Ereignisses (Schaden oder Unfall) in einem bestimmten Zeitraum mit einem statistischen Erwartungswert (auch Schadenwahrscheinlichkeit oder Schadenhäufigkeit genannt). Die Eintrittswahrscheinlichkeit eines Brandereignisses ergibt sich im Wesentlichen aus dem Vorhandensein von brennbaren Stoffen und dem Wirksamwerden einer potentiellen Zündquelle.

Brennbare Stoffe

Grundlage eines jeden Brandes ist das Vorhandensein von brennbaren Stoffen. Dieser Brennstoff muss in der Lage sein, durch eine oxidative Umsetzung Energie freizusetzen, die ausreicht, um die Verbrennung selbständig zu unterhalten. Brennstoffe können in fester, flüssiger oder gasförmiger Form sowie durch Aerosole oder verwirbelten Staub als hybrides System vorliegen. Eine systematische Ermittlung aller brennbaren Stoffe mit ihrem Brandverhalten und Heizwert, Entzündbarkeit, Abbrandgeschwindigkeit sowie ihrer Anordnung und Lagermenge ermöglicht die Ortung möglicher Brandstellen. Es ist festzustellen, ob Tätigkeiten mit brennbaren oder oxidierenden Gefahrstoffen durchgeführt werden oder ob diese bei Tätigkeiten entstehen oder freigesetzt werden. Brennbare Stoffe und Materialien können als Baustoffe im und am Gebäude vorhanden sein oder als Vorerzeugnisse, Produkte und

systematische Ermittlung

Waren, aber auch in Form von Arbeits-, Betriebs-, und Hilfsstoffen sowie in Verpackungsmaterialien als Bestandteil des Produktionsprozesses auftreten. Besondere Beachtung müssen Arbeitsprozesse finden, die Stoffe in Beschaffenheit, Konsistenz oder Aggregatzustand verändern. Um auch hier alle Zwischen- und Abfallprodukte zu erfassen, ist eine Betrachtung des Materialflusses notwendig. Weiterhin sind das Vorhandensein und die Entstehung brennbarer Stoffe nicht nur für das Innere, sondern auch für die Umgebung der zu beurteilenden Arbeitsmittel, Anlagen oder Gebäude zu beurteilen. So sind zusätzlich zu den mit dem Arbeitsmittel verarbeiteten Stoffen auch deren Konstruktionswerkstoffe (z. B. Einhausungen, Isolierungen und Dämmungen) und betriebsnotwendige Stoffe (z. B. Treib-, Schmier- oder Kühlstoffe) zu berücksichtigen. Hierzu sind Informationen über die relevanten physikalisch-chemischen Eigenschaften der vorhandenen brennbaren oder oxidierenden Gefahrstoffe und deren Beurteilung hinsichtlich der Brandgefährdung zu beschaffen. Sicherheitstechnische Kenngrößen können u. a. Sicherheitsdatenblättern entnommen werden. In Einzelfällen kann eine besondere Untersuchung notwendig sein. Im Sinne der TRGS 800 [7] sind vorrangig die nach Gefahrstoffrecht kennzeichnungspflichtigen brennbaren Gefahrstoffe zu berücksichtigen:

kennzeichnungspflichtige brennbare Gefahrstoffe

- **entzündbare Gase**, gekennzeichnet mit H220 oder H221,
- **entzündbare Aerosole**, gekennzeichnet mit H222 oder H223,
- **entzündbare Flüssigkeiten**, gekennzeichnet mit H 224, H 225 oder H226,
- **entzündbare Feststoffe**, gekennzeichnet mit H228,
- **pyrophore Flüssigkeiten und Feststoffe**, gekennzeichnet mit H250,
- **selbsterhitzungsfähige Stoffe und Gemische**, gekennzeichnet mit H251 oder H252,
- **Stoffe oder Gemische**, die in Berührung mit Wasser entzündbare Gase entwickeln, gekennzeichnet mit H260 oder H261,
- **selbstzersetzliche Stoffe/organische Peroxide**, gekennzeichnet mit H240, H241 oder H242,
- **explosive Stoffe/Gemische**, gekennzeichnet mit H200, H201, H202, H203, H204, H205 oder EUH 001,
- **Ammoniumnitrat und ammoniumnitrathaltige Zubereitungen**, die in den Gruppen A bis C und den Untergruppen DI und DII des Anhangs I Nr. 5 GefStoffV genannt sind.

Hierzu zählen jedoch im Sinne der TRGS 800 ebenfalls brandschutzrelevante Stoffe, auch wenn diese nicht kennzeichnungspflichtig sind:

- **brennbare Flüssigkeiten mit einem Flammpunkt > 60 °C**,
- **Feststoffe, die erfahrungsgemäß brennbar sind** (hierzu zählen auch Papier, Holz, Polyethylen, Polystyrol) sowie deren aufgewirbelte Stäube,
- **andere Gefahrstoffe, die erfahrungsgemäß brennbar sind**, jedoch nicht unter die genannten Stoffgruppen fallen.

Gleichgestellte Stoffe

Brennbaren Gefahrstoffen gleichgestellt sind:

- Gefahrstoffe mit physikalisch-chemischen Eigenschaften, die nach CLP-Verordnung den Gefahrenhinweis H290, EUH006, EUH014, EUH018, EUH019, EUH044, EUH209 oder 209A aufweisen,
- Erzeugnisse, aus denen bei Tätigkeiten Stoffe gemäß der vorhergehenden Aufzählung freigesetzt werden.

Oxidierende Gefahrstoffe

Oxidierende Gefahrstoffe sind:

- Stoffe und Zubereitungen/Gemische, die eine Einstufung in die Gefahrenklasse „oxidierende Gase", „oxidierende Flüssigkeiten" oder „oxidierende Feststoffe" nach der CLP-Verordnung (H270, H271, H272) aufweisen,
- Erzeugnisse, aus denen bei Tätigkeiten oben genannte Stoffe freigesetzt werden.

Zündquellen

Auslöser eines Brandes ist immer eine Zündquelle, deren Zündenergie dem brennbaren Stoff solange zugeführt werden muss, bis die Verbrennung zur Unterhaltung eines selbstständigen Brennvorganges genug Eigenenergie freisetzt. Für eine Erfassung des betrieblichen Zündpotenzials ist eine vollständige Erfassung der möglichen Zündquellen notwendig. Grundsätzlich ist jede Form der Energieübertragung auf ein Brennstoff-Sauerstoff-System als Zündquelle in Betracht zu ziehen

TRBS 2152

(vgl. den Zündquellenkatalog in TRGS 723 „Gefährliche explosionsfähige Gemische – Vermeidung der Entzündung gefährlicher explosionsfähiger Gemische", Ausgabe 2019-07 [18], DIN EN 1127-1, Nr. 5.3 [19], und DIN EN 13478, Nr. 4.4 [20]). In der Praxis spielen bestimmte Zündquellen durch ihr häufiges Auftreten oder ihre spezifische Wirksamkeit eine besondere Rolle:

Oberflächenerwärmung

- **Wärmeenergie:** Wird von einer Wärmequelle wie offenem Licht oder Feuer, Schweißperlen, -spritzern und -funken, aber auch über heiße Oberflächen ausreichend Wärmeenergie auf einen Brennstoff übertragen, entzündet sich dieser bei Überschreiten seiner Zündtemperatur. Eine solche Oberflächenerwärmung kann auch durch optisch gebündelten Lichteinfall (z. B. Brennglaseffekt) verursacht werden. Dieser Gruppe von Zündquellen werden z. B. zugeordnet:
  - Heizungsanlagen,
  - Verbrennungsmotoren,
  - offenes Licht oder Feuer und damit verbundene Wärmestrahlung,
  - heiße Oberflächen,
  - Schweißspritzer,
  - Laser oder andere starke Strahlungsquellen.
- **Elektrische Energie:** Kommt es in elektrischen Geräten oder Anlagen infolge von technischen Mängeln zu einem elektrischen Licht-

bogen oder zu einer übermäßigen Erwärmung sind Brandereignisse oftmals die Folge. Bei explosionsfähigen Atmosphären durch brennbare Gase, Flüssigkeitsdämpfe oder aufgewirbelte Stäube können Brände und Explosionen bereits durch geringere Zündenergien aus elektromagnetischer Strahlung oder der Entladung statischer Elektrizität verursacht werden. Dieser Gruppe von Zündquellen werden z. B. zugeordnet: Lichtbogen
  - elektrische Beleuchtungsgeräte
  - elektromagnetische Strahlung,
  - elektrischer Kurzschluss,
  - elektrischer Lichtbogen,
  - Erdungsfehler,
  - Leiterschluss,
  - betriebsbedingte Schutzleiterströme,
  - Ausgleichsströme,
  - Blitzeinschlag,
  - Entladung statischer Elektrizität,
  - loser Kontakt,
  - übermäßige Erwärmung infolge Überlastung,
  - induktive Erwärmung,
  - unangepasster elektrischer Anschluss.
- **Mechanische Energie:** Auch in mechanischen Systemen können die für eine Entzündung von brennbaren Stoffen notwendigen Zündtemperaturen durch mechanische Reibung sowie Schlag- oder Schleiffunken überschritten werden. Dieser Gruppe von Zündquellen werden z. B. zugeordnet: Reibung Funken
  - Reibung (z. B. Heißlaufen eines Lagers),
  - Ultraschall,
  - Schlag, Stoß,
  - Schleifen,
  - Kompression (einschließlich adiabatischer Kompression).
- **Chemische Energie:** Die Geschwindigkeit chemischer Reaktionen ist u. a. temperaturabhängig. Wird durch die eigene Energiefreisetzung einer exothermen (energiefreisetzenden) Reaktion die Reaktionsgeschwindigkeit stark beschleunigt, kommt es zur Selbsterhitzung und nachfolgenden Selbstentzündung bis hin zur Unbeherrschbarkeit der ursprünglichen Reaktion. Dieser Gruppe von Zündquellen werden z. B. zugeordnet: exotherme Reaktion
  - Selbsterhitzung,
  - Selbstentzündung (z. B. Oxidation ölgetränkter Putzlappen oder Zusetzungs-, Vergärungs- oder Fäulnisprozesse abgelagerter organischer Materialien)
  - katalytische Reaktionen (Absenkung der Aktivierungsenergie),
  - durchgehende exotherme Reaktionen.

Brandursachen

Situationen betrachten

Für die Betrachtung der Brandgefahr ist auch die Situation, die eine Zündquelle wirksam werden lässt, von Bedeutung. Hier müssen in erster Linie Brandursachen aus Arbeitsverfahren, Betriebsmitteln sowie Folgen von technischen Mängeln und möglichen Fehlern betrachtet werden. Aber auch organisatorische Gegebenheiten, wie Personalauswahl, -qualifizierung und -führung sowie vorhersehbares menschliches Fehlverhalten wie z. B. der unsachgemäße, fahrlässige oder unbeaufsichtigte Umgang mit Zündquellen haben Einfluss auf die Brandhäufigkeit. Je nach Gefährdung müssen auch seltene Brandursachen wie Blitzschlag oder vorsätzliche Brandstiftung berücksichtigt werden.

höhere Gewalt

Funktionsstörung

Fehlbedienung

Brandstiftung

- **Natürliche Brandursachen** können vom Menschen aufgrund der Einwirkung höherer Gewalt nicht oder nur mangelhaft durch präventive Schutzmaßnahmen beherrscht werden. Hierbei handelt es sich vorwiegend um Naturerscheinungen, z. B. Blitzschlag.
- **Technische Brandursachen** sind Schadenmechanismen, bei denen es aufgrund einer unbeabsichtigten Funktionsstörung eines technischen Gerätes und Verfahrensablaufes oder bei einem plötzlich auftretenden Defekt in bzw. an einem technischen Gerät zu einer Brandentstehung kommt.
- **Menschliches Fehlverhalten** besteht aus Handlungen, die ein Mensch durch unzutreffende Beurteilungen, falsche Entscheidungen und schlechte Einschätzungen oder durch seinen körperlich-geistigen Zustand zu verantworten hat (Fehlbedienung). Fehlverhalten kann sowohl wissentlich als auch unwissentlich begangen werden. Im Gegensatz zu den technischen Brandursachen, bei denen dem Menschen als Verursacher des Brandes keine direkte Schuld zugewiesen werden kann, ist der Mensch bei einer Brandstiftung aufgrund seiner bewussten (Vorsatz!) oder unbewussten (Fahrlässigkeit) Handlungsweise sowie eines Unterlassens als Brandursache anzusehen.

Hauptbrandursache: menschliche Fehler

Darüber hinaus gibt es Auswirkungen, die sowohl auf menschliche Fehler als auch auf technische Defekte zurückzuführen sind. Da technische Defekte ihrerseits direkt oder indirekt wieder auf menschliche Fehler zurückgehen (mangelnde Wartung, mangelhafte Qualitätskontrolle, Konstruktionsfehler, ausbleibende Vor- und Nachsorge), sind genaugenommen – mit Ausnahme unvermeidlicher natürlicher Ereignisse oder Unglücksfälle – fast alle Brandereignisse auf menschliche Fehler zurückzuführen.

5.4.2 Schadenschwere

materielle und immaterielle Auswirkungen

Den zweiten Faktor zur Bestimmung eines Brandrisikos stellt mit der erwarteten Schadenschwere das Ausmaß direkter materieller (finanzieller Schaden, Sachschaden) oder immaterieller Auswirkungen (z. B. Personenschäden, Zeitverluste) eines möglichen Schadens dar. Der

Abb. 5.5: Direkte und indirekte Brandschäden gefährden Menschen, Sachwerte und die Unternehmensexistenz.

erwartete Verlauf eines Brandereignisses und die damit verbundene Brand- und Rauchentwicklung tragen wesentlich zur entstehenden Gefährdung und dem späteren Schaden bei.

Personenschäden

Durch die bei Bränden auftretenden Flammen, hohen Temperaturen, Rauchgase und -partikel, die u. a. von den Stoffeigenschaften (Abbrandverhalten, Energieinhalt usw.) abhängen, können Personen verletzt, Gebäude- oder Anlagenteile beschädigt sowie weitere brennbare Stoffe entzündet werden (Folgebrände). Der Grad der Gefährdung von Menschen und das Ausmaß des entstehenden Schadens hängen in erster Linie von der frühzeitigen Entdeckung und der kurzen Anmarschzeit der Löschkräfte ab. Besondere Personengefährdungen können durch eine große Anzahl anwesender Personen, durch ortsunkundige, in ihrer Mobilität oder Wahrnehmungsfähigkeit eingeschränkte Personen oder durch besondere Arbeitsbedingungen mit eingeschränkter Fluchtmöglichkeit bestehen.

besondere Gefährdungen

Brandschäden

Brandschäden werden in direkte Abbrandschäden und in indirekte Hitzeschädigungen unterschieden. Unter Brandzehrung werden praktisch alle Veränderungen in einem Brandobjekt verstanden, die durch

Abbrandschäden

die Einwirkungen der Flammen auf die vorhandenen brennbaren Stoffe, aber auch auf die nichtbrennbaren Bauteile entstehen. Diese Abbranderscheinungen sind charakterisiert z. B. durch Waffelbildung am Holz, Rußfahnen über Gebäudeöffnungen, Schwelgasniederschläge, Abplatzungen an Beton, Putz und Mauerwerk, Ein- und Durchbrennungen usw. Sengschäden hingegen sind lokal begrenzte, durch Hitze, aber ohne direkte Einwirkung von Brand oder Feuer entstandene (Oberflächen-)Schäden. Ursachen sind beispielsweise glimmende Asche, glühende Partikel, aber auch die Strahlungshitze. Die brandschutztechnische Beurteilung eines Industriebaus hängt von der Gebäudeart, der Feuerwiderstandsdauer der einzelnen Bauteile und den zu verarbeitenden oder gelagerten Arbeits-, Hilfs- oder Betriebsstoffen ab. Aus dem Heizwert aller Gebäudeteile einschließlich aller darin befindlichen Objekte, bezogen auf die Bodenfläche des Gebäudes, lässt sich die Brandbelastung ermitteln.

Hitzeschädigungen

Brandbelastung

Rauchschäden

Von Rauchschäden wird gesprochen, wenn durch die giftigen Rauchinhaltsstoffe Gegenstände, die nicht unmittelbar von der Hitze oder vom Feuer beeinträchtigt wurden, vorübergehend oder dauerhaft unbrauchbar werden. Die Zusammensetzung des Brandrauches ändert sich stark mit der Art der brennbaren Stoffe und den vorliegenden Brandbedingungen, besonders der Sauerstoffzufuhr und der Brandtemperatur. Hinsichtlich der Toxizität des Brandrauches ergibt sich zwischen den klassischen Baustoffen und Materialien wie z. B. Holz, Papier, Baumwolle und Kunststoffen kein grundlegender Unterschied. Im Brandrauch enthaltene Giftstoffe CO_2, CO, HCN, HCl, SO_2, N_xO_y u. a. sind in ihrer Gesamtheit verantwortlich für die akut-toxische Wirkung.

Toxizität

Ausfall- und Unterbrechungsschäden

Ein Ausfallschaden entsteht durch Produktionsausfall in der Zeit bis zur Instandsetzung und vollständigen Betriebswiederaufnahme. Bei Produktionsbetrieben kann ein Totalausfall große Auftragsverluste nach sich ziehen, die bis zur endgültigen Betriebsschließung führen können. Brandgefährdung bedeutet hier immer auch eine Gefahr für die Arbeitsplätze. Denn ebenso wichtig wie der finanzielle Schutz ist die Kundenbindung: Ob ehemalige Kunden nach behobenem Brandschaden zu einer Firma zurückkehren, ist nicht sichergestellt, und schon gar nicht versicherbar. Gebäude, technische und kaufmännische Einrichtungen, Waren und Vorräte sind Grundlage des unternehmerischen Erfolgs. Wird diese Grundlage beschädigt oder zerstört, ist mit erheblichen finanziellen Folgen zu rechnen.

Gefahr für die Arbeitsplätze

Die Auswirkungen, die ein Brand für einen Wirtschaftsbetrieb haben könnte, bis hin zur Insolvenz, werden oft unterschätzt: Eine Industriefeuerversicherung ersetzt zwar nach einem Brand den Schaden an Gebäuden und Maschinen, und eine Betriebsunterbrechungsversicherung deckt über eine vorher definierte Zeit, üblicherweise zwölf bis 36 Monate, fortlaufende Kosten und entgangene Gewinne. Die Insolvenz ist allerdings nicht unbedingt eine Folge unzureichender Versicherungsleistungen: Kleine und mittelständische Unternehmen geraten bei einem Brand häufig in finanzielle Schwierigkeiten, obwohl sie gut versichert sind. Besonders für klassische Zuliefersparten (z. B. Fertigung für die Automobilindustrie) wiegen neben dem eigentlichen Feuerschaden die zwangsläufig auftretenden Betriebsausfallzeiten weitaus schwerer.

drohende Insolvenz

Umweltschäden

Jede unkontrollierte Verbrennung erzeugt durch feste, dampf- oder aerosolförmige und gasförmige Verbrennungsrückstände Schäden und Schadstoffbelastungen außerhalb des eigentlichen Brandbereiches. Diese Brandrückstände steigen durch die Thermik des Brandes auf und werden durch Windbewegungen u.U. weit in die Umwelt getragen. In der näheren Umgebung der Brandstelle können sie sich in gefährlichen Konzentrationen am Bauwerk und an Einrichtungen niederschlagen. Um weitere Umweltbelastungen zu vermeiden, müssen diese Brandrückstände sachgerecht entfernt und entsorgt werden (Laschinsky/Wacker, 2009/2010 [21]). Es können durch auslaufende Betriebsmittel oder Chemikalien aus brandbedingt beschädigten Behältern, Gefäßen oder Rohrleitungen erhebliche Gefahren nicht nur für Boden und Grundwasser, sondern insbesondere auch für die mit der Sanierung des Brandschadens befassten Personen entstehen. Außerdem können giftige Löschwasserabflüsse in öffentlichen Gewässern große Schäden anrichten.

Brandrückstände

Flüssigkeiten

Verlust ideeller Werte

Historische Kulturgüter aber auch wichtige Unterlagen, einmalige Werkzeuge oder wichtige Datenbestände sind nach einem Brand oft unwiederbringlich verloren oder stark beschädigt.

Imageschäden

Neben dem eigentlichen Feuerschaden gewinnt heutzutage die mögliche Umweltgefährdung als Brandfolgeschaden immer mehr an Bedeutung. Durch die moderne Messtechnologie sind selbst geringste Schadstoffkonzentrationen bei einem Schadenfeuer nachweisbar. Ebenso tragen die Massenmedien mit der immer schneller werdenden „Exklusiv-Sensationsberichterstattung“ zur Verbreitung eines Schadenereignisses bei, verbunden mit einem weitreichenden und häufig gravierenden Imageschaden für den betroffenen Betrieb.

Blickpunkt Umweltgefährdung

5.4.3 Risikobewertung

Vergleichbarkeit von Brandereignissen

Um Brandschutzmaßnahmen den allgemeinen und besonderen Schutzzielen anzupassen, muss das spezifische Brandrisiko qualitativ und quantitativ dargestellt werden. Die Bewertung des Brandrisikos umfasst alle für die Entstehung, Ausbreitung und Auswirkung eines Brandes relevanten Faktoren und ermöglicht eine objektive Bewertung. Diese Risikobewertung macht die Folgen unterschiedlicher Brandereignisse vergleichbar.

Einfache Risikobeschreibung

normale Brandgefährdung

Eine **normale Brandgefährdung** liegt vor, wenn die Wahrscheinlichkeit einer Brandentstehung, die Geschwindigkeit der Brandausbreitung, die dabei freiwerdenden Stoffe und die damit verbundene Gefährdung für Beschäftigte und andere Personen durch Rauch oder Wärme, für Umwelt und Sachwerte gering sind. In Bereichen mit normaler Brandgefährdung sind außerdem eingestufte brennbare oder oxidierende Gefahrstoffe in nur geringer Menge vorhanden. Dieses ist vergleichbar mit einer Büronutzung.

hohe Brandgefährdung

Eine **hohe Brandgefährdung** liegt vor, wenn

- brennbare oder oxidierende Gefahrstoffe nicht nur in geringer Menge vorhanden sind,
- mit hoher Wahrscheinlichkeit mit einer Brandentstehung zu rechnen ist,
- eine schnelle und unkontrollierbare Brandausbreitung oder
- eine große Rauch- oder Wärmefreisetzung zu erwarten ist.

Eine hohe Brandgefährdung kann z. B. in folgenden Arbeitsbereichen vorliegen:

Bereiche mit hoher Brandgefährdung

- petrochemischen Anlagen,
- Anlagen zur chemischen Synthese,
- Bei Prozessen mit/Lagerung von Gefahrstoffen mit erhöhten Gefahren der Selbstentzündung,
- Galvaniken,
- Leichtmetallverarbeitung,
- Druckereien,
- Reifenherstellung, Gummiverarbeitung,
- Spanplattenwerken,
- Sägewerken,
- Furnierwerken,
- Textilbetrieben,
- Mühlen,
- Asphaltherstellung,
- Lackieranlagen und Lacktrockner, die mit brennbaren Lösemitteln betrieben werden,
- Reinigungsanlagen, die mit brennbaren Lösemitteln arbeiten,
- größeren Fritteusen und Fettbackgeräten zur gewerblichen Verwendung,

- Wärmeträgerölanlagen,
- Lagern für brennbare oder oxidierende Gefahrstoffe in nicht nur geringer Menge,
- bei Tätigkeiten mit brandfördernden, leicht entzündlichen, hochentzündlichen oder selbstentzündlichen Gefahrstoffen in nicht nur geringer Menge in geschlossenen Räumen, insbesondere dann, wenn sie sich in unmittelbarer Nähe von Menschen befinden
- Baustellen mit Feuerarbeiten unter besonderen örtlichen und betrieblichen Bedingungen.

Eine **erhöhte Brandgefährdung** liegt vor, wenn Stoffe mit erhöhter Entzündbarkeit vorhanden sind, durch betriebliche Verhältnisse große Möglichkeiten für eine Brandentstehung gegeben sind und in der Anfangsphase des Brandes mit einer schnellen Brandausbreitung zu rechnen ist. Dies ist i. d. R. dann der Fall, wenn ein Kriterium der normalen Brandgefährdung nicht erfüllt ist oder nicht alle Kriterien für die hohe Brandgefährdung erfüllt sind.

erhöhte Brandgefährdung

Kriterienorientiertes Maßnahmenkonzept

Zur Unterstützung bei der Ermittlung des Maßnahmenbedarfs wurde für das Einfache Maßnahmenkonzept Gefahrstoffe (EMKG) in der Gruppe „Gefahrstoffmanagement" der Bundesanstalt für Arbeitsschutz und Arbeitsmedizin (BAuA) das EMKG-Modul „Brand- und Explosionsgefährdung" [22] erstellt. Das Modul „Brand- und Explosionsgefährdung" klassifiziert die unterschiedlichen Gefährdungen. Dadurch kann die jeweilige Gefährdung besser eingeschätzt werden, hohe Risiken werden direkt identifiziert. Mit dem neuen Modul für Brand- und Explosionsgefährdungen können die Forderungen der einschlägigen Technischen Regeln ermittelt und umgesetzt werden. Die erforderlichen Fachkenntnisse sind vergleichbar mit denen einer Sicherheitsfachkraft und eines Brandschutzbeauftragten. Dies bietet fachkundigen Personen die Möglichkeit, einzuschätzen, welche Maßnahmen sie eigenständig umsetzen können und ab wann sie zusätzliches Expertenwissen benötigen.

Die Wahrscheinlichkeit, dass es zu einem Brand oder einer Explosion kommen kann, wird zusätzlich durch Informationen über die Tätigkeit und die Umgebungsbedingungen beurteilt. Das neue Modul für Brand- und Explosionsgefährdungen verknüpft zur Ableitung der Maßnahmen die Gefährlichkeit des Gefahrstoffes und die Wahrscheinlichkeit, dass es zu einem Brand oder einer Explosion kommen kann, mit Informationen über die Tätigkeit und die Umgebungsbedingungen. Mit Hilfe von vier Einstiegsparametern wird folgende Beurteilung vorgenommen:

Einstiegsparameter zur Beurteilung: Gefährlichkeit, Freisetzungsverhalten, Gefahrstoffmenge, Lüftungsart

1. **Gefährlichkeit:** Die Gefährlichkeit der Gefahrstoffe mit physikalisch-chemischen Eigenschaften wird über den R-Satz (oder über H-Satz nach CLP-VO) aus der Einstufung ermittelt. Bei brennbaren Flüssigkeiten hängt die Gefährlichkeit im Wesentlichen von dem Flammpunkt ab. Je niedriger der Flammpunkt ist, desto eher

bilden sich bei Raumtemperatur brennbare Dämpfe. Stäube können anhand der Angaben im Sicherheitsdatenblatt zur Brennbarkeit und/oder zur Bildung möglicher explosionsfähiger Staub-Luft-Gemische bewertet werden.

EMKG-Modul „Brand- und Explosionsgefährdung"

2. **Freisetzungsverhalten:** Anhand des Freisetzungsverhaltens erfolgt eine Bewertung, wie schnell sich brennbare und explosionsfähige Dämpfe/Stäube ansammeln und gefährliche Stoff-Luft-Gemische bilden können. Die Freisetzungsgruppe ergibt sich nach Siedepunkt, Dampfdruck oder Staubungsverhalten. Je höher der Siedepunkt bzw. je kleiner der Dampfdruck ist, desto weniger besteht die Gefahr, dass in kurzer Zeit eine gefahrdrohende Menge brennbarer und explosionsfähiger Stoff-Luft-Gemische gebildet wird. Das Freisetzungsverhalten von Feststoffen steigt mit zunehmender Staubigkeit. Je staubiger und feinpulveriger ein Stoff ist, desto größer ist die Gefährdung durch Staubexplosionen.
3. **Gefahrstoffmenge:** Anhand der eingesetzten der Menge eines brand- und/oder explosionsgefährlichen Gefahrstoffes erfolgt die Bewertung der Gefährdung. Die Bildung von explosionsfähiger Atmosphäre ist meist unabhängig von der gehandhabten Menge bei der Tätigkeit, da bereits eine sehr geringe Menge brennbarer Gefahrstoffe zu einer Explosionsgefahr führen kann. Größere Gefahrstoffmengen erhöhen jedoch das Schadensausmaß bei einer Zündung.
4. **Lüftungsart:** Mit der Bewertung des Luftwechsels wird die dadurch mögliche und durch technische Lüftungsmaßnahmen erwünschte Verdünnung oder Ansammlung der sich bildenden Stoff-Luft-Gemische betrachtet. Der Luftwechsel beim Umgang mit brennbaren und explosionsfähigen Stoff-Luft-Gemischen ist ein entscheidender Einflussfaktor. Je größer die Luftwechselzahl, desto weniger explosionsfähige Atmosphäre kann sich bilden.

Zuordnungsmatrix zur Ableitung der erforderlichen Maßnahmen

In Abhängigkeit von der Gefährlichkeit des Gefahrstoffes, des tätigkeits- und verfahrensabhängigen Freisetzungsverhaltens, der verwendeten Gefahrstoffmenge und des vorhandenen Luftwechsels, erfolgt die Bewertung der Brandgefährdung anhand einer Zuordnungsmatrix. Daraus ergibt sich die einfache Ableitung von erforderlichen Brand- und Explosionsschutzmaßnahmen nach sogenannten Maßnahmenstufen. Mit Hilfe der zugeordneten Schutzleitfäden können im Anschluss Maßnahmen zur Arbeitsplatzgestaltung konkretisiert und abgeleitet werden. Grundlagen für die Maßnahmenempfehlungen bieten die einschlägigen Technischen Regeln aus dem Gefahrstoff- und Betriebssicherheitsrecht. In den neuen brand- und explosionsschutzspezifischen Schutzleitfäden sind Empfehlungen zum Schutz vor Brand und Explosionen unter Berücksichtigung von Zündquellenvermeidung aufgeführt.

Maßnahmestufen der Schutzleitfäden

- **Maßnahmenstufe 1:** Die Schutzleitfäden der Reihe 100 sind grundsätzliche Maßnahmen für Tätigkeiten mit Gefahrstoffen. Diese sind bereits zum Schutz vor Gesundheitsgefährdungen umzusetzen.

- **Maßnahmenstufe 2:** Besteht die Möglichkeit der Bildung explosionsfähiger Atmosphäre, müssen zusätzlich zu den technischen emissionsmindernden Maßnahmen der Schutzleitfadenreihe 200 weitere Vorkehrungen hinsichtlich Brand- und Explosionsschutz getroffen werden.
- **Maßnahmenstufe 3:** Liegt eine hohe Brand- und Explosionsgefährdung vor, müssen die Maßnahmen der Reihe 300 eingehalten werden. Zur Verringerung des Schadensausmaßes eines Brandes oder einer Explosion werden weitere Maßnahmen des baulichen, technischen und abwehrenden Brandschutzes erforderlich. Zu diesen zählen auch geschlossene Systeme.
- **Zusätzliche Beratung:** Liegt eine sehr hohe Brand- und Explosionsgefährdung vor, sind die Maßnahmen der Schutzleitfäden nicht ausreichend. Möglicherweise notwendige bauliche und konstruktive Maßnahmen erfordern sehr spezielles Wissen, das nicht anhand der Schutzleitfäden vermittelt werden kann. In diesem Fall ist auf technische Regeln, Branchenempfehlungen oder andere Informationen der Unfallversicherungsträger und der Länder zurückzugreifen. Bei besonders hohen Brand- und Explosionsgefährdungen verweist das Modul auf die Beratung durch Brand- und Explosionsschutzexperten.

Qualitative Risikobewertung

Die qualitative Risikobewertung macht über die reine Beschreibung und Differenzierung des Brandrisikos hinaus eine Abwägung zwischen dem vorhandenen Brandrisiko und den gesetzten Schutzzielen möglich. In einer Risikomatrix (Nohl/Thiemecke, 1988 [23]) werden die Risikofaktoren differenzierter dargestellt: Kategorien für die Eintrittswahrscheinlichkeit (z. B. sehr selten, gering, oft, häufig) werden mit Kategorien für die Schadensschwere (z. B. Bagatelle, reparable Schäden, irreparable Schäden, Totalverlust) in einem Koordinatensystem zu beliebig fein differenzierten Risikoklassen gegenübergestellt. Die Kategorien werden bei der Risikobewertung „sinnvoll geschätzt" oder statistisch belegt und ermöglichen so eine qualitative Betrachtung des Brandrisikos. Durch die vorher aufgestellten Schutzziele wird das Grenzrisiko definiert, d. h. akzeptierte Gefährdungen, die relativ selten eintreten oder nur geringen Schaden verursachen. Das Grenzrisiko unterliegt der subjektiven persönlichen Einschätzung, allgemeinen Erfahrungen oder wird durch Gesetze und Vorschriften, z. B. durch die Angabe von Grenzwerten, objektiviert.

Risikomatrix

Grenzrisiko

Mit diesem Verfahren können die Risikoklassen akzeptierten, zu vermeidenden oder möglichst zu reduzierenden und nicht akzeptablen („verbotenen") Risiken zugeordnet werden. Übersteigt dabei das Brandrisiko die als Maßstab festgelegten Schutzziele (Grenzrisiko), müssen Brandschutzmaßnahmen getroffen werden. Je nach Risikoklasse können so die im Einzelfall erforderlichen Brandschutzmaßnahmen bzw. die zugehörigen Leistungsanforderungen abgestuft werden. Das dann verbleibende Restrisiko ist hinnehmbar und wird nicht mehr durch technische oder organisatorische Maßnahmen ausgeschlossen. Mit ei-

Risikoklassen

Restrisiko

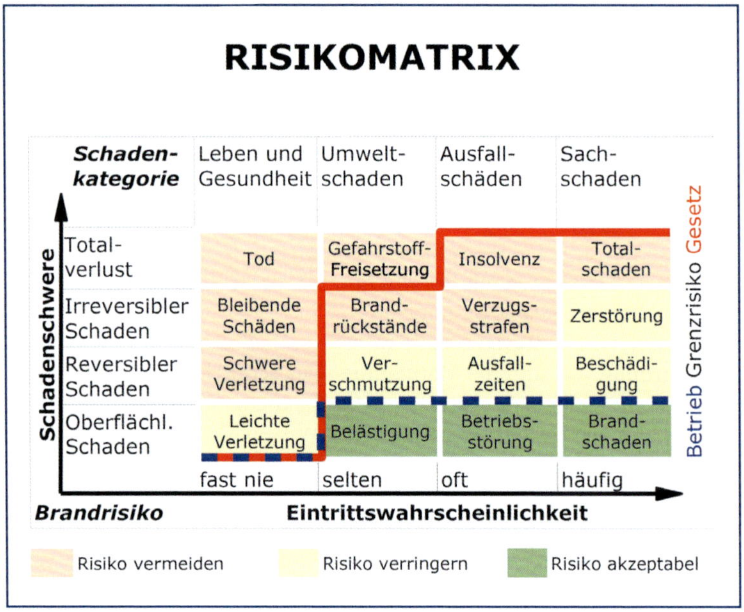

Abb. 5.6: Eine Risikomatrix stellt die Schadenswerte und die Eintrittswahrscheinlichkeit grafisch dar und ermöglicht die Bewertung von Brandrisiken.

ner solchen gezielten Risikooptimierung kann der Brandschutz kostengünstig und wirtschaftlich ohne Absinken des Sicherheitsniveaus durchgeführt werden.

geringer Aufwand versus subjektive Bewertung

Da in der qualitativen Risikoanalyse keine genauen Zahlenwerte erhoben werden müssen, ist sie leichter und schneller durchzuführen als eine quantitative Risikobetrachtung. Der relativ geringe Aufwand für die Abschätzung der Wahrscheinlichkeit und des zu befürchtenden Schadens auf einer Stufenskala von hoch bis niedrig bei der qualitativen Risikoanalyse reicht in den meisten brandschutztechnischen Zusammenhängen aus. Die aus dem Verfahren der qualitativen Risikoanalyse entstehenden Nachteile sind die subjektive, d. h. individuelle Risikoeinschätzung basierend auf der persönlichen Risikobereitschaft des Durchführenden. Auch ist eine genaue Kosten-Nutzen-Analyse aufgrund fehlender Zahlenwerte zu Aufwand der Schutzmaßnahmen und Kosten der Schadenbeseitigung schwierig.

Quantitative Risikobewertung

Für die Planung des vorbeugenden Brandschutzes z. B. bei Industrieanlagen, vor allem in der Verfahrenstechnik oder bei modernen sicherheitskritischen Systemen wie Automobilindustrie oder Bahntechnik oder zur periodischen Sicherheitsüberprüfung für kerntechnische Anlagen, reicht eine rein qualitative Betrachtung, wie wahrscheinlich der Ausfall eines sicherheitstechnischen Systems ist, nicht aus. In diesem Fall müssen Brandrisiken mit quantitativen Maßstäben beurteilt werden. Viele Brandschäden sind Folgen einer Verkettung mehrerer Auslösefaktoren wie

- Vorhandensein von Brennstoff und Auftreten einer wirksamen Zündquelle,
- ausreichendes Mischungs-, Mengen- bzw. Oberflächenverhältnis,
- fehlende Erkennung oder zu späte Bekämpfung.

Im Rahmen der quantitativen Risikoanalyse (QRA) werden die Häufigkeiten für das Eintreten von unerwünschten Einzelereignissen (Fehler, Ausfälle, Störungen, gefährliche Betriebszustände usw.) mathematisch miteinander verknüpft. Die quantitative Analyse errechnet aus den Eintrittswahrscheinlichkeiten der Einzelereignisse das Ausfallverhalten des Gesamtsystems.

mathematische Berechnung

- Die **Fehlerbaumanalyse** (englisch: Fault Tree Analysis – FTA) ist ein in der DIN 25424-1 „Produktabbildung – Fehlerbaumanalyse; Methode und Bildzeichen" (Ausgabe 1981) [24] beschriebenes deduktives Verfahren der Systemanalyse, mit dem von gegebenen Ereignissen Schlussfolgerungen auf die logisch zwingenden Konsequenzen gezogen werden. Die Fehlerbaumanalyse sucht ausgehend von einem unerwünschten Ereignis in einer Baumstruktur nach allen kritischen Pfaden möglicher Fehlerursachen, um die Gesamtwahrscheinlichkeit eines Ausfalls bestimmen zu können. Bei konsequenter Durchführung werden so alle Kombinationsmöglichkeiten geliefert, die zu einem unerwünschten Ereignis führen.

DIN 25424-1: deduktives Verfahren

- Die **Ereignisbaumanalyse** (englisch: Event Tree Analysis) ist ein in der DIN 25419 „Produktabbildung – Ereignisablaufanalyse; Verfahren, graphische Symbole und Auswertung" (Ausgabe 1985) [25] beschriebenes induktives Verfahren der Systemanalyse zur Bestimmung möglicher Folgen eines auftretenden Fehlers. In einer Ereignisbaumanalyse lassen sich Eintrittswahrscheinlichkeiten für potentielle Konsequenzen und ihre Auswirkungen (z. B. mögliche Fehlerfolgekosten) quantifizieren, indem ein Ereignis, das in einem System auftreten kann, und dessen mögliche Auswirkungen auf das Gesamtsystem untersucht werden. Das Ergebnis der Analyse wird üblicherweise grafisch von links nach rechts in einem binären Baum, jeweils mit einer oberen Abzweigung für normale Betriebsbedingungen und einem unteren Zweig für die Annahme, dass die Folgekomponente fehlerhaft ist, dargestellt. Aus der Multiplikation der jedem einzelnen Abzweig zugeordneten Fehlerwahrscheinlichkeit ist es möglich, beim Durchlaufen verschiedener Pfade die Wahrscheinlichkeit des gesamten Pfades zu berechnen. Aus der Kombination der so berechneten Pfadwahrscheinlichkeiten aller Pfade, die zu einem Unfall führen, ergibt sich die Unfallwahrscheinlichkeit des Systems.

DIN 25419: induktives Verfahren

Mit diesen Methoden wird versucht, die Ergebnisse der quantitativen Risikoanalyse durch mathematische Berechnung des Brandrisikos auf genau messbare Größen zu beziehen. Voraussetzung für eine solche quantitative Bestimmung des Gesamtrisikos ist die genaue Kenntnis oder objektiv richtige Einschätzung der Eintrittswahrscheinlichkeiten der Einzelereignisse. Für viele Schadenereignisse gibt es relativ verlässliche Tabellen, da vor allem Risikoversicherungen bei der Berechnung von Prämien darauf angewiesen sind.

messbare Größen

ökonomische Bewertung des Brandrisikos

Mit der Quantifizierung unerwünschter Konsequenzen kann das betriebliche Brandrisiko auch als die Kosten betriebswirtschaftlicher Auswirkungen von Brandschäden dargestellt werden. Damit werden Entscheidungen über Brandschutzmaßnahmen letztlich einer ökonomischen Bewertung zugänglich gemacht. Während die Kostenbestimmung von Sachschäden recht einfach ist und auch Ausfallschäden noch ziemlich genau beziffert werden können, gibt es für die Wertbeschreibung von Informationen und ideellen Werten verschiedene Ansätze. Spätestens bei der Quantifizierung von Gesundheitsschäden stößt man jedoch schnell an die Grenzen der quantitativen Kostenbeschreibung.

5.5 Brandschutzmaßnahmen

Hat die Risikoanalyse ein mit den gesetzlichen, versicherungstechnischen oder betriebsinternen Schutzzielen unvereinbares Brandrisiko ergeben, so sind nach sachkundigem Ermessen technische und organisatorische Brandschutzmaßnahmen oder geeignete Kombinationen von Maßnahmen anzuwenden.

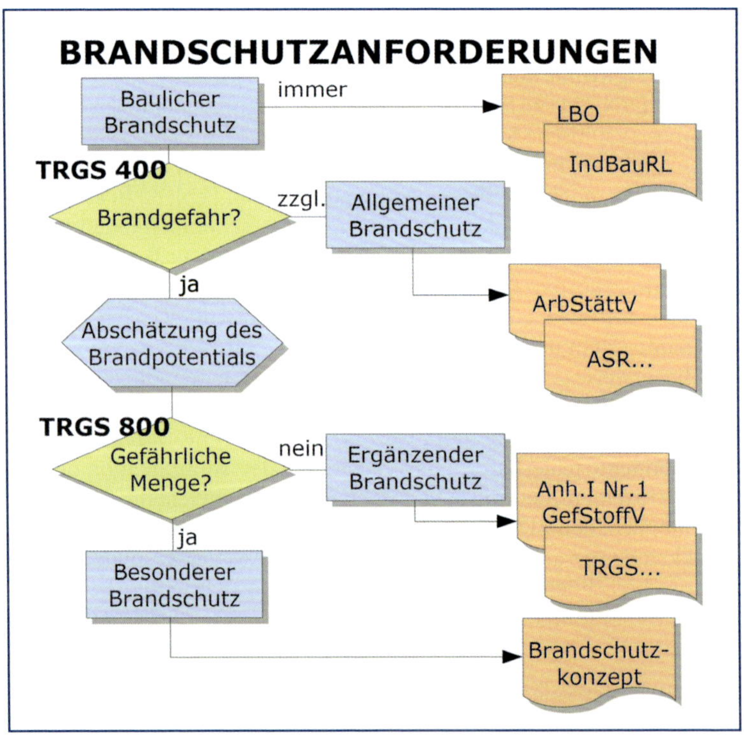

Abb. 5.7: Schrittweiser Aufbau des Brandschutzes nach vorhandenem Brandpotenzial

5.5.1 Bauliche Brandschutzmaßnahmen

Die Ziele des baulichen Brandschutzes werden bauordnungsrechtlich vorgegeben. Diese Brandschutzmaßnahmen vermeiden die Entstehung eines Brandes, beugen der Ausbreitung von Feuer und Rauch (Brandausbreitung) vor, stellen die Rettung von Menschen und Tieren bei einem Brand sicher und ermöglichen wirksame Löscharbeiten. Die diesbezüglich einzuhaltenden öffentlich-rechtlichen Vorschriften der Landesbauordnungen (LBO) sind in Deutschland als Mindestanforderungen zu verstehen. Mit diesen grundsätzlichen baulichen Schutzmaßnahmen wird ein bestimmter Grundschutz im Brandschutz erreicht. Die Erfüllung der jeweiligen brandschutztechnischen Anforderungen haben Bauherren und Betreiber bei Planung, Bau und Betrieb von baulichen Anlagen einzuhalten. Im Rahmen des Baugenehmigungsverfahrens ist zur Erlangung einer Baugenehmigung ggf. ein Brandschutznachweis anzugeben.

LBO: Mindestanforderungen

Verwendbarkeit von Bauprodukten

Bauprodukte müssen bestimmten Anforderungen genügen, damit sie bei der Errichtung von baulichen Anlagen verwendet werden dürfen. Baustoffe werden zur Feststellung ihrer baurechtlich geforderten Eigenschaften in Baustoffklassen eingeteilt und nach den Anforderungen an ihr Brandverhalten unterschieden in nicht brennbare sowie schwer, normal und leicht entflammbare Baustoffe. Zur Einteilung nach ihrem Brandverhalten müssen Baustoffe bzw. Bauprodukte geprüft werden. Auf nationaler Ebene gibt die DIN 4102-1 „Brandverhalten von Baustoffen und Bauteilen – Teil 1: Baustoffe; Begriffe, Anforderungen und Prüfungen" (Ausgabe 1998) [26] einheitliche Prüfverfahren zur Ermittlung des Brandverhaltens von Baustoffen vor. Auf europäischer Ebene werden die Baustoffklassen in der DIN EN 13501-1 „Produktabbildung – Klassifizierung von Bauprodukten und Bauarten zu ihrem Brandverhalten – Teil 1: Klassifizierung mit den Ergebnissen aus den Prüfungen zum Brandverhalten von Bauprodukten" (Ausgabe 2010) [27] geregelt.

Baustoffklassen

DIN 4102-1

DIN EN 13501-1

Ein klassifizierter Baustoff kann nur verwendet werden, wenn ein Verwendbarkeitsnachweis vorliegt. Baustoffe, die keinen Nachweis nach diesen Kriterien vorweisen können, weil es für sie keine allgemein anerkannten Regeln der Technik gibt (nicht geregelte Bauprodukte) oder weil sie von technischen Regeln wesentlich abweichen, benötigen eine nationale allgemeine bauaufsichtliche bzw. eine europäische technische Zulassung, ein allgemeines bauaufsichtliches Prüfzeugnis oder die Zustimmung der Baugenehmigungsbehörde im Einzelfall. Zur Bestätigung der Übereinstimmung mit diesen technischen Anforderungen tragen die verwendbaren Bauprodukte dann das Übereinstimmungszeichen (Ü-Zeichen).

nicht geregelte Bauprodukte

Ü-Zeichen

Feuerwiderstand von Bauteilen

Der Brandschutz garantiert im Brandfall die Tragfähigkeit bzw. Widerstandsfähigkeit eines Bauteils über einen bestimmten Zeitraum, um Menschen in Sicherheit zu bringen und Brandbekämpfungsmaßnahmen wirksam einleiten zu können. In allen Bauordnungen wird daher für tragende und nicht tragende Bauteile eine Mindestzeit gefordert, die das Bauteil im Brandfall funktionsfähig überstehen muss. Das Brandverhalten von Bauteilen wird durch Feuerwiderstandsklassen beschrieben, die aus Brandprüfungen der Bauteile nach DIN 4102-1 ermittelt werden. Die Feuerwiderstandsklasse beschreibt die „Feuerwiderstandsdauer“ in Minuten, während der die Bauteile den Durchgang von Feuer verhindern können. Mit der europäischen Normung DIN EN 13501-1 müssen zusätzlich auch die Rauch- und Abtropfklasse berücksichtigt werden.

Feuerwiderstandsklassen

Abstände zwischen Gebäuden

Um eine Brandausbreitung auf andere Gebäude zu vermeiden, müssen vor den Außenwänden von oberirdischen Gebäuden Abstandsflächen zu anderen Gebäuden freigehalten werden. So soll einer Ausbreitung von Feuer durch einen Mindestabstand von 2,50 m von der Grundstücksgrenze bzw. 5 m vom nächsten Gebäude vorgebeugt werden. Eine Abstandsfläche ist nicht erforderlich, wenn nach planungsrechtlichen Vorschriften die Außenwand an die Grundstücksgrenze gebaut werden muss oder gebaut werden darf. Dann muss der Feuerüberschlag durch Brandschutzkonstruktionen, z. B. durch klassifizierte Trenn- oder Brandschutzwände mit bestimmter Feuerwiderstandsdauer, sicher verhindert werden.

Abstandsflächen

Unterteilung in Brandabschnitte

Um der Ausbreitung von Feuer und Rauch (Brandausbreitung) im Gebäude oder auf benachbarte Gebäude vorzubeugen, wird ein Gebäude in Brandabschnitte unterteilt. Die zulässige Größe der Brandabschnitte ist bauaufsichtlich geregelt und darf grundsätzlich eine Länge von maximal 40 m und damit eine Fläche pro Geschoss von 40 × 40 m (1600 m^2) aufweisen. Brandabschnitte werden vertikal durch Wände und auch horizontal durch Decken zwischen einzelnen Brandabschnitten begrenzt. Diese Wände oder Decken müssen als raumabschließende Bauteile zum Abschluss von Gebäuden oder zur Unterteilung von Gebäuden in Brandabschnitte aus nicht brennbaren Baustoffen sein. Sie müssen die Brandausbreitung auf andere Gebäude oder Brandabschnitte ausreichend lang verhindern und auch unter zusätzlicher mechanischer Beanspruchung feuerbeständig sein. Um eine Brandübertragung für eine definierte Zeit sicher zu verhindern, sind Öffnungen in Brandwänden nur in inneren Brandwänden zulässig, wenn sie auf die für die Nutzung erforderliche Zahl und Größe beschränkt sind und Türen, Tore, Fenster und alle Durchführungen von Schächten, Kanälen, Lüftungsleitungen, Rohren usw. feuerbeständige, dicht- und selbstschließende Abschlüsse haben.

raumabschließende Bauteile

Rettungswege

Zu den Maßnahmen des baulichen Brandschutzes zählt auch das Anlegen von Rettungswegen, feuersicheren Treppenhäusern und Notausgängen. Der Rettungsweg soll es den Rettungskräften ermöglichen, Personen aus einer Gefahrenlage zu retten. Für jede Nutzungseinheit mit mindestens einem Aufenthaltsraum müssen in jedem Geschoss mindestens zwei voneinander unabhängige Rettungswege ins Freie vorhanden sein. Den ersten Rettungsweg bilden die für die Flucht und Rettung erforderlichen Verkehrswege und Türen, die nach dem Bauordnungsrecht notwendigen Flure und Treppenräume für notwendige Treppen sowie die Notausgänge. Der zweite Rettungsweg kann ebenfalls über eine weitere notwendige Treppe, aber auch über eine für flüchtende Personen mit Rettungsgeräten der Feuerwehr erreichbare Stelle führen. Ein zweiter Fluchtweg ist ausnahmsweise nicht erforderlich, wenn die Rettung über einen sicher erreichbaren Treppenraum möglich ist, in den Feuer und Rauch nicht eindringen können (Sicherheitstreppenraum).

zwei unabhängige Rettungswege

Die besondere Art oder Nutzung bestimmter Gebäude (Sonderbauten) verursacht oftmals erhöhte Gefährdungen durch eine mögliche Brandentstehung oder -ausbreitung. Sonderbauten können aber gleichzeitig aus nutzungsspezifischen oder betriebstechnischen Gründen besondere Gebäudegrößen und -ausführungen erfordern, die von den üblichen Vorgaben der Landesbauordnungen nicht erfasst werden. Daher können in Sonderbauten sowohl besondere Anforderungen an den Brandschutz gestellt, gleichzeitig aber auch Erleichterungen gestattet werden, soweit eine Einhaltung der Bauvorschriften wegen der besonderen Art oder Nutzung baulicher Anlagen oder Räume nicht möglich ist (§ 51 MBO). Für Sonderbauten wie etwa Industriebauten, Verkaufsstätten, Krankenhäuser wird als Genehmigungsgrundlage dann ein Brandschutzkonzept des Bauherren verlangt, das in der Regel von einem Fachplaner oder Sachverständigen für vorbeugenden Brandschutz erstellt wird (MIndBauRL [28]). Das Brandschutzkonzept dient der Behörde als Entscheidungsgrundlage und ist von den am Bau Beteiligten (z. B. Architekten, Fachplanern, Bauleitern) umzusetzen und im Betrieb des Gebäudes durch den Eigentümer und Nutzer aufrechtzuerhalten. Innerhalb des Brandschutzkonzeptes werden die Gefahren, die durch die Inanspruchnahme von Erleichterungen entstehen, und der Schutz, der durch die zu erfüllenden besonderen Anforderungen erreicht wird, gegeneinander abgewogen und die Erfüllung der grundsätzlichen Schutzziele des baulichen Brandschutzes nachgewiesen (vfdb 01-01 „Brandschutzkonzept“ – 2008-04 [29]).

Sonderbauten

MIndBauRL

Brandschutzkonzept

vfdb 01-01

Abweichungen und Erleichterungen

Eine der häufigsten Abweichungen von den Grundsätzen der LBOs ist z. B. die Überschreitung der zulässigen Abmessungen der Brandabschnitte aus betriebs-, produktions- oder nutzungsbedingten Gründen. Grundsätzlich ist die Einteilung von Brandabschnitten abhängig von der Gebäudelänge und -fläche. Größere Brandabschnitte kön-

größere Brandabschnitte

nen jedoch auf Antrag gestattet werden, wenn ein Brandabschnitt von 40 m gegen den Nutzungszweck des Gebäudes sprechen würde oder die Nutzung des Gebäudes dies nachweislich erfordert und keine Brandschutzbedenken bestehen. In diesen Fällen kann die zulässige Brandabschnittsgröße nach DIN 18230-1 „Produktabbildung – Baulicher Brandschutz im Industriebau – Teil 1: Rechnerisch erforderliche Feuerwiderstandsdauer" (Ausgabe 2010) [30] in Verbindung mit MIndBauRL und den dort geregelten Berechnungsschritten und -verfahren ermittelt werden.

DIN 18230-1

Kompensationsmaßnahmen

Jede durch Abweichungen oder Erleichterungen erhöhte Gefährdung der allgemeinen Schutzziele muss durch zusätzliche Brandschutzmaßnahmen ausgeglichen werden, um eine angemessene Brandsicherheit auf dem sonst einzuhaltenden Niveau zu erreichen. So muss z. B. einer Vergrößerung der Brandabschnitte aus betriebstechnischen Gründen und der damit verbundenen erhöhten Gefahr einer Brandausbreitung durch zusätzliche Brandschutzmaßnahmen begegnet werden, um weiterhin wirksame Löschmaßnahmen gewährleisten zu können. Diese zusätzlichen Brandschutzmaßnahmen können im Einbau von Brandmeldeanlagen, in einer Verkürzung der Eingriffszeiten oder in automatischen Feuerlöschanlagen bestehen.

zusätzliche Brandschutzmaßnahmen

5.5.2 Ergänzende Brandschutzmaßnahmen in Arbeitsstätten

Über die Brandschutzforderungen des Bauordnungsrechtes hinaus können insbesondere in Arbeitsstätten infolge der Gefährdungsbeurteilung nach ArbSchG, in Verbindung mit GefStoffV und BetrSichV und dem nachrangigen Regelwerk, weitere Maßnahmen notwendig sein. Arbeitsstätten sind z. B. Arbeitsräume und Ausbildungsstätten in Gebäuden, aber auch Arbeitsplätze auf dem Betriebsgelände im Freien oder Baustellen. Zur Arbeitsstätte zählen auch die Verkehrswege, Lager-, Maschinen- und Nebenräume, Pausen-, Bereitschafts-, Liege- und Sanitätsräume sowie Umkleide-, Wasch- und Toilettenräume (Sanitärräume). Der Arbeitgeber hat dafür zu sorgen, dass Arbeitsstätten entsprechend dem Stand der Technik und insbesondere nach den vom Bundesministerium für Arbeit und Soziales bekannt gemachten Arbeitsstätten-Richtlinien (ASR) eingerichtet und betrieben werden, sodass von ihnen keine Gefährdungen für Sicherheit und Gesundheit der Beschäftigten ausgehen. Die einzelnen Arbeitsstättenregel enthalten genauere Definitionen und Auslegungen unbestimmter Rechtsbegriffe und regeln Einzelheiten.

Arbeitsstätten-Richtlinien (ASR)

Fluchtwege

Die Beschäftigten müssen sich bei Gefahr durch Verlassen ihrer Arbeitsplätze unverzüglich in Sicherheit bringen können. Die im Bauordnungsrecht definierten Rettungswege sind gleichzeitig auch Fluchtwege nach Arbeitsstättenrecht, sofern sie selbstständig begangen werden können. Sie dienen der Flucht aus einem möglichen Gefährdungsbereich und in der Regel zugleich der Rettung von Personen. Fluchtwege führen ins Freie oder in einen gesicherten Bereich wie z. B. benachbarte Brandabschnitte oder notwendige Treppenräume. Neben den für Rettungswege zu beachtenden Anforderungen des Bauordnungsrechts der Länder sind daher auch die weitergehenden Anforderungen für das Einrichten und Betreiben von Fluchtwegen und Notausgängen aus der Arbeitsstätten-Richtlinie ASR A 2.3 „Fluchtwege und Notausgänge" (2022-03) [31] zu berücksichtigen. Sie konkretisiert die Anforderungen der ArbStättV an Fluchtwege und Notausgänge, um im Gefahrenfall das sichere Verlassen der Arbeitsstätte zu gewährleisten. Die Ausführung von Fluchtwegen muss sich nach Nutzung, Einrichtung und Abmessungen der Arbeitsstätte sowie nach der höchstmöglichen Anzahl der anwesenden Personen richten.

ASR A2.3

ArbStättV

- **Fluchtweglänge:** Hauptfluchtwege sind in Abhängigkeit von vorhandenen Gefährdungen und den damit verbundenen maximal zulässigen Fluchtweglängen sowie in Abhängigkeit von Lage und Größe des Raumes anzuordnen. Die Fluchtweglänge muss möglichst kurz sein und darf für Räume ohne besondere Gefährdung bzw. für brandgefährdete Räume mit selbsttätigen Feuerlöscheinrichtungen bis zu 35 m, für brandgefährdete Räume ohne selbsttätige Feuerlöscheinrichtungen jedoch nur bis zu 25 m betragen. Sofern es sich bei dem Fluchtweg gleichzeitig um einen Rettungsweg nach Bauordnungsrecht handelt (einen notwendigen Flur bzw. Treppe), können abweichend z. B. die Maßgaben der MIndBauRL mit bis zu 70 m Rettungsweglänge angewandt werden.

möglichst kurz

- **Fluchtwegbreite:** Die Mindestbreite der Hauptfluchtwege bemisst sich nach der Höchstzahl der Personen, die im Bedarfsfall den Fluchtweg benutzen. Die Mindestbreite des Fluchtweges darf durch Einbauten oder Einrichtungen sowie in Richtung des Fluchtweges zu öffnende Türen grundsätzlich nicht eingeengt werden.

nach Personenzahl

- **Gefangene Räume:** Die bauordnungsrechtlichen Anforderungen, die für jeweils eine Nutzungseinheit zwei voneinander unabhängige Rettungswege fordern, stellen keine weiteren Anforderungen an einzelne Räume, deren Lage oder Zugänge zu Rettungswegen innerhalb der Nutzungseinheit. Somit sind so genannte „gefangene Räume" möglich. Nach der Arbeitsstättenregel dürfen gefangene Räume, die ausschließlich durch einen anderen Raum betreten oder verlassen werden können, jedoch nur genutzt werden, wenn die Nutzung durch eine geringe Anzahl von Personen erfolgt. Um einen ungefährdeten Zugang zum Fluchtweg zu gewährleisten, muss zusätzlich eine ungefährdete Flucht auch im Brandfall durch den vorgelagerten Raum möglich sein. Dies kann z. B. durch eine automatische Brandmeldeanlage mit Alarmierung sichergestellt werden. Gleichen Erfolg verspricht eine direkte Sichtverbindung zum Nachbarraum, sofern der gefangene Raum nicht zum Schlafen genutzt und eine geringe Brandgefährdung im vorgelagerten Raum gegeben ist.

geringe Nutzerzahl

- **Freihalten von Fluchtwegen:** Damit Fluchtwege und Notausgänge jederzeit benutzt werden können, müssen sie ständig freigehalten werden. Hierzu zählt auch, dass sich Fluchtwegtüren von innen ohne besondere Hilfsmittel jederzeit leicht öffnen lassen, solange sich Beschäftigte in der Arbeitsstätte befinden. Türen von Notausgängen müssen sich nach außen öffnen lassen. Wenn Lage, Ausdehnung und Art der Benutzung der Arbeitsstätte dies erfordern, ist ein Flucht- und Rettungsplan aufzustellen, der an geeigneten Stellen auszulegen oder auszuhängen ist. In angemessenen Zeitabständen ist entsprechend dieses Planes zu üben.

Türen öffnen nach außen

Sicherheitskennzeichnung und -beleuchtung

Kennzeichnung von Fluchtwegen

Fluchtwege sind in angemessener Form und dauerhaft zu kennzeichnen. Die Kennzeichnung der Fluchtwege, Notausgänge, Notausstiege und Türen im Verlauf von Fluchtwegen muss entsprechend der ASR A1.3 „Sicherheits- und Gesundheitsschutzkennzeichnung" [32] erfolgen. Sie ist im Verlauf des Fluchtweges an gut sichtbaren Stellen und innerhalb der Erkennungsweite anzubringen. Sie muss die Richtung des Fluchtweges anzeigen. Wenn aufgrund der örtlichen oder betrieblichen Bedingungen eine erhöhte Gefährdung, z. B. in großen zusammenhängenden oder mehrgeschossigen Gebäudekomplexen, bei einem hohen Anteil ortsunkundiger Personen oder einem hohen Anteil an Personen mit eingeschränkter Mobilität vorliegt, ist ein Sicherheitsleitsystem einzurichten. Dabei kann auch ein Sicherheitsleitsystem notwendig sein, das auf eine Gefährdung reagiert und die günstigste Fluchtrichtung anzeigt.

Sicherheitsbeleuchtung

Wenn das gefahrlose Verlassen der Arbeitsstätte, insbesondere bei Ausfall der allgemeinen Beleuchtung, nicht gewährleistet ist, ist diese mit einer Sicherheitsbeleuchtung auszurüsten. Eine Sicherheitsbeleuchtung kann z. B. in Arbeitsstätten mit großer Personenbelegung, hoher Geschosszahl, Bereichen erhöhter Gefährdung oder unübersichtlicher Fluchtwegführung sowie bei Nutzung durch ortsunkundige Personen oder Bereiche ohne Tageslichtbeleuchtung, wie z. B. bei Räumen unter Erdgleiche, erforderlich sein.

Ein Flucht- und Rettungsplan ist dann aufzustellen, wenn Lage, Ausdehnung und Art der Benutzung der Arbeitsstätte dies erfordern. Der Plan ist an geeigneten Stellen in der Arbeitsstätte auszulegen oder auszuhängen. In angemessenen Zeitabständen müssen Übungen entsprechend dieses Plans durchgeführt werden (§ 4 ArbStättV). Im Rahmen einer solchen Räumungsübung wird überprüft, ob eine Evakuierung im Gefahrenfall schnell und sicher möglich ist.

Branderkennung und Alarmierung

automatische und nicht-automatische Brandmelder

Der Arbeitgeber hat Maßnahmen zu treffen, die es den Beschäftigten bei unmittelbarer erheblicher Gefahr ermöglichen, sich durch sofortiges Verlassen der Arbeitsplätze in Sicherheit zu bringen (Abs. 3 § 9 ArbSchG). Der Arbeitgeber hat daher durch geeignete Maßnahmen sicherzustellen, dass die Beschäftigten im Brandfall unverzüglich gewarnt und zum Verlassen von Gebäuden oder gefährdeten Bereichen aufgefordert werden können (Nr. 5 ASR A2.2 [33]). Brände können durch Personen oder Brandmelder erkannt und gemeldet werden. Dabei wird zwischen automatischen Brandmeldern, welche einen Brand anhand seiner Eigenschaften (z.B. Rauch, Temperatur, Flamme) erkennen, und nichtautomatischen Brandmeldern unterschieden, die von Hand betätigt werden müssen (Handfeuermelder). Hierbei sind automatische Brandmelde- und Alarmierungseinrichtungen zu bevorzugen. Die Notwendigkeit von technischen Alarmierungsanlagen kann sich aus der Gefährdungsbeurteilung oder aus Auflagen von Behörden ergeben. Der Alarm kann dem Warnen der anwesenden Personen oder dem Herbeirufen von Hilfe, z.B. Sicherheitspersonal und Feuerwehr, dienen. Brandmelder ermöglichen so eine frühzeitige Erkennung von Bränden und tragen maßgeblich zum Löscherfolg und zur rechtzeitigen Einleitung von Räumungs- und Rettungsmaßnahmen bei.

Feuerlöscheinrichtungen

Feuerlöscheinrichtungen

Arbeitsstätten müssen je nach Abmessung und Nutzung, nach der Brandgefährdung vorhandener Einrichtungen und Materialien und nach der größtmöglichen Anzahl anwesender Personen mit einer ausreichenden Anzahl geeigneter Feuerlöscheinrichtungen ausgestattet sein (Anhang ArbStättV Nr. 2.2). Feuerlöscheinrichtungen im Sinne der Regel sind tragbare oder fahrbare Feuerlöscher, Wandhydranten und weitere handbetriebene Geräte zur Bekämpfung von Entstehungsbränden. Feuerlöscher und Löschmittel müssen zum Löschen für die im Betrieb vorhandenen Materialien oder Stoffe entsprechend ihrer Zuordnung zu einer oder mehreren Brandklassen geeignet sein. Für Arbeitsstätten mit normaler Brandgefährdung ist eine Grundausstattung nach ASR A 2.2 ausreichend. Liegen nach der Gefährdungsbeurteilung erhöhte Brandgefährdungen vor, sind neben der Grundausstattung und den Grundanforderungen für die Bereitstellung von Feuerlöschgeräten zusätzliche betriebs- und tätigkeitsspezifische Maßnahmen erforderlich. Zusätzliche Maßnahmen zur Brandbekämpfung können z.B. die Bereitstellung von zusätzlichen Feuerlöscheinrichtungen, so etwa fahrbare Feuerlöschgeräte oder Wandhydranten, sowie der Einsatz von Löschanlagen sein.

Brandschutzhelfer

ausgewählte Beschäftigte als Brandschutzhelfer

Der Arbeitgeber hat Beschäftigte zu benennen, die Aufgaben der Brandbekämpfung und Evakuierung der Beschäftigten übernehmen. (§ 10 ArbSchG). Hierzu hat der Arbeitgeber eine ausreichende Anzahl von Beschäftigten durch Unterweisung und Übung im Umgang mit Feuerlöscheinrichtungen zur Bekämpfung von Entstehungsbränden vertraut zu machen (§ 22 DGUV Vorschrift 1 [34]). Die Brandschutzhelfer sind im Hinblick auf ihre Aufgaben fachkundig zu unterweisen. Zum Unterweisungsinhalt gehören neben den Grundzügen des vorbeugenden Brandschutzes Kenntnisse über die betriebliche Brandschutzorganisation, die Funktions- und Wirkungsweise von Feuerlöscheinrichtungen, die Gefahren durch Brände sowie über das

Verhalten im Brandfall. Ebenso gehören praktische Löschübungen im Umgang mit Feuerlöscheinrichtungen zur fachkundigen Unterweisung (ASR A 2.2 i. V. m. DGUV Information 205-023 [35]). Die notwendige Anzahl von Brandschutzhelfern ergibt sich aus der Gefährdungsbeurteilung. Bei normaler Brandgefährdung (z. B. Büronutzung) ist in der Regel ein Anteil von 5 % der Beschäftigten ausreichend. Eine größere Anzahl von Brandschutzhelfern kann z. B. bei erhöhter Brandgefährdung, der Anwesenheit vieler Personen, Personen mit eingeschränkter Mobilität sowie großer räumlicher Ausdehnung der Arbeitsstätte erforderlich sein. Bei der Anzahl der Brandschutzhelfer sind auch Schichtbetrieb, Abwesenheit einzelner Personen, z. B. durch Fortbildung, Ferien, Krankheit und Personalwechsel, zu berücksichtigen.

Prüfungen

regelmäßige Prüfung von Sicherheitseinrichtungen

Sicherheitseinrichtungen wie z. B. Sicherheitsbeleuchtung oder Feuerlöscheinrichtungen müssen regelmäßig sachkundig gewartet und auf ihre Funktionsfähigkeit hin geprüft werden. Der Arbeitgeber hat Brandmelde- und Feuerlöscheinrichtungen unter Beachtung der Herstellerangaben in regelmäßigen Abständen sachgerecht zu warten und auf ihre Funktionsfähigkeit prüfen zu lassen. Die Ergebnisse sind zu dokumentieren, z. B. bei Mängelfreiheit durch Anbringen einer Plakette auf der Feuerlöscheinrichtung. Werden Mängel festgestellt, die eine Funktionsfähigkeit der Feuerlöscheinrichtung nicht mehr gewährleisten, hat der Arbeitgeber unverzüglich zu veranlassen, dass die Feuerlöscheinrichtung instandgesetzt oder ausgetauscht wird.

5.5.3 Erweiterte Brandschutzmaßnahmen

Ergibt die Beurteilung, dass nur eine normale Brandgefährdung vorliegt, sind in der Regel keine zusätzlichen Maßnahmen erforderlich. Dabei wird vorausgesetzt, dass der Schutz Beschäftigter und anderer Personen über die Maßnahmen nach Arbeitsstättenverordnung, Betriebssicherheitsverordnung und Bauordnungsrecht ausreicht. Bei physikalisch-chemischen Gefährdungen, u. a. bei Tätigkeiten mit Gefahrstoffen, durch die Brand- und Explosionsgefahren entstehen können, sind zu deren Vermeidung ergänzende Schutzmaßnahmen nach § 12 und Anhang I Nr. 1 GefStoffV festzulegen. Anhang I Nr. 1 GefStoffV beschreibt beispielhafte Schutzmaßnahmen, mit denen die Brandgefährdung durch Gefahrstoffe beseitigt oder begrenzt werden kann.

Anhang I Nr.1 GefStoffV

Auf Grundlage der Gefährdungsbeurteilung nach § 6 GefStoffV sollen diese erweiterten Brandschutzmaßnahmen in der folgenden Reihenfolge berücksichtigt werden:

Begrenzung der Brand- und Explosionsgefahren

Gefährliche Mengen oder Konzentrationen von Gefahrstoffen, die zu Brand- oder Explosionsgefahren führen können, sind zu vermeiden.

- **Sichere Lagerung:** Insbesondere sind chemisch instabile, brennbare und andere aufgrund ihrer gefährlichen Eigenschaften unvereinbare

Gefahrstoffe so zu handhaben und zu lagern, dass hierdurch keine Gefährdungen für die Beschäftigten entstehen. Die Mengen an Gefahrstoffen sind zur Begrenzung der Brandbelastung und -ausbreitung auf das notwendige Maß einzuschränken.

- **Schutz bei Stoffaustritt:** Zum Schutz gegen unbeabsichtigtes Freisetzen von Gefahrstoffen, die zu Brand- oder Explosionsgefahren führen können, sind geeignete Maßnahmen zu treffen. Freiwerdende Gefahrstoffe, die zu Brand- oder Explosionsgefahren führen können, sind an ihrer Austritts- oder Entstehungsstelle vollständig zu erfassen und gefahrlos zu beseitigen.

Vermeidung einer Brandentstehung

Zündquellen, die zu Bränden oder Explosionen führen können, sind insbesondere durch organisatorische Schutzmaßnahmen zu vermeiden.

- **Zündquellen vermeiden:** Kann das Auftreten gefährlicher explosionsfähiger Atmosphären nicht sicher verhindert werden, sind Schutzmaßnahmen zur Vermeidung von Zündgefahren durchzuführen. Dabei sind auch mögliche elektrostatische Entladungen zu berücksichtigen.
- **Personalauswahl:** Der Arbeitgeber darf Tätigkeiten mit Gefahrstoffen, die zu Brand- oder Explosionsgefahren führen können, nur zuverlässigen, mit den Tätigkeiten und den dabei auftretenden Gefahren sowie mit den erforderlichen Schutzmaßnahmen vertrauten Beschäftigten übertragen. Der Unternehmer hat dazu die Beschäftigten über die bei ihren Tätigkeiten auftretenden Gefahren sowie über die Maßnahmen zu ihrer Abwendung vor der Beschäftigung und danach in angemessenen Zeitabständen, mindestens jedoch einmal jährlich, zu unterweisen, auch zu Maßnahmen gegen Entstehungsbrände und Explosionen sowie zum Verhalten im Gefahrenfall.

regelmäßige Unterweisung

- **Koordinierung:** Bei besonders gefährlichen Tätigkeiten und bei Tätigkeiten, die durch Wechselwirkung mit anderen Tätigkeiten Gefahren verursachen können, ist ein Arbeitsfreigabesystem mit besonderen schriftlichen Anweisungen anzuwenden. Eine aufsichtführende Person muss diese Arbeiten koordinieren.

Schutz der beschäftigten Personen

Schädliche Auswirkungen auf die Gesundheit und Sicherheit der Beschäftigten durch Brände oder Explosionen sind zu verringern.

- **Fluchtwege:** ASR A2.3 stellt besondere Anforderungen an die Fluchtweglänge. So können für giftstoffgefährdete oder explosionsgefährdete Räume nicht die im Bauordnungsrecht genannten Rettungsweglängen angesetzt werden, sondern es müssen die verkürzten Fluchtweglängen der ASR A2.3 mit einer maximalen Fluchtweglänge von 20 m (für explosivstoffgefährdete Räume maximal 10 m) berücksichtigt werden.

- **Brandabschottung:** Übertragungen von Bränden und die Auswirkungen von Bränden und Explosionen auf benachbarte Bereiche müssen durch zusätzliche bauliche Maßnahmen vermieden werden.
- **Bekämpfung von Entstehungsbränden:** Gefahrstoffbereiche sind mit ausreichenden Feuerlöscheinrichtungen und mit Angriffswegen zur Brandbekämpfung auszustatten, sodass sie mit Lösch- und Arbeitsgeräten schnell und ungehindert erreichbar sind.

Für einige besondere Stoffgruppen mit gefährlichen physikalisch-chemischen Eigenschaften (z. B. brennbare Flüssigkeiten und Gase, Explosivstoffe, brandfördernde Stoffe, insbesondere organische Peroxide und Sauerstoff) sowie für bestimmte Gefährdungsbereiche (z. B. explosionsfähige Atmosphären) gibt es detaillierte Vorgaben zu Schutzmaßnahmen im technischen Regelwerk.

5.5.4 Besondere Brandschutzmaßnahmen

Im Rahmen der Gefährdungsbeurteilung nach ArbSchG in Verbindung mit GefStoffV und/oder BetrSichV ist zu prüfen, ob mit der beurteilten Tätigkeit bzw. im betrachteten Betriebsbereich eine erhöhte oder hohe Brandgefährdung einhergeht. Bei erhöhter oder hoher Brandgefährdung bei Tätigkeiten mit brennbaren oder oxidierenden Gefahrstoffen sind i. d. R. zusätzlich zu den bauordnungsrechtlichen und arbeitsstättenrechtlichen Anforderungen weitere Brandschutzmaßnahmen erforderlich. Diese müssen vom Arbeitgeber im Rahmen einer Gefährdungsbeurteilung ausgewählt und festgelegt werden und mit den betrieblichen Gegebenheiten abgestimmt sein. Es ist zu bewerten, ob aufgrund der örtlichen und betrieblichen Verhältnisse die Brandgefährdung von Beschäftigten durch eine Gefahr androhende Menge brennbarer Stoffe so groß ist, dass eine erhöhte oder hohe Brandgefährdung vorliegt. Einen Prozess zur systematischen Ermittlung und Bewertung möglicher Brandgefährdungen beschreibt TRGS 800.

TRGS 800

ganzheitliche Gefährdungsbeurteilung

Bei besonderer Brandgefährdung ist eine ganzheitliche Gefährdungsbeurteilung durchzuführen, die alle für die Entstehung, Ausbreitung und Auswirkung eines Brandes relevanten Faktoren umschließt. In der Regel ist dabei den Maßnahmen zur Vermeidung brennbarer Stoffe sicherheitstechnisch Vorrang zu geben. Führt dies nicht zur erforderlichen Brandsicherheit, sind nach sachkundigem Ermessen technische und organisatorische Brandschutzmaßnahmen oder geeignete Kombinationen von Maßnahmen anzuwenden. Danach sind je nach Einzelfall besondere Brandschutzmaßnahmen festzulegen:

Stoffe mit hoher Entzündbarkeit oder brandfördernden Eigenschaften

Zündquellen vermeiden

Sind leicht- oder hochentzündliche Flüssigkeiten, brennbare Gase oder Stäube sowie Stoffe der Brandklassen D und F betriebsmäßig vorhanden oder können diese Stoffe freigesetzt oder gebildet werden, müssen Zündquellen in der gefährdeten Betriebsumgebung z. B. durch technische oder organisatorische Brandschutzmaßnahmen (z. B. konstruktive

Maßnahmen, Rauchverbote oder Verbot der Verwendung von offenem Feuer und offenem Licht) zuverlässig vermieden werden.

Günstige Verhältnisse für eine Brandentstehung

Ist aufgrund der örtlichen und betrieblichen Verhältnisse durch die Verwendung, Lagerung oder Entstehung großer Mengen brennbarer Materialien bzw. durch die Verwendung von wirksamen Zündquellen eine Brandentstehung besonders begünstigt oder ist bereits in der Anfangsphase mit einer schnellen Brandausbreitung zu rechnen, kann durch anlagentechnische Brandschutzmaßnahmen (z. B. Brandmelde- und Feuerlöschanlagen) eine frühzeitige Branderkennung und -meldung bzw. eine automatische Brandbekämpfung erfolgen.

anlagentechnische Brandschutzmaßnahmen

Brandgefährliche Arbeiten

Entstehen durch brandgefährliche Arbeitsverfahren oder Tätigkeiten wie z. B. Schweißen, Brennschneiden, Trennschleifen, Löten, Farbspritzen oder Flammenarbeiten besondere Brandgefahren, kann durch organisatorische Maßnahmen (z. B. Arbeitsfreigaben wie den Erlaubnisschein für feuergefährliche Arbeiten nach VdS 2036:2009-07 [36] die Entzündung brennbarer Stoffe verhindert werden.

organisatorische Maßnahmen

VdS 2036

Besondere Personengruppen

Bestehen Gefährdungen durch eine große Anzahl anwesender Personen, durch ortsunkundige oder in ihrer Mobilität oder Wahrnehmungsfähigkeit eingeschränkte Personen sowie durch besondere Arbeitsbedingungen mit eingeschränkter Fluchtmöglichkeit (z. B. Arbeitsbereiche in Höhen und Tiefen), muss die Sicherheit der betroffenen Personen bzw. deren Flucht und Rettung durch abwehrende Brandschutzmaßnahmen (z. B. Selbsthilfekräfte, Betriebs- oder Werkfeuerwehr) sichergestellt werden.

abwehrende Brandschutzmaßnahmen

5.5.5 Betriebliches Brandschutzkonzept

Betriebliches Brandschutzkonzept

Bei einer erhöhten bzw. hohen Brandgefährdung ergibt sich die Brandsicherheit in der Regel erst aus dem Zusammenspiel von vorbeugenden baulichen, anlagentechnischen und organisatorischen Brandschutzmaßnahmen sowie zusätzlichen abwehrenden Brandschutzmaßnahmen. Diese zusätzlichen Maßnahmen können z. B. unter Berücksichtigung der in Tabelle 1 der TRGS 800 genannten Beispiele ausgewählt werden. Dabei sind die in der Tabelle genannten Beispiele für Maßnahmen bei erhöhter oder hoher Brandgefährdung teilweise aufeinander aufbauend und beschreiben das Schutzniveau der festzulegenden Maßnahmen. Die Maßnahmen bei hoher Brandgefährdung können dabei auch die Maßnahmen bei erhöhter Brandgefährdung ersetzen.

Mit der gezielten Auswahl, systematischen Bewertung und gegenseitigen Abstimmung des Zusammenwirkens entsteht aus einzelnen Brandschutzmaßnahmen ein ganzheitliches Brandschutzkonzept,

Abb. 5.8: Ein betriebliches Brandschutzkonzept sorgt für das effektive Zusammenspiel der Brandschutzmaßnahmen und gilt als Leitlinie bei der Umsetzung des Brandschutzes.

mit dem Brandrisiken gezielt beeinflusst und im Sinne der gesteckten Schutzziele minimiert werden können. Die baulichen, technischen und organisatorischen Schutzmaßnahmen müssen einzeln oder im Zusammenwirken den gewünschten Erfolg erwarten lassen. Mögliche Wechselwirkungen sind erforderlichenfalls abzustimmen und anzupassen, um kontraproduktive Beeinflussungen zu vermeiden. Das Brandschutzkonzept muss von Behörden, Bauherren, Betreibern und Versicherern akzeptiert werden können und sollte ein ausgewogenes Kosten-Nutzen-Verhältnis aufweisen.

Wechselwirkungen berücksichtigen

Wesentliches Ziel des Brandschutzkonzeptes ist es, das Zusammenspiel der einzelnen Segmente im Sinne des angestrebten Schutzes und Sicherheitsniveaus so zu optimieren, damit es sich auch nach wirtschaftlichen Kriterien als effizient erweist. Dabei ist das reibungslose und gut aufeinander abgestimmte Zusammenwirken der verschiedenen Unternehmensbereiche wie Management, Organisation und Technik unverzichtbare Voraussetzung für den Erfolg nicht nur jeder einzelnen Maßnahme, sondern auch kompletter Brandschutzkonzepte.

wirtschaftlich effizient

Häufig können aus betrieblichen, technischen oder wirtschaftlichen Gründen nicht alle Anforderungen an den Brandschutz erfüllt werden. Ein technisch optimaler und wirtschaftlich sinnvoller Brandschutz kann nur durch schutzzielorientierte und risikogerechte Kombinationen der vorgenannten Maßnahmen im Rahmen eines Brandschutzkonzeptes erreicht werden. Das betriebliche Brandschutzkonzept ist dabei eine Entscheidungshilfe und legt fest, welche Maßnahmen mit welcher Priorität zu treffen sind. Entscheidungshilfe

5.5.6 Wirksamkeitsnachweis

Zur Gefährdungsbeurteilung gehört auch der nach § 5 ArbSchG geforderte Wirksamkeitsnachweis. Es muss sichergestellt werden, dass durch die getroffenen Schutzmaßnahmen die Gefährdung infolge der Entstehung oder Ausbreitung eines Brandes auf das erforderliche Maß verringert wird. §5 ArbSchG

Bei der Kontrolle der Wirksamkeit muss der Arbeitgeber insbesondere feststellen, ob die geplanten oder bereits getroffenen Maßnahmen geeignet und ausreichend wirksam sind. Kontrolle der Wirksamkeit

Plausibilitätsprüfung

Die tatsächliche Wirksamkeit der getroffenen technischen Schutzmaßnahmen ist vor Eintritt des Brandfalles in der Regel nicht prüfbar. Daher ist im Rahmen einer Plausibilitätsprüfung zu ermitteln, ob die getroffenen technischen und organisatorischen Schutzmaßnahmen einzeln oder im Zusammenwirken den gewünschten Erfolg erwarten lassen. Die Prüfung von Ergebnissen aus der Gefährdungsbeurteilung dient einer strukturierten Überprüfung auf Plausibilität von Schutzmaßnahmen bei einer erhöhten oder hohen Brandgefährdung:

1. Liegt eine Beschreibung der Tätigkeit bzw. Anlage und der örtlichen Situation vor?
2. Sind alle zu erwartenden Betriebszustände beurteilt?
3. Ist die Art der Verwendung der brennbaren oder oxidierenden Gefahrstoffe beschrieben?
4. Ist der zu beurteilende Bereich genau definiert (Abgrenzung zu anderen Bereichen)?
5. Stimmt die Nutzung des Raumes/Gebäudes mit der baurechtlich genehmigten Nutzung überein?
6. Ist die Anzahl der Beschäftigten oder anderer Personen bekannt? Sind in der Mobilität oder Wahrnehmung eingeschränkte Personen anwesend?
7. Wurden alle wirksamen Zündquellen ermittelt und bewertet?
8. Wurde die Möglichkeit des Ersatzes des brennbaren oder oxidierenden Gefahrstoffes geprüft(Substitution)?
9. Ist der brennbare oder oxidierende Gefahrstoff nur in der erforderlichen Menge vorhanden?

10. Wurden die Flucht- und Rettungswege (Länge, Anzahl) im Hinblick auf eine sichere Nutzung und eine Alarmierung zur Gebäuderäumung bewertet?
11. Sind zusätzliche Maßnahmen (z. B. Zugänglichkeit für die Feuerwehr, Löschmittelversorgung) für eine wirksame Brandbekämpfung erforderlich?
12. Sind aufgrund einer hohen Brandgefährdung zusätzlich Brandmeldeanlagen bzw. Löschanlagen erforderlich?
13. Macht eine hohe Brandgefährdung zusätzliche Maßnahmen (z. B. Notstromversorgung) erforderlich?
14. Ist die Notwendigkeit zusätzlicher Qualifikationen und Unterweisungen der Mitarbeiter geprüft worden?
15. Wurde die Notwendigkeit einer Zugangsbeschränkung für den beurteilten Bereich geprüft?
16. Hat eine Prüfung der Notwendigkeit spezieller Arbeitskleidung stattgefunden?

Die jeweilige Detaillierungstiefe der erforderlichen Informationen hängt dabei vom Einzelfall ab.

Ebenfalls muss mit dieser Prüfung ausgeschlossen werden, dass sich aus den angewendeten Brandschutzmaßnahmen neue Gefährdungen ergeben haben. Die gewählten Schutzmaßnahmen sind dabei auf mögliche Wechselwirkungen zu untersuchen und, wenn erforderlich, abzustimmen und anzupassen. Kontraproduktive Wechselwirkungen sind zu vermeiden. Wird dabei festgestellt, dass die Maßnahmen nicht ausreichend wirksam sind oder sich daraus neue Gefährdungen ergeben, muss der beschriebene Prozess der Gefährdungsbeurteilung erneut durchlaufen werden.

regelmäßige Gefährdungsbeurteilung

Eine Gefährdungsbeurteilung ist nicht nur als Erstbeurteilung an bestehenden Arbeitsplätzen, sondern insbesondere auch nachträglich bei jeder brandschutzrelevanten Änderung im Betrieb durchzuführen, z. B. bei baulichen Veränderungen durch Neu- oder Umbau, durch Nutzungsänderungen, durch Änderung von Arbeitsstoffen, Arbeitsverfahren oder der Arbeitsorganisation sowie bei der Neubeschaffung von Maschinen, Geräten und Einrichtungen. So können erforderliche Anpassungen an geänderte Arbeitsbedingungen vorgenommen werden.

Funktionsprüfungen

Funktionsprüfungen spätestens alle drei Jahre

Die einzelnen baulichen, technischen und organisatorischen Brandschutzmaßnahmen müssen erstmalig und anschließend regelmäßig auf ihre ausreichende Funktion, Zuverlässigkeit und Wirksamkeit entsprechend den zutreffenden Prüf-, Wartungs- oder Installationsvorschriften bzw. den einschlägigen Regelwerken überprüft werden. Dies muss mindestens jedes dritte Jahr erfolgen, wenn nicht kürzere Prüfintervalle im Ergebnis der Gefährdungsbeurteilung nach § 5 ArbSchG/ sicherheitstechnische Bewertung notwendig sind. Hierbei sind die Angaben der Hersteller und rechtliche Vorgaben (z. B. GefStoffV, BetrSichV und Bauordnungsrecht) zu beachten. Erforderlichenfalls sind die insbesondere dem Personenschutz dienenden Schutzmaßnahmen unter Berücksichtigung des Standes der Technik anzupassen. Auch hierzu muss die Gefährdungsbeurteilung in regelmäßigen Abständen, z. B. anlässlich der Änderungen von Vorschriften oder des technischen Regelwerkes, überprüft werden, um eine Wirksamkeit der Brandschutzmaßnahmen nach dem Stand der Technik sicherzustellen. Auch neue Erkenntnisse und Erfahrungen aus Betriebsstörungen, Störfällen und Brandereignissen können zu einem Erkennen von zusätzlichen, bisher nicht betrachteten oder unzureichend bewerteten Brandrisiken führen. Auch hier sollte die Gefährdungsbeurteilung überprüft und falls erforderlich in der Betrachtung erweitert werden.

Veränderungen erfassen

Brandschutzmanagement

Durch ein konsequentes und vorbeugendes Brandschutzmanagement, mit dem ein systematisches und verbindliches Verfahren zur Erkennung von Gefahren und Brandrisiken, deren einheitliche und objektive Bewertung sowie ein wirksames Durchführen und regelmäßiges Überprüfen der geeigneten Brandschutzmaßnahmen sichergestellt wird, lässt sich die Brandsicherheit im Unternehmen entscheidend verbessern (Beck, 2008 [37]). Um die erforderlichen Brandschutzmaßnah-

Abb. 5.9: Um effektiven Brandschutz zu gewährleisten, müssen in einer ganzheitlichen Betrachtung verschiedene Einzelmaßnahmen zusammenwirken.

men wirksam durchführen und Änderungen sowie unzulässige Abweichungen rechtzeitig erkennen zu können, werden innerhalb der durch das Brandschutzmanagement beschriebenen Prozessabläufe entsprechende Prioritäten, Termine und Verantwortlichkeiten festgelegt (VdS
VdS 2009 2009 „Brandschutz-Management, Leitfaden für die Verantwortlichen im Betrieb und Unternehmen" - 2008-01 [38]). Diese können dann von den Verantwortlichen systematisch und nach einheitlichen Maßstäben überprüft und daraufhin ggf. Veränderungen oder Ergänzungen vorgenommen werden.

6 Aufgaben des Brandschutzbeauftragten

Die Aufgaben des Brandschutzbeauftragten sind vielfältig. Nr. 3 vfdb 12-09/01 [1] listet insgesamt 26 Beratungs- und Unterstützungstätigkeiten des betrieblichen Brandschutzes auf, in denen der Brandschutzbeauftragte den Verantwortlichen des Betriebes unterstützt. Als Verantwortlicher des Betriebes ist der Arbeitgeber oder Unternehmer, der Betriebsleiter oder der Behördenleiter zu sehen, also derjenige, der gegenüber dem Gesetz Verantwortung u. a. im Brandschutz übernehmen müssen.

Nr. 3 vfdb 12-09/01

Betrieblicher Brandschutz

Der betriebliche Brandschutz besteht aus allen Brandschutzmaßnahmen, die ein Betrieb oder Unternehmen in Bezug auf sein Grundstück und Betriebsgebäude trifft. Zur Minimierung von Brandrisiken müssen bauliche, technische und organisatorische Brandschutzmaßnahmen ausgewählt und aufeinander abgestimmt werden. Dies sind z. B. verfahrenstechnische Sicherheitsmaßnahmen, die Beschaffung, Wartung und Kontrolle baulicher und anlagentechnischer Brandschutzeinrichtungen, die Unterweisung von Beschäftigten im Brandschutz oder gar die Aufstellung betrieblicher Brandschutzkräfte (Evakuierungshelfer, Brandschutzhelfer). Die Gliederung des Brandschutzes richtet sich nach der Art der getroffenen Maßnahmen:

Brandschutzmaßnahmen

- **Baulicher Brandschutz:** Der bauliche Brandschutz beinhaltet bautechnische Maßnahmen zum Schutz vor Bränden und deren Auswirkungen bzw. zur Rettung im Brandfall wie z. B. Brandwände, Brandschutztüren, Rauchabzüge und Fluchtwege.
- **Anlagentechnischer Brandschutz:** Der anlagentechnische Brandschutz beinhaltet technische Maßnahmen zur Brandvermeidung, -erkennung oder -bekämpfung wie z. B. Absaugeinrichtungen, Brandmeldeanlagen, Löschanlagen und -geräte.
- **Organisatorischer Brandschutz:** Der organisatorische Brandschutz beinhaltet alle administrativen und organisatorischen Maßnahmen zur Verhinderung von Bränden und zur Brandbekämpfung und Rettung im Brandfall wie z. B. Notfallpläne, Ausbildung der Mitarbeiter, Ablauf- und Verantwortungsstrukturen.

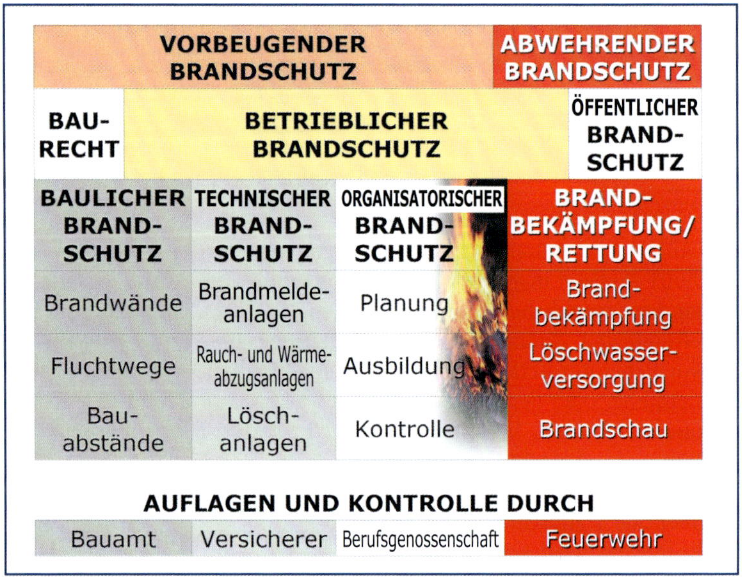

Abb. 6.1: Teilbereiche des betrieblichen Brandschutzes und beispielhafte Brandschutzmaßnahmen

Beratungs- und Unterstützungstätigkeiten

Nach Nr. 3 vfdb 12-09/01 kann der Brandschutzbeauftragte folgende Beratungs- und Unterstützungstätigkeiten ausführen:

Tabelle 6.1: Aufgaben des Brandschutzbeauftragten (nach [1], Nr. 3)

Beratungs- und Unterstützungstätigkeiten	
1.	Erstellen/Fortschreiben der Brandschutzordnung
2.	Mitwirken bei Beurteilungen der Brandgefährdung an Arbeitsplätzen
3.	Beraten bei feuergefährlichen Arbeitsverfahren und bei dem Einsatz brennbarer Arbeitsstoffe
4.	Mitwirken bei der Ermittlung von Brand- und Explosionsgefahren
5.	Mitwirken bei der Ausarbeitung von Betriebsanweisungen, soweit sie den Brandschutz betreffen
6.	Mitwirken bei baulichen, technischen und organisatorischen Maßnahmen, soweit sie den Brandschutz betreffen
7.	Mitwirken bei der Umsetzung behördlicher Anordnungen und bei Anforderungen des Feuerversicherers, soweit sie den Brandschutz betreffen
8.	Mitwirken bei der Einhaltung von Brandschutzbestimmungen bei Neu-, Um- und Erweiterungsbauten, Nutzungsänderungen, Anmietungen und Beschaffungen
9.	Beraten bei der Ausstattung der Arbeitsstätten mit Feuerlöscheinrichtungen und Auswahl der Löschmittel

Fortsetzung Tabelle 6.1: Aufgaben des Brandschutzbeauftragten (nach [1], Nr. 3)

Beratungs- und Unterstützungstätigkeiten	
10.	Mitwirken bei der Umsetzung des Brandschutzkonzeptes
11.	Kontrollieren, dass Flucht- und Rettungspläne, Feuerwehrpläne, Alarmpläne usw. aktuell sind, ggf. Aktualisierung veranlassen und dabei mitwirken
12.	Planen, organisieren und durchführen von Evakuierungsübungen
13.	Teilnehmen an behördlichen Brandschauen und Durchführen von internen Brandschutzbegehungen
14.	Melden von Mängeln und Maßnahmen zu deren Beseitigung vorschlagen und die Mängelbeseitigung überwachen
15.	Unterstützen der Führungskräfte bei den regelmäßigen Unterweisungen der Beschäftigten im Brandschutz
16.	Aus- und Fortbilden von Beschäftigten mit besonderen Aufgaben im Brandfall, z. B. in der Handhabung von Feuerlöscheinrichtungen (Brandschutzhelfer gemäß ASR A2.2)
17.	Prüfen der Lagerung und/oder der Einrichtungen zur Lagerung von brennbaren Flüssigkeiten, Gasen usw.
18.	Kontrollieren der Sicherheitskennzeichnungen für Brandschutzeinrichtungen und für die Flucht- und Rettungswege
19.	Überwachen der Benutzbarkeit von Flucht- und Rettungswegen
20.	Organisation der Prüfung und Wartung von brandschutztechnischen Einrichtungen
21.	Kontrollieren, dass festgelegte Brandschutzmaßnahmen insbesondere bei feuergefährlichen Arbeiten eingehalten werden
22.	Mitwirken bei der Festlegung von Ersatzmaßnahmen bei Ausfall und Außerbetriebsetzung von brandschutztechnischen Einrichtungen
23.	Unterstützen des Unternehmers bei Gesprächen mit den Brandschutzbehörden und Feuerwehren, den Feuerversicherern, den gesetzlichen Unfallversicherungsträgern, den staatlichen Arbeitsschutzbehörden usw.
24.	Stellungnahme zu Investitionsentscheidungen, die Belange des Brandschutzes am Standort betreffen
25.	Mitwirken bei der Implementierung von präventiven und reaktiven (Schutz-)Maßnahmen im Notfallmanagement z. B. für kritische Infrastrukturen (Stromausfall), für lokale Wetterereignisse mit Schadenspotenzial (extreme Hitze-/Kältewelle, Starkregen, Sturm, Hagel, Schneelast etc.)
26.	Dokumentieren aller Tätigkeiten im Brandschutz, z. B. Begehungsprotokolle, Prüfberichte, Mängelmeldungen und Jahresbericht

Zu beachten ist, dass nicht unbedingt alle Aufgaben vom Brandschutzbeauftragten vollumfänglich erbracht werden, sondern die Aufgaben in der Bestellung zum Brandschutzbeauftragten geregelt sein müssen. In den nachfolgenden Kapiteln werden die oben aufgeführten Aufgaben mit Inhalten und Beispielen dargestellt.

6.1 Erstellen/Fortschreiben der Brandschutzordnung

ArbStättV

Die Brandschutzordnung regelt das Verhalten für anwesende Personen innerhalb eines Gebäudes oder auf einem Gelände. Eine bundeseinheitliche Regelung gibt es nicht. Lediglich in ArbStättV [2] ist ein Hinweis zu finden. Dieser besagt aber nur, dass für Arbeitsstätten geeignete und ausreichende Informationen zum Brandschutz an die anwesenden Personen innerhalb des Betriebes bzw. Gebäudes weiterzugeben sind. Gefordert wird die Brandschutzordnung jedoch durch länderspezifische Rechtsvorschriften. Diese findet man in den Mustervorschriften und Mustererlassen der Bauministerkonferenz. Sie sind jedoch nicht in jedem Bundesland umgesetzt, daher ist eine Recherche in den Landesbauvorschriften unvermeidlich. Anbei eine Übersicht der aktuell geltenden Mustervorschriften und -erlasse:

geltende Mustervorschriften und -erlasse

- Beherbergungsstättenverordnung (MBeVO) § 11
  „Für Beherbergungsstätten mit mehr als 60 Gastbetten sind im Einvernehmen mit der für den Brandschutz zuständigen Dienststelle eine Brandschutzordnung zu erstellen."
- Hochhausrichtlinie (MHHR) Kapitel 9.2
  „Im Einvernehmen mit der Brandschutzdienststelle ist eine Brandschutzordnung aufzustellen und durch Aushang bekannt zu machen."
- Verkaufsstättenverordnung (MVKVO) § 42 [3]
  „Der Betreiber einer Verkaufsstätte hat im Einvernehmen mit der Brandschutzdienststelle eine Brandschutzordnung … aufzustellen."
- Versammlungsstättenverordnung (MVStättVO) § 42 [4]
  „Der Betreiber oder ein von ihm Beauftragter hat im Einvernehmen mit der Brandschutzdienststelle eine Brandschutzordnung … aufzustellen."
- Schulbau-Richtlinie (MSchulbauR) Kapitel 11 [5]
  „Der Betreiber der Schule muss im Einvernehmen mit der für den Brandschutz zuständigen Dienststelle Feuerwehrpläne und eine Brandschutzordnung anfertigen und der örtlichen Feuerwehr zur Verfügung stellen."
- Regelungen zum Betrieb von Krankenhäusern

DIN 14096

In der DIN 14096 „Brandschutzordnung – Regeln für das Erstellen und das Aushängen" (Ausgabe 2014-05) [6] sind die Mindestinhalte und die Gliederung für die Erstellung der Brandschutzordnung festgelegt. Die DIN 14096 legt großen Wert auf die Aktualität der Brandschutzordnung. Die Brandschutzordnung besteht aus den Teilen A, B und C, die jeweils andere Zielgruppen ansprechen:

für alle Anwesenden

- **Teil A** richtet sich an alle im Gebäude oder Betrieb anwesenden Personen. Der Umfang dieses Teiles entspricht einer DIN-A4-Seite. Er ist öffentlich auszuhängen, sodass er für jede Person sichtbar ist. Ein Musterbeispiel für den Aushang findet sich in Kapitel 11.1.

für Mitarbeiter

- **Teil B** richtet sich vor allem an die Mitarbeiter in dem entsprechenden Gebäude oder Betrieb und enthält u. a. Angaben zur Verhinderung von Brand- oder Rauchausbreitungen sowie zur Freihaltung von Flucht- und Rettungswegen. Dieser Teil ist allen Mitarbeitern mittels Unterweisung näher zu bringen.

- **Teil C** richtet sich an Personen, die neben ihren allgemeinen Aufgaben und Pflichten mit besonderen Aufgaben im Brandschutz betraut sind (z. B. Brandschutzbeauftragte und Brandschutzhelfer).

für Mitarbeiter mit besonderen Aufgaben im Brandschutz

Die Aufgabe des Brandschutzbeauftragten besteht darin, diese Brandschutzordnung zusammen mit dem Arbeitgeber aufzustellen und den Beschäftigten und Besuchern des Gebäudes und Geländes zu vermitteln.

Aktualisierung von Brandschutzordnungen

Auch ist der Arbeitgeber verpflichtet, die Brandschutzordnung auf dem aktuellen Stand zu halten und diese mindestens alle zwei Jahre durch eine fachkundige Person überprüfen zu lassen. Diese Überprüfung ist zu dokumentieren. Die Art der Dokumentation ist nicht vorgegeben. Orientiert man sich jedoch an dem heute üblichen Standard, heißt dies, dass eine schriftliche Dokumentation erforderlich ist. Der Aushang selber könnte mit einem aktualisierten Datum erneut ausgehangen werden. Bei aufwendig gestalteten Aushängen könnte man dies stattdessen durch „Prüfplaketten“ oder Ähnliches kenntlich machen.

Fachkundenachweis

Die Fachkunde ist nachzuweisen. In der heutigen Zeit hat ein Nachweis schriftlich zu erfolgen. Nun stellt sich die Frage, wie man diesen Nachweis erlangt. Brandschutzbeauftragte, die nach der vfdb-Richtlinie 12-09/01 ausgebildet sind, erwerben den Nachweis mit bestandener Prüfung, da die Brandschutzordnung ein Teil der Ausbildung zum Brandschutzbeauftragten ist. Für alle diejenigen (z. B. Fachkräfte für Arbeitssicherheit), die keine Ausbildung nach der vfdb-Richtlinie vorweisen können, muss der Nachweis zusätzlich durch eine Schulung erbracht werden.

Brandschutzordnung Teil A

Aushang

Zuerst ist Teil A zu erstellen, da sich dieser an alle im Gebäude oder auf dem Gelände befindlichen Personen wendet. Teil A darf den Umfang einer DIN-A4-Seite nicht überschreiten, da er als Aushang dient, der für alle Personen sichtbar im Gebäude angebracht werden muss. Als Aushangort empfiehlt sich immer der Eingangsbereich sowie auf jeder Etage der Bereich gegenüber den Aufzugstüren und gegenüber den Treppenhausausgangstüren. So hat jeder, der das Gebäude betritt, die Möglichkeit, sich die Brandschutzordnung durchzulesen.

DIN 14096

Teil A der Brandschutzordnung wird in DIN 14096, Abschnitt 6, geregelt, die Vorgaben zu den folgenden Punkten enthält:

- Bezeichnung,
- Anforderungen an Format, Schrift und Aufbau,
- Kennzeichnungen.

Bezeichnung

Nach Abschnitt 4 der DIN 14096 hat die Bezeichnung der Brandschutzordnung Teil A wie folgt zu lauten:

Brandschutzordnung DIN 14096 – A

Format / Schrift

Das Format kann DIN A4 oder größer sein. Die Schrift orientiert sich an dem Seitenformat. Bei DIN A4 sind folgende Schriftgrößen der Schrift Neuzeit Grotesk nach DIN 30640 einzuhalten:

- Überschrift: Schriftgröße 10 (DIN 30640-10),
- Schlagworte: Schriftgröße 8 (DIN 30640-8),
- Text: Schriftgröße 4 (DIN 30640-4).

Von diesen Vorgaben kann abgewichen werden, wenn dadurch mindestens die gleiche Leserlichkeit gewährleistet ist. Bei größeren Formaten ist der Rand, die Schriften sowie die Sicherheitszeichen entsprechend proportional zu vergrößern.

Inhalt und Aufbau

Inhalt und Aufbau der Brandschutzordnung Teil A, wie sie von DIN 14096, Abschnitt 6, festgelegt werden, sind im Muster in Kapitel 11.1 dargestellt.

Kennzeichnung

Die Inhalte des Teils A müssen die in der Norm enthaltenen Vorgaben zu den Überschriften, Texten und Sicherheitszeichen enthalten. Davon abweichende zusätzliche Überschriften, Texte und Sicherheitszeichen dürfen nicht verwendet werden. Weiterhin wird die richtige Reihenfolge gemäß Norm verlangt. Auch müssen sich die Schlagworte auf der linken Seite, die Überschriften und Sicherheitszeichen in mittleren Bereich befinden. Die Hinweistexte sind auf der rechten Seite anzuordnen. Die Symbolgröße darf 10 mm nicht unterschreiten.

Die im obigen Absatz gemachten Aussage, dass laut DIN 14096 nur neue Sicherheitszeichen verwendet werden dürfen, wurde zwischenzeitlich durch eine Stellungnahme des DIN vom Januar 2015 aufgeweicht. Es dürfen nun auch die Sicherheitszeichen verwendet werden, die sich im Gebäude befinden.

Der FNFW-Arbeitsausschuss NA 031 04 02 AA „Bauliche Anlagen und Einrichtungen" hat sich wie folgt geäußert:

„Wegen der Erstellung einer neuen Brandschutzordnung nach DIN 14096 müssen nicht zwangsläufig alle Sicherheitszeichen im Objekt an die aktuelle ASR A1.3 Ausgabe 2013 angepasst werden. In Brandschutzordnungen nach DIN 14096 sind die Sicherheitszeichen abzubilden, die im betroffenen Objekt verwendet werden […]:

- *Für neu erstellte Brandschutzordnungen nach DIN 14096 sind die neuen Sicherheitszeichen nach aktueller ASR A1.3 Ausgabe 2013 nur dann abzubilden, wenn diese im betroffenen Objekt bereits verwendet werden.*

- *Alte Sicherheitszeichen nach alter ASR A1.3 Ausgabe 2007 sind dann abzubilden, wenn diese im betroffenen Objekt weiterhin verwendet werden.*“ [7]

Es ist nicht gestattet, fremdsprachige Texte in die Brandschutzordnung Teil A einzubauen. Hierfür sind zusätzliche Aushänge in der entsprechenden Sprache zu verfassen und ergänzend auszuhängen.

Unter https://www.feuertrutz.de/aushang-verhalten-im-brandfall/150/32018/ können die Aushänge „Verhalten im Brandfall“ kostenlos in verschiedenen Sprachen heruntergeladen werden.

Zusätzlich fordert die DIN 14096, dass die Brandschutzordnung unten oberhalb des roten Rahmens folgende Aufschrift „Brandschutzordnung nach DIN 14096“ und zusätzlich das Erstelldatum enthält. Auch soll dort der Objektname mit aufgeführt werden.

Brandschutzordnung Teil B

Teil B der Brandschutzordnung richtet sich an die im Gebäude befindlichen Mitarbeiter und an nicht nur vorübergehend im Gebäude befindliche Personen. Er ist allen Mitarbeitern, die in dem jeweiligen Gebäude tätig sind, auszuhändigen. In der Norm wird angeraten, sich die Kenntnisnahme des Inhaltes schriftlich bestätigen zu lassen.

DIN 14096

Teil B wird in DIN 14096 im Abschnitt 7 geregelt, der Format und Inhalt vorgibt. Er enthält Anforderungen an das Format und den Text sowie an die Lesbarkeit.

Teil B darf nur in den Formaten A4, A5 oder A6 erstellt werden. Bezüglich der Schrift und der Grafik gibt es keine Vorgaben. Der Teil B darf fremdsprachliche Inhalte enthalten. Diese müssen sich jedoch von dem deutschsprachigen Text deutlich unterscheiden.

Bezeichnung

Nach Abschnitt 4 der DIN 14096 hat die Bezeichnung der Brandschutzordnung Teil B wie folgt zu lauten:

Brandschutzordnung DIN 14096 – B

Aufbau

Der Inhalt muss die folgenden Abschnitte umfassen (DIN 14096, Abschnitt 7.2.2 [6]):

a) „Einleitung
b) Brandschutzordnung (Darstellung des Teils A (Aushang))
c) Brandverhütung
d) Brand- und Rauchausbreitung
e) Flucht- und Rettungswege
f) Melde- und Löscheinrichtungen
g) Verhalten im Brandfall
h) Brand melden
i) Alarmsignale und Anweisungen beachten
j) In Sicherheit bringen
k) Löschversuche unternehmen
l) Besondere Verhaltensregeln
m) Anhang“

Inhalt Abschnitt 7.2.2 der DIN 14096 [6] gibt weiterhin Hinweise, was zum Inhalt der Abschnitte a) bis m) gehört:

a) „Einleitung
Allgemeine Erläuterung zur Brandschutzordnung, Geltungsbereich, Inkraftsetzung mit Datum und Unterschrift, Personenkreis (Personen ohne besondere Brandschutzaufgaben).

b) Brandschutzordnung
Darstellung des Teils A (Aushang). Im Teil B darf der Teil A auch verkleinert dargestellt werden.

c) Brandverhütung
Verbote hinsichtlich Rauchen, Feuer, offene Flamme, offene Zündquellen. Sicherheitsvorschriften betreffend feuergefährliche Arbeiten, Explosionsgefahren (Herstellung, Lagerung, Verwendung brennbarer und/oder explosiver Stoffe), brennbare Abfälle, elektrische Geräte, gasbetriebene Geräte, andere Zündquellen und andere Sicherheitsvorschriften und Technische Regeln. Feuergefährliche Arbeiten dürfen nur von solchen Personen ausgeführt werden, die hierfür berechtigt sind. Außerhalb ständig hierfür vorgesehener Arbeitsplätze sind diese Arbeiten nur mit schriftlicher Genehmigung (z. B. Erlaubnisschein für feuergefährliche Arbeiten) der Betriebsleitung oder der von ihr beauftragten Person zulässig. Diese Genehmigung muss genaue Angaben über die zu treffenden Schutzmaßnahmen enthalten.

d) Brand- und Rauchausbreitung
Hinweise auf Feuerschutzabschlüsse, Rauchschutzabschlüsse, Rauch- und Wärmeabzugsanlagen. Hinweis auf Vermeidung der Anhäufung brennbarer Stoffe.

e) Flucht- und Rettungswege
Hinweise, dass Fluchtwege, Rettungswege und Flächen für die Feuerwehr (siehe DIN 14090) unbedingt freizuhalten sind. Hinweis, dass Sicherheitsschilder sowie die aushängenden Flucht- und Rettungspläne (siehe DIN ISO 23601), die den innerbetrieblichen Verlauf der Rettungswege sowie sämtliche Feuerlösch- und Meldemöglichkeiten zeigen, nicht verdeckt und/oder zugestellt werden dürfen.

f) Melde- und Löscheinrichtungen
Hinweise auf Handfeuermelder (nichtautomatische Brandmelder) oder Telefone, mit denen die Feuerwehr unmittelbar und jederzeit gerufen werden kann. Angaben über Meldestellen mit Telefonnummern (z. B. Werkfeuerwehr, Pförtner, Hausverwaltung), auch für Meldungen außerhalb der Arbeitsstunden. Angaben über Wandhydranten, Feuerlöschgeräte, Löschdecken, Notduschen usw.

Hinweise über Standorte dieser Einrichtungen sowie Empfehlungen, sich mit den Bedienungsanleitungen vertraut zu machen (gegebenenfalls Bedienungsanleitungen abdrucken). Graphische Symbole nach Brandschutzordnung Teil A (siehe Abschnitt 6) sowie Sicherheitszeichen nach DIN EN ISO 7010 bzw. ASR A 1.3 sind anzuwenden.

g) *Verhalten im Brandfall*
Hinweise, dass unüberlegtes Handeln zu Fehlverhalten und Panik führen kann.

h) *Brand melden*
Hinweise, wie und an wen eine Meldung abzugeben ist und was eine Meldung enthalten soll. Hierzu sollte das folgende „5-W-Schema" angewendet werden:
- *Wo brennt es?*
- *Was brennt?*
- *Wie viel brennt?*
- *Welche Gefahren?*
- *Warten auf Rückfragen!*

i) *Alarmsignale und Anweisungen beachten*
Hinweise, welche Alarmsignale (akustische und/oder optische) gegeben werden und was sie bedeuten. Festlegungen, von welchen Personen Anweisungen gegeben werden und dass nach Eintreffen der Feuerwehr ausschließlich deren Anweisungen zu befolgen sind.

j) *In Sicherheit bringen*
Hinweise, dass und wie der Gefahrenbereich zu verlassen ist, dass Aufzüge nicht benutzt werden dürfen, dass gefährdete, behinderte oder verletzte Personen mitzunehmen sind. Regeln, wie man sich z. B. bei verrauchtem Fluchtweg an der nächstmöglichen Gebäudeöffnung bemerkbar machen soll.
Angaben über Fluchtwegkennzeichnungen (z. B. Beschilderung und aushängende Flucht- und Rettungspläne), Erste-Hilfe-Ausrüstungen, -Einrichtungen oder -Personal und Sammelstelle. Ggf. besondere Räumungskonzepte berücksichtigen.

k) *Löschversuche unternehmen*
Hinweise, dass Löschversuche nur ohne Gefährdung der eigenen Person durchzuführen sind. Hinweise, wie brennende Personen zu behandeln sind.

l) *Besondere Verhaltensregeln*
Hier können zusätzliche Angaben für den Brandfall gemacht werden (z. B. Türen schließen, Sachwerte bergen, Arbeitsmittel sichern, Gefahren durch automatische Löschanlagen beachten).

m) Anhang
- *Pläne;*
- *Zeichnungen;*
- *funktionsbezogene Merkblätter, Checklisten.“*

Brandschutzordnung Teil C

Teil C der Brandschutzordnung richtet sich an Personen, die neben ihren allgemeinen Aufgaben und Pflichten mit besonderen Aufgaben im Brandschutz betraut sind (z. B. Brandschutzbeauftragte, Brandschutzhelfer).

DIN 14096

Teil C wird in DIN 14096 im Abschnitt 8 geregelt, die Format und Inhalt vorgibt. Er enthält Anforderungen an das Format und den Text sowie an die Lesbarkeit.

Der Teil C ist allen Personen mit besonderen Brandschutzaufgaben mindestens in Papierform auszuhändigen: Es wird in der Norm angeraten, sich den Empfang schriftlich bestätigen zu lassen.

Teil C darf nur in den Formaten A4, A5 oder A6 erstellt werden. Für Pläne und Zeichnungen darf zusätzlich das Format A3 verwendet werden. Es werden im Gegensatz zu den Teilen A und B keine Aussagen zu fremdsprachlichen Texten getätigt.

Bezeichnung

Nach Abschnitt 4 DIN 14096 hat die Bezeichnung der Brandschutzordnung Teil C wie folgt zu lauten:

Brandschutzordnung DIN 14096 – C

Aufbau

Der Inhalt muss gemäß Abschnitt 8.2.2 der DIN 14096 [6] die folgenden Abschnitte enthalten:

a) „Einleitung
b) Brandverhütung
c) Meldung und Alarmierungsablauf
d) Sicherheitsmaßnahmen für Personen, Tiere, Umwelt und Sachwerte
e) Löschmaßnahmen
f) Vorbereitungen für den Einsatz der Feuerwehr
g) Nachsorge
h) Anhang“

Abschnitt 8.2.2 der DIN 14096 gibt weiterhin Hinweise, was der Inhalt der Abschnitte a) bis h) sein sollte:

a) *„Einleitung*
Allgemeine Erläuterung zur Brandschutzordnung, Geltungsbereich, Inkraftsetzung mit Datum und Unterschrift, Personenkreis (Personen mit besonderen Brandschutzaufgaben).

b) *Brandverhütung*
Verantwortliche(n) für die nachfolgenden Aufgaben benennen und die Aufgaben und Tätigkeitsbereiche beschreiben. Aufgaben und Tätigkeiten können z. B. sein:
- *Einhalten der Brandschutzbestimmungen im laufenden Betrieb, bei Veranstaltungen, Neubauten, baulichen Änderungen, Nutzungsänderungen;*
- *Festlegen und Überwachen von Brandschutzeinrichtungen, Flächen für die Feuerwehr (siehe DIN 14090), Rettungswegen;*
- *Anbringen, Überwachen und aktuell halten von Hinweis- und/oder Sicherheitsschildern (siehe DIN 4066, DIN EN ISO 7010 bzw. ASR A 1.3);*
- *Genehmigen von Arbeiten mit besonderen Gefahren (z. B. feuergefährliche Arbeiten) nur nach Ausstellung eines dafür geeigneten Erlaubnisscheines (Erlaubnisschein für feuergefährliche Arbeiten mit Festlegung von zu treffenden Schutzmaßnahmen);*
- *Überwachen feuergefährdeter und explosionsgefährdeter Bereiche;*
- *Überwachen des Rauchverbots;*
- *Fortschreiben von Feuerwehrplänen nach DIN 14095 und Flucht- und Rettungsplänen nach DIN ISO 23601 sowie Fortschreiben der Brandschutzordnung;*
- *Beschäftigte (auch von Fremdfirmen) im Brandschutz unterweisen;*
- *Brandschutz- und/oder Räumungsübungen durchführen (auch in Teilbereichen);*
- *Zusammenarbeit mit der Feuerwehr und dem Schadenversicherer pflegen.*

c) *Meldung und Alarmierungsablauf*
- *Feuerwehr, Selbsthilfekräfte, Rettungsdienst, Polizei usw. alarmieren; Brandmeldung (z. B. direkt, durch Pförtner, Telefonzentrale) gegebenenfalls an betriebseigenen Arzt, Unfallstation, Krankentransport usw. weitergeben;*
- *Hausalarm (z. B. nach Alarmstufen) auslösen;*
- *bestimmte Personen (z. B. Geschäftsleitung, Sicherheitsingenieure, Brandschutzbeauftragte oder deren Stellvertreter) unterrichten;*
- *Verantwortung zur Aufhebung des Alarms und zur Wiederaufnahme des Normalbetriebs festlegen.*

d) Sicherheitsmaßnahmen für Personen, Tiere, Umwelt und Sachwerte
- *Räumung (Begriff siehe DIN 14011) durchführen und überprüfen (auch in Teilbereichen);*
- *Ortsunkundige, Behinderte oder verletzte Personen betreuen;*
- *Betriebsunterbrechungen anordnen;*
- *bestimmte Sachwerte bergen;*
- *besondere technische Einrichtungen (z. B. mechanische Rauchabzugsanlagen, Ersatzstromversorgung) in Betrieb nehmen;*
- *besondere technische Einrichtungen (z. B. Versorgungsleitungen, Förderanlagen, Abfüllanlagen, elektrische Anlagen, Photovoltaikanlagen, Heizungsanlagen, Lüftungsanlagen, Server) außer Betrieb setzen oder in einen sicheren Betriebszustand bringen.*

e) Löschmaßnahmen
- *Aufgaben für die Selbsthilfekräfte (z. B. Treffpunkt, Ausrüstung, Leitung) festlegen;*
- *nichtautomatische Löschanlagen (z. B. Sprühflutanlagen, Berieselungsanlage) in Betrieb nehmen;*
- *Löschwasserrückhaltevorrichtungen schließen.*

f) Vorbereitung für den Einsatz der Feuerwehr
- *Zugang zur Brandstelle und Umgebung freimachen;*
- *Flächen für die Feuerwehr und Entnahme-/Einspeisestellen für die Löschwasserversorgung freihalten;*
- *Lotsen aufstellen;*
- *geeigneten Ansprechpartner für die Feuerwehr bereitstellen;*
- *Pläne (z. B. Feuerwehr- oder Evakuierungspläne), Schlüssel und sonstige notwendige Informationsmittel bereitstellen;*
- *Zugänge/Zufahrten ermöglichen.*

g) Nachsorge
- *Sicherung der Brandstelle;*
- *Wiederherstellen der Einsatzbereitschaft von Brandschutzeinrichtungen (gegebenenfalls auch in Teilbereichen).*

h) Anhang
- *Pläne;*
- *Zeichnungen;*
- *funktionsbezogene Merkblätter, Checklisten."*

6.2 Beurteilungen der Brandgefährdung an Arbeitsplätzen

Teil der Gefährdungsbeurteilung

Dieses Thema ist ein wesentlicher Bestandteil der Gefährdungsbeurteilung und ist bereits in Kapitel 5 dargestellt worden.

6.3 Feuergefährliche Arbeitsverfahren und Einsatz brennbarer Arbeitsstoffe

Zu den feuergefährlichen Arbeitsverfahren gehören:

- Schweißen,
- Schneiden,
- Trennschleifen,
- Löten,
- Auftauarbeiten,
- Heißklebearbeiten,

sobald diese Tätigkeiten außerhalb der dafür vorgesehenen Werkstätten oder Arbeitsplätze vorgenommen werden. Für diese Tätigkeiten muss nach ArbSchG [8] und den nachgeordneten Verordnungen (z. B. BetrSichV [9], GefStoffV [10]) eine Gefährdungsbeurteilung erstellt werden.

ArbSchG, BetrSichV, GefStoffV: Gefährdungsbeurteilung

Der Brandschutzbeauftragte hat den Arbeitgeber darin zu beraten, Regelungen zu treffen, die vor, während und nach den entsprechenden Tätigkeiten eingehalten werden. Dazu gehört, dass vorab ein Erlaubnisschein für feuergefährliche Arbeiten ausgefüllt wird. Dieser Erlaubnisschein hat die folgenden Mindestangaben zu enthalten:

Erlaubnisschein

- Art des Arbeitsverfahrens,
- Arbeitsort oder -stelle,
- Angabe über den Inhalt der durchzuführenden Tätigkeit (z. B. Löten einer Rohrleitung),
- Sicherheitsmaßnahmen bei möglicher Brandgefahr,
- Sicherheitsmaßnahmen bei möglicher Explosionsgefahr,
- Alarmierung,
- Auftraggeber/Unternehmer,
- Ausführender.

Dieses Dokument ist von Auftraggeber und Auftragnehmer bzw. Mitarbeiter zu unterschreiben. Mit der Unterschrift dokumentiert auch der Auftragnehmer, dass er die Vorgaben des Auftraggebers einzuhalten gewillt ist. Auch versicherungstechnisch ist dies für den Auftraggeber eine teilweise Entlastung. Ein Beispiel für einen solchen Erlaubnisschein findet sich in Kapitel 11.3.

Einweisung, Unterweisung

Werden diese Tätigkeiten auf Baustellen durchgeführt, hat der Arbeitgeber zu regeln, dass diese Personen vor Beginn der Tätigkeit eingewiesen werden. Diese Einweisung/Unterweisung hat gemäß DGUV Information 205-023 „Brandschutzhelfer – Ausbildung und Befähigung" [11] folgende Themen zu behandeln:

- *„arbeits-/verfahrensbedingte Brandgefahren/Zündquellen*
- *Aufbau, Funktion und Wirkungsweise von Feuerlöscheinrichtungen (z. B. Brandklassen, Wirkungsweise und Eignung von Löschmitteln)*
- *Gefahren durch Brände (z. B. Rauch, entstehende Verbrennungsprodukte)*
- *die Handhabung und die Funktion sowie die Auslösemechanismen von Feuerlöscheinrichtungen*
- *die Löschtaktik und die eigenen Grenzen der Brandbekämpfung (z. B. Situationseinschätzung, Vorgehensweise)*
- *eine realitätsnahe Übung mit Feuerlöscheinrichtungen"*

Auch bei dieser Unterweisung wird empfohlen, diese in den gleichen Abständen, wie die Unterweisung der Brandschutzhelfer vorzunehmen.

6.4 Ermittlung von Brand- und Explosionsgefahren

Teil der Gefährdungsbeurteilung

Dieses Thema ist ein wesentlicher Bestandteil der Gefährdungsbeurteilung und ist bereits in Kapitel 5 dargestellt worden.

6.5 Ausarbeitung von Betriebsanweisungen

Neben den aus der Arbeitssicherheit bekannten Betriebsanweisungen für Gefahrstoffe und Arbeitsmittel kann auch eine Betriebsanweisung oder eine Richtlinie zu Brandschutzmaßnahmen erarbeitet werden.

Richtlinie

So kann zu feuergefährlichen Arbeiten ergänzend zum Erlaubnisschein (siehe Kapitel 6.3) eine Richtlinie aufgestellt werden, die die geforderten Inhalte des Erlaubnisscheines für feuergefährliche Arbeiten nochmals genauer für die Rahmenbedingungen des Unternehmens definiert. Diese sollte dann auch Bestandteil der Vereinbarung für feuergefährliche Arbeiten zwischen dem Auftraggeber und dem Auftragnehmer bzw. Mitarbeiter sein. Ein Muster ist in Kapitel 11.3 zu finden.

Zusätzlich können auch Richtlinien für Evakuierungen erstellt werden. Hierauf wird ausführlich in Kapitel 6.12 eingegangen.

6.6 Bauliche, technische und organisatorische Maßnahmen

Brandschutzbeauftragte in der Planungsphase hinzuziehen

Der Brandschutzbeauftragte soll vonseiten des Unternehmers zu allen Maßnahmen, die den Brandschutz betreffen, hinzugezogen werden. Dies sollte möglichst schon in der Planungsphase geschehen, da nur dann die Gesichtspunkte des vorbeugenden organisatorischen Brandschutzes einbezogen werden können. Die Mitwirkung des Brandschutzbeauftragten bezieht sich inhaltlich auf den baulichen, (anlagen-) technischen und organisatorischen Brandschutz.

Der Brandschutzbeauftragte kann hier praktische Erfahrungen, die im bisherigen Betrieb des betroffenen Gebäudes gemacht wurden, einbringen, sodass die baulichen und/oder technischen Maßnahmen entsprechend den praktischen Erfordernissen angeglichen werden können. Mögliche Maßnahmen sind dabei:

- bauliche Maßnahmen zum Schutz vor Bränden (z. B. Brandwände, Rauch- und Brandschutzabschlüsse, Fluchtwege),
- bauliche Maßnahmen zum Schutz vor Auswirkungen von Bränden,
- technische Maßnahmen zur Brandvermeidung (z. B. Absaugeinrichtungen, Brandmeldeanlagen, Löschanlagen, Rauchmelder ...),
- Erstellung von Notfallplänen.

Rauchmelder

In Deutschland gibt es eine Rauchmelderpflicht nur für Privatgebäude. Eine Rauchmelderpflicht für gewerbliche Betriebe gibt es nicht. Es kann jedoch auf Basis der erstellten Gefährdungsbeurteilung eine Installation von Rauchmeldern erforderlich sein.

Rauchmelderpflicht

Tabelle 6.2: Übersicht Rauchmelderpflicht für nicht gewerbliche Gebäude nach www.rauchmelder-lebensretter.de/rauchmelderpflicht

Bundesland	Verpflichtung für Neubauten seit	Verpflichtung für Bestandsbauten seit	Zuständigkeit für Installation	Zuständigkeit für die Wartung
Baden-Württemberg	2013	2015	Eigentümer bzw. Vermieter	Mieter
Bayern	2013	2018	Eigentümer bzw. Vermieter	Mieter
Berlin	2017	2021	Eigentümer bzw. Vermieter	Mieter
Brandenburg	2016	2021	Eigentümer bzw. Vermieter	Eigentümer bzw. Vermieter
Bremen	2010	2016	Eigentümer bzw. Vermieter	Mieter
Hamburg	2006	2011	Eigentümer bzw. Vermieter	Eigentümer bzw. Vermieter
Hessen	2005	2015	Eigentümer bzw. Vermieter	Mieter
Mecklenburg-Vorpommern	2006	2010	Eigentümer bzw. Vermieter	Eigentümer bzw. Vermieter
Niedersachsen	2012	2016	Eigentümer bzw. Vermieter	Mieter

Fortsetzung Tabelle 6.2: Übersicht Rauchmelderpflicht für nicht gewerbliche Gebäude nach www.rauchmelder-lebensretter.de/rauchmelderpflicht

Bundesland	Verpflichtung für Neubauten seit	Verpflichtung für Bestandsbauten seit	Zuständigkeit für Installation	Zuständigkeit für die Wartung
Nordrhein-Westfalen	2013	2017	Eigentümer bzw. Vermieter	Mieter
Rheinland-Pfalz	2003	2012	Eigentümer bzw. Vermieter	Eigentümer bzw. Vermieter
Saarland	2004	2017	Eigentümer bzw. Vermieter	Eigentümer bzw. Vermieter
Sachsen	2016	Keine Regelung	Eigentümer bzw. Vermieter	Mieter
Sachsen-Anhalt	2009	2016	Eigentümer bzw. Vermieter	Eigentümer bzw. Vermieter
Schleswig-Holstein	2005	2011	Eigentümer bzw. Vermieter	Mieter
Thüringen	2008	2019	Eigentümer bzw. Vermieter	Eigentümer bzw. Vermieter

6.7 Umsetzung behördlicher Anordnungen und Anforderungen des Feuerversicherers

Für viele Gebäude, auch wenn sie keiner Sonderbaurichtlinie unterliegen, werden vonseiten der zuständigen Behörden (z. B. Baubehörde, Kreisbrandbehörde) und der Feuerversicherer Vorgaben zum Brandschutz festgelegt. Hierzu gehören neben baulichen und technischen Auflagen auch organisatorische Maßnahmen wie z. B. die Bestellung eines Brandschutzbeauftragten oder die Erstellung eines Alarmplanes.

auch organisatorische Maßnahmen werden vorgegeben

Der Brandschutzbeauftragte hat den Unternehmer bei der Erfüllung dieser Vorgaben zu unterstützen. Das kann er aber nur bei organisatorischen Auflagen, es sei denn, der Brandschutzbeauftragte besitzt das entsprechende Fachwissen in baulichen und/oder technischen Fragen.

6.8 Einhaltung von Brandschutzbestimmungen bei Änderungen

Die unterschiedlichen staatlichen Regelungen (z. B. Gesetze, Verordnungen, Technischen Regeln) und Vorschriften der DGUV (Deutschen Gesetzlichen Unfallversicherung; Unfallverhütungsvorschriften) und die Auflagen der Bauaufsicht sind unbedingt einzuhalten. Auch hier geht es im Wesentlichen um die baulichen, technischen und organisatorischen Fragen rund um die Themen Neu-, Um- und Erweiterungsbauten, Nutzungsänderungen, Anmietungen und Beschaffungen.

Die folgenden Dokumente sind zu überprüfen:

- Brandschutzordnung,
- Alarmplan,
- Flucht- und Rettungspläne,
- Feuerwehrpläne,
- Brandschutzkonzept,
- Gefährdungsbeurteilung,
- Versicherungsbedingungen,
- Auflagen durch Behörden,
- Baugenehmigung,
- Explosionsschutzdokumente,
- firmeninterne Vorgaben, Anweisungen,
- Regelungen bzgl. Verantwortungen der Führungskräfte,
- Piktogramme und Feuerlösch- sowie Brandschutzeinrichtungen, die im Unternehmen verwendet werden.

VdS-Empfehlungen zum Brandschutz

Außerdem sollten weitere Empfehlungen zum Brandschutz beachtet werden, wie sie z. B. in den Publikationen der VdS Schadenverhütung GmbH gegeben werden. Diese Empfehlungen nennen viele praktische Umsetzungsmöglichkeiten zu den geforderten Brandschutzbestimmungen.

6.9 Ausstattung der Arbeitsstätten mit Feuerlöscheinrichtungen

ASR A2.2

Die Aufgaben des Brandschutzbeauftragten bei der Ausstattung der Arbeitsstätten mit Feuerlöschern finden sich in ASR A2.2 „Maßnahmen gegen Brände“ [12]. Im Folgenden werden die wesentlichen Inhalte der ASR A2.2 dargestellt und eine Beispielberechnung der erforderlichen Anzahl Löschmitteleinheiten (LE) bzw. Feuerlöscher für einen Betrieb durchgeführt.

Brandgefährdungsklassen

Um die richtigen Feuerlöscheinrichtungen und das richtige Löschmittel auszuwählen, ist zunächst die Brandgefährdung zu ermitteln. Dazu werden zwei Brandgefährdungsklassen unterschieden: normale Brandgefährdung und erhöhte Brandgefährdung (siehe Kapitel 5.4.3).

normale Brandgefährdung

Eine normale Brandgefährdung liegt vor, wenn die Brandentstehung, die Geschwindigkeit der Brandausbreitung und der beim Brand entstehenden Stoffe und die dadurch verbundene Gefährdung für Personen einer Büronutzung entsprechen.

erhöhte Brandgefährdung

Die erhöhte Brandgefährdung liegt vor, wenn eine erhöhte Entzündbarkeit eine schnelle Brandausbreitung in der Anfangsphase des Brandes sowie eine hohe Gefährdung für Personen besteht.

Die richtige Brandgefährdung auszuwählen, ist auf Basis der obigen Definitionen recht einfach geworden. Die Berechnung für erhöhte Brandgefährdung gestaltet sich jedoch etwas schwieriger. Darauf wird zum späteren Zeitpunkt eingegangen.

Im Folgenden findet sich eine Übersicht über die Branchen, bei denen eine erhöhte Brandgefährdung vorliegt:

Verkauf, Handel, Lagerung

- Lager mit leicht entzündlichen bzw. leicht entflammbaren Stoffen,
- Lager für Recyclingmaterial und Sekundärbrennstoffe,
- Speditionslager,
- Lager mit Lacken und Lösungsmitteln,
- Altpapierlager,
- Baumwolllager, Holzlager, Schaumstofflager,
- Lagerbereiche für Verpackungsmaterial,
- Lager mit sonstigem brennbaren Material,
- Ausstellungen für Möbel,
- Verkaufsräume mit erhöhten Brandgefährdungen, z. B. Heimwerkermarkt, Baumarkt.

Dienstleistung

- Kinos, Diskotheken,
- Abfallsammelräume,
- Küchen,
- Beherbergungsbetriebe,
- Theaterbühnen,
- Tank-und Tankfahrzeugreinigung,
- Chemische Reinigung,
- Alten-und Pflegeheime,
- Krankenhäuser.

Industrie

- Möbelherstellung, Spanplattenherstellung,
- Webereien, Spinnereien,
- Herstellung von Papier im Trockenbereich,
- Verarbeitung von Papier,
- Getreidemühlen und Futtermittelproduktion,
- Schaumstoff-, Dachpappenherstellung,
- Verarbeitung von brennbaren Lacken und Klebern,
- Lackier-und Pulverbeschichtungsanlagen und -geräte,
- Öl-Härtereien,
- Druckereien,
- Petrolchemische Anlagen,
- Verarbeitung von brennbaren Chemikalien,
- Leder-und Kunststoffverarbeitung,
- Kunststoff-Spritzgießerei,
- Kartonagenherstellung,
- Backwarenfabrik,
- Herstellung von Maschinen und Geräten.

Handwerk

- Kfz-Werkstatt,
- Tischlerei/Schreinerei,
- Polsterei,
- Metallverarbeitung,
- Galvanik,
- Vulkanisierung,
- Leder-, Kunstleder-und Textilverarbeitung,
- Backbetrieb,
- Elektrowerkstatt.

Löschmitteleinheiten

DIN EN 3

Neben der Beurteilung der Brandgefährdung gibt ASR A2.2 [12] auch eine Hilfestellung in der Frage der erforderlichen Löschmitteleinheiten. Jedem Feuerlöscher werden Löschmitteleinheiten zugeordnet. Diese Einheiten dienen als Hilfsgröße zur Bemessung der Anzahl der Feuerlöscher, die nach DIN EN 3 „Tragbare Feuerlöscher“ [13] eingestuft werden.

Tabelle 6.3: Ermittlung der Anzahl der erforderlichen Löschmitteleinheiten anhand der vorliegenden Brandgefährdung und der zu beurteilenden räumlichen Fläche (nach [12], Nr. 4.4, Tabelle 4)

Löschmitteleinheiten (LE)	
Grundfläche bis m²	**normale Brandgefährdung**
50	6
100	9
200	12
300	15
400	18
500	21
600	24
700	27
800	30
900	33
1000	36
je weitere 250	6

Bei der Grundausstattung ist darauf zu achten, dass nur Feuerlöscher mit mindestens sechs Löschmitteleinheiten in die Berechnung einfließen dürfen. In mehrgeschossigen Gebäuden muss pro Gebäudeetage mindestens ein Feuerlöscher vorhanden sein.

Wandhydranten

Viele Arbeitsstätten werden zusätzlich mit Wandhydranten ausgestattet. Diese können unter den folgenden Bedingungen nur in der Grundausstattung angerechnet werden:

- das Löschmittel der Wandhydranten ist für die vorhandenen Brandklassen geeignet,
- es handelt sich um Wandhydranten mit formbeständigem Schlauch,
- wenn eine ausreichende Anzahl von Beschäftigten in der Handhabung dieser Wandhydranten unterwiesen sind und
- wenn beim Einsatz sichergestellt ist, dass eine Verrauchung von Fluchtwegen (z. B. Treppenräumen) verhindert wird. Das ist z. B.

Tabelle 6.4: Eignungsbeschaffenheit der verschiedenen Feuerlöschertypen bezogen auf die Brandklassen nach DIN EN 2 [14] (nach [12], Nr. 4.2, Tabelle 1)

Brandklassen nach DIN EN 2				
	A	**B**	**C**	**D**
	zu löschende Stoffe			
Art von Feuerlöschern	**feste, glutbildende Stoffe**	**flüssige oder flüssig werdende Stoffe**	**gasförmige Stoffe**	**brennbare Metalle**
Pulverlöscher mit ABC Löschpulver	geeignet	geeignet	geeignet	nicht geeignet
Pulverlöscher mit BC-Löschpulver	nicht geeignet	geeignet	geeignet	nicht geeignet
Pulverlöscher mit Metallbrandpulver	nicht geeignet	nicht geeignet	nicht geeignet	geeignet
Kohlendioxidlöscher	nicht geeignet	geeignet	nicht geeignet	nicht geeignet
Wasserlöscher (auch mit Zusätzen, die in Verbindung mit Wasser auch Brände der Brandklasse B löschen)	geeignet	bedingt geeignet*	nicht geeignet	nicht geeignet
Schaumlöscher	geeignet	geeignet	nicht geeignet	nicht geeignet

* Eignung von Wasserfeuerlöschern bei Bränden der Klasse B nur bei polaren Stoffen bzw. bei Zugabe geeigneter Schaumbildner (s. u. Schaumlöscher)
Hinweis = Für die Brandklasse F sind nur Spiziallöscher geeignet, auf denen z. B. „Geeignet zum Löschen von brennendenSpeiseöl oder -fett" steht.

der Fall, wenn die Funktion von Rauchschutztüren nicht durch den Schlauch beeinträchtigt wird.

Die Anrechnung der Wandhydranten erfolgt nach folgenden Kriterien:

- Bei Gebäuden/Geschossen mit einer Grundfläche bis einschließlich 400 m² erfolgt keine Anrechnung von Wandhydranten. Die Ausstattung mit Feuerlöschern erfolgt gemäß Tabelle 3.
- Bei Gebäuden/Geschossen mit einer Grundfläche größer als 400 m² können bis zu einem Drittel der nach Tabelle 3 erforderlichen Löschmitteleinheiten durch Wandhydranten ersetzt werden. Hierbei werden einem Wandhydranten 27 Löschmitteleinheiten zugeordnet.

Nun ist die Frage nach dem geeigneten Feuerlöscher zu klären. In Tabelle 6.5 ist eine Zuordnung von Feuerlöschern zu Brandklassen vorgenommen worden.

Feuerlöscher sind vom Hersteller nach DIN EN 3 [13] zu kennzeichnen. Die folgende Tabelle stellt eine Zuordnung der jeweiligen Kennzeichnungen des Feuerlöschers zu den beinhalteten Löschmitteleinheiten her, da auf den Feuerlöschern nie Löschmitteleinheiten stehen. Hiermit wird die Auswahl des richtigen Feuerlöschers beim Einkauf vereinfacht.

Tabelle 6.5: Zuordnung der Herstellerangaben von Feuerlöscherarten zu den in den Feuerlöschern befindlichen Löschmitteleinheiten nach DIN EN 3 ([12], Nr. 4.3, Tabelle 2)

Löschmitteleinheiten (LE)	Feuerlöscher nach DIN EN 3 Löschvermögen	
	Brandklasse A	Brandklasse B
1	5 A	21 B
2	8 A	34 B
3		55 B
4	13 A	70 B
5		89 B
6	21 A	113 B
9	27 A	144 B
10	34 A	
12	43 A	183 B
15	55 A	233 B

Berechnungsbeispiele für die Ermittlung der Grundausstattung nach ASR A2.2, Anhang 2 [12]

„Beispiel 2.1:

Bürobetrieb
Brandklassen: A und B
Grundfläche: 500 m²,
Ergebnis der Gefährdungsbeurteilung: normale Brandgefährdung
→ Grundausstattung mit Feuerlöschern […] ergibt bis 500 m² – 21 LE
Gewählt werden Pulverlöscher mit Löschvermögen 21A 113B, was […] für diesen Feuerlöschertyp 6 LE entspricht.
Es sind demnach 21 LE, geteilt durch 6, also 4 Feuerlöscher dieses Typs erforderlich.“

„Beispiel 2.3:

Küche mit 3 Fritteusen von jeweils 25 Liter Inhalt
Brandklassen :A, B und F
Grundfläche: 700 m²
Ergebnis der Gefährdungsbeurteilung: erhöhte Brandgefährdung
→ Grundausstattung mit Feuerlöschern […] ergibt bis 700 m² – 27 LE.
Gewählt werden Pulverlöscher mit Löschvermögen 43A 233B, was […] für diesen Feuerlöschertyp 12 LE entspricht.
Es sind demnach 27 LE, geteilt durch 12, also 3 Feuerlöscher dieses Typs für die Grundausstattung erforderlich.
Zusätzliche Maßnahmen:

→ Zusätzlich werden für die Bereiche mit Brandklasse F Fettbrandlöscher mit Löschvermögen 75F bereitgestellt."

*„**Beispiel 2.4:***

Polsterei
Brandklassen: A und B
Grundfläche: 390 m²
Ergebnis der Gefährdungsbeurteilung: erhöhte Brandgefährdung
→ Grundausstattung mit Feuerlöschern [...] ergibt bis 400 m² - 18 LE.
Gewählt werden Schaumlöscher mit Löschvermögen 21A 113B, was [...] für diesen Feuerlöschertyp 6 LE entspricht.
Es sind demnach 18 LE, geteilt durch 6, also 3 Feuerlöscher dieses Typs für die Grundausstattung erforderlich.
→ Zusätzliche Maßnahmen:
Zusätzlich werden eine automatische Brandmeldeanlage aufgrund des unübersichtlichen Arbeitsbereiches und eine Löschanlage installiert."

*„**Beispiel 2.5:***

Speditionslager
Brandklasse: A
Grundfläche: 600 m²
Ergebnis der Gefährdungsbeurteilung: erhöhte Brandgefährdung
→ Grundausstattung mit Feuerlöschern [...] ergibt bis 600 m² - 24 LE.
Gewählt werden Wasserlöscher mit Löschvermögen 21A, was [...] für diesen Feuerlöschertyp 6 LE entspricht.
Es sind demnach 24 LE, geteilt durch 6, also 4 Feuerlöscher dieses Typs für die Grundausstattung erforderlich.
→ Zusätzliche Maßnahmen:
Zusätzlich werden 6 weitere Wasserlöscher mit Löschvermögen 13A bereitgestellt und im Speditionslager verteilt, um die Wege zum nächstgelegenen Feuerlöscher für einen noch schnelleren Zugriff zu verkürzen."

Neben der berechneten Anzahl der Feuerlöscher für die jeweilige Arbeitsstätte müssen weitere Bedingungen eingehalten werden:

maximale Laufweglänge

- Die maximale Laufweglänge von jeder Stelle bis zum nächstgelegenen Feuerlöscher darf nicht mehr als 20 m betragen.
- Um den Feuerlöscher leicht aus der Halterung nehmen zu können, empfiehlt sich eine Montagehöhe zwischen 0,8 m und 1,2 m.
- Feuerlöscher sind vorzugsweise in Fluchtwegen oder an Kreuzungspunkten von Wegen sowie im Eingangsbereich zu platzieren.

6.10 Umsetzung des Brandschutzkonzeptes

Ein Brandschutzkonzept wird vor allem bei Sonderbauten gefordert. Für Gebäude, die nicht unter die Sonderbauordnungen der Länder fallen, kann auch ein Brandschutzkonzept durch die zuständigen Behörden eingefordert werden, wenn von den baurechtlichen Anforderungen abgewichen werden soll. Für das Brandschutzkonzept wird synonym auch der Begriff Brandschutznachweis verwendet.

Ein Brandschutzkonzept sollte zumindest immer die folgenden Inhalte umfassen:

- Einleitung,
- Liegenschafts- und Gebäudeanalyse,
- baurechtliche Einordnung,
- Schutzziele,
- Risikobewertung,
- Brandschutzmaßnahmen.

vfdb-Richtlinie 01/01

Die vfdb-Richtlinie 01/01 „Brandschutzkonzept“ [15] spezifiziert die Inhalte eines Brandschutzkonzeptes.

Maßnahmenkatalog

Ein Brandschutzkonzept enthält immer einen Maßnahmenkatalog mit Brandschutzmaßnahmen zum baulichen, technischen und organisatorischen Brandschutz. Die mit diesen Brandschutzmaßnahmen verfolgten Schutzziele dienen der Senkung des Brandrisikos auf ein möglichst geringes Maß.

Durch diese Brandschutzmaßnahmen sollen folgende Ziele erreicht werden:

- Verhinderung der Entstehung von Bränden,
- Begrenzung der Ausbreitung von Feuer und Rauch,
- frühzeitiges Erkennen eines Entstehungsbrandes,
- Vermeidung von Gefahr für Mensch, Tier und Umwelt,
- Verhinderung eines Sachschadens.

Auch dient das Brandschutzkonzept dazu, das Unternehmen, den Betrieb „am Leben zu erhalten“, indem es folgende Aspekte sicherstellt:

- Aufrechterhaltung der Produktions- und Lieferfähigkeit,
- Erhaltung der Marktstellung,
- Vermeidung eines Imageverlustes,
- Sicherstellung der Sach- und Vermögenswerte,
- Bewahrung der Kreditwürdigkeit.

Das Brandschutzkonzept wird in der Regel mit den örtlichen Behörden, dem Bauherrn, dem Betreiber und dem Sachversicherer abgestimmt. Einige wenige Brandschutzkonzepte werden erst abgeschlossen, wenn in einem Simulationsversuch die zu erwartenden Schutzziele erreicht wurden.

Die Aufgabe des Brandschutzbeauftragten besteht darin, die in dem Brandschutzkonzept vorgegebenen Maßnahmen – solange sie von seiner Qualifikation und seinem Wissensstand abgedeckt werden – umzusetzen.

6.11 Flucht- und Rettungspläne, Feuerwehrpläne, Alarmpläne kontrollieren und aktualisieren

Der Brandschutzbeauftragte hat gemäß der gültigen Normen regelmäßig darauf zu achten, dass die folgenden Sicherheitsgrafiken auf dem aktuellen Stand gehalten werden:

- Flucht und Rettungspläne,
- Feuerwehrpläne,
- Alarmpläne,
- Bestuhlungspläne bei Versammlungsstätten und
- Zimmerpläne im Hotel und Gaststättengewerbe.

Dies wird jedoch in vielen Fällen vernachlässigt.

Flucht- und Rettungspläne

In der DIN ISO 23601 „Sicherheitskennzeichnung – Flucht- und Rettungspläne“ [16] wird gefordert, dass Flucht- und Rettungspläne in regelmäßigen Zeitabständen zu prüfen sind, damit gewährleistet wird, dass diese gut lesbar, gut erkennbar, verständlich und aktuell sind. Jede Veränderung der baulichen Anlage oder der Brandschutzmaßnahmen muss zwangsweise zu einer Überprüfung der Flucht- und Rettungspläne führen. DIN ISO 23601

Die DIN ISO 23601 macht einige Vorgaben über den Inhalt und das Layout von Flucht und Rettungsplänen:

- Überschrift,
- Übersichtsplan,
- Detailplan,
- Regeln für das Verhalten im Brandfall und bei Unfällen,
- Legende,
- sonstige Informationen,
- Farbgestaltung,
- Fluchtwege,
- Sicherheitszeichen,
- Standort,
- Hintergrundfarbe,
- Darstellung von Teilen der baulichen Anlage,
- Überschrift,
- Text.

Feuerwehrpläne

In der DIN 14095 „ Feuerwehrpläne für bauliche Anlagen“ [17] wird gefordert, dass Feuerwehrpläne auf dem aktuellen Stand gehalten und mindestens alle zwei Jahre durch eine sachkundige Person überprüft werden müssen. DIN 14095

Auch sind einige Angaben über die Art der erforderlichen Pläne sowie deren Inhalte enthalten. Feuerwehrpläne haben zu bestehen aus:

- allgemeinen Objektinformationen,
- Übersichtsplan,
- Geschossplan/Geschossplänen,
- Sonderplan/Sonderplänen und
- zusätzlichen textlichen Erläuterungen.

Auch eine Legende sowie ein sogenannter Plankopf sind Bestandteile eines Feuerwehrplanes.

Bestandteile der allgemeinen Objektinformationen sind:

- Bezeichnung des Objekts, Anschrift, Ansprechpartner mit Telefonnummer,
- Inhaltsverzeichnis,
- Planstand und Aktualisierungsverzeichnis,
- Art der Nutzung,
- zusätzliche Angaben können gefordert werden (siehe am Ende dieses Abschnittes).

Übersichtsplan

Der Übersichtsplan muss die folgenden Angaben enthalten:

- Lage der Gebäude-, Anlagen-, und Lagerflächen auf dem Grundstück mit Angaben der betriebsüblichen Gebäudebezeichnung, Gebäudenutzung, angrenzende öffentliche Straßen mit Straßennamen,
- Anzahl der Geschosse,
- Darstellung der Nachbarschaft,
- Anbindung der Grundstücke an die öffentlichen Verkehrsflächen,
- Zufahrten einschließlich Absperrungen, Straßen und Wege auf dem Grundstück, Aufstellflächen und Bewegungsflächen der Feuerwehr nach DIN 14090 sowie Einfriedungen,
- Löschwasserentnahmemöglichkeiten aus Hydranten, Behältern oder offenen Gewässern und die zur Verfügung stehenden Mengen,
- Lage der Hauptabsperreinrichtungen für Wasser, Gas und Strom, freiliegende Rohrleitungen (Rohrbrücken),
- Lage von Transformatoren und Übergabestationen, elektrische Freileitungen,
- nicht befahrbare Flächen,
- Brandwände,
- Standort der Brandmelderzentrale und Blitzleuchten und gegebenenfalls Feuerwehr-Bedienfeld, Feuerwehr-Anzeigetableau, Feuerwehr-Schlüsseldepot, Freischaltelement,
- Einspeisemöglichkeiten für Löschmittel in Steigleitungen und Löschanlagen,
- festgelegte Sammelstellen,
- Bereiche mit besonderen Gefahren.

Geschossplan

Der Geschossplan muss die folgenden Angaben enthalten:

- Bezeichnung des dargestellten Geschosses. Bei Bezeichnung mit „Ebenen“ sind die Fußbodenhöhen in Bezug auf die Zugangsebene anzugeben,
- Bezeichnung der Raumnutzung,
- Brandwände und sonstige raumabschließende Wände,
- Feuer- und Rauchschutzabschlüsse (Türen und Tore mit Brandschutzanforderungen),
- Öffnungen ohne Feuerschutzabschlüsse in sonstigen raumabschließenden Decken und Wänden,
- Zugänge und Ausgänge,
- Treppenräume, Treppen und deren Laufrichtung, die dadurch erreichbaren Geschosse sowie die vor Ort vorhandenen Treppenbezeichnungen,
- besondere Angriffswege und Rettungswege (z. B. Rettungstunnel),
- Feuerwehr- und sonstige Aufzüge sowie Förderanlagen,
- nicht begehbare Flächen (z. B. Dächer),
- Bedienstellen von brandschutz- und betriebstechnischen Anlagen, die von der Feuerwehr bedient werden dürfen (z. B. Rauch- und Wärmeabzugsanlagen),
- Steigleitungen (nass und/oder trocken),
- ortsfeste und teilbewegliche Löschanlagen mit Angaben zur Art und Menge der Löschmittel sowie zur Lage der Zentrale (z. B. Sprinklerzentrale),
- Warnhinweise auf Räume und Bereiche, in denen z. B. bestimmte Löschmittel nicht eingesetzt werden dürfen,
- Standorte und Mengen von Druckgasbehältern und Druckbehältern,
- Angaben über Art und Menge von gefährlichen Stoffen,
- Räume und Bereiche von haustechnischen Anlagen für Heizung, Lüftung, Energieversorgung sowie elektrische Betriebsräume,
- Absperreinrichtungen für Gas, Wasser, Strom sowie Rohstoff- und Produktförderung im Gebäude.

Zum besseren Verständnis der baulichen Anlage können sogenannte Sonderpläne erforderlich sein:

- Umgebungsplan,
- Detailpläne,
- Abwasserpläne.

Ergänzend zu den Feuerwehrplänen können ergänzende Angaben auf einem gesonderten Dokument im Format A4 ausgeführt werden. Diese können sein:

- Nummer der Brandmeldeanlage,
- Firmenspezifikation bzw. Nutzung,
- Angaben über den Betreiber einer Anlage, den Verantwortlichen, den Sicherheitsingenieur/-beauftragen, den Werkschutz,

- Personalbestand und Arbeitszeiten,
- Kurzinformationen zur Gebäudekonstruktion,
- Hinweis auf den Standort der Informationen über Gefahrstoffe,
- Hinweise auf besondere betriebstechnische Anlagen,
- Löschanlagen und -einrichtungen,
- Rauch- und Wärmeabzugsanlagen (RWA),
- Energieversorgung,
- Aufzüge,
- Server-Anlagen,
- wichtige technische Besonderheiten.

Alarmpläne

Alarmplan

Für Alarmpläne gibt es keine normativen Vorgaben. In der DGUV Information 205-001 „Betrieblicher Brandschutz in der Praxis" [18] werden einige wenige Rahmenbedingungen für einen Alarmplan vorgeschlagen:

„Der Text im Alarmplan muss so abgefasst sein, dass sich in allen Abteilungen die dort zusätzlichen Hinweise auch im Brand- und Evakuierungsplan gefahrlos umsetzen lassen." Es wird dabei unterschieden in Maßnahmen, die bei der Entdeckung des Brandes zu treffen sind und die der Brandmeldungsempfänger zu veranlassen hat.

Bestuhlungspläne

Bestuhlungspläne

Bestuhlungspläne ergeben sich aus der Versammlungsstättenverordnung des jeweiligen Bundeslandes. Die Muster-Versammlungsstättenverordnung enthält Vorgaben für die Bestuhlung von Versammlungsstätten. Da diese Verordnungen unter Länderrecht fallen, kann jedes Bundesland davon abweichen, daher ist die entsprechende Verordnung des Bundeslandes heranzuziehen.

Zimmerpläne

Zimmerpläne

Im Hotel und Gaststättengewerbe besteht die Pflicht, in jedem Zimmer einen Zimmerplan aufzuhängen. Dieser Zimmerplan ist ein Ausschnitt des Flucht- und Rettungsplanes und soll dem Gast u. a. anzeigen, welchen Fluchtweg er im Brandfall nehmen soll.

Renovierungs- und Umbauphasen

Kaum jemand kümmert sich um die Aktualisierung der Pläne, vor allem in Renovierungs- oder Umbauphasen. Die entsprechenden Pläne sind immer der jeweiligen Situation anzupassen. Können während einer Bauphase z. B. Fluchtwege nicht benutzt werden, hat der Betreiber darauf zu achten, dass entsprechende Änderungen oder Ergänzungen in den jeweiligen Plänen vermerkt werden.

6.12 Planung, Organisation und Durchführung von Evakuierungsübungen

länderspezifische Vorschriften

Die Durchführung von Evakuierungsübungen ist je nach Bundesland unterschiedlich geregelt. Meistens werden in Sonder- oder Industriebauten Evakuierungsübungen ab einer bestimmten Größe gefordert. Auch ist es möglich, dass je nach Art des Gebäudes (z. B. Hochhaus) Evakuierungsübungen durchgeführt werden müssen. Der Brandschutzbeauftragte kommt nicht umhin, sich die Inhalte der länderspezifischen Vorschriften anzueignen. Eine weitere Verpflichtung zur Durchführung von Evakuierungsübungen kann durch Auflagen der örtlichen Behörden oder durch ein vorliegendes Brandschutzkonzept bestehen. Die Umsetzung der geforderten Evakuierungsübungen kann durch Teilevakuierungen erfolgen, da es nicht immer erforderlich ist, das gesamte Gebäude, sondern nur den gefährdeten Bereich zu evakuieren.

Neben dem Brandfall gibt es auch weitere auslösende Ereignisse, die zu einer Räumung/Evakuierung führen können. Daher ist es sinnvoll, die Räumung/Evakuierung nicht nur für den Brandfall, sondern auch für alle weiteren möglichen Ereignisse zu planen. Daher ist zu prüfen, welche Ereignisse eintreten können. Als Ereignisse können angesehen werden:

- Brand,
- Explosion,
- Freisetzung von Arbeitsstoffen/Gefahrstoffen,
- Freisetzung von biologischen Arbeitsstoffen,
- Einsturz von Gebäuden oder Anlagen,
- Flugzeugabsturz,
- gefährliche Ereignisse, die durch Straßen-, Schienen- oder Wasserverkehr, eintreten können,
- Bombenanschlag,
- Kriegswaffenfund,
- Amoklauf,
- Hochwasser, Überschwemmungen,
- Sturm, Orkan.

Neben diesen Ereignissen ist auch zu prüfen, welche besonderen Personengruppen bei der Räumung/Evakuierung zu beachten sind. Dazu können gehören:

- Menschen mit Sehbehinderung,
- Blinde,
- Menschen mit Hörbehinderung,
- Menschen mit motorischen Einschränkungen,
- ältere Menschen,
- Menschen mit kognitiven Einschränkungen,
- Menschen mit psychischen Störungen.

Bei diesen Personengruppen sollte eine personengruppenspezifische Betrachtung erfolgen. Ein besonderes Augenmerk ist zu legen auf:

- differenzierte Betrachtung von öffentlich zugänglichen Bereichen, nicht öffentlich zugänglichen Bereichen sowie Arbeitsstätten,
- differenzierte Darstellung der betrieblichen/organisatorischen Maßnahmen und Hilfsmittel,
- Feststellung der Anzahl der Personen,
- Feststellung der Art der Einschränkungen,
- Feststellung der Altersstruktur,
- Feststellung des erforderlichen Hilfspersonals,
- Ermittlung des erforderlichen Zeitbedarfs bei der Räumung/Evakuierung,
- Benennung der erforderlichen Hilfsmittel.

Aufgaben der Helfer und Mitarbeiter nach der Alarmierung

Die Aufgaben sollten personengruppenspezifisch nach deren Funktionen getrennt dargestellt werden. Folgende Anforderungen an die Helfer sowie deren mögliche Aufgaben und Ausrüstung sind empfehlenswert:

Anforderungen an die Helfer:

- physische und psychische Belastbarkeit,
- Akzeptanz bei Vorgesetzten und Mitarbeitern,
- sehr gute Ortskenntnisse,
- überwiegende Anwesenheit,
- Bereitschaft zur Fortbildung.

Vorbeugende Aufgaben der Helfer:

- Fluchtwege freihalten,
- Mängel anzeigen,
- Unterweisungen mitgestalten,
- Ausrüstung regelmäßig kontrollieren.

Aufgaben bei der Alarmierung:

- Fluchttüren bei Bedarf öffnen,
- Anlagen in gefahrlosen Zustand bringen,
- Anwesende Personen aus den betroffenen Bereichen mitnehmen,
- Personen zum Sammelplatz geleiten,
- Verkehrslenkende Maßnahmen einleiten,
- Bei der Feststellung der Vollzähligkeit mithelfen.

Ausrüstung der Helfer:

- Persönliche Schutzausrüstung (PSA),
- Warnweste möglichst mit der Kennzeichnung der Funktion,
- Kommunikationsmittel.

Im Folgenden wird ein Beispiel für Vorbereitung und Durchführung einer Evakuierungsübung dargestellt. Diese sollte in mehrere Phasen aufgeteilt werden: Planungsbeispiel

- Recherchieren u. a. der rechtlichen oder behördlichen Grundlagen,
- Zusammenstellen eines Planungs- und Organisationsteams für die Evakuierungsübung,
- Planung der Evakuierung (theoretisch),
- Organisation der Evakuierung,
- Durchführung der Evakuierung.

Recherchieren u. a. der rechtlichen oder behördlichen Grundlagen

Zunächst sind alle rechtlichen oder behördlichen oder durch das Brandschutzkonzept geforderten Auflagen im Hinblick auf eine Evakuierungsübung zu recherchieren.

Seit 2014 werden in den verschiedenen Sonderbauverordnungen Räumungskonzepte gefordert:

Versammlungsstättenverordnung § 42

„(1) Der Betreiber oder ein von ihm Beauftragter hat im Einvernehmen mit der Brandschutzdienststelle … gegebenenfalls ein Räumungskonzept aufzustellen. Darin sind …

2. die Maßnahmen, die im Gefahrenfall für eine schnelle und geordnete Räumung der gesamten Versammlungsstätte oder einzelner Bereiche unter besonderer Berücksichtigung von Menschen mit Behinderung erforderlich sind, festzulegen. Die Maßnahmen nach Satz 2 Nr. 2 sind bei Versammlungsstätten, die für mehr als 1 000 Besucher bestimmt sind, gesondert in einem Räumungskonzept darzustellen, sofern diese Maßnahmen nicht bereits Bestandteil des Sicherheitskonzepts nach § 43 sind.

(2) Das Betriebspersonal ist bei Beginn des Arbeitsverhältnisses und danach mindestens einmal jährlich zu unterweisen über …

2. die Brandschutzordnung, insbesondere über das Verhalten bei einem Brand oder bei einer sonstigen Gefahrenlage, gegebenenfalls in Verbindung mit dem Räumungskonzept …“

Verkaufsstättenverordnung § 27

„(1) … Die Maßnahmen nach Satz 2 Nr. 2 sind bei Verkaufsstätten, deren Verkaufsräume eine Fläche von mehr als 5 000 m² haben, gesondert in einem Räumungskonzept darzustellen.

(2) Die Betriebsangehörigen sind bei Beginn des Arbeitsverhältnisses und danach mindestens einmal jährlich zu belehren über …

2. die Brandschutzordnung, insbesondere über das Verhalten bei einem Brand oder einer sonstigen Gefahrenlage in Verbindung mit dem Räumungskonzept.“

Auch im Brandschutzkonzept können detaillierte Inhalte wie z. B. Häufigkeit oder Umfang der Evakuierung festgelegt worden sein.

Feuerwehr einbeziehen

Bei Bedarf ist die zuständige Feuerwehr einzubeziehen, da es auch aus deren Sicht sinnvoll sein kann, regelmäßig Evakuierungsübungen durchzuführen, damit den Mitarbeitern der Feuerwehr im Brandfall die örtlichen Begebenheiten und Besonderheiten bekannt sind. Regelmäßiges Üben erleichtert die Arbeiten im Brandfall außerordentlich.

Zusammenstellen eines Planungs- und Organisationsteams für die Evakuierungsübung

Nach der Ermittlung eventueller Vorgaben zu den erforderlichen Evakuierungen ist es sinnvoll, die Evakuierungen zu planen. In größeren Betrieben oder Einrichtungen (ab ca. 500 Mitarbeiter) oder in unübersichtlichen Gebäuden oder in stark strukturierten Betrieben kann es außerordentlich wichtig sein, ein Planungs- und Organisationsteam zu bilden. Dieses Team sollte eine Zahl von fünf Personen nicht überschreiten, da bei mehr Teammitgliedern erfahrungsgemäß die Effektivität leidet.

maximal fünf Personen

Die Mitglieder sollten mindestens aus je einem Vertreter der Geschäftsführung und des Betriebs-/Personalrates sowie dem Brandschutzbeauftragten bestehen. Damit soll gewährleistet werden, dass die in diesem Team getroffenen Entscheidungen von allen Seiten unterstützt bzw. mitgetragen werden.

Planung der Evakuierung (theoretisch)

Das zuvor gebildete Planungs- und Organisationsteam klärt und plant die folgenden Positionen:

Organigramm

- **Verantwortlichkeiten:** Zunächst ist zu klären, wie die Verantwortlichkeiten im Falle einer Evakuierung geregelt sind. Grundsätzlich ist aufgrund der Fürsorgepflicht des Arbeitgebers dieser auch als Verantwortlicher während einer Evakuierung zu benennen. Da dies jedoch ab einer gewissen Mitarbeiterzahl oder Größe des Standortes schwierig zu realisieren ist, ist ein Organigramm für den Fall einer Evakuierung festzulegen. Dabei sind die Vertretungsregelung und der Tageszeitpunkt zu berücksichtigen.
  Dieser Aufwand muss betrieben werden, damit dem Einsatzleiter der Feuerwehr ein Ansprechpartner (Evakuierungsleiter) des Unternehmens zur Verfügung steht, der auch Auskunft erteilen kann, z. B. inwieweit das Gebäude oder der betroffene Bereich evakuiert wurde oder nicht. Der Evakuierungsleiter hat sich der Feuerwehr zu erkennen zu geben, indem er sich an der Brandmeldezentrale einfindet, falls vorhanden, oder sich vor dem betroffenen Gebäude für den Einsatzleiter bemerkbar macht.
  Die Erfahrung hat gezeigt, dass die Verantwortlichkeiten nach Gebäude, Etagen, Anwesenheit und Erreichbarkeit festgelegt werden sollten. Dadurch kommt es zwar zu mehreren unterschiedlichen

Evakuierungsleiter

Aufteilung nach Zeit und Ort

Verantwortlichkeiten innerhalb eines Unternehmens oder einer Einrichtung, was Zeitpunkt oder Ort angeht, die jeweiligen örtlichen Bedürfnisse und Einflüsse werden so jedoch berücksichtigt.

- **Alarmierung:** Nachdem die Verantwortlichkeiten geklärt sind, sollte auch die Art der Alarmierung der benannten Verantwortlichen geregelt werden. Hier hat es sich als hilfreich erwiesen, das Organigramm um die Alarmierungsart der jeweiligen Person zu ergänzen (z. B. mittels Angabe der dienstlichen und eventuell auch mobilen und privaten Telefonnummern). Es ist jedoch bei der Alarmierung zu beachten, dass grundsätzlich zuerst die Feuerwehr zu informieren.

Telefonnummern angeben

- **Meldekette:** Der Begriff Meldekette scheint aus der Ersten Hilfe entliehen, hat aber hier folgende Bedeutung: Welcher Mitarbeiter oder Vorgesetzte ist im Falle einer Alarmierung zuerst zu informieren und wie wird diese Meldung bei Nichtanwesenheit der Person weitergeleitet? Dieses kann, wenn die Übersicht nicht darunter leidet, in das Organigramm eingetragen werden. Im Folgenden ein einfaches Beispiel, wie diese Aufstellung ohne Organigramm erfolgen kann:

Wer wird zuerst informiert?

Tabelle 6.6: Beispielhafte Strukturierung einer Meldekette bei einem Alarm- oder Brandfall

Verwaltungsgebäude von 06.00 Uhr bis 18.00 Uhr	
Mitarbeiter	**Position**
Frau Mustermann	Geschäftsführerin
Herr Bäcker	Abteilungsleiter Verwaltung
Herr Müller	Abteilungsleiter Auslieferung
Herr Schmitt	Abteilungsleiter Personal
…	…

- **Evakuierungshelfer:** Im nächsten Schritt ist zu klären, wie die Evakuierung erfolgreich durchgeführt werden kann. Hier sind Evakuierungshelfer, die gleichzeitig auch Brandschutzhelfer sein können, eine sinnvolle Einrichtung. Das Planungs- und Organisationsteam hat festzulegen, wie viele und wo Evakuierungshelfer benötigt werden. Die Anzahl der Evakuierungshelfer sollte sich an der Anzahl der erforderlichen Ersthelfer orientieren. Die Unfallversicherer verlangen als Anzahl der Ersthelfer 10 % der Mitarbeiter bei einem Betrieb des produzierenden Gewerbes und 5 % bei allen anderen Betrieben. Auch ist eine sinnvolle Verteilung der Evakuierungshelfer innerhalb der Gebäude zu berücksichtigen. Als Anhaltspunkt dient hier z. B. ein Evakuierungshelfer pro Flur und Gebäudeseite in der Verwaltung oder mindestens zwei Evakuierungshelfer pro Brandabschnitt.

Anzahl wie Ersthelfer

Schulung

Von Vorteil ist es, wenn die ausgewählten Evakuierungshelfer nach ihrer Ernennung für ihre Aufgaben geschult werden und sich im Evakuierungsfall von den Mitarbeitern optisch (z. B. durch Tragen einer gelb-weiß oder orange-weiß gestreiften Weste) unterscheiden.

Wachdienst, Feuerwehr, Rettungskräfte

- **Einbindung externer Hilfskräfte:** Bei der Planung der Evakuierungsübungen ist zu klären, inwieweit externe Hilfskräfte einbezogen werden können. Dazu zählen beispielsweise Wachdienste, die Feuerwehr oder auch andere Rettungskräfte. Beim ersten Evakuierungstermin ist es sinnvoll, lediglich den zuständigen Wachdienst, wenn einer vor Ort existiert, einzubeziehen und die Feuerwehr zu fragen, ob sie als Beobachter an der Evakuierung teilnehmen möchte. Bei einer der nächsten Evakuierungen ist es je nach Betrieb sinnvoll, die Feuerwehr verstärkt auch mit Einsatzkräften einzubeziehen. Dies ist jedoch immer mit der zuständigen Feuerwehr abzustimmen und sollte kein Hinderungsgrund sein, regelmäßige Evakuierungsübungen durchzuführen.

Beobachter

  Auch der Einsatz externer sowie interner Beobachter ist nützlich. Hier ist bei der Planung zu berücksichtigen, an welchen Stellen innerhalb und außerhalb des Gebäudes Beobachter positioniert werden, um ein möglichst großes Spektrum an Eindrücken und Informationen zu erhalten. Bei der ersten Evakuierung sollten sich die Beobachter erfahrungsgemäß auf wichtige Kriterien beschränken. Dazu zählen:
  - Wie wird geräumt? (geordnet oder ungeordnet)
  - Reagieren alle Mitarbeiter auf den Evakuierungsalarm?
  - Ist die Alarmierung zu hören?
  - Wie reagieren die Evakuierungshelfer?
  - Finden die Mitarbeiter den Sammelplatz?
  - Wie verhalten sich die Mitarbeiter am Sammelpunkt?
  - Wie erfolgt die Ermittlung der Anwesenheit am Sammelplatz?
  - Haben die technischen Alarmierungseinrichtungen funktioniert?
  - Wie haben sich Nichtbetriebsangehörige verhalten?

Umfang und Inhalt

- **Dokumentation:** Das Planungs- und Organisationsteam hat sich Gedanken über eine geeignete Dokumentation der Evakuierungen, vor allem über den Umfang und den Inhalt zu machen. Es ist wichtig, möglichst viele Informationen zu dokumentieren. Als Anhaltspunkte bei der Dokumentation dienen die Antworten auf die oben genannten Fragen.

Organisation der Evakuierung

Rahmenbedingungen

Nachdem nun die theoretischen Voraussetzungen für die Durchführung einer Evakuierungsübung geschaffen sind, geht es im nächsten Schritt um die Rahmenbedingungen, die bei einer ersten oder auch wiederholten Evakuierung gesetzt werden. Bei einer ersten Evakuierungsübung ist es sinnvoll, diese mit nur wenigen nicht geregelten Rahmenbedingungen durchzuführen. Im Einzelnen sind die folgenden Punkte in der Planung zu berücksichtigen:

- **Umsetzung der in der Planung festgestellten Erfordernisse in der Vorbereitung zur Evakuierung:** Die zur Vorbereitung der Evakuierung in der Planungsphase erarbeiteten und beschlossenen Regelungen müssen den Mitarbeitern entsprechend dem erforderlichen Informationsstand mitgeteilt werden. So muss denjenigen, die in der Meldekette stehen, bewusst sein, welche Aufgaben sie im Evakuierungsfall zu übernehmen haben.
  Die Tätigkeit des Evakuierungshelfers ist freiwillig. Die Evakuierungshelfer sind auszusuchen, zu bestimmen und entsprechend zu schulen. Mit nicht geschulten Evakuierungshelfern hat es wenig Sinn, eine Evakuierungsübung durchzuführen. Die externen Hilfskräfte, falls eingesetzt, sind ebenso wie die Evakuierungshelfer auf ihre Aufgaben vorzubereiten.
  Letztendlich sind alle Mitarbeiter in diese „neue" Organisation des Alarmfalles einzuweisen. Da die Unterweisung im Brandschutz regelmäßig, mindestens aber einmal im Jahr stattfinden muss, ist das Thema Evakuierung in diese Unterweisung zu integrieren oder eine zusätzliche Unterweisung durchzuführen.

Aufgaben klären

Evakuierungshelfer

externe Hilfskräfte

Unterweisung aller Mitarbeiter

- **Angemeldete oder unangemeldete Evakuierung:** Die Entscheidung, ob eine angemeldete oder unangemeldete Evakuierung erfolgen soll, ist von den örtlichen Gegebenheiten, der Anzahl der betroffenen Personen und davon, ob es die erste oder eine wiederholte Evakuierungsübung ist, abhängig. Für den Fall, dass erstmalig eine Evakuierung durchgeführt wird, hat die Erfahrung gezeigt, dass eine angekündigte Evakuierungsübung mehr Aufschluss über den Ablauf gibt als eine unangekündigte. Denn die Ursache der meisten Mängel ist das Fehlverhalten des Menschen, daher sollten Mängel durch eine angekündigte Evakuierung minimiert werden.

erste Evakuierungsübung ankündigen

- **Teil- oder Gesamtevakuierung:** Es ist darauf zu achten, bei großen Gebäuden oder einer großen Anzahl von Personen nicht als Erstes eine Gesamtevakuierung anzusetzen, da in Teilevakuierungen bereits ausreichend gelernt und erreicht werden kann. Am Anfang ist es sinnvoller, mehrere Teilevakuierungen als eine Gesamtevakuierung durchzuführen. In den meisten Fällen zeigt eine Teilevakuierung schon einiges Verbesserungspotenzial auf. Eine Gesamtevakuierung wird zu Beginn nicht mehr Informationen liefern. Erst wenn die Mitarbeiter in Teilevakuierungsübungen Erfahrungen gesammelt haben, werden Mängel, die bei Gesamtevakuierungen auftreten, deutlich werden.

zuerst Teilevakuierungen

- **Terminierung der Evakuierung:** Der Zeitpunkt der Evakuierung sollte im erstmaligen Fall für den Betriebsablauf (z. B. Produktion, Besucherverkehr, usw.) unkritisch sein. Der Lerneffekt ist beim ersten Mal bereits so groß, dass Verbesserungspotenzial erkannt wird, welches zunächst umgesetzt werden sollte.
- **Evakuierungsbeobachter und Beobachterstandort:** Der Einsatzort der Evakuierungsbeobachter sollte von dem Planungs- und Organisationsteam gut gewählt werden. Als Beobachterstandorte bewährt haben sich Sammelplätze, Treppenhäuser in der Nähe der Aufzüge, Aufenthalts- und Sozialräume sowie bei Produktionshallen Standorte, an denen eine gute Rundumsicht möglich ist.

Die Beobachter bearbeiten einen vorgefertigten Fragenkatalog oder Stichwortkatalog, sollten zusätzlich aber die Möglichkeit haben, besondere Beobachtungen zu vermerken. Dabei ist die Aufgabe des Beobachters nicht, nur Negatives zu vermerken, sondern auch Positives oder „Gut-Gelaufenes“ zu notieren. Auch positive Punkte sind wichtig, da so einzelne Evakuierungsbereiche von anderen lernen können.

Negatives und Positives notieren

- **Personen mit Sonderaufgaben:** Neben den Evakuierungsbeobachtern gibt es weitere Personen mit Sonderaufgaben. Hierzu zählen beispielsweise der Brandschutzbeauftragte, die Feuerwehr, der Werkschutz oder Sicherheitsdienst sowie die Fachkraft für Arbeitssicherheit. Diese Personen sollten sich einen Überblick über die Gesamtsituation verschaffen und sich eventuell zusätzlich zu den Beobachtern an markanten Punkten (z. B. Brandmeldezentrale) während der Evakuierung positionieren.

Gesamtüberblick

- **Vor- und Nachbesprechungen:** Als gute Einrichtung bei den ersten Evakuierungsübungen hat sich die Vorbesprechung erwiesen. Daran sollten neben dem Planungs- und Organisationsteam die Beobachter, die Evakuierungshelfer, ein Vertreter der Geschäftsführung, der Brandschutzbeauftragte und bei Bedarf der Betriebs- oder Personalrat sowie die Feuerwehr teilnehmen. Hier werden die einzelnen Aufgaben und der geplante Ablauf der Evakuierungsübung besprochen. Im Laufe der Zeit reduziert sich der Teilnehmerkreis, bis letztlich nur noch der Brandschutzbeauftragte mit dem Planungs- und Organisationsteam die Evakuierungen vorab bespricht.

erste Evakuierungsübungen vorbesprechen

Die Nachbesprechungen sind hingegen fester Bestandteil einer Evakuierung. Bei einer so genannten „Manöverkritik“ können direkt nach der Evakuierung positive wie negative Punkte besprochen und ausgetauscht werden. Der Teilnehmerkreis besteht mindestens aus dem Planungs- und Organisationsteam, dem Vertreter der Geschäftsführung und den Evakuierungshelfern sowie der Feuerwehr.

Manöverkritik

Die Inhalte sowie das Ergebnis der Besprechung sind zu protokollieren. In den meisten Fällen lassen sich in diesem Kreis bereits Aufgaben zuweisen und die Umsetzung derselben terminieren.

Protokoll

Durchführung der Evakuierung

Nachdem die Planungs- und Organisationsphase für die Evakuierung abgeschlossen ist, sind alle Voraussetzungen geschaffen, die Evakuierung durchzuführen. Im Anschluss an die angesetzte Nachbesprechung sind die getroffenen Entscheidungen und Verbesserungen umzusetzen und deren Wirksamkeit bei der nächsten Evakuierungsübung zu überprüfen. Mit dem regelmäßigen Durchführen von Evakuierungsübungen erhöht sich die Sensibilität der Mitarbeiter und das Fehlerpotenzial wird nach und nach vermindert, sodass das Unternehmen oder die Einrichtung immer besser auf den Ernstfall vorbereitet ist.

Vorbereitung auf den Ernstfall

6.13 Behördliche Brandverhütungsschauen und interne Brandschutzbegehungen

Die Regelungen zu Brandverhütungsschauen (auch Brandschau oder Brandsicherheitsschau genannt) finden sich in den Landesverordnungen der Bundesländer. Meist gibt es hierzu Verwaltungsvorschriften oder eigene Gesetze. Die Arbeitsgemeinschaft der Leiter der Berufsfeuerwehren in der Bundesrepublik Deutschland (AGBF Bund) hat, abhängig vom jeweiligen Gefährdungsgrad, Fristen für die Durchführung von Brandverhütungsschauen festgelegt. Sollten von Behördenseite diese Fristen nicht eingehalten werden, orientiert sich in einem möglichen Brandfall mit Personenschäden die Staatsanwaltschaft an diesen Fristen. In NRW beispielsweise ist im § 26 BHKG (Gesetz über den Brandschutz, die Hilfeleistung und den Katastrophenschutz) eine maximale Frist von 6 Jahren zur Durchführung der Brandverhütungsschau festgeschrieben. Bei den Brandverhütungsschauen werden vor allem die Brandschutzeinrichtungen, deren Zustand und Funktionstüchtigkeit, die Flucht- und Rettungswege und die dazugehörigen Aushänge aus Sicht der Behörde und/oder Feuerwehr geprüft. Der Brandschutzbeauftragte ist hierzu einzuladen, da er mit seinem Sachverstand Auskünfte erteilen kann.

§ 26 BHKG

Brandverhütungsschau

Ergänzt wird die Brandverhütungsschau durch regelmäßige Begehungen. Die Frage, wie häufig und in welchen Abständen Begehungen durchgeführt werden müssen, ist nicht pauschal zu beantworten. Die Rahmenbedingungen müssen berücksichtigt werden, wesentliche Grundlage dafür ist die Gefährdungsbeurteilung. Anhand von Gefahrenpotenzial und örtlichen Begebenheiten ist die Häufigkeit von Begehungen zu ermitteln.

Häufigkeit von Begehungen

Grundsätzlich empfiehlt es sich, unabhängig von der Betriebsgröße, mindestens einmal im Quartal eine Begehung aller Gebäudeteile und -flächen durchzuführen. Dadurch ergibt sich bereits ein gewisser Aufwand. Bei den Begehungen sind folgende Punkte zu betrachten:

Inhalt

- Brandschutzkennzeichnungen,
- Sicherheitskennzeichnungen,
- Flucht- und Rettungswege,
- Rauch- und Brandschutzabschlüsse,
- Feuerlöscheinrichtungen,
- Brandschutzaushänge,
- Sammelstellen,
- Notrufeinrichtungen.

Über die Begehungen ist ein Begehungsbericht zu verfassen. Dieser sollte die folgenden Mindestangaben enthalten:

- Datum der Begehung,
- Benennung der begangenen Bereiche,
- Teilnehmer an der Begehung,

- eine Aufstellung der festgestellten Abweichungen, möglichst mit Bildern,
- Maßnahmenvorschläge zu den einzelnen Abweichungen,
- Terminierung der Behebung der Mängel.

Der Begehungsbericht ist an die verantwortlichen Personen zu übergeben.

6.14 Mängel und Mängelbeseitigung

Eine Aufgabe des Brandschutzbeauftragten ist es, Maßnahmen/Lösungsvorschläge, eventuell mit Unterstützung durch Fachexperten (z. B. Brandschutzsachverständige, Fachplaner, Architekten usw.), vorzubereiten, sodass der nicht immer fachkundige Vorgesetzte oder Verantwortliche eine Entscheidungsgrundlage, eventuell mit Alternativvorschlägen, erhält. Der Verantwortliche der Geschäftsführung hat die Entscheidung zu treffen, welche festgestellten Mängel mit welchen vorgeschlagenen Maßnahmen in welchem Zeitraum erledigt werden.

regelmäßig auf Mängel hinweisen

Sollte keine Reaktion vonseiten des Verantwortlichen erfolgen, hat der Brandschutzbeauftragte wiederholt und regelmäßig auf die Mängel und die Notwendigkeit ihrer Behebung hinzuweisen. Dies kann beispielsweise bei den regelmäßigen Arbeitsschutzausschusssitzungen erfolgen. Wichtig ist hierbei, dass dies schriftlich geschieht. Als Empfehlung sollte ein sich wiederholender Mangel spätestens beim dritten Mal, bei gravierenden Mängeln sofort, mit einer Erledigungsfrist hinterlegt werden. Damit kann der Brandschutzbeauftragte im Falle eines Ereignisses nachweisen, wie wichtig die Beseitigung des Mangels ist. Damit wird der Brandschutzbeauftragte seiner Beratungsfunktion gerecht.

Auch Mängel, die von Mitarbeitern während des normalen Betriebes des Unternehmens oder der Einrichtung festgestellt werden, sind an den jeweiligen Vorgesetzten und an den Brandschutzbeauftragten zu melden, damit betriebliche Maßnahmen eingeleitet werden können und der Brandschutzbeauftragte, der nicht immer anwesend sein muss, über alle Ereignisse zum Thema Brandschutz informiert ist. Auch hier empfiehlt es sich, diese Meldungen schriftlich zu dokumentieren, um z. B. bei der Erstellung eines Rechenschaftsberichtes/Jahresberichtes eine Übersicht über alle Maßnahmen zu erhalten.

Information an den Brandschutzbeauftragten

Ebenso muss der Brandschutzbeauftragte Protokolle, die nach Brandschauen oder anderen Ereignissen, bei denen der Brandschutz thematisiert wurde, erstellt wurden, zur Kenntnis erhalten. Dies muss innerhalb des Unternehmens oder der Einrichtung geregelt sein.

Mängelbeseitigung überwachen

Die Umsetzung der Maßnahmen bzw. die Abarbeitung der Mängel ist durch den Brandschutzbeauftragten zu überwachen und regelmäßig an die Geschäftsführung zu kommunizieren.

6.15 Regelmäßige Unterweisungen der Beschäftigten

Hinsichtlich der Arbeitssicherheit schreiben die gewerblichen Unfallversicherer mit § 4 Abs. 1 DGUV Vorschrift 1 [19] die Unterweisung der Arbeitnehmer durch den Arbeitgeber vor:

DGUV Vorschrift 1

„(1) Der Unternehmer hat die Versicherten über Sicherheit und Gesundheitsschutz bei der Arbeit, insbesondere über die mit ihrer Arbeit verbundenen Gefährdungen und die Maßnahmen zu ihrer Verhütung, entsprechend § 12 Abs. 1 Arbeitsschutzgesetz sowie bei einer Arbeitnehmerüberlassung entsprechend § 12 Abs. 2 Arbeitsschutzgesetz zu unterweisen; die Unterweisung muss erforderlichenfalls wiederholt werden, mindestens aber einmal jährlich erfolgen; sie muss dokumentiert werden."

Diese Vorschrift bezieht sich auf das ArbSchG, und dieses gilt uneingeschränkt auch für den Brandschutz. Der Arbeitgeber ist daher, wie auch in vfdb 12-09/01 beschrieben, für die Unterweisung seiner Mitarbeiter im Brandschutz verantwortlich. Er hat die Mitarbeiter über die Gefahren, die u.a. durch Brände entstehen können, zu informieren. Diese Unterweisungen sind schriftlich zu dokumentieren. Der Arbeitgeber kann diese Aufgabe zumindest in mittelständischen oder Großbetrieben auf andere Personen übertragen. Ist ein Brandschutzbeauftragter für den Arbeitgeber tätig, wird diese Aufgabe in vielen Fällen an diesen übertragen bzw. er wird gebeten, die Unterweisung im Namen des Arbeitgebers durchzuführen.

ArbSchG

Übertragung an den Brandschutzbeauftragten

Bei der Unterweisung der Mitarbeiter im Brandschutz sollten die folgenden Punkte thematisiert werden:

- vorbeugender Brandschutz,
- betriebseigene Brandschutzordnung,
- Flucht- und Rettungswege,
- Meldeweg im Falle eines Brandereignisses,
- Verhalten im Brandfall,
- betriebsspezifische Themen.

6.16 Aus- und Fortbilden von Beschäftigten, insbesondere Brandschutzhelfern

In den Vorschriften der Unfallversicherungsträger wird die Unterweisung von Mitarbeitern in die Brandgefahren an ihrem Arbeitsplatz gefordert. Diese hat mindestens jährlich stattzufinden. Die DGUV Information 205-023 „Brandschutzhelfer" [11] spezifiziert die Anforderungen und fordert zusätzlich die Unterweisung und Schulung von Brandschutzhelfern. Der Arbeitgeber hat eine ausreichende Anzahl an Mitarbeitern zu schulen. Die ausgebildeten Brandschutzhelfer sind durch den Arbeitgeber zu bestellen. Auch hier dient als Entscheidungsgrundlage die Gefährdungsbeurteilung, ebenso sind die betriebsspezifischen Verhältnisse zu berücksichtigen. Hierzu zählen:

- Tätigkeiten mit feuergefährlichen und brennbaren Stoffen,
- spezielle Produktionsabläufe,
- betriebsspezifische Brandschutzeinrichtungen (z. B. Löschanlage, Wandhydrant),
- das Löschen von brennbaren Gasen, Stäuben, Metallen oder Fetten.

Evakuierungshelfer oder Brandschutzhelfer

Auf ihnen baut die Ausbildung zum Brandschutzhelfer auf, da der Brandschutzhelfer zusätzliche Aufgaben zu seiner normalen Tätigkeit im Unternehmen übernimmt. Ob ein Unterschied zwischen einem Evakuierungshelfer (in der Literatur auch teilweise als „Räumungshelfer" bezeichnet) und einem Brandschutzhelfer besteht, ist an dem jeweiligen Aufgabenspektrum fest zu machen. In der Regel ist ein Brandschutzhelfer gleichzeitig auch Evakuierungshelfer. Der umgekehrte Fall ist eher selten. Die Aufgaben des Evakuierungshelfers wurden bei den Evakuierungsübungen in Kapitel 6.12 mit angesprochen, sodass im Folgenden nur noch auf die Ausbildung von Mitarbeitern im Umgang mit Feuerlöscheinrichtungen und auf die Aus- und Fortbildung von Brandschutzhelfern eingegangen wird.

Ausbildung von Mitarbeitern im Umgang mit Feuerlöscheinrichtungen

theoretische und praktische Ausbildung

Derzeit gibt es keine gesetzlichen Vorgaben, was die Ausbildung im Umgang mit Feuerlöschern beinhalten muss. Die Erfahrung zeigt jedoch, dass eine kombinierte theoretische und praktische Ausbildung die Angst der Mitarbeiter vor Bränden reduziert und die Bereitschaft, in einem Brandfall z. B. mit einem Feuerlöscher einzugreifen, steigert.

Die Schulung oder Einweisung der Mitarbeiter sollte aus einem 45 bis 90 Minuten langen theoretischen Teil mit den folgenden Themenschwerpunkten bestehen:

- Brandlehre,
- Umgang mit Feuerlöscheinrichtungen,
- Verhalten im Brandfall,
- Brandschutzordnung.

Im praktischen Teil ist der Umgang mit Feuerlöschern zu üben. Diese Übung ist an einem Feuersimulationsgerät durchzuführen. Es ist dabei zu beachten, dass je nach Bundesland oder Region unterschiedliche Regelungen und Vorgaben für den Einsatz von Simulationstrainern und die Benutzung von Feuerlöschern zu Übungszwecken bestehen. Diese sind vorab zu klären.

Aus- und Fortbildung von Brandschutzhelfern

Zu den Aufgaben von Brandschutzhelfern können gehören:

- Unterstützung des Brandschutzbeauftragten,
- Kontrolle bei Arbeiten mit Feuer oder Hitze,
- Brandbekämpfung bei Entstehungsbränden,

- Bedienung der Brandschutzeinrichtungen (z. B. Wandhydranten),
- Einweisen der Feuerwehr.

Daher ist die Aus- und Fortbildung der Brandschutzhelfer in diesen Tätigkeiten durchzuführen. In mittelständischen und Großunternehmen hat es sich bewährt, ein Ausbildungskonzept für Brandschutzhelfer zu entwickeln. Die DGUV Information 205-023 [11] liefert hierfür die Inhalte der Ausbildung:

Ausbildungskonzept

Theorie:

- *„Grundzüge des Brandschutzes*
  - *Grundlagen der Verbrennung und der Vorgänge beim Löschen*
  - *häufige Brandursachen/Brandbeispiele, wie z. B. Tätigkeiten mit feuergefährlichen und brennbaren Stoffen*
  - *betriebsspezifische Brandgefahren/Zündquellen bezogen auch auf spezielle Produktionsabläufe*
- *Betriebliche Brandschutzorganisation*
  - *Brandschutzordnung des Betriebes nach DIN 14096:2014-05 „Brandschutzordnung – Regeln für das Erstellen und das Aushängen"*
  - *Alarmierungswege und -mittel*
  - *betriebsspezifische Brandschutzeinrichtungen*
  - *Sicherstellung des eigenen Fluchtweges*
  - *Sicherheitskennzeichnung nach ASR A1.3 „Sicherheits- und Gesundheitsschutzkennzeichnung"*
- *Funktion und Wirkungsweise von Feuerlöscheinrichtungen*
  - *Brandklassen A, B, C, D und F*
  - *Wirkungsweise und Eignung von Löschmitteln*
  - *geeignete Feuerlöscheinrichtungen*
  - *Aufbau und Funktion der im Betrieb vorhandenen Feuerlöscheinrichtungen*
  - *Einsatzbereiche und Einsatzregeln von Feuerlöscheinrichtungen und Wandhydranten*
- *Gefahren durch Brände*
  - *Gefährdungen durch Rauch und Atemgifte (z. B. durch Kohlenmonoxid)*
  - *thermische Gefährdungen (z. B. Wärmestrahlung)*
  - *mechanische Gefährdungen (z. B. durch herumfliegende Teile)*
  - *besondere betriebliche Risiken (z. B. Metallbrände, Fettbrände oder hohe Brandlasten)*
- *Verhalten im Brandfall*
  - *Alarmierung*
  - *Bedienung der Feuerlöscheinrichtungen ohne Eigengefährdung*
  - *Sicherstellung der selbstständigen Flucht der Beschäftigten*
  - *ggf. besondere Aufgaben nach Brandschutzordnung Teil C (z. B. Ansprechpersonen für die Feuerwehr)*
  - *Löschen von brennenden Personen"*

„Praxis:

- *Handhabung und Funktion, Auslösemechanismen von Feuerlöscheinrichtungen*
- *Löschtaktik und eigene Grenzen der Brandbekämpfung (z. B. Situationseinschätzung, Vorgehensweise)*
- *realitätsnahe Übung mit Feuerlöscheinrichtungen, z. B. Simulationsgeräte und -anlagen mit entsprechenden Aufbausätzen*
- *Wirkungsweise und Leistungsfähigkeit der Feuerlöscheinrichtungen erfahren*
- *betriebsspezifische Besonderheiten (z. B. elektrische Anlagen, Metallbrände, Fettbrände)*
- *Einweisen (vertraut machen) in den betrieblichen Zuständigkeitsbereich“*

Auch werden Anforderungen an die Qualifikation und Fachkunde des Ausbilders gestellt. Dieser muss eine entsprechende Berufsausbildung, Berufserfahrung oder zeitnah ausgeübte berufliche Tätigkeit nachweisen können. Dazu werden in der DGUV Information 205-023 [11] folgende Angaben gemacht:

- *„Personen mit abgeschlossenem Hochschul- oder Fachhochschulstudium in der Fachrichtung Brandschutz*
- *Brandschutzbeauftragte mit Prüfungsnachweis*
- *Fachkräfte für Arbeitssicherheit mit entsprechender Ausbildung im Brandschutz*
- *Mitglieder der Feuerwehr, wie z. B. Freiwillige Feuerwehr, Werk- und Berufsfeuerwehr, mit mindestens erfolgreich abgeschlossenem Lehrgang ‚Gruppenführer/Gruppenführerin‘“*

Eine Wiederholung der Brandschutzhelferausbildung hat in drei bis fünf Jahren zu erfolgen oder in kürzeren Abständen, wenn betriebliche Veränderungen stattfinden. Dies können z. B. sein:

- *„eine Erfordernis aus der Gefährdungsbeurteilung, wie z. B. eine besondere Anforderung an die Wirksamkeit der Ausbildung und damit auch an eine Wiederholung zum Wissens-/Kenntnisstand des Brandschutzhelfers*
- *neue Produktions- und Arbeitsverfahren mit veränderter Brandgefährdung, die Einfluss auf das Löschmittel bzw. die bereitgestellten Feuerlöscheinrichtungen und die Löschtaktik haben*
- *Versetzung eines Brandschutzhelfers in Arbeits-/Betriebsbereiche, die ein vom bisherigen Bereich abweichendes Vorgehen bei der Erstbrandbekämpfung erfordern“.*

Tabelle 6.7: Aufbau und Inhalte Unterweisung aller Beschäftigten gemäß DGUV Information 205-023 [11]

bei Tätigkeiten auftretende Gefährdungen		**Maßnahmen zur Abwendung von Brandgefährdungen**		
Brandgefahren am Arbeitsplatz (z. B. Gefährdungsbeurteilung)	Umgang mit Zündquellen (z. B. Betriebsanweisungen)	Maßnahmen gegen Entstehungsbrände und Explosionen	Verhalten im Brandfall (z. B. Brandschutzordnung Teil A + B)	Flucht- und Rettungswege (z. B. Evakuierung, Flucht- und Rettungsplan)
Ziel: Arbeitssicherheit durch sicheren Umgang mit Brandgefahren am Arbeitsplatz und richtiges Verhalten im Brandfall durch selbstständiges Verlassen (Flucht) bei unmittelbarer Gefahr				
Kenntnisse der betriebsspezifischen Gefahren und Schutzmaßnahmen (Gefährdungsbeurteilung und Betriebsanweisungen bzw. Brandschutzordnung)				

Tabelle 6.8: Aufbau und Inhalte Unterweisung von Beschäftigten im Umgang mit Feuerlöscheinrichtungen gemäß DGUV Information 205-023 [11]

Grundzüge des vorbeugenden Brandschutzes (z. B. allgemeine Brandschutzmaßnahmen)	betriebliche Brandschutzorganisation (z. B. Verantwortung, Zuständigkeiten, Alarmpläne)	Verhalten im Brandfall (z. B. Brandschutzordnung Teil C)	Gefahren durch Brände (z. B. Entstehungsbrand, Ausbreitung von Feuer und Rauch)	Funktions- und Wirkungsweise von Feuerlöscheinrichtungen (z. B. Bedienung, Einsatzgrenzen und Löschtaktik
+ praktische Löschübung mit Feuerlöscheinrichtungen				
Ziel: sicherer Umgang mit und der Einsatz von Feuerlöscheinrichtungen zur Bekämpfung von Entstehungsbränden ohne Eigengefährdung und zur Sicherstellung des selbstständigen Verlassens (Flucht) der Beschäftigten				
Kenntnisse der betrieblichen Brandschutzmaßnahmen und der betrieblichen Brandschutzorganisation			Kenntnisse der Brandbekämpfung, der Funktion und Bedienung von Feuerlöscheinrichtungen	

Tabelle 6.9: Aufbau und Inhalte der Ergänzenden Unterweisung von Brandschutzhelfern gemäß DGUV Information 205-023 [11]

Grundzüge des vorbeugenden Brandschutzes (z. B. betriebsspezifische und besondere Brandschutzmaßnahmen)	weitergehende betriebliche Brandschutzorganisation (z. B. Selbsthilfekräfte, Betriebs- oder Werkfeuerwehr)	besonderes Verhalten im Brandfall (z. B. in Bereichen mit Löschanlagen)	besondere Gefahren durch Brände (z. B. elektrische Anlagen, Gefahrstoffe)	Funktions- und Wirkungsweise vorhandener Feuerlöscheinrichtungen (z. B. Brandklassen, Löschmittel, Bedienung, Einsatzgrenzen und Löschtaktik)
+ praktische Löschübung mit unterschiedlichen Feuerlöscheinrichtungen und Wandhydranten				
Kenntnisse der besonderen Brandschutzgefahren, der individuellen Brandschutzmaßnahmen (ggf. Brandschutzkonzept) und der betrieblichen Brandschutzorganisation		Kenntnisse der besonderen Gefahren bei der Brandbekämpfung und der Funktion und Bedienung der vorhandenen Löscheinrichtungen		

Dauer der Ausbildung von Brandschutzhelfern

Die Ausbildung von Brandschutzhelfern wird in der DGUV Information 205-023 [11] beschrieben. Nun hat das Sachgebiet „Betrieblicher Brandschutz" der DGUV im Dezember 2020 die FBFHB-030 „Zusätzliche Informationen zur Ausbildung von Brandschutzhelfern" [20] zur Vorgehensweise und Durchführung der Ausbildung veröffentlicht. Diese Information wurde aufgrund vieler Nachfragen an das zuständige Sachgebiet „Betrieblicher Brandschutz" der DGUV erstellt.

Die Inhalte sind gegliedert nach:

- Dauer der theoretischen Ausbildung
- Dauer der praktischen Ausbildung
- Vorgehensweise und Durchführung in der theoretischen Ausbildung
- weiterführende Erläuterungen

Diese Ergänzung weist deutlich darauf hin, dass neben der theoretischen und praktischen Ausbildung auch die Einweisung vor Ort im Betrieb unbedingt erforderlich ist. Die folgenden Abschnitte gehen auf die wesentlichen Aspekte dieser Zusatzinformationen ein.

Dauer und Vorgehensweise der theoretischen Ausbildung

Die in der DGUV Information 205-023 [11] getroffene Aussage, dass mindestens zwei Unterrichtseinheiten (UE) für die theoretische Ausbildung angesetzt werden müssen, bedeutet jedoch nicht, dass zwei UE grundsätzlich ausreichen. Die zwei UE gelten gemäß ASR A2.2 [12] für reine Büronutzung. In der vorliegenden Erläuterung wird verdeutlicht, dass sich die Dauer der theoretischen Ausbildung an den betrieblichen Gegebenheiten sowie an der im Betrieb durchgeführten Gefährdungsbeurteilung zu orientieren hat.

Daher empfiehlt es sich die theoretische Ausbildung in einen allgemeinen (2 UE) sowie einen betriebsspezifischen Teil (Ausbildungsdauer nach Bedarf) aufzuteilen.

Tabelle 6.10: Übersicht über die theoretische Ausbildung von Brandschutzhelfern nach FBFHB-030 [20]

theoretische Ausbildung gemäß DGUV Information 205-003, Kapitel 2.1 [1]	
allgemein	**betriebsspezifisch**
• Grundzüge des Brandschutzes • betriebliche Brandschutzorganisation • Funktion und Wirkungsweise von Feuerlöscheinrichtungen • Gefahren durch Brände • Verhalten im Brandfall • …	• besondere Gefahren durch Brände • besondere Feuerlöscheinrichtungen, soweit vorhanden • besonderes Verhalten im Brandfall • …
2 UE zu je 45 Minuten	Ausbildungsdauer nach Bedarf

Dauer und Vorgehensweise der praktischen Ausbildung

Die in der DGUV Information 205-023 [11] getroffene Aussage, dass die praktische Ausbildung mindestens 5–10 Minuten pro Person betragen muss, bedeutet jedoch nicht, dass dies grundsätzlich ausreicht. Auch diese Abgabe gilt gemäß ASR A2.2 [12] für die reine Büronutzung. In der vorliegenden Erläuterung wird verdeutlicht, dass sich die Dauer der praktischen Ausbildung an den betrieblichen Gegebenheiten sowie an der im Betrieb durchgeführten Gefährdungsbeurteilung zu orientieren hat.

Auch hier empfiehlt es sich die praktische Ausbildung in einen allgemeinen sowie einen betriebsspezifischen Teil aufzuteilen.

Tabelle 6.11: Übersicht über die praktische Ausbildung von Brandschutzhelfern nach FBFHB-030 [20]

praktische Ausbildung gemäß DGUV Information 205-003, Kapitel 2.2 [1]	
allgemein	**betriebsspezifisch**
• Handhabung, Funktion und Auslösemechanismen von Feuerlöscheinrichtungen • Löschtaktik und eigene Grenzen der Brandbekämpfung • …	• praktische Einweisung in betriebsspezifische Feuerlöscheinrichtungen • betriebsspezifische Besonderheiten (elektrische Anlagen, Metallbrände, Fettbrände, etc.) • …
5–10 Minuten pro Teilnehmenden	Ausbildungsdauer nach Bedarf

Präsenz und interaktive Medien

Die Ausbildung von Brandschutzhelfern ist wie eine Unterweisung anzusehen, insbesondere für die betriebsspezifischen Besonderheiten oder Feuerlöscheinrichtungen sowie die Einweisung vor Ort. Diese Betriebsspezifika „erfordern zwingend eine persönliche und mündliche Einweisung“ ([20], S. 1 f.). Dies ermöglicht den verantwortlichen Personen einzuschätzen, ob die zukünftigen Brandschutzhelfer in der Lage sind, diese Aufgabe zu übernehmen. Neben der klassischen Präsenzschulung ist es möglich, interaktive Medien zu nutzen. Teilbereiche der theoretischen Ausbildung können mittels interaktiven Lernmodulen vermittelt werden. Eine persönliche Schulung ist nicht vollumfänglich durch eine interaktive Schulung ersetzbar.

Weiterführende Erläuterungen

Die DGUV Information 205-003 [1] wurde im Dezember 2020 neu aufgelegt. Hier werden erstmals neben Präsenzveranstaltungen weitere Lernformen bei der Ausbildung von Brandschutzbeauftragten integriert. Um diese Lernformen in die Ausbildungen integrieren zu können, sind Vorbereitungen notwendig, die es erforderlich machen, eine Übergangsfrist bis zum 31.12.2023 zu gewähren. Da viele Brandschutzbeauftragte Brandschutzhelfer ausbilden, muss auch diesen die Möglichkeit gegeben werden, sich die neuen Lernformen anzueignen. Daher hat die derzeitige Vorgabe der Präsenzausbildung für Brandschutzhelfer weiterhin mindestens bis zum 31.12.2023 Bestand.

6.17 Lagerung und/oder Einrichtungen zur Lagerung von brennbaren Flüssigkeiten, Gasen usw.

Der Gebrauch und die Lagerung von brennbaren Flüssigkeiten oder Gasen unterliegen besonderen Vorgaben durch den Gesetzgeber sowie ergänzend den Unfallversicherungsträgern. Es gibt allgemeine Vorgaben für beide Bereiche und spezielle Auflagen getrennt nach brennbaren Flüssigkeiten und nach Gasen. Der Brandschutzbeauftragte hat während seiner regelmäßigen Begehungen die jeweiligen Auflagen zu überprüfen.

TRGS 510 und 509

Wesentliche Regelungen, Vorgaben und Informationen zur Lagerung brennbarer Flüssigkeiten können der TRGS 510 „Lagerung von Gefahrstoffen in ortsbeweglichen Behältern“ [21] und der TRGS 509 „Lagern von flüssigen und festen Gefahrstoffen in ortsfesten Behältern sowie Füll- und Entleerstellen für ortsbewegliche Behälter“ [22] entnommen werden. Die wesentlichen Aspekte bei der Lagerung von brennbaren Flüssigkeiten und Gasen werden hier verkürzt dargestellt.

brennbare Flüssigkeiten

Aufgrund der Brand- und Explosionsgefahr gelten für brennbare Flüssigkeiten die folgenden Auflagen:

- Lagerung am Arbeitsplatz nur in den für den Arbeitstag notwendigen Mengen

- Mengen, die über den Tagesbedarf hinausgehen, dürfen nur in dafür vorgesehenen Spezialschränken oder in separaten Vorrats- oder Lagerräumen aufbewahrt werden.
- Die Lagerung ist ausdrücklich verboten in Durchgängen und Durchfahrten, Treppenräumen, allgemein zugänglichen Fluren, Gast- und Schankräumen sowie auf Dächern und in Dachräumen von Gebäuden, die Wohnhäusern, Krankenhäusern oder Bürohäusern gleichzusetzen sind.

6.18 Sicherheitskennzeichnungen

Hinweischarakter

Sicherheitskennzeichnungen machen den Betrachter auf Gefahren aufmerksam, fordern ihn auf, ein bestimmtes Verhalten zu unterlassen oder zu zeigen, oder weisen auf Themen rund um die Rettung hin (z. B. Fluchtwege, erste Hilfe). Es wird unterschieden in:

- Verbotszeichen,
- Gefahrensymbole,
- Brandschutzzeichen,
- Warnzeichen,
- Rettungszeichen,
- Gebotszeichen.

Form und Farbe der Sicherheitszeichen

DGUV Information 211-041

Das Aussehen der Zeichen ist in der DGUV Information 211-041 [23] wie folgt geregelt.

Tabelle 6.12: Bedeutung der geometrischen Form von Sicherheitszeichen nach [23]

Geometrische Form	Bedeutung
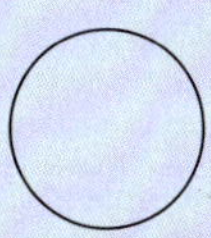	Gebots- oder Verbotszeichen
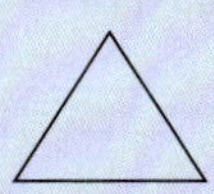	Warnzeichen
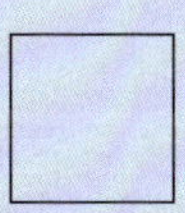	Rettungs- oder Brandschutzzeichen
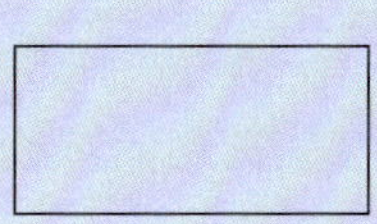	Rettungs-, Hinweis- oder Zusatzzeichen

Tabelle 6.13: Bedeutung der Sicherheitsfarben nach [23]

Sicherheitsfarbe	Bedeutung	Hinweise – Angaben
Rot	Verbot	Gefährliches Verhalten
	Gefahr	Halt, Evakuierung
	Material und Einrichtungen zur Brandbekämpfung	Kennzeichnung und Standort
Gelb	Warnung	Achtung, Vorsicht, Überprüfung
Grün	Hilfe, Rettung	Türen, Ausgänge, Wege, Stationen, Räume
	Gefahrlosigkeit	Rückkehr zum Normalzustand
Blau	Gebot	Besonderes Verhalten oder Tätigkeit Verpflichtung zum Tragen einer persönlichen Schutzausrüstung

Gestaltung der Sicherheitszeichen

- **Verbotszeichen**

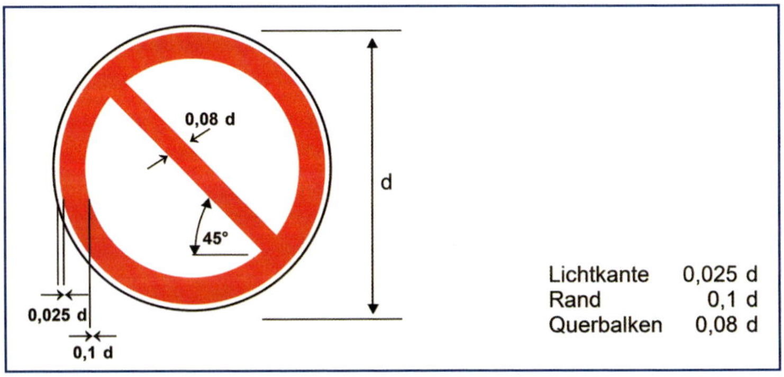

Abb. 6.2: Verbotszeichen nach DIN ISO 3864-1 [24]

Tabelle 6.14: Anforderungen zu Maßen und Farben an Verbotszeichen nach DIN ISO 3864-1 [24]

Form:	kreisrund
Grundfläche:	weiß
Bildzeichen:	schwarz
Rand:	rot
Querbalken:	rot und 45° zur Waagerechten von links oben nach rechts unten geneigt

Der Anteil der Sicherheitsfarbe Rot an der Oberfläche des Zeichens muss mindestens 35% betragen. Der rote Querbalken darf durch ein Bildzeichen grundsätzlich nicht unterbrochen werden. Die Fläche des Zeichens wird durch die Lichtkante begrenzt.

- **Warnzeichen**

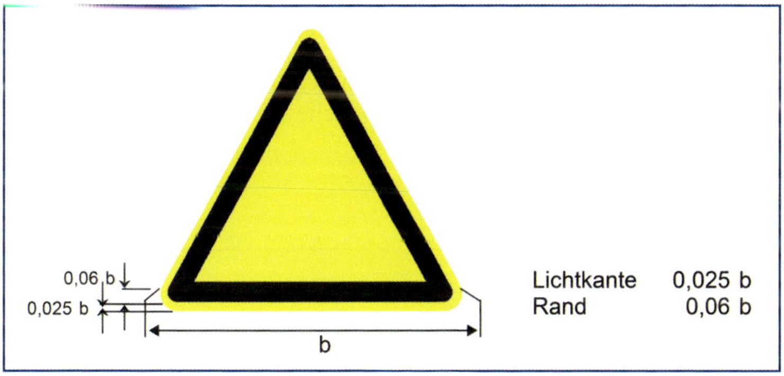

Abb. 6.3: Warnzeichen nach DIN ISO 3864-1 [24]

Tabelle 6.15: Anforderungen zu Maßen und Farben an Warnzeichen nach DIN ISO 3864-1 [24]

Form:	dreieckig, 60° Neigung, Spitze nach oben
Grundfläche:	gelb
Bildzeichen:	schwarz
Rand:	schwarz

Der Anteil der Sicherheitsfarbe Gelb an der Oberfläche des Zeichens muss mindestens 50% betragen. Die Fläche des Zeichens wird durch die Lichtkante begrenzt.

- **Gebotszeichen**

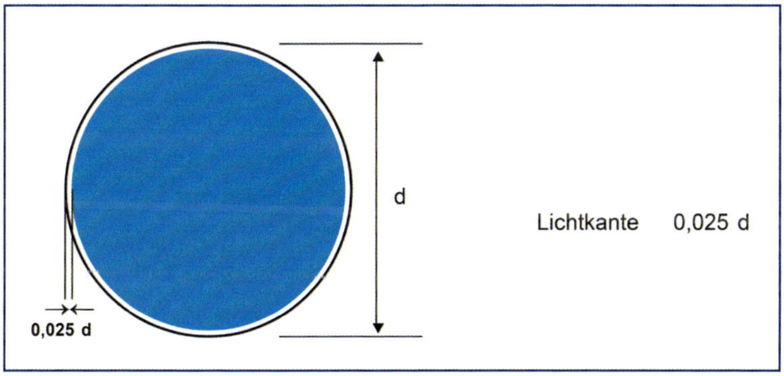

Abb. 6.4: Gebotszeichen nach DIN ISO 3864-1 [24]

Tabelle 6.16: Anforderungen zu Maßen und Farben an Gebotszeichen nach DIN ISO 3864-1 [24]

Form:	kreisrund
Grundfläche:	blau
Bildzeichen:	weiß

Der Anteil der Sicherheitsfarbe Blau an der Oberfläche des Zeichens muss mindestens 50% betragen. Die Fläche des Zeichens wird durch die Lichtkante begrenzt.

- **Rettungszeichen**

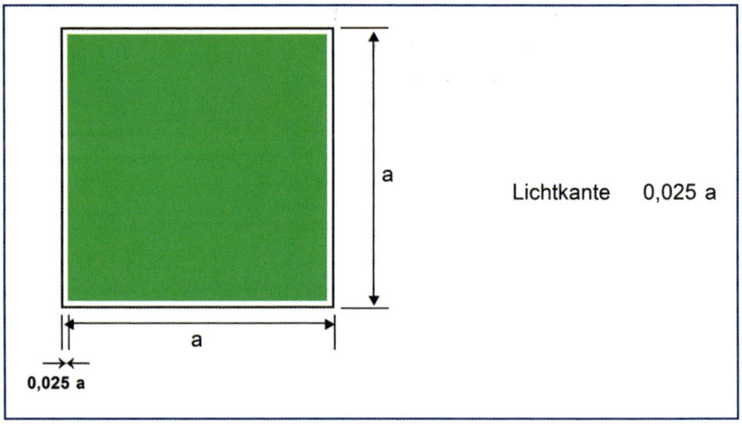

Abb. 6.5: Rettungszeichen quadratisch nach DIN ISO 3864-1 [24]

Tabelle 6.17: Anforderungen zu Maßen und Farben an quadratisch geformte Rettungszeichen nach DIN ISO 3864-1 [24]

Form:	quadratisch
Grundfläche:	grün
Bildzeichen:	weiß

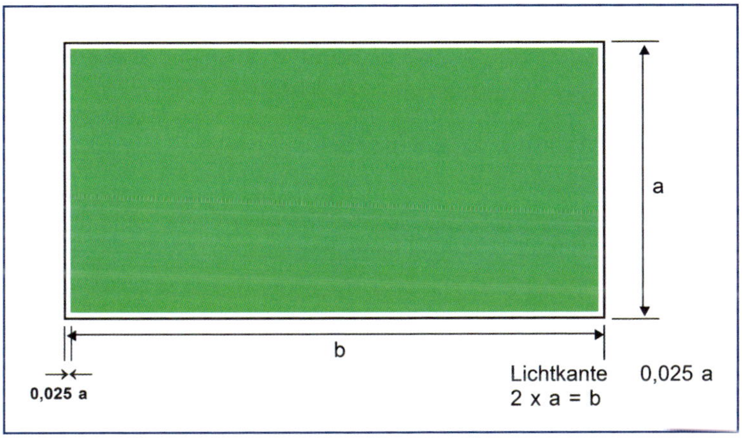

Abb. 6.6: Rettungszeichen rechteckig

Rechteckige Rettungszeichen können auch senkrecht stehen. Siehe auch Zeichengröße in Abschnitt 4.9.

Tabelle 6.18: Anforderungen zu Maßen und Farben an rechteckig geformte Rettungszeichen

Form:	rechteckig
Grundfläche:	grün
Bildzeichen:	weiß

Der Anteil der Sicherheitsfarbe Grün an der Oberfläche des Zeichens muss mindestens 50% betragen. Die Fläche des Zeichens wird durch die Lichtkante begrenzt.

- **Brandschutzzeichen**

Gestaltung wie Rettungszeichen, jedoch Grundfläche rot.

Aufgaben des Brandschutzbeauftragten

Der Brandschutzbeauftragte prüft alle den Brandschutz betreffenden vorhandenen Zeichen auf deren Richtigkeit, lässt fehlende ergänzen bzw. deren Funktion (z. B. bei Fluchtwegen die eventuelle Beleuchtung) überprüfen. Neben der Kontrolle gehört auch der regelmäßige Abgleich der vorhandenen Sicherheitskennzeichnung mit den auf den Flucht- und Rettungsplänen abgebildeten Sicherheitskennzeichen dazu. Kontrolle

In DGUV Information 211-041 [23] wird gefordert, dass der Unternehmer die Sicherheits- und Gesundheitsschutzkennzeichnung regelmäßig, aber mindestens alle zwei Jahre, auf den ordnungsgemäßen Zustand hin überprüft. Auch Flucht- und Rettungspläne gehören zu der Sicherheitskennzeichnung, da sie als Orientierungshilfe dienen. DGUV Information 211-041

Die Leuchtzeichen müssen mindestens jährlich durch einen Sachkundigen auf Funktionsfähigkeit hin überprüft werden, und die Beseitigung von Mängeln hat unverzüglich zu erfolgen.

6.19 Benutzbarkeit von Flucht- und Rettungswegen

Flucht- und Rettungswege sind gemäß den LBOs baulich speziell auszubilden. Dabei unterscheiden sich die LBOs in einzelnen Punkten. Zu den Flucht- und Rettungswegen können gehören:

- Treppen,
- Treppenräume,
- Flure und Gänge,
- Fenster, Türen, Kellerlichtschächte,
- Umwehrungen.

Nicht in jedem Gebäude sind all diese Gebäudeteile als Flucht- und Rettungswege ausgebildet, wenn es bauaufsichtlich nicht notwendig ist.

ASR A2.3

Ergänzt werden die länderspezifischen Regelungen u. a. durch ASR A2.3 [25]. Sie gibt weitere Rahmenbedingungen vor:

- Fluchtwege, Notausgänge und Notausstiege müssen ständig freigehalten werden.
- Notausgänge und Notausstiege, die von außen verstellt werden können, sind auch von außen zu kennzeichnen.
- Aufzüge sind als Teil des Fluchtweges unzulässig.
- Fahrsteige, Fahrtreppen, Wendel- und Spindeltreppen sowie Steigleitern und Steigeisengänge sind im Verlauf eines ersten Fluchtweges nicht zulässig.
- Fluchtwege sind deutlich erkennbar und dauerhaft zu kennzeichnen.

Fluchtweglänge

ASR A2.3 regelt die Fluchtweglänge. Diese „*muss möglichst kurz sein*“, siehe Tabelle 6.19.

Tabelle 6.19: Einzuhaltende maximale Fluchtweglängen in Abhängigkeit von der vorhandenen Gefährdung ([25], Nr. 5.2)

a)	für Räume, ausgenommen Räume nach b) bis f)	bis zu 35 m
b)	für brandgefährdete Räume mit selbsttätigen Feuerlöscheinrichtungen	bis zu 35 m
c)	für brandgefährdete Räume ohne selbsttätige Feuerlöscheinrichtungen	bis zu 25 m
d)	für giftstoffgefährdete Räume	bis zu 20 m
e)	für explosionsgefährdete Räume, ausgenommen Räume nach f)	bis zu 20 m
f)	für explosivstoffgefährdete Räume	bis zu 10 m

Fluchtwegbreite

„Die Mindestbreite der Fluchtwege bemisst sich nach der Höchstzahl der Personen, die im Bedarfsfall den Fluchtweg benutzen, und ergibt sich aus nachfolgender Tabelle:

Tabelle 6.20: Einzuhaltende Mindestfluchtwegbreiten in Abhängigkeit von der vorhandenen Personenzahl ([25], Nr. 5.3)

	Anzahl der Personen (Einzugsgebiet)	Lichte Breite (in m)
1	bis 5	0,875
2	bis 20	1,00
3	bis 200	1,20
4	bis 300	1,80
5	bis 400	2,40

Bei der Bemessung von Tür-, Flur- und Treppenbreiten sind sämtliche Räume und für die Flucht erforderliche und besonders gekennzeichnete Verkehrswege in Räumen zu berücksichtigen, die in den Fluchtweg münden. Tür-, Flur- und Treppenbreiten sind aufeinander abzustimmen.

Die Mindestbreite des Fluchtweges darf durch Einbauten oder Einrichtungen sowie in Richtung des Fluchtweges zu öffnende Türen nicht eingeengt werden. Eine Einschränkung der Mindestbreite der Flure von maximal 0,15 m an Türen kann vernachlässigt werden. Für Einzugsgebiete bis 5 Personen darf die lichte Breite jedoch an keiner Stelle weniger als 0,80 m betragen“ ([25], Nr. 5.3).

Aufgaben des Brandschutzbeauftragten

Der Brandschutzbeauftragte hat im Rahmen seiner Tätigkeit z. B. während der Begehungen auf die oben genannten Punkte zu achten, insbesondere auf die letzte Forderung:

„Die Mindestbreite des Fluchtweges darf durch Einbauten oder Einrichtungen sowie in Richtung des Fluchtweges zu öffnende Türen nicht eingeengt werden“ ([25], Nr. 5.3).

Sicherlich kommt es regelmäßig vor, dass nicht alle baulichen Vorgaben eingehalten werden. Dann ist zu prüfen, inwieweit dies schon bei der Planung oder bei den Aufsichtsbehörden angezeigt und durch diese geduldet oder erlaubt wurde. Auch Brandschutzkonzepte können Abweichungen von den oben genannten Rahmenbedingungen festschreiben.

6.20 Prüfung und Wartung von brandschutztechnischen Einrichtungen

Brandschutzeinrichtungen sind laut verschiedener gesetzlicher und versicherungstechnischer Vorgaben regelmäßig zu prüfen. Die Verantwortung für die Umsetzung der Prüfungen hat der Arbeitgeber. Die Prüffristen für Arbeitsmittel und Anlagen müssen nach BetrSichV in der Gefährdungsbeurteilung dokumentiert werden. Der Brandschutzbeauftragte kann die Aufgabe haben, die Überwachung der Terminierung und der Durchführung der Prüfungen zu beaufsichtigen bzw. selbst anzuordnen.

Prüffristen

In Tabelle 6.21 ist eine Auswahl an Brandschutzeinrichtungen mit deren erforderlichen Prüfungen aufgelistet. Diese Liste erhebt keinen Anspruch auf Vollständigkeit und Richtigkeit. Der Inhalt basiert auf dem aktuellen Stand zur Zeit der Veröffentlichung dieses Buches.

Unter **www.feuertrutz.de** steht eine erweiterte Übersicht zum Download zur Verfügung.

Zum Download benötigen Sie einen Zugangscode, den Sie exklusiv, mit Erwerb des vorliegenden Fachbuchs erhalten.

Nach Eingabe der Webadresse:

www.feuertrutz.de/buch-brandschutzbeauftragter-2021

in Ihrem Internetbrowser werden Sie nach Ihrem Freischaltcode gefragt.

Geben Sie diesen wie unten angegeben ein. Nach der Freischaltung erhalten Sie den Zugang zu der erweiterten Tabelle der Prüffristen von Brandschutzeinrichtungen.

Freischaltcode: **iL5ADgH**

Tabelle 6.21: Kurzfassung – Prüffristen für Brandschutzeinrichtungen (Langfassung im Internet; alle Prüfgegenstände, die mit einem * gekennzeichnet sind, sind nur in der Langfassung enthalten; siehe Hinweise auf S. 156)

Prüfgegenstand	Prüfumfang	Kürzel der Vorschrift	Paragraf, Abschnitt	Prüfintervall	Notwendige Qualifikation des Prüfers
Ableiter für Blitz und Überspannungen	Sicht- und Funktionstest	VdS 2031:2010-09 (07)	Ziffer 7.3.1	Prüfung nach Blitzschlägen sowie nach intensiver Gewittertätigkeit; bei Defekt muss er von einer Elektrofachkraft ersetzt werden.	
Rauchabzugsanlagen	Auf Wirksamkeit und Betriebssicherheit einschließlich des bestimmungsgemäßen Zusammenwirkens von Anlagen	SächsTechPrüfVO	§ 2 Abs. 2	Vor der ersten Inbetriebnahme, unverzüglich nach einer wesentlichen Änderung sowie jeweils wiederkehrend alle 3 Jahre	
Automatische Brandmeldeanlagen und automatische Alarmierungseinrichtungen	Auf Wirksamkeit und Betriebssicherheit einschließlich des bestimmungsgemäßen Zusammenwirkens von Anlagen und Einrichtungen	TAnlVO Sachsen-Anhalt	§ 2 Abs. 3	Vor der ersten Inbetriebnahme, wiederkehrend alle 3 Jahre und nach wesentlichen Änderungen	
Brandmelde- und Alarmierungsanlagen	Auf Wirksamkeit und Betriebssicherheit einschließlich des bestimmungsgemäßen Zusammenwirkens von Anlagen	SächsTechPrüfVO	§ 2 Abs. 2	Vor der ersten Inbetriebnahme, unverzüglich nach einer wesentlichen Änderung sowie jeweils wiederkehrend alle 3 Jahre	
Feuerlöschanlagen, nicht automatische Feuerlöschanlagen mit nassen Steigleitungen oder Nass-Trockenanlagen	Auf ihre Beschaffenheit, Wirksamkeit und Betriebssicherheit	BbgSGPrüfV Brandenburg	Anlage 5.4	Die Prüfungen nach § 2 sind vom Bauherrn oder Betreiber rechtzeitig zu veranlassen.	
Brandmelde- und Alarmierungsanlagen	Auf Wirksamkeit und Betriebssicherheit	Landesverordnung über die Prüfung haustechnischer Anlagen und Einrichtungen (Rheinland-Pfalz)	Anlage Nr. 2.1	Vor der ersten Inbetriebnahme und nach einer wesentlichen Änderung sowie wiederkehrend nach 3 Jahren	

Fortsetzung Tabelle 6.21: Kurzfassung – Prüffristen für Brandschutzeinrichtungen (Langfassung im Internet; alle Prüfgegenstände, die mit einem * gekennzeichnet sind, sind nur in der Langfassung enthalten; siehe Hinweise auf S. 156)

Prüfgegenstand	Prüfumfang	Kürzel der Vorschrift	Paragraf, Abschnitt	Prüfintervall	Notwendige Qualifikation des Prüfers
Brandmelde- und Alarmierungsanlagen	Auf Wirksamkeit und Betriebssicherheit, auf Veranlassung des Betreibers	Prüfverordnung Schleswig-Holstein	§ 2 Abs. 1, Nr. 6	Vor der ersten Inbetriebnahme, unverzüglich nach einer wesentlichen Änderung, vor einer Wiederinbetriebnahme sowie wiederkehrend mind. alle 3 Jahre	
Brandmelde- und Alarmierungsanlagen	Auf Wirksamkeit und Betriebssicherheit	AnlPrüfVO Mecklenburg-Vorpommern	§ 2 Abs. 1 (6), Abs. 2	Vor der ersten Inbetriebnahme, unverzüglich nach einer wesentlichen Änderung, sowie wiederkehrend jeweils innerhalb einer Frist von 3 Jahren	
Brandmelde- und Alarmierungsanlagen	Auf ihre Beschaffenheit, Wirksamkeit und Betriebssicherheit	BbgSGPrüfV Brandenburg	Anlage 5.6	Die Prüfungen nach § 2 sind vom Bauherrn oder Betreiber rechtzeitig zu veranlassen	
Brandmelde- und Alarmierungsanlagen	Auf Wirksamkeit und Betriebssicherheit	SPrüfV	§ 2 Abs. 2 (6)	Vor der ersten Inbetriebnahme, unverzüglich nach einer wesentlichen Änderung, sowie wiederkehrend innerhalb einer Frist von 3 Jahren	Prüfung durch Prüfsachverständige für sicherheitstechnische Anlagen und Einrichtungen nach § 1 Satz 2 Nr. 3 PrüfVBau
Brandmelde- und Alarmierungsanlagen, Überwachungseinrichtungen	Auf Wirksamkeit und Betriebssicherheit	AnlPrüfVO Berlin	§ 5 Abs. 2		
Erstmalig frühestens 6 Monate nach Inbetriebnahme; wiederkehrend fortlaufend alle 3 Jahre					

Fortsetzung Tabelle 6.21: Kurzfassung – Prüffristen für Brandschutzeinrichtungen (Langfassung im Internet; alle Prüfgegenstände, die mit einem * gekennzeichnet sind, sind nur in der Langfassung enthalten; siehe Hinweise auf S. 156)

Prüfgegenstand	Prüfumfang	Kürzel der Vorschrift	Paragraf, Abschnitt	Prüfintervall	Notwendige Qualifikation des Prüfers
Brandmelde- und Feuerlöscheinrichtungen	Prüfung auf Funktionsfähigkeit nach Herstellerangaben	ASR A2.2	Ziffer 7.5.1	Regelmäßige Prüfung	
Brandmelde-, Alarm- und Gefahrenmeldeanlagen	Auf Wirksamkeit und Betriebssicherheit	HausPrüfVo Hessen	Anlage 1.5	Vor der ersten Inbetriebnahme und nach wesentlichen Änderungen sowie wiederkehrend nach 3 Jahren	
Brandmeldeanlagen	Auf Sicherheit und Funktionsfähigkeit/Wirksamkeit	VdS 2226:2008-01 (04)	Anhang 11.2	Auf Veranlassung des Betreibers besondere Prüfungen durch Sachverständige	
Brandmeldeanlagen	Regelmäßige Kontrolle der Inspektion und Wartung	VdS 2226:2008-01 (04)	Anhang 11.2	Auf Veranlassung des Betreibers regelmäßige Kontrolle durch Sachkundige	
Brandmeldeanlagen	Überprüfung der Funktionsfähigkeit der Brandmeldeanlage	VdS 2395-1:2011-06 (2)	Ziffer 9	Mindestens einmal jährlich Regelmäßige Prüfung (zuständige Feuerwehr)	Prüfung durch qualifizierte Prüfstelle
Brandmeldeanlagen	Funktionsprüfung an den Geräten und Anlageteilen, deren Funktion gestört war	VdS 2095:2019-05 (08)	Ziffer 9.3	Nach Abschluss der Instandsetzungsarbeiten	
Funktionsprüfung nach DIN VDE 0833-1 (VDE 0833-1):2014-10, 4.1.6.					
Brandmeldeanlagen	Prüfung auf Erfüllung von Funktion und Ausführung der Festlegungen dieser Richtlinien; s. DIN VDE 0833-1, 4.1.2 und 4.1.5	VdS 2095:2019-05 (08)	Ziffer 8.1/8.2		

Fortsetzung Tabelle 6.21: Kurzfassung – Prüffristen für Brandschutzeinrichtungen (Langfassung im Internet; alle Prüfgegenstände, die mit einem * gekennzeichnet sind, sind nur in der Langfassung enthalten; siehe Hinweise auf S. 156)

Prüfgegenstand	Prüfumfang	Kürzel der Vorschrift	Paragraf, Abschnitt	Prüfintervall	Notwendige Qualifikation des Prüfers
Abnahmeprüfung nach dem Errichten					
Brandmeldeanlagen		VdS 2095:2019-05 (08)	Ziffer 8.4	Probebetrieb der Brandmeldeanlage ohne Weiterleitung an die, unter 6.3.1 (Fernalarm) genannten Stellen durchzuführen	
Brandmeldeanlagen mit erhöhten Anforderungen		VdS 2095:2019-05 (08)	Anhang VA	Muss durch VdS-anerkannten Errichter instandgehalten werden	VdS-anerkannter Errichter
Brandmeldeanlagen mit erhöhten Anforderungen	Revision	VdS 2095:2019-05 (08)	Anhang VA	Wiederkehrend alle 3 Jahre bzw. unverzüglich nach wesentlichen Änderungen	
Brandmeldeanlagen mit erhöhten Anforderungen	Abnahmeprüfung	VdS 2095:2019-05 (08)	Anhang VA	Abnahmeprüfung nach dem Errichten, durch VdS Schadenverhütung erstgeprüft	
Brandmeldeanlagen mit nichtautomatischen Brandmeldern und nichtautomatische Alarmierungseinrichtungen	Auf Wirksamkeit und Betriebssicherheit einschließlich des bestimmungsgemäßen Zusammenwirkens von Anlagen und Einrichtungen	TAnlVO Sachsen-Anhalt	§ 2 Abs. 2, Nr. 3 und 4/ Abs. 3	Vor der ersten Inbetriebnahme, wiederkehrend alle 3 Jahre und nach wesentlichen Änderungen	
Brandmeldeanlagen, Alarmierungsanlagen	Auf Wirksamkeit und Betriebssicherheit einschließlich des bestimmungsgemäßen Zusammenwirkens von Anlagen	PrüfVO NRW	§ 2 Abs. 1	Vor der ersten Inbetriebnahme, nach wesentlichen Änderungen und wiederkehrend innerhalb von nicht mehr als 3 Jahren	

Fortsetzung Tabelle 6.21: Kurzfassung – Prüffristen für Brandschutzeinrichtungen (Langfassung im Internet; alle Prüfgegenstände, die mit einem * gekennzeichnet sind, sind nur in der Langfassung enthalten; siehe Hinweise auf S. 156)

Prüfgegenstand	Prüfumfang	Kürzel der Vorschrift	Paragraf, Abschnitt	Prüfintervall	Notwendige Qualifikation des Prüfers
Brandmelderzentralen zur Verwendung in automatischen Brandmeldeanlagen innerhalb von Gebäuden	Es gelten die allgemeinen Prüf-/Anschlussbedingungen nach DIN EN 54-2	VdS 2540:2018-12 (03)	Ziffer 6.1	Herstellerprüfung vor Inverkehrbringen	
Brandmelderzentralen zur Verwendung in automatischen Brandmeldeanlagen innerhalb von Gebäuden	Prüfung Standardschnittstelle Löschen auf Einhaltung der Anforderungen aus 5.3 dieser VdS in Bezug auf Anschaltung, Funktion und Anzeige von Störungen	VdS 2540:2018-12 (03)	Ziffer 6.3	Herstellerprüfung vor Inverkehrbringen	
Brandmelderzentralen zur Verwendung in automatischen Brandmeldeanlagen innerhalb von Gebäuden	Prüfung der Einhaltung der Anforderungen aus DIN EN 54-2 (Sicht- und Funktionsprüfungen, Umweltprüfungen, Entladungen statischer Elektrizität, abgestrahlte elektromagnetische Felder (weitere Anmerkungen der Richtlinie entnehmen)	VdS 2540:2018-12 (03)	Ziffer 6.2	Herstellerprüfung vor Inverkehrbringen	
Brandmelderzentralen zur Verwendung in automatischen Brandmeldeanlagen innerhalb von Gebäuden	Prüfung Anschaltung Feuerwehrbedienfeld auf Einhaltung der in DIN 14661 geforderten Anzeige- und Bedienfunktionen in Zusammenwirken mit der Brandmeldezentrale	VdS 2540:2018-12 (03)	Ziffer 6.4	Herstellerprüfung vor Inverkehrbringen	
Brandmeldesysteme	Labortechnische Prüfung auf Funktion (Brandmeldezustand, Störungsmeldezustand, Abschaltzustand, Prüfzustand, Mess- und Bewertungsverfahren für Systemdaten)	VdS 2489:1996-12 (01)	Ziffer 6	Prüfung auf Normenkonformität	

Fortsetzung Tabelle 6.21: Kurzfassung – Prüffristen für Brandschutzeinrichtungen (Langfassung im Internet; alle Prüfgegenstände, die mit einem * gekennzeichnet sind, sind nur in der Langfassung enthalten; siehe Hinweise auf S. 156)

Prüfgegenstand	Prüfumfang	Kürzel der Vorschrift	Paragraf, Abschnitt	Prüfintervall	Notwendige Qualifikation des Prüfers
Brandmeldesysteme	Ob die technischen Unterlagen in deutscher Sprache vollständig vorhanden sind und die für die Prüfung notwendigen technischen Angaben; ggf. ob das Brandmeldesystem (BMS) gemäß den Vorgaben zur Prüfung eingereicht wurde; ggf. ob alle notwendigen Anschaltungen vorhanden sind	Vd S 2489:1996-12 (01)	Ziffer 5.1	Eingangsprüfung und Prüfung auf Vollständigkeit	
Brandmeldesysteme	Theoretische Prüfung: Soweit möglich, wird anhand der technischen Unterlagen theoretisch beurteilt, ob die verschiedenen Systembestandteile innerhalb der vom Antragsteller angegebenen Systemkonfiguration(en) des BMS funktionell miteinander verbunden sind.	VdS 2489:1996-12 (01)	Ziffer 5.2	Prüfung auf Normenkonformität	
Brandschutz- und Sicherheitseinrichtungen	Ständige Funktionsbereitschaft aufgrund von regelmäßigen Prüfungen und Wartungen sicherstellen	VdS 2226:2008-01 (04)	Anhang 11.2	Regelmäßige Prüfungen und Wartungen	
Brandschutz während Bauarbeiten	Auf jederzeitige Sicherstellung des Brandschutzes. Die bestehenden Brandschutzmaßnahmen und Sicherheitseinrichtungen müssen voll funktionsfähig bleiben und dem veränderten Risiko angepasst werden (siehe Bem. VdS 2000).				

Fortsetzung Tabelle 6.21: Kurzfassung – Prüffristen für Brandschutzeinrichtungen (Langfassung im Internet; alle Prüfgegenstände, die mit einem * gekennzeichnet sind, sind nur in der Langfassung enthalten; siehe Hinweise auf S. 156)

Prüfgegenstand	Prüfumfang	Kürzel der Vorschrift	Paragraf, Abschnitt	Prüfintervall	Notwendige Qualifikation des Prüfers
VdS 2000 :2010-12 (04)	Ziffer 7.10	Verstärkte Kontrollen			
Brandschutzanlage	Auf Betriebs-/Funktionsbereitschaft	VdS 2000:2010-12 (04)	Ziffer 7.10	Nach Wiederinbetriebnahme der Anlage, in regelmäßigen Zeitabständen kontrollieren/prüfen	
Brandschutzanlagen	Überwachung in sicherheitstechnischer Hinsicht und regelmäßige Wartung	VdS 2515:1998-11 (01)	Ziffer 13.2	Ständig	
Brandschutzanlagen	Auf sicherheitstechnisch einwandfreien Zustand und mängelfreie Funktion	VdS 2515:1998-11 (01)	Ziffer 13.2	Ständig	
Brandschutzklappen	Funktionsprüfung	VdS 2298:2002-06 (03)	Ziffer 6.3	Monatlich	
Brandschutzklappen	Entsprechend dem „Allgemeinen bauaufsichtlichen Zulassungsbescheid"				
VdS 2000:2010-12 (04)	Ziffer 4.6.9	Entsprechend dem „Allgemeinen bauaufsichtlichen Zulassungsbescheid"			

Fortsetzung Tabelle 6.21: Kurzfassung – Prüffristen für Brandschutzeinrichtungen (Langfassung im Internet; alle Prüfgegenstände, die mit einem * gekennzeichnet sind, sind nur in der Langfassung enthalten; siehe Hinweise auf S. 156)

Prüfgegenstand	Prüfumfang	Kürzel der Vorschrift	Paragraf, Abschnitt	Prüfintervall	Notwendige Qualifikation des Prüfers
Brandschutztüren und -tore	Funktionsprüfung (z.B. Feststellanlagen einmal monatlich durch den Betreiber und einmal jährlich durch den Sachkundigen)	ASR A1.7	Ziffer 10.2 (3)	Regelmäßige Prüfung nach allgemeinen bauaufsichtlichen Zulassungen bzw. dem Prüfzeugnis	
Feuerlösch- und Brandmeldeanlagen	Auf Funktionsbereitschaft	VdS 2029:2000-10 (02)	Ziffer 6.6	Regelmäßige Prüf-/Wartungsarbeiten	
Feuerlöschanlagen	Auf Sicherheit und Funktionsfähigkeit/Wirksamkeit	VdS 2226:2008-01 (04)	Anhang 11.2	Auf Veranlassung des Betreibers besondere Prüfungen durch Sachverständige	
Feuerlöschanlagen	Regelmäßige Kontrolle der Inspektion und Wartung	VdS 2226:2008-01 (04)	Anhang 11.2	Auf Veranlassung des Betreibers regemäßige Kontrolle durch Sachkundige	
Feuerlöschanlagen	Funktionsprüfung an den Geräten und Anlageteilen, deren Funktion gestört war	VdS 2496:2020-07 (06)	Ziffer 12.2	Prüfung nach Abschluss der Instandsetzungsarbeiten	
Feuerlöschanlagen	Feuerlöschanlage, einschließlich des für die Feuerlöschanlage relevanten Branderkennungsteils, gemeinsam von den Errichtern vor Übergabe an den Betreiber in allen Funktionen auf einwandfreie Funktion	VdS 2496:2020-07 (06)	Ziffer 11	Prüfung vor Inbetriebnahme und Übergabe an den Betreiber	Prüfung erfolgt durch den jeweiligen Errichter
Feuerlöschanlagen	Kontrolle der betroffenen Räume, solange bis die Anlage oder die Teile wieder eingeschaltet werden oder die Blockierung aufgehoben wird	VdS 2496:2020-07 (06)	Ziffer 13	Wenn eine Anlage oder Teile einer Anlage abgeschaltet oder blockiert werden	

Fortsetzung Tabelle 6.21: Kurzfassung – Prüffristen für Brandschutzeinrichtungen (Langfassung im Internet; alle Prüfgegenstände, die mit einem * gekennzeichnet sind, sind nur in der Langfassung enthalten; siehe Hinweise auf S. 156)

Prüfgegenstand	Prüfumfang	Kürzel der Vorschrift	Paragraf, Abschnitt	Prüfintervall	Notwendige Qualifikation des Prüfers
Feuerlöscher	Prüfung zur Sicherstellung der Funktionsfähigkeit	ASR A2.2	Ziffer 7.5	Regelmäßige Prüfung. Zur Sicherstellung der Funktionsfähigkeit sind Feuerlöscher alle 2 Jahre durch einen Fachkundigen zu prüfen. Lässt der Hersteller von der genannten Frist abweichende längere Fristen für die Instandhaltung zu, können diese vom Arbeitgeber herangezogen werden. Kürzere vom Hersteller genannte Fristen sind zu beachten	Prüfung durch Sachkundigen. Bei starker Beanspruchung, z. B. durch Umwelteinflüsse oder mobilen Einsatz, können kürzere Zeitabstände erforderlich sein. Von der Prüfung der Funktionsfähigkeit durch den Sachkundigen nach Absatz 1 bleiben die zusätzlichen wiederkehrenden Prüfungen der Feuerlöscher nach der Betriebssicherheitsverordnung unberührt
Feuerlöscher	Auf Funktionsfähigkeit und Betriebsbereitschaft	VdS 2000:2010-12 (04)	Ziffer 5.3.1	Regelmäßig, mind. alle 2 Jahre	
Sachkundiger					
Feuerlöscher	Auf Sicherheit und Funktionsfähigkeit	VdS 2226:2008-01 (04)	Anhang 11.2	Auf Veranlassung des Betreibers besondere Prüfungen durch Sachverständige	
Feuerlöscher	Funktion und Sicherheit	VdS 2032:2008-09(02)	Ziffer 9.6.1	Regelmäßig wiederkehrend alle 2 Jahre	Sachverständiger

Fortsetzung Tabelle 6.21: Kurzfassung – Prüffristen für Brandschutzeinrichtungen (Langfassung im Internet; alle Prüfgegenstände, die mit einem * gekennzeichnet sind, sind nur in der Langfassung enthalten; siehe Hinweise auf S. 156)

Prüfgegenstand	Prüfumfang	Kürzel der Vorschrift	Paragraf, Abschnitt	Prüfintervall	Notwendige Qualifikation des Prüfers
Feuerlöscher	Auf Wirksamkeit und Betriebssicherheit	Landesverordnung über die Prüfung haustechnischer Anlagen und Einrichtungen (Rheinland-Pfalz)	Anlage Nr. 2.4	Wiederkehrend nach 2 Jahren	
Feuerlöscher	Auf Funktionsfähigkeit und Sicherheit	VdS 2029:2000-10 (02)	Ziffer 6.1	Regelmäßig wiederkehrend alle 2 Jahre	Sachkundiger
Feuerlöscher	Auf Funktionsfähigkeit	DGUV Regel 101-016 (BGR 203)	Ziffer 3.6.2	Mindestens alle 2 Jahre und nach jedem Einsatz	Sachkundiger
Feuerlöscher	Prüfung und Wartung	VdS 2242:2013-03 (04)	Ziffer 2	Regelmäßige Prüfung, mind. alle 2 Jahre (nach Einsatz unverzüglich wiederherzustellen)	Sachkundiger
Feuerlöscher und Hydranten	Auf Funktionsbereitschaft	VdS 2029:2000-10(02)	Ziffer 6.6	Regelmäßig	
Feuerlöscher, Feuerlöschmittel und Feuerlöscheinrichtungen	Auf Gebrauchsfähigkeit	VdS 2046:2010-06 (11)	Ziffer 4.3	In den vorgesehenen Zeitabständen	
Feuerlöscher, Feuerlöschmittel und Feuerlöscheinrichtungen	Auf gebrauchsfähigen Zustand	VdS 2057:2019-11 (08)	Ziffer 4.2	In den vorgesehenen Zeitabständen	

Fortsetzung Tabelle 6.21: Kurzfassung – Prüffristen für Brandschutzeinrichtungen (Langfassung im Internet; alle Prüfgegenstände, die mit einem * gekennzeichnet sind, sind nur in der Langfassung enthalten; siehe Hinweise auf S. 156)

Prüfgegenstand	Prüfumfang	Kürzel der Vorschrift	Paragraf, Abschnitt	Prüfintervall	Notwendige Qualifikation des Prüfers
Hydranten	Wartung und Überprüfung der Funktion der selbsttätigen Entwässerungseinrichtung aus Frostschutzgründen	VdS 2000:2010-12 (04)	Ziffer 5.3.2	In regelmäßigen Zeitabständen und mind. einmal jährlich überprüfen	
Löschgeräte (z. B. Feuerlöscher, Wandhydranten, Löschdecken)	Kontrolle auf Vollständigkeit und Einsatzbereitschaft	VdS 2226:2008-01(04)	Anhang 11.2	Auf Veranlassung des Betreibers regelmäßige Kontrolle durch Sachkundige	
Rauchmelder	S. VdS 2504:DIN EN 54-7 Kennzeichnung Meldersockel, Individualanzeige zur Anzeige des ausgelösten Zustandes, Dokumentation, Melder mit Kurzschlusstrenneinrichtungen, Software, elektromagnetische Verträglichkeit, Störfestigkeit gegenüber elektrostatisch aufgeladenen Bauteilen	VdS 2504:1996-12 (01)	Ziffer 4-5	Vor der Produktzulassung	
Rauchmelder	Funktionsprüfung	VdS 2098:2013-01 (03)	Ziffer 11.2	Regelmäßige Prüfung	
Wandhydranten	Auf Sicherheit und Funktionsfähigkeit	VdS 2226:2008-01 (04)	Anhang 11.2	Auf Veranlassung des Betreibers besondere Prüfungen durch Sachverständige	
Wandhydranten	Druckprüfung der Schläuche				
VdS 2032:2008-09 (02)	Ziffer 9.6.2	Alle 5 Jahre			

Fortsetzung Tabelle 6.21: Kurzfassung – Prüffristen für Brandschutzeinrichtungen (Langfassung im Internet; alle Prüfgegenstände, die mit einem * gekennzeichnet sind, sind nur in der Langfassung enthalten; siehe Hinweise auf S. 156)

Prüfgegenstand	Prüfumfang	Kürzel der Vorschrift	Paragraf, Abschnitt	Prüfintervall	Notwendige Qualifikation des Prüfers
Wandhydranten	Funktion und Sicherheit von Wandhydranten und zugehörige Einrichtungen; einschließlich Steigleitungen, Entwässerungs- und Entnahmeeinrichtungen, Schlauchhaspeln und sonstiger Armaturen	VdS 2032:2008-09 (02)	Ziffer 9.6.2	Wiederkehrende regelmäßige Prüfung (mind. alle 2 Jahre)	
Wandhydranten	Auf Funktionsfähigkeit und Sicherheit	VdS 2029:2000-10 (02)	Ziffer 6.1	Regemäßig wiederkehrend jährlich	Sachkundige
Wandhydranten und Schläuche	Wartung in regelmäßigen Zeitabständen und Prüfung (auf betriebsbereiten Zustand/Funktionsfähigkeit)	VdS 2000:2010-12 (04)	Ziffer 5.3.2	Mindestens jährlich	

6.21 Einhaltung festgelegter Brandschutzmaßnahmen

Zu den feuergefährlichen Arbeiten gehören Schweiß- und Brennschneidearbeiten, wobei Schweißarbeiten den deutlich höheren Anteil bilden. Schweißarbeiten werden häufig an Stellen durchgeführt, die nicht jederzeit einsehbar sind und in der Nähe von brennbaren Materialien ein hohes Gefährdungspotenzial aufweisen. In der DGUV Information 205-001 [18] ist die folgende Tabelle zur Bestimmung brandgefährdeter Bereiche veröffentlicht:

Tabelle 6.22: Anhaltswerte zur Bestimmung brandgefährdeter Bereiche ([18], Tabelle 7)

Brand- und explosionsgefährdeter Bereich:	**Horizontale Reichweite (bei üblichen Arbeitshöhen von ca. 2 bis 3 m)**	**Vertikale Reichweite**	
Arbeitsverfahren		nach oben	nach unten
Löten mit Flamme	bis zu 2 m	bis zu 2 m	bis zu 10 m
Schweißen (Manuelles Gas- u. Lichtbogenschweißen	bis zu 7,5 m	bis zu 4 m	bis zu 20 m
Thermisches Trennen	bis zu 10 m	bis zu 4 m	bis zu 20 m

Die Tabelle zeigt, dass der bei den jeweiligen Arbeiten gefährdete Bereich einen relativ hohen Radius um die Tätigkeitsstelle einschließt. Daher müssen solche Arbeiten speziell durch das Unternehmen genehmigt werden, dies ist zu dokumentieren und zu überwachen. In Kapitel 11.3 findet sich ein Mustererlaubnisschein sowie die zugehörige Musterrichtlinie (Arbeitsanweisung) für die Durchführung von feuergefährlichen Arbeiten. brandgefährdete Bereiche

Werden die im Erlaubnisschein vorgegebenen Sicherheitsmaßnahmen bei feuergefährlichen Arbeiten nicht eingehalten, ist die Tätigkeit sofort zu unterbinden. Der Brandschutzbeauftragte ist über alle feuergefährlichen Arbeiten zu unterrichten, sobald er die Erlaubnisscheine nicht selbst ausstellt. Feuergefährliche Arbeiten sind in explosionsgefährdeten Bereichen zu unterlassen.

Vor und während der Feuerarbeiten sind Sicherheitsmaßnahmen einzuhalten:

- Freimachen der Arbeitsstelle
  Alle brennbaren Gegenstände, feuergefährlichen Stoffe sind aus dem Arbeitsbereich zu entfernen.
- Abdecken
  Ortsfeste brennbare Bauteile sind abzudecken.
- Abdichten
  Fugen, Ritze, Kanäle, Kabelschächte und ähnliches sind abzudichten.
- Brandwache
  Während der Feuerarbeiten ist eine Person mit Löschgeräten bereitzustellen, sodass Entstehungsbrände direkt bekämpft werden können.

	Sämtliche beweglichen brennbaren Gegenstände und Stoffe (auch Staubablagerungen) aus dem Gefährdungsbereich, ggfs. auch in angrenzenden Räumen, entfernen.
	Ggfs. vorhandene Umkleidungen und Isolierungen aus dem Gefährdungsbereich entfernen.
	Jegliche Öffnungen, Fugen, Ritzen, Rohr-/Kabeldurchführungen und offenen Rohrleitungen, die vom Gefährdungsbereich in andere Räume führen, müssen mit nichtbrennbaren Stoffen abgedichtet sein. Geeignet sind, z. B. Gips, Mörtel, Lehm, Mineralwolle oder Brandschutzmaterialien.
	Unbewegliche, aber brennbare Gegenständen, die im Gefährdungsbereich vorhanden sind müssen mit Mineralfaserdecken und -platten oder ähnlichen Materialien abgedeckt sein. Brennbare unbewegliche Gegenstände sind z. B. Holzbalken und -wände, Fußböden, Maschinen und Kunststoffteile.
	Wenn sich im Gefährdungsbereich brennbare Stoffe befinden, muss ein Brandposten aufgestellt werden. Dieser sollte mit geeignetem Löschgerät für die Arbeitsstelle und ihre Umgebung ausgerüstet sein. Geeignete Löschgeräte sind z. B. Feuerlöscher, Wandhydranten sowie wassergefüllte Eimer oder angeschlossene Wasserschläuche.
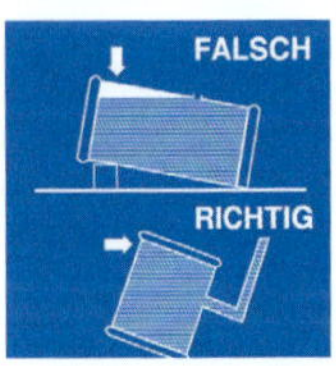	Jegliche Behältern und Rohrleitungen sollten auf ihren früheren Inhalt geprüft werden. Sollten dort brennbare und/oder explosionsfähige Stoffe enthalten gewesen sein oder ist der frühere Inhalt nicht mehr feststellbar, sind die Behälter zu reinigen und vor Beginn der Arbeiten mit Wasser zu füllen. Sollte dies nicht machbar sein, müssen sie mit einem geeigneten Mittel gefüllt werden. Geeignet sind z. B. flammenerstickende Inertgase (Stickstoff oder Kohlendioxid) oder Schaum. Bei der Verwendung erstickender Gase ist die Personengefährdung zu beachten.
	Die Information über Standort des nächstgelegenen Brandmelders und/oder Telefons samt Rufnummer muss sowohl dem mit den feuergefährlichen Arbeiten Beauftragten als auch dem Brandpostens vorliegen. Werden brandschutztechnische Anlagen (z. B. Feuerlösch- oder Brandmeldeanlagen) vorübergehend außer Betrieb gesetzt, sind sowohl die Feuerwehr als auch der Feuerversicherer vom Versicherungsnehmer davon in Kenntnis zu setzen (Obliegenheit). Erforderlichenfalls sind brandschutztechnische Ersatzmaßnahmen in Absprache mit den zuvor genannten Instanzen vorzusehen.

Abb. 6.7: Schutzmaßnahmen bei Schweiß- und Schneidearbeiten (gemäß VdS 2008:2009-07 (04), VdS Schadenverhütung GmbH)

6.22 Ausfall und Außerbetriebsetzung von brandschutztechnischen Einrichtungen

Brandschutztechnische Einrichtungen müssen manchmal außer Betrieb gesetzt werden, z. B. bei:

- Wartung,
- Prüfung,
- Instandhaltung,
- Defekt,
- Baumaßnahmen.

Ersatzmaßnahmen

In jedem dieser Fälle sind Ersatzmaßnahmen einzuleiten, die sich nach Dauer oder Grund des Ausfalles oder der Außerbetriebssetzung richten. Der Brandschutzbeauftragte hat, sofern er nicht selbst entscheiden kann, die Ersatzmaßnahmen mit der zuständigen Behörde, Feuerwehr oder dem Betreiber abzustimmen und ggf. diesen zu melden.

6.23 Gespräche mit Brandschutzbehörden, Feuerwehren, Feuerversicherern usw.

Ansprechpartner Brandschutzbeauftragter

Der Arbeitgeber hat bezüglich des Brandschutzes mit vielen Ansprechpartnern außerhalb des Unternehmens Kontakt zu halten bzw. wird von diesen kontaktiert. Da der Arbeitgeber in der Regel nur geringe Kenntnisse des Brandschutzes hat, ist der Brandschutzbeauftragte eine wichtige Unterstützung bei Fragen zu diesem Thema. Der Brandschutzbeauftragte ist nicht nur mit dem Themenfeld vertraut, er übernimmt meistens auch viele Aufgaben vom Unternehmer oder unterstützt ihn beispielsweise bei der Umsetzung von Maßnahmen, Unterweisungen usw. Daher ist der Brandschutzbeauftragte grundsätzlich bei allen Gesprächen mit Ansprechpartnern außerhalb des Unternehmens hinzuziehen. Dabei geht es thematisch neben der Gefährdungsbeurteilung (siehe Kapitel 5) um alle in Kapitel 6 genannten Aufgabengebiete.

6.24 Stellungnahme zu Investitionsentscheidungen

Die Stellungnahme zu Investitionsentscheidungen ist ein eher schwieriges Gebiet für den Brandschutzbeauftragten, da er aus dem vorbeugenden organisatorischen Brandschutz kommt. In Investitionsfragen dient der Brandschutzbeauftragte sicher als fachlicher Ansprechpartner, wenn es um Investitionen in seinen Aufgabenfeldern geht. Wenn es jedoch um Investitionen in technische Brandschutzeinrichtungen geht, kann er zwar seine Sicht darlegen, seine Einflussnahme ist jedoch gering, da durch ein eventuell vorhandenes Brandschutzkonzept und durch die Behörden und Versicherer Auflagen gemacht werden.

6.25 Mitwirkung bei der Implementierung von Maßnahmen im Notfallmanagement

Das Mitwirken des Brandschutzbeauftragten bei der Implementierung von präventiven und reaktiven (Schutz-) Maßnahmen im Notfallmanagement, z. B. für kritische Infrastrukturen und für lokale Wetterereignisse mit Schadenspotenzial, wurde erstmals in den Aufgabenkatalog aufgenommen.

Der Unterschied zwischen präventiven und reaktiven Maßnahmen liegt in dem Zeitpunkt ihrer Durchführung. Präventive Maßnahmen werden angewendet, um ein Schadenereignis gar nicht erst entstehen zu lassen. Reaktive Maßnahmen hingegen werden erst dann eingesetzt, wenn das Schadenereignis bereits erfolgt ist. Den größten Nutzen für den Betrieb haben präventive Maßnahmen, da diese in der Regel einen Fortlauf der Produktion sicherstellen. Wird an den präventiven Maßnahmen gespart, ist damit zu rechnen, dass ein Schadenereignis schneller eintritt und der Betrieb mehr in reaktive Maßnahmen investieren muss, deren Kosten deutlich höher liegen.

Als kritische Infrastrukturen werden Einrichtungen und Betriebe bezeichnet, die eine wichtige Bedeutung für das staatliche Gemeinwohl haben. Beim Ausfall derselben führt dies zu großen Auswirkungen für die Infrastruktur, deren Folgen unabsehbar sind. Das Bundesministerium des Inneren gliedert kritische Infrastrukturen in neun Sektoren. Zu diesen Einrichtungen und Betrieben gehören:

Tabelle 6.23: Sektoren- und Brancheneinteilung Kritischer Infrastrukturen

Sektoren	Branchen
Energie	• Elektrizität • Gas • Mineralöl
Informationstechnik und Telekommunikation	• Telekommunikation • Informationstechnik
Transport und Verkehr	• Luftfahrt • Seeschifffahrt • Binnenschifffahrt • Schienenverkehr • Straßenverkehr • Logistik
Gesundheit	• Medizinische Versorgung • Arzneimittel und Impfstoffe • Labore
Wasser	• Öffentliche Wasserversorgung • Öffentliche Abwasserbeseitigung

Fortsetzung Tabelle 6.23: Sektoren- und Brancheneinteilung Kritischer Infrastrukturen [26]

Sektoren	Branchen
Ernährung	• Ernährungswirtschaft • Lebensmittelhandel
Finanz- und Versicherungswesen	• Banken • Börsen • Versicherungen • Finanzdienstleister
Staat und Verwaltung	• Regierung und Verwaltung • Parlament • Justizeinrichtungen • Notfall-/Rettungswesen einschließlich Katastrophenschutz
Medien und Kultur	• Rundfunk (Fernsehen und Radio), gedruckte und elektronische Presse • Kulturgut • symbolträchtige Bauwerke

Daher sind bei Betrieben und Einrichtungen, die zu einem der obigen Sektoren gehören, besondere Maßnahmen zu treffen. Ein zusätzliches Notfallmanagement hilft hierbei und der Brandschutzbeauftragte kann hierbei aufgrund seiner brandschutztechnischen Fachkunde beitragen.

Zu lokalen Wetterereignissen zählt man beispielsweise:

- extreme Hitze-/Kältewelle,
- Starkregen,
- Sturm,
- Hagel,
- Schneelast,
- etc.

Auch hier sollten die Betriebe auf solche Ereignisse vorbereitet sein. Es empfiehlt sich daher, ein Notfallmanagement für diese Wetterereignisse, soweit diese auch zutreffen können, zu planen. Gerade in Unternehmen und Konzernen, die weltweit tätig sind und ihren Ursprung in den Vereinigten Staaten haben, wird ein solches Notfallmanagement bereits vorgehalten.

6.26 Dokumentieren aller Tätigkeiten im Brandschutz

Dieses Thema ist bereits bei allen vorherigen Aufgabenfeldern des Brandschutzbeauftragten angesprochen worden, sodass auf eine erneute Darstellung der Dokumentationspflichten an dieser Stelle verzichtet werden kann. Nur ein Hinweis sei noch erlaubt: Eine vernünftige Dokumentation aller Aufgaben hilft bei Entscheidungen, im Ernstfall und bei Fragen rund um den Brandschutz außerordentlich.

7 Qualifikation von Brandschutzbeauftragten

Neben der Beratung und Unterstützung im (betrieblichen) Brandschutz ist es eine Hauptaufgabe des Brandschutzbeauftragten, die Einhaltung des genehmigten Brandschutzkonzeptes und der sich daraus ergebenden betrieblichen Brandschutzanforderungen zu überwachen und dem Betreiber festgestellte Mängel zu melden. Hierzu muss der Brandschutzbeauftragte über eine entsprechende Eignung, d. h. Fachkompetenz, verfügen.

Fachkompetenz

Werden bestehende Brandrisiken außer Acht gelassen oder falsch eingeschätzt, erfolgt die Beratung zu Brandschutzmaßnahmen unzureichend oder unvollständig oder werden Mängel im Brandschutz nicht erkannt, führt dies zu erheblichen Sicherheitseinbußen. Die sich aus einer derartigen Falschberatung ergebenden haftungsrechtlichen Konsequenzen bemessen sich in der Regel nicht nach dem tatsächlichen, sondern nach dem üblicherweise von einem Brandschutzbeauftragten zu erwartenden Wissens- und Kenntnisstand (Herbert, 2009 [1]).

Haftung

7.1 Auswahl geeigneter Personen

Bei der Übertragung von Aufgaben auf Versicherte hat der Unternehmer je nach Art der Tätigkeiten zu berücksichtigen, ob die Versicherten befähigt sind, die für die Sicherheit und den Gesundheitsschutz bei der Aufgabenerfüllung zu beachtenden Bestimmungen und Maßnahmen einzuhalten. Der Unternehmer hat die für bestimmte Tätigkeiten festgelegten Qualifizierungsanforderungen zu beachten.

Befähigung

7.1.1 Wahrnehmung sicherheitstechnisch relevanter Aufgaben

Mit der Wahrnehmung sicherheitstechnisch relevanter Aufgaben dürfen nach § 7 ArbSchG [2] nur Personen betraut werden, die aufgrund ihrer Fähigkeiten, Fertigkeiten und Eigenschaften geeignet sind. Zur fachlichen Eignung und dem notwendigen Wissen eines Brandschutzbeauftragen gibt es jedoch keine verbindlichen Vorschriften. Grundsätzlich muss also der beauftragende Unternehmer oder Auftraggeber, um seiner Personalauswahlpflicht nachzukommen, eine mögliche Qualifikation anhand der zu erfüllenden Aufgaben des Brandschutzbeauftragten bewerten und auf ihre Eignung zur zuverlässigen Erfüllung der übertragenen Tätigkeiten prüfen.

§ 7 ArbSchG

Zuverlässigkeit

Sorgfalt

Zuverlässig sind die für die Erfüllung der zugewiesenen Aufgaben vorgesehen Personen, wenn zu erwarten ist, dass sie die Aufgaben des Arbeitsschutzes mit der gebotenen Sorgfalt ausführen. Dies bezieht sich zum einen auf die persönliche Zuverlässigkeit. Die Vertrauenswürdigkeit beruht auf starkem Pflichtgefühl und Aufgabenbewusstsein, sodass die in der Bestellung zum Brandschutzbeauftragten gestellten Aufgaben mit Aufmerksamkeit und Umsicht umgesetzt werden, um Verpflichtungen, Richtlinien, Sicherheitsregeln und Termine exakt einzuhalten. Zum anderen bezieht sich die Zuverlässigkeit auch auf ein hohes Maß an fachlichen Spezialkenntnissen und methodischem Wissen, welches für die Anforderungserfüllung erwartet werden kann.

Fachkunde

Fachwissen und berufliche Erfahrungen

Fachkundig sind die für die Erfüllung der zugewiesenen Aufgaben vorgesehenen Personen, wenn sie das einschlägige Fachwissen und die praktische Erfahrung aufweisen, um die ihnen obliegenden Aufgaben sachgerecht auszuführen. Die Fachkunde bezeichnet die fachliche Qualifikation der beauftragten Person als Voraussetzung für die ordnungsgemäße Wahrnehmung der durch den Arbeitgeber übertragenen Aufgaben. Bei der Bestimmung der erforderlichen Fachkunde für eine bestimmte Aufgabe werden im Allgemeinen eine entsprechende Berufsausbildung, eine angemessene Berufserfahrung durch eine zeitnahe Tätigkeit in dem entsprechenden Aufgabengebiet sowie regelmäßige Fortbildungen herangezogen. Somit umfasst die Fachkunde sowohl theoretische als auch praktische Kenntnisse sowie berufliche Erfahrungen.

7.1.2 Angemessene Qualifikation des Brandschutzbeauftragten

Bestandteil der Qualifizierungsanforderungen sind alle Aus- und Weiterbildungsmaßnahmen, die den Brandschutzbeauftragten in die Lage versetzen, sich unter den für seinen Arbeitsplatz und seine Arbeitsaufgabe vorhersehbaren Bedingungen dem Schutzkonzept entsprechend zu verhalten. Eine für einen Brandschutzbeauftragten angemessene Qualifikation befähigt zur baulichen, technischen und organisatorischen Umsetzung, Verfolgung und Fortschreibung eines Brandschutzkonzeptes unter Berücksichtigung der spezifischen Brandgefährdungen und individuellen Schutzziele. Der Brandschutzbeauftragte benötigt daher nicht nur Grundkenntnisse in der Brandschutzorganisation und Fachwissen im Brandschutz, sondern muss auch betriebliche Abläufe, Prozesse und Arbeitsverfahren beurteilen und seine Empfehlungen und Hinweise innerhalb der betrieblichen Organisations- und Entscheidungsstrukturen umsetzen können. Hierzu benötigt der Brandschutzbeauftragte betriebsspezifische brandschutzrelevante Kenntnisse, z. B. über verfahrenstechnische Besonderheiten bei Produktionsabläufen und Erfahrungen mit Umgang und Lagerung von brennbaren und entzündlichen Gefahrstoffen.

Erfordernis betriebsspezifischer Kenntnisse

7.2 Kompetenzanforderungen

Der Begriff „Brandschutzbeauftragter" wird in Abschnitt 3.3.4.2 der DIN 14011 „Begriffe aus dem Feuerwehrwesen" (2010) [3] definiert als *„besonders ausgebildete Person, die mit der Wahrnehmung des betrieblichen Brandschutzes beauftragt ist"*. Die DIN 14011 nennt jedoch keine Anforderungen an die „besondere Ausbildung".

Die Kombination aus theoretischen und praktischen Kenntnissen mit der Fähigkeit, dieses Wissen umsetzen und berufstypische Aufgaben und Sachverhalte selbständig und eigenverantwortlich bewältigen zu können, werden als Fachkompetenz (auch Fachkenntnis, Fachkunde, Sachkunde, Fachwissen) bezeichnet. Die hierzu erforderlichen Fertigkeiten und Kenntnisse bestehen hauptsächlich aus Erfahrung, dem Verständnis für fachspezifische Fragen und Zusammenhänge sowie der Fähigkeit, diese Probleme technisch einwandfrei und zielgerecht zu lösen.

Fachkompetenz nach DIN 14011

7.2.1 Persönliche Kompetenzen

Zu den persönlichen Fähigkeiten und Eigenschaften zählen z. B. die Auffassungsgabe, die psychische Belastbarkeit, die Konzentrations- und Koordinationsfähigkeit, das technische Verständnis, das Reaktionsvermögen und die Ausbildungsqualifikation. Für die Ausbildung zum Brandschutzbeauftragten sollten nur Personen ausgewählt werden, bei denen zu erwarten ist, dass diese über ein angemessenes technisches Verständnis und eine hohe Zuverlässigkeit verfügen.

Erwartung an den Brandschutzbeauftragten

Abgeschlossene Berufsausbildung

Eine abgeschlossene Berufsausbildung versetzt den Berufstätigen durch die Vermittlung theoretischen Wissens und praktischer Fertigkeiten in die Lage, seinen Beruf auszuüben. Die für die Ausübung einer qualifizierten beruflichen Tätigkeit notwendigen beruflichen Fertigkeiten, Kenntnisse und Fähigkeiten (berufliche Handlungsfähigkeit) werden dabei in einem geordneten Ausbildungsgang vermittelt. Hierzu gehören sowohl die Vermittlung einer breit angelegten beruflichen Grundbildung und der für die Ausübung einer beruflichen Tätigkeit notwendigen fachlichen Fertigkeiten und Kenntnisse als auch der Erwerb der erforderlichen Berufserfahrung. Die grundlegende Berufsausbildung ist eine Vorausaussetzung für die fachliche Fortbildung zum Brandschutzbeauftragten.

Berufserfahrung

In einer Berufsausbildung werden die für die Ausübung einer qualifizierten beruflichen Tätigkeit notwendigen beruflichen Fertigkeiten, Kenntnisse und Fähigkeiten (berufliche Handlungsfähigkeit) in einem geordneten Ausbildungsgang vermittelt. Darunter fallen die betriebliche Ausbildung, die schulische Ausbildung (Fachschulen, Berufsfachschulen oder Berufskollege), die Ausbildung im dualen System (Lehre in Verbindung mit der Berufsschule und überbetrieblichen Lehrgängen) und das Studium. Im Idealfall sind dem Brandschutzbeauftragten

berufliche Ausbildung/Studium

durch seine Berufsausbildung und Berufserfahrung bereits betriebstypische gewerbe- und branchenspezifische Kenntnisse der betrieblichen Abläufe und Gefahren seines Tätigkeitsumfeldes bekannt.

Lernstrategien

Allgemein wird mit dem Abschluss einer beruflichen Ausbildung jedoch auch der Erwerb und Einsatz von Lernstrategien nachgewiesen, mit denen Informationen gezielt und systematisch aufgenommen und verarbeitet werden können. Diese werden als Schlüsselkompetenzen benötigt, um sowohl bei Aufnahme neuer Informationen als auch bei der Organisation von Informationen sowie bei der Einschätzung von deren Relevanz das eigenverantwortliche Lernen planen und steuern zu können.

Technisches Verständnis

Analytische und technische Fähigkeiten

Technisches Verständnis ist die Fähigkeit, Zusammenhänge von Ursache und Wirkung technischer (naturwissenschaftlicher) Art sowie technische Konstruktionsprinzipien erfassen und nachvollziehen zu können. Der Brandschutzbeauftragte soll den Arbeitgeber, Unternehmer oder Gebäudebetreiber in allen Fragen des Brandschutzes beraten, indem er die Brandrisiken seines Tätigkeitsbereiches analysiert und bewertet sowie die getroffenen Brandschutzmaßnahmen überwacht und bei Bedarf Änderungs- oder Ergänzungsvorschläge erarbeitet. Hierzu benötigt er auch die Fähigkeit, Problemstellungen zu erfassen, komplexe Situationen, Sachverhalte und Probleme in Teilaspekte aufzugliedern und deren Abhängigkeiten (Ursache, Wirkung, Wechselwirkung) zu erkennen sowie entsprechend zu handeln.

Gewerbe- und branchenspezifische Kenntnisse

Brandschutzmaßnahmen sollen in die Betriebsabläufe integriert werden. Dazu zählen Arbeitsbeschreibungen für brandschutzrelevante Tätigkeiten, die Berücksichtigung des Brandschutzes bei Umbaumaßnahmen oder Betriebs- und Prozessänderungen sowie die Organisation der Schulung und Unterweisung der Mitarbeiter. Eine enge Zusammenarbeit mit den verschiedenen Abteilungen und Verantwortlichen ist eine Voraussetzung, um den Brandschutz im Betrieb erfolgreich zu realisieren. Der Brandschutzbeauftragte soll dazu eine angemessene betriebliche Organisation im Brandschutz (Brandschutzmanagement) vorschlagen und bei der Integration des Brandschutzes in die betrieblichen Abläufe mitwirken. Dabei muss er seine internen und externen Ansprechpartner sowie seine eigene Rechtsstellung im Betrieb kennen. Damit geht einher, dass er die eigene Verantwortung und Haftung einschätzen und erläutern kann.

Brandschutzmanagement

Betriebliche Abläufe und Gefahren

Der Brandschutzbeauftragte muss auch betriebliche Abläufe, Prozesse und Arbeitsverfahren beurteilen und seine Empfehlungen und Hinweise innerhalb der betrieblichen Organisations- und Entscheidungsstrukturen umsetzen können. Hierzu benötigt der Brandschutzbeauftragte betriebsspezifische Kenntnisse, z. B. über verfahrenstechnische Besonderheiten bei Produktionsabläufen und Erfahrungen mit Umgang und Lagerung von brennbaren und entzündlichen Gefahrstoffen.

betriebsspezifische Kenntnisse

Risikobewusstsein

Das Erkennen und Bewerten von Sicherheitsrisiken, aber auch die Abwägung von Schutz- und Sicherheitsmaßnahmen, erfordern Risikobewusstsein, um Möglichkeiten und Risiken in Situationen abschätzen, Entscheidungen treffen und verantwortungsvoll handeln zu können.

Diese persönliche Eigenschaft kann in der brandschutztechnisch ausgerichteten Fachausbildung zum Brandschutzbeauftragten nicht vermittelt werden. Sie ist daher im Rahmen der Personalauswahl als Voraussetzung zur späteren Bestellung zum Brandschutzbeauftragten zu berücksichtigen.

7.2.2 Soziale Kompetenzen

Als Sozialkompetenzen werden Kenntnisse, Fähigkeiten und Fertigkeiten in Bezug auf Kommunikation, Kooperation und Konflikte in intra- und interkulturellen Kontexten bezeichnet. Sie befähigen den Menschen, in Beziehungen zu Mitmenschen in einer Situation angemessen zu handeln sowie individuelle und gemeinsame Ziele zu realisieren. Sie sind sowohl für das persönliche Miteinander zwischen dem Brandschutzbeauftragten und dem Unternehmer bzw. der Unternehmerin, den Führungskräften und Beschäftigten als auch für die Zusammenarbeit mit internen und externen Fachkräften, weiteren Betriebsbeauftragten sowie Behörden und Versicherern von zentraler Bedeutung. Soziale Kompetenzen (auch sozial-kommunikative Kompetenzen oder Sozialkompetenzen) sind dabei ein Komplex von Fähigkeiten, Eigenschaften und Verhaltensweisen, die maßgeblich den Umgang mit anderen Menschen erleichtern und verbessern, indem sie es ermöglichen, in Kommunikations- und Interaktionssituationen entsprechend den Bedürfnissen der Beteiligten Realitätskontrolle zu übernehmen und effektiv zu handeln.

sozial-kommunikative Kompetenzen

Ausreichende Kommunikationsstärke

Der Brandschutzbeauftragte muss mit dem Unternehmer, den Führungskräften und Beschäftigten, aber auch mit weiteren Betriebsbeauftragten sowie Behörden und Versicherern schriftlich und mündlich kommunizieren. Für die Ausbildung zum Brandschutzbeauftragten sollten daher nur Personen ausgewählt werden, bei denen zu erwarten ist, dass diese über eine ausreichende Kommunikationsstärke verfügen.

Kommunikation als Grundkompetenz

Schriftliche Kommunikation

Die Ergebnisse der Brandschutzbegehungen werden in einem Begehungsprotokoll dokumentiert, welches den Nachweis für die Durchführung der Überprüfung darstellt. Werden bei der Brandschutzbegehung Mängel festgestellt, müssen diese dokumentiert werden, um unverzüglich Maßnahmen zur Beseitigung der aufgedeckten Mängel ergreifen zu können. Hierzu muss der Brandschutzbeauftragte aussagekräftige Berichte und Stellungnahmen verfassen können. Die schriftliche Kommunikationsfähigkeit beinhaltet die Fähigkeit, eine Botschaft oder einen bestimmten Inhalt formal korrekt, prägnant, verständlich und wirkungsvoll zu formulieren und an einen bestimmten Adressaten zu richten.

aussagekräftige Berichte/ Stellungnahmen

Mündliche Kommunikation

Die Ergebnisse der Brandschutzbegehung und das Begehungsprotokoll müssen mit den verantwortlichen Führungskräften sowie den beteiligten Mitarbeitern besprochen werden. Der Brandschutzbeauftragte sollte in der Lage sein, seinen fachlichen Standpunkt deutlich darzustellen und gegenüber Dritten nachdrücklich zu vertreten, z. B. bei der Erläuterung der Bedeutung einer ordnungsgemäßen Instandhaltung, insbesondere der Prüfungen. Hierzu benötigt er im persönlichen Gespräch die Fähigkeit, sich sowohl verbal in adressatenbezogener Sprache prägnant und verständlich auszudrücken, als auch nonverbal in seiner Körpersprache Botschaften zu kommunizieren, damit Verstehen sowie Verstandenwerden gewährleistet sind.

verbale Ausdrucksfähigkeit und Körpersprache

Verhandlungsgeschick

Die Anforderungen des Brandschutzes sind eine Abwägung zwischen baulichen und technischen Brandschutzmaßnahmen auf der einen Seite und der Machbarkeit und Wirtschaftlichkeit auf der anderen Seite. Wirtschaftlich sind Brandschutzmaßnahmen dann, wenn mit den vorhandenen Mitteln möglichst viel Sicherheit – und zwar beim Personenschutz und beim Sachwertschutz – erreicht werden kann. Das Brandschutzkonzept muss von Behörden, Bauherren, Betreibern und Versicherern akzeptiert werden können und sollte ein ausgewogenes Kosten-Nutzen-Verhältnis aufweisen. Wesentliches Ziel ist es, das Zusammenspiel der einzelnen Segmente im Sinne des angestrebten Schutzes und des Sicherheitsniveaus so zu optimieren, dass es sich auch nach wirtschaftlichen Kriterien als effizient erweist. Dabei muss sich der Brandschutzbeauftragte unter Wahrung der eigenen Interessen in Verhandlungssituationen konstruktiv verhalten. Um anhand verhandlungsrelevanter Informationen Unterschiede und Gemeinsamkeiten thematisieren zu können, benötigt er die Bereitschaft, sich auf Verhandlungspartner einzustellen und deren Positionen zu berücksichtigen.

Balance zwischen Sicherheit und Wirtschaftlichkeit

Qualifizierung in Sozialkompetenz

Diese Sozialkompetenzen können in der kurzen brandschutztechnisch ausgerichteten Fachausbildung zum Brandschutzbeauftragten nicht ausreichend vermittelt werden. Daher sind diese ggf. über entsprechende Qualifizierungsmaßnahmen im Vorfeld der Ausbildung zum Brandschutzbeauftragten zu erwerben.

7.2.3 Aufgabenspezifische Kompetenzen im Brandschutz

Unter den Begriff Fachkompetenz fallen Fachkenntnisse und -methoden sowie deren Anwendung, die zur Bewältigung fachspezifischer Aufgaben erforderlich sind. Dabei beschreiben Kompetenzstufen, welche notwendigen handlungsrelevanten Fähigkeiten von einer Person in ihrem Berufs- oder Tätigkeitsbereich erwartet werden. Dahinter steht ein Perspektivenwechsel: Man wendet sich vom traditionellen Ansatz, welche Lerninhalte vermittelt werden, ab. Stattdessen rückt die Frage, welche Lernergebnisse angestrebt werden, in den Vordergrund. Lernergebnisse im Fokus

Der Brandschutzbeauftragte ist für alle Beteiligten im Unternehmen die Ansprechperson für sämtliche Fragen und Belange des Brandschutzes im Betrieb. Er unterstützt und berät den Unternehmer bzw. den Arbeitgeber beim betrieblichen Brandschutz und im Notfallmanagement. Er soll bei der Planung, Ausführung und Unterhaltung von Betriebsanlagen, der Gestaltung von Arbeitsverfahren und dem Einsatz von Arbeitsstoffen seine Fachkunde beratend einbringen. Die Anforderungen, die ein Brandschutzbeauftragter in seiner Funktion erfüllen muss, ergeben sich aus den in den Regelungen zu „Aufgaben, Qualifikation, Ausbildung und Bestellung von Brandschutzbeauftragten" [4] aufgeführten möglichen 26 Aufgaben und den ihnen zugrunde liegenden Gesetzen, Vorschriften und Richtlinien. Die für die Aufgabenbewältigung des Brandschutzbeauftragten konkret erforderlichen brandschutztechnischen Fachkenntnisse und Fähigkeiten werden in der Anlage 3 der Richtlinien beschrieben. Nach Abschluss der Ausbildung müssen Brandschutzbeauftragte über die im Folgenden genannten Kompetenzen verfügen. 26 potenzielle Aufgaben

Kompetenzstufe Erkennen

Erkennen ist das Kennen und Wiedergeben von konkreten Informationen eines Fachgebietes sowie von Methoden, wie mit diesen Informationen gearbeitet wird. Kennen und Wiedergeben von Informationen

Vorschriften und Regelwerk kennen

Je nach Größe, Beschaffenheit und Nutzung einer baulichen Anlage werden unterschiedliche Anforderungen seitens der Baubehörde, der Brandschutzbehörde, der Arbeitsschutzbehörden, der Unfallversicherungsträger und der Sachversicherer gestellt. Die Fachkunde eines Brandschutzbeauftragten muss den aktuellen Erfordernissen sowie den sich ändernden Regelwerken und Vorschriften entsprechen. So muss er die einschlägigen Rechtsquellen und Erkenntnisquellen für sein Tätigkeitsgebiet, wie z. B. Arbeitsschutzgesetz, Gefahrstoffverordnung, Betriebssicherheitsverordnung, Verordnung über Arbeitsstätten, Bauordnungen der Länder und sonstige baurechtliche Vorschriften sowie das dazugehörende technische Regelwerk kennen.

Grundlagen des Baurechts kennen

Nach den Landesbauordnungen sind bauliche Anlagen so anzuordnen, zu errichten, zu ändern und instand zu halten, dass der Entstehung eines Brandes und der Ausbreitung von Feuer und Rauch vorgebeugt wird und bei einem Brand die Rettung von Menschen und Tieren sowie wirksame Löscharbeiten möglich sind. Diese Anforderungen sind mit den Bedürfnissen des Betriebes abzustimmen. Die rechtzeitige Einflussnahme auf Planung und Ausführung einer baulichen Anlage ermöglicht eine zweckmäßige, wirtschaftliche und sichere Gestaltung als Arbeitsstätte.

Gebäudekonzepte kennen

Als Grundlage zur Bewertung des Gebäudes und der funktionalen Gestaltung des Brandschutzes muss der Brandschutzbeauftragte Gebäude den Gebäudeklassen zuordnen und erkennen können, ob ein Gebäude einen Sonderbau darstellt. Er muss die wesentlichen Maßnahmen und Konzepte im baulichen Brandschutz (z. B. notwendiger Flur, notwendiger Treppenraum, Schottung, Brandwand) kennen und die sich daraus ergebenden Anforderungen an Baustoffe und an Bauteile aus Brandschutzkonzepten und Vorschriften entnehmen können.

Leistungsfähigkeit der Feuerwehr kennen

Vorbereitungen für den Feuerwehreinsatz

Die geplanten Brandschutzmaßnahmen sind an die betrieblichen Gegebenheiten entsprechend anzupassen. Um diese mit den zuständigen Rettungskräften und der Feuerwehr abzustimmen, kennt der Brandschutzbeauftragte die Organisation von Feuerwehren und die Leistungsfähigkeit bzw. die Leistungsgrenzen von Feuerwehren und Rettungsdiensten. Hierzu gehört auch die Bedeutung der betrieblichen Voraussetzungen für einen erfolgreichen Feuerwehreinsatz. Der Brandschutzbeauftragte kennt daher die Bedeutung der Flächen für die Feuerwehr, die Möglichkeiten der Löschwasserversorgung sowie wesentliche Maßnahmen der Löschwasserrückhaltung.

Kompetenzstufe Verstehen

Verständnis von Zusammenhängen

Verstehen ist das Verständnis von Zusammenhängen und der Bedeutung, die einzelne Informationen zueinander haben. Dies ermöglicht, Informationen in eigenen Sätzen zu beschreiben, zu erläutern und darzustellen sowie auf einen bestimmten Sachverhalt hin zu interpretieren und Voraussagen zu treffen.

Brandgefahren verstehen

Brennen und Löschen

Das Brandverhalten brennbarer Stoffe ist im Wesentlichen abhängig von seinen chemischen und physikalischen Eigenschaften, vom jeweiligen Aggregatzustand und von den Umgebungseinflüssen. Die sicherheitstechnischen Kenngrößen wie beispielsweise Zündtemperatur, Flammpunkt und Verbrennungsgeschwindigkeit sind maßgeblich für das Brandverhalten eines brennbaren Stoffes. Der Brandschutzbeauftragte muss hierzu die wesentlichen physikalisch-chemischen Grundlagen der Verbrennung und des Löschens verstehen.

Notwendigkeit des Brandschutzes darstellen können

Die Verletzungen bei einem Brand werden durch die direkte Einwirkung der Flammen oder heißen Rauchgase auf ungeschützte Bereiche des menschlichen Körpers, durch die Auswirkung brennender Kleidung sowie durch Rauchvergiftung (Rauchgasinhalation) verursacht. Dem betrieblichen Brandschutz kommt daher zur Verhütung von Arbeitsunfällen und Sachschäden eine große Bedeutung zu.

Der Brandschutzbeauftragte muss die möglichen Gefahren und Schäden sowie die Auswirkungen von Brandfolgeprodukten für Menschen, Tiere, Gebäude, Sachen, Produktionseinrichtungen und -abläufe sowie für die Umwelt vermitteln und die Bedeutung des Brandschutzes für Betriebe und Organisationen darstellen können.

Bedeutung des Brandschutzes

Aufbau der Sicherheitsorganisation einschätzen können

Der Unternehmer und seine Führungskräfte müssen die zur Verhütung von Bränden erforderlichen technischen und organisatorischen Maßnahmen treffen und überwachen. Zur fachkundigen Beratung in Fragen des Brandschutzes muss der Brandschutzbeauftragte in der Lage sein, die für sein Tätigkeitsgebiet zutreffenden Rechtsquellen sachgerecht zu interpretieren. Innerhalb der betrieblichen Sicherheitsorganisation kennt er seine internen und externen Ansprechpartner und ist in der Lage, diesen gegenüber seinen fachlichen Standpunkt deutlich darzustellen und nachdrücklich zu vertreten. Hierbei kann er anhand seiner Bestellung und Aufgabenbeschreibung auch seine eigene Rechtsstellung im Betrieb, sowie die daraus resultierende Verantwortung und Haftung einschätzen und erläutern.

Organisation des Brandschutzes

Maßnahmen und Konzepte im baulichen Brandschutz verstehen

Ziel eines Brandschutzkonzeptes im bauordnungsrechtlichen Genehmigungsverfahren ist die Erfüllung der in den Bauordnungen beschriebenen Schutzziele zur Sicherheit und Rettung von Mensch und Tier, verbunden mit einer effektiven Brandbekämpfung zum Schutz benachbarter Gebäude. Die Bedeutung der wesentlichen Maßnahmen und die damit verbundenen Konzepte im baulichen Brandschutz soll der Brandschutzbeauftragte erläutern können.

baulicher Brandschutz

Bei allen Baumaßnahmen sind Baumaterialien zu bevorzugen, die einem Brand, zumindest eine gewisse Zeit lang, widerstehen und auf diese Weise seine Ausbreitung auf angrenzende Bereiche verhindern. Bezüglich des Aufbaus und der Konstruktion eines Gebäudes muss der Brandschutzbeauftragte die Anforderungen an die Feuerwiderstandsdauer von Bauteilen und Bauelementen sowie die Klassifizierung von Baustoffen und Bauteilen verstehen.

Aufbau und Funktion von Brandschutzanlagen benennen können

technischer Brandschutz

Automatische Brandschutzeinrichtungen beschleunigen die im Brandfall notwendigen Maßnahmen wie z. B. die Brandbekämpfung durch Feuerlöschanlagen, die Branderkennung, die Warnung und Evakuierung gefährdeter Personen, die Alarmierung der Einsatzkräfte sowie die Aktivierung weiterer Brandschutzanlagen (z. B. Rauch- und Wärmeabzugsanlagen). Der Brandschutzbeauftragte muss die wesentlichen brandschutztechnischen Anlagen und deren typische Anwendungsbereiche kennen, die wesentlichen Bauteile erkennen und benennen sowie deren Funktion und Wirkungsweise erklären können. Zu diesen kann er die Bedeutung der ordnungsgemäßen Instandhaltung, insbesondere auch der regelmäßigen Prüfungen, erläutern.

Kompetenzstufe Anwenden

Anwendung der Kenntnisse

Anwenden bedeutet – im Gegensatz zum Verstehen – das erworbene Wissen nicht nur wiederzugeben, sondern auch in konkreten Fällen zu nutzen, um abstrakte Aussagen und Verfahren hilfreich zur Lösung einer konkreten, praktischen Problemstellung einzusetzen. Hierbei muss gelerntes Wissen auf ähnliche Situationen übertragen und eingesetzt werden.

Mitarbeiter im Brandschutz motivieren können

Die Verhütung und Bekämpfung von Bränden und Explosionen ist eine Gemeinschaftsaufgabe aller Personen im Betrieb. Die Beschäftigten müssen den Weisungen zur Brandverhütung und für den Brandfall Folge leisten und durch ihr Verhalten alle Maßnahmen zur Verhütung von Bränden und Explosionen unterstützen. Der Brandschutzbeauftragte muss die Mitarbeiter und Führungskräfte zu brandschutzgerechtem Verhalten motivieren können.

Brandschutzunterweisungen unterstützen können

Unterweisung nach DGUV Vorschrift 1 „Grundsätze der Prävention"

Der Unternehmer hat gemäß den Anforderungen des Arbeitsschutzgesetzes und der Unfallverhütungsschrift DGUV Vorschrift 1 „Grundsätze der Prävention" [5] die Beschäftigten über die bei ihren Tätigkeiten auftretenden Gefahren sowie über die Maßnahmen zu ihrer Abwendung zu unterweisen. Dies geschieht vor Aufnahme der Tätigkeit und danach in angemessenen Zeitabständen, mindestens jedoch einmal jährlich (bei Jugendlichen mindestens halbjährlich). Die Unterweisung muss auch Maßnahmen gegen Entstehungsbrände und Explosionen sowie das Verhalten im Gefahrenfall einschließen. Zum betrieblichen Brandschutz gehört daher eine regelmäßige Unterweisung aller Beschäftigten über die Gefahren eines Brandfalles und die zu ergreifenden Maßnahmen. Der Brandschutzbeauftragte soll den Unternehmer bei der betrieblichen Unterweisung im Brandschutz unterstützen können.

Brandschutzhelfer ausbilden können

Zusätzlich zur regelmäßigen Unterweisung der gesamten Belegschaft im Brandschutz ist eine ausreichende Anzahl von Beschäftigten im sicheren Umgang mit und dem Einsatz von Feuerlöscheinrichtungen zur Bekämpfung von Entstehungsbränden ohne Eigengefährdung zu schulen (Brandschutzhelfer). Für diese Ausbildung sind in der DGUV-Information 205-023 „Brandschutzhelfer“ Anforderungen an den Ausbilder definiert, um sicherzustellen, dass das Erlernte in sicherer Art und Weise umgesetzt werden kann. Fachkundig zur Durchführung ist danach u. a. der Brandschutzbeauftragte. Dieser soll daher Personen zum Brandschutzhelfer ausbilden können.

abwehrender Brandschutz

Löschübungen sicher durchführen können

Im Ernstfall kommt es bei der Brandbekämpfung vor allem auf die sichere Handhabung der Feuerlöschgeräte, die Schnelligkeit der eingreifenden Brandschutzhelfer und die richtige Löschtaktik an. Um die Wirkungsweise und Leistungsfähigkeit der Feuerlöschgeräte erfahren zu können, enthalten die Unterweisungsinhalte für Brandschutzhelfer daher u. a. eine praktische Übung, in der die Bedienung und Handhabung von Feuerlöschern und das Löschen von Bränden geübt wird. Der Brandschutzbeauftragte soll daher Übungen im Umgang mit handbetätigten Feuerlöschern und anderen Löscheinrichtungen fachgerecht und sicher durchführen können. Hierzu muss der Brandschutzbeauftragte auch selbst mit handbetätigten Feuerlöscheinrichtungen, wie z. B. Feuerlöschern und Wandhydranten, einen Entstehungsbrand löschen können.

Löschübungen

Ausstattung mit Feuerlöschgeräten erarbeiten können

Zum Schutz der Beschäftigten muss zum Löschen von Entstehungsbränden in jedem Unternehmen eine ausreichende Anzahl von Feuerlöscheinrichtungen vorhanden sein. Je nach Art und Umfang der Brandgefährdung und der Größe des zu schützenden Bereiches beschreibt die ASR A2.2 „Maßnahmen gegen Brände“ [6] die Ausstattung von Arbeitsstätten mit tragbaren Feuerlöschern und anderen Löscheinrichtungen, z. B. fahrbare Feuerlöscher, Wandhydranten (Löschschlauch) und weitere handbetriebene Geräte zur Bekämpfung von Entstehungsbränden. Der Brandschutzbeauftragte muss anhand der Gefährdungsbeurteilung und den Angaben der ASR A2.2 ein Konzept zur Bereitstellung von Feuerlöscheinrichtungen in ausreichender Zahl erarbeiten und bei der Umsetzung mitwirken können.

ASR A2.2

Brandschutzordnung ausarbeiten können

Brandschutzordnung gemäß DIN 14096

Die Brandschutzordnung gemäß DIN 14096 [7] ist eine zusammenfassende Regelung für das Verhalten von Personen innerhalb eines Gebäudes oder Betriebes im Brandfall sowie für Maßnahmen, die Brände verhüten sollen. Die Notwendigkeit für eine Brandschutzordnung ergibt sich aus Anforderungen aus Sonderbauverordnungen, aus der Gefährdungsbeurteilung oder aus Auflagen von Behörden und/oder Versicherungen. Der Brandschutzbeauftragte muss die Brandschutzordnung entsprechend den betrieblichen Erfordernissen ausarbeiten, stets auf dem aktuellen Stand halten und mindestens alle zwei Jahre fachkundig prüfen können.

Flucht- und Rettungspläne überprüfen können

In Unternehmen, deren Lage, Ausdehnung und Art der Nutzung es erfordern, ist nach Arbeitsstättenverordnung oder aufgrund behördlicher Auflagen ein Flucht- und Rettungsplan zu erstellen. Aus dem Plan muss ersichtlich sein, welche Fluchtwege von einem Arbeitsplatz oder dem jeweiligen Standort des Betrachters aus zu nehmen sind, um in einen sicheren Bereich oder ins Freie zu gelangen. In diesem Zusammenhang sind auch Sammelstellen festzulegen und zu kennzeichnen. Deren Richtigkeit und Aktualität muss der Brandschutzbeauftragte anhand der tatsächlichen baulichen Gegebenheiten überprüfen können.

Bei der Erstellung von Feuerwehrplänen mitwirken können

Feuerwehrpläne nach DIN 14095

Feuerwehrpläne nach DIN 14095 „Feuerwehrpläne für bauliche Anlagen“ [8] sind vorbereitete Pläne zur Orientierung der Feuerwehr für die Brandbekämpfung und für Rettungsmaßnahmen. Die Feuerwehrpläne sind aufgrund behördlicher Auflagen, insbesondere bei großräumigen, unübersichtlichen Betriebsanlagen und für Bereiche, in denen die Einsatzkräfte der Feuerwehr besonders gefährdet sind, erforderlich. Der Feuerwehrplan zeigt die für die Brandbekämpfung und Rettung vorhandenen Sicherheitseinrichtungen und Gefahrenschwerpunkte durch einheitliche Symbole auf und soll das schnelle Auffinden des Brandobjektes und die richtige Beurteilung der Lage in besonderen Orten und Objekten sicherstellen. Feuerwehrpläne müssen in Abstimmung mit den örtlichen Brandschutzdienststellen erstellt werden. Es ist sicherzustellen, dass der Feuerwehrplan aktuell ist und im Brandfall der Einsatzleitung der Feuerwehr zur Verfügung steht. Zur Erfüllung dieser Auflagen muss der Brandschutzbeauftragte bei der Erstellung von Feuerwehrplänen mitwirken können.

Kompetenzstufe Analysieren

Beurteilung von gelerntem Wissen

Analysieren bedeutet, gelerntes Wissen anhand von ordnenden Prinzipien beurteilen zu können, d. h. die in den erworbenen Kenntnissen und Fertigkeiten enthaltenen Elemente ermitteln und zuordnen sowie die Beziehungen zwischen diesen Elementen bestimmen zu können, um daraus Maßnahmen abzuleiten.

Regelmäßige Prüfungen organisieren können

Technische Schutzmaßnahmen müssen erstmalig und anschließend regelmäßig auf ihre ausreichende Funktion, Zuverlässigkeit und Wirksamkeit entsprechend den zutreffenden Prüf-, Wartungs- oder Installationsvorschriften bzw. den einschlägigen Regelwerken überprüft werden. Die Ergebnisse der Prüfungen sind zu dokumentieren. Hierzu muss der Brandschutzbeauftragte die wesentlichen Prüfpflichten im Brandschutz kennen. Er muss in der Lage sein, den Unternehmer bezüglich der Organisation der Prüfungen zu beraten und ordnungsgemäße Prüfungen zu organisieren.

technische Prüfungen

Die Wirksamkeit der getroffenen technischen Schutzmaßnahmen ist im Rahmen einer Plausibilitätsprüfung zu ermitteln. Die gewählten Schutzmaßnahmen sind dahingehend zu untersuchen, ob die getroffenen technischen und organisatorischen Schutzmaßnahmen einzeln oder im Zusammenwirken den gewünschten Erfolg erwarten lassen. Der Brandschutzbeauftragte muss dabei typische betriebliche Situationen, die eine Wirksamkeit von Brandschutzmaßnahmen negativ beeinflussen, erläutern sowie Ersatzmaßnahmen zum baulichen, anlagentechnischen und organisatorischen Brandschutz vorschlagen können.

Plausibilitätsprüfung

Unternehmer in Fragen des Brandschutzes beraten können

Brand- und Explosionsschutzmaßnahmen liegen generell im Verantwortungsbereich des Unternehmers und der von ihm beauftragten Personen. Verfügt der Unternehmer nicht selbst über die notwendigen Kenntnisse im Brandschutz, hat er sich durch einen Brandschutzbeauftragte beraten zu lassen, der ihm mit einer qualifizierten Ausbildung als kompetenter Ansprechpartner für brandschutzrelevante Themen zur Verfügung steht. Entsprechend muss der Brandschutzbeauftragte den Unternehmer, die Führungskräfte und Mitarbeiter in allen Fragen des vorbeugenden, abwehrenden und organisatorischen Brandschutzes fachkundig beraten und unterstützen können.

Ansprechpartner

Aufbau einer Brandschutzorganisation unterstützen können

In größeren Betrieben hat sich der Aufbau einer Brandschutzorganisation bewährt. Sie erleichtert die Koordination aller technischen und organisatorischen Schutzmaßnahmen. Brandschutzbeauftragte sollen den Brandschutz-Verantwortlichen eines Betriebes/einer Organisation, z. B. dem Unternehmer, eine angemessene betriebliche Organisation im Brandschutz (Brandschutzmanagement) vorschlagen und bei der Integration des Brandschutzes in die betrieblichen Abläufe mitwirken können.

Brandschutzmanagement

Kompetenzstufe Evaluation

Evaluation verbindet alle darunter liegenden Kompetenzstufen, um reflektierte, d. h. begründete Werturteile zu einem Sachverhalt zu treffen, nach festgelegten Rahmenbedingungen zu beurteilen und logische Fehler in einer Begründung bewerten zu können.

Bewertung

Gefährdungsbeurteilung erstellen bzw. mitwirken können

Gefährdungsbeurteilung nach § 5 ArbSchG

In der Gefährdungsbeurteilung nach § 5 Arbeitsschutzgesetz [2] müssen auch die für die Entstehung, Ausbreitung und Auswirkung eines Brandes relevanten Faktoren berücksichtigt werden. Hierbei muss sich der Arbeitgeber durch eine fachkundige Person beraten lassen, wenn er nicht selbst über die entsprechenden Kenntnisse im Brandschutz verfügt. Diese fachkundige Beratung bei der Erstellung einer Gefährdungsbeurteilung für übliche Tätigkeiten und Gegebenheiten zum Thema Brandschutz muss der Brandschutzbeauftragte leisten können. Er kennt hierfür wesentliche Zündquellen und Brandursachen und kann geeignete Maßnahmen zu deren Beseitigung vorschlagen.

§ 6 Gefahrstoffverordnung

Die Gefährdungsbeurteilung im Bereich der Brandgefährdung kann relativ einfach, aber auch äußerst komplex sein. Damit einhergehend können auch die Anforderungen an die Tiefe der Fachkenntnisse sehr unterschiedlich sein. Betriebsbereiche, in denen mit brennbaren, explosionsgefährlichen oder brandfördernden Gefahrstoffen umgegangen wird, erfordern eine gesonderte Gefährdungsbeurteilung, die die Brandgefährdungen aus verwendeten Stoffen, Gemischen und Erzeugnissen bei Tätigkeiten sowie aus verwendeten Arbeitsmitteln, Verfahren und der Arbeitsumgebung sowie mögliche Wechselwirkungen untereinander einschließt. Für diese Gefährdungsbeurteilung in Bezug auf gefährliche Stoffe wird in § 6 Gefahrstoffverordnung [9] eine besondere Fachkunde durch Kenntnisse im Arbeits- und Brandschutz sowie zu Gefahrstoffen in dem in Anlage 1 der TRGS 800 [10] genannten Umfang gefordert. Dabei müssen die Kenntnisse nicht zwingend in einer Person vereinigt sein, sondern können auch durch mehrere Personen eingebracht werden.

TRGS 800

Bei der Umsetzung der Anforderungen gemäß TRGS 800 „Brandschutzmaßnahmen" [10] sollte die gängige Praxis und Organisation im Unternehmen bezüglich Gefährdungsbeurteilungen berücksichtigt werden. Insofern sollte die Fachkraft für Arbeitssicherheit stets in die Vorgänge involviert bzw. mindestens darüber informiert sein. Der Brandschutzbeauftragte muss bei komplexen Sachverhalten in Zusammenarbeit mit anderen Experten, insbesondere mit der Fachkraft für Arbeitssicherheit, bei der Erstellung der Gefährdungsbeurteilung aktiv mitwirken können.

Abweichungen und Mängel im betrieblichen Brandschutz feststellen können

Eine Hauptaufgabe des Brandschutzbeauftragten ist es, die Einhaltung des genehmigten Brandschutzkonzeptes und der sich daraus ergebenden betrieblichen Brandschutzanforderungen zu überwachen und dem Betreiber festgestellte Mängel zu melden. Bei An- oder Umbauten sowie Nutzungsänderungen von Gebäuden ist eine neue Baugenehmigung bei der Baugenehmigungsbehörde einzuholen bzw. eine Anpassung des Brandschutzkonzeptes für die geänderte Nutzung vorzunehmen. Hierbei sind die brandschutztechnischen Anforderungen erneut zu bewerten und ggf. anzupassen. Hierzu ist es notwendig, dass der Brandschutzbeauftragte Abweichungen und Mängel von regulären Zuständen im betrieblichen Brandschutz durch einen Soll-Ist-Vergleich feststellen und dem Unternehmer bzw. der Unternehmerin darlegen kann.

Flucht- und Rettungswege beurteilen können

Rettungswege und Ausgänge sind im Brandschutzkonzept oder im Baugenehmigungsverfahren festgelegt. Darüber hinaus können sich weitergehende Anforderungen an Fluchtwege und Notausgänge aus dem Arbeitsstättenrecht, z. B. ASR A2.3 „Fluchtwege und Notausgänge, Flucht- und Rettungsplan", ergeben. Dazu zählen Treppenräume, Flure und Notausgänge. Diese müssen auf möglichst kurzem Weg ins Freie oder, falls dies nicht möglich ist, in einen gesicherten Bereich, z. B. einen benachbarten Brandabschnitt oder Treppenraum, führen. Diese Verkehrswege, Fluchtwege und Notausgänge müssen ständig freigehalten werden, damit sie jederzeit benutzbar sind. Um das zu gewährleisten, muss der Brandschutzbeauftragte den Ist- und Sollzustand für die Flucht- und Rettungswege sowie Notausgänge beurteilen können.

Benutzbarkeit der Flucht- und Rettungswege

Evakuierungsübungen planen und auswerten können

Um im Brandfall vorbereitet zu sein und richtig zu handeln, hat der Unternehmer Maßnahmen zu planen, zu treffen und zu überwachen, die insbesondere für den Fall des Entstehens von Bränden, Explosionen, des unkontrollierten Austretens von Stoffen und Gemischen und von sonstigen gefährlichen Störungen des Betriebsablaufs geboten sind. Hierzu sind Vorkehrungen zu treffen, sodass die Beschäftigten sich bei Gefahr unverzüglich in Sicherheit bringen und schnell gerettet werden können. Auf der Grundlage der Brandschutzordnung und der Flucht- und Rettungspläne hat der Arbeitgeber in angemessenen Zeitabständen geeignete Abläufe für den Brandfall zu üben. Im Rahmen von Evakuierungsübungen kann überprüft werden, ob eine kurzfristige Evakuierung (Räumung) im Gefahrenfall schnell und sicher möglich ist. Der Brandschutzbeauftragte muss in der Lage sein, diese Evakuierungsübungen zu planen und deren Verlauf auswerten zu können.

Abläufe für den Notfall üben

Kompetenzstufe Synthetisieren

Synthetisieren ist die Nutzung vorhandener Informationen für die Schaffung kreativer Neukombinationen zur Lösung von Aufgabenstellungen, indem durch Planen und Konstruieren neue Zusammenhänge entworfen und entwickelt werden.

Kompetenznachweis

Diese brandschutztechnischen Kompetenzen vemittelt die Ausbildung zum Brandschutzbeauftragten. Durch verschiedene Lern- und Lehrmethoden werden die unterschiedlichen Kompetenzstufen abgedeckt. Der Erwerb der angestrebten Kompetenzen wird durch die ausbildende Stelle in der Abschlussprüfung zum Brandschutzbeauftragten überprüft und bestätigt. In der schriftlichen Prüfung wird das erlernte Wissen durch eine stichprobenartige Abfrage überprüft. Dabei sind offene Aufgabenstellungen zur Überprüfung der erworbenen Kompetenzen „Erinnern“ und „Verstehen“ besser geeignet als Multiple-Choice-Fragen, da so nicht nur das reproduzierbare Wissen, sondern auch die Anwendung auf eine bestimmte Fragestellung gefordert wird. Daher sind offene Fragen vorzuziehen. Im Rahmen der mündlichen Abschlussprüfung können die Kompetenzfelder „Anwenden“ und „Analysieren“ geprüft werden. Hier soll der Prüfungsteilnehmer das erworbene Wissen der fachlichen Inhalte richtig und kompetent auf konkrete Problemstellungen anwenden und geeignete Lösungswege aufzeigen.

Wissen anwenden und Lösungswege aufzeigen

Im Rahmen der regelmäßigen Fortbildung als Brandschutzbeauftragter sollen nicht nur das brandschutztechnische Wissen, sondern insbesondere auch die methodischen Fähigkeiten entsprechend der beschriebenen Anforderungen gefördert und ausgebaut werden.

7.2.4 Ergänzende fachspezifische Kompetenzen

Für Betriebe mit erhöhter Brandgefährdung wird im vfdb-, DGUV- und VdS-Regelwerk zu Aufgaben, Qualifikation, Ausbildung und Bestellung von Brandschutzbeauftragten [4] zusätzlich zu den in der Ausbildung zum Brandschutzbeauftragten vermittelten Grundkenntnissen und Fähigkeiten im betrieblichen Brandschutz eine auf die jeweiligen Tätigkeitsschwerpunkte bezogene weiterreichende Qualifikation empfohlen.

weiterreichende Qualifikation

Besondere Anforderung an die Befähigung

Je größer das Gefährdungspotenzial der im Betrieb durchgeführten Tätigkeiten ist, desto höher sind die Anforderungen an die Befähigung des Brandschutzbeauftragten. Entsprechend höher sind auch die Anforderungen an die Maßnahmen des Unternehmers, mit denen er die Qualifikation des Brandschutzbeauftragten zu prüfen hat. Die Befähigung des Brandschutzbeauftragten muss auch bei Veränderungen in dessen Aufgabenbereich berücksichtigt werden. Diese können z. B. mit der Zuweisung neuer bzw. anderer Aufgaben, der Einführung neuer Arbeitsmittel oder anderer Arbeitsverfahren verbunden sein.

Feuerwehrtechnische Ausbildung

Die örtliche Feuerwehr muss in der Lage sein, ein zu erwartendes Schadenszenario erfolgreich zu bekämpfen und Gefahren für Personen, Tiere und die Umwelt wirkungsvoll abzuwehren bzw. einzudämmen. Zur Gefahrenabwehr müssen die erforderlichen Einsatzkräfte und -mittel innerhalb eines bestimmten Zeitraums an der Einsatzstelle einsatzbereit verfügbar sein. Bei der Bemessung der Feuerwehr muss für besondere Betriebe, Einrichtungen und Objekte mit speziellen Gefährdungen eine gemeindespezifische, risikoorientierte Planung durchgeführt werden, in der das Gefahrenpotenzial und die damit ver-

gemeindespezifische Planung

bundene Eintrittswahrscheinlichkeit eines Schadenereignisses berücksichtigt wird. Hinweise zur Leistungsfähigkeit der örtlichen Feuerwehr können sich beispielsweise in der Festlegung der Alarm- und Ausrückeordnung für eine Gemeindefeuerwehr – auch über Gemeindegrenzen hinaus – sowie die daraus folgenden Standortentscheidungen zur Beschaffung von Feuerwehrfahrzeugen und -geräten innerhalb der Gemeinde oder der Erstellung gemeindeübergreifender Fahrzeugkonzepte ergeben.

Beispiel Rettungswege über Rettungsgeräte der Feuerwehr

Die Leistungsfähigkeit der örtlichen Feuerwehr spielt insbesondere dann eine Rolle, wenn arbeitsschutztechnische Schutzziele wie z. B. die rechtzeitige Rettung von Beschäftigten nicht durch vorbeugende bauliche Brandschutzmaßnahmen sichergestellt werden können, sondern erst durch Rettungsmaßnahmen im Rahmen des abwehrenden Brandschutzes erfolgen. So kann der zweite Rettungsweg bei Gebäuden bis zur Hochhausgrenze über Rettungsgeräte der Feuerwehr sichergestellt werden. Dies gilt zum Teil auch für Sonderbauten, wenn keine Bedenken wegen der Personenrettung bestehen. Über die Rettungsgeräte der Feuerwehr kann jedoch innerhalb der verfügbaren Zeit nur eine begrenzte Personenzahl in Sicherheit gebracht werden. Hierzu ist sicherzustellen, dass die zuständige Feuerwehr über die erforderlichen Rettungsgeräte (Hubrettungsfahrzeuge) verfügt.

Hubrettungsfahrzeuge

Falls in Gebäuden oder Gebäudeteilen mit einer erhöhten Brandgefährdung die Sicherheit der anwesenden Personen und Möglichkeiten zu deren Rettung im Brandfall durch Maßnahmen des abwehrenden Brandschutzes vorgesehen wird, kann es daher sinnvoll sein, ergänzend zur Qualifikation des Brandschutzbeauftragten eine feuerwehrtechnische Qualifikation vorzusehen. Diese erleichtert eine Abstimmung zwischen den betrieblichen Brandschutzanforderungen mit der technischen und personellen Leistungsfähigkeit der zuständigen Feuerwehr sowie der feuerwehrtechnischen Einsatztaktik.

feuerwehrtechnische Qualifikation

Zugführer-Ausbildung

Der Führungslehrgang zum Zugführer wird ausschließlich an den Landesfeuerwehrschulen mit dem Ausbildungsziel durchgeführt, die Befähigung zum Führen sowie zur Leitung von Einsätzen mit Einheiten bis zur Stärke eines erweiterten Zuges zu vermitteln. Voraussetzung für die Lehrgangsteilnahme ist der erfolgreich abgeschlossene Lehrgang zum Gruppenführer. Während dieser Führungsausbildung werden auch Themen des vorbeugenden Brandschutzes behandelt, um vorbereitende Maßnahmen und einsatztaktische Entscheidungen im abwehrenden Brandschutz treffen zu können:

- Einsatzplanung und -vorbereitung, um Grundsätze für die Erstellung von Einsatzunterlagen (Alarm- und Ausrückeordnung, Ortsbeschreibung, Objektkunde und -beurteilung, Einsatzpläne) erklären zu können

- Baukunde zu Bauarten und Bauweisen, um anhand unterschiedlicher Merkmale an Gebäuden die eventuell auftretenden Gefahren im Einsatzfall (Kräfte am Bauwerk, Feuerwiderstände, Einflussgrößen für Feuerwiderstände) erkennen und die erforderlichen Maßnahmen erklären zu können
- Vorbeugender Brandschutz, um Vorteile und Einsatzgrenzen insbesondere von technischen Maßnahmen des vorbeugenden Gefahrenschutzes (stationäre Löschanlagen, Rauch- und Wärmeabzugsanlagen) sowie besondere Einsatzhinweise erklären zu können.

Hinweis

Hinweis: Eine feuerwehrtechnische Ausbildung ist aufgrund der in der Ausbildung nicht vermittelten Handlungskompetenzen für die betriebliche Tätigkeit des Brandschutzbeauftragten als alleinige Qualifikation nicht ausreichend, sondern als ergänzende Qualifikation zu verstehen.

Ausbildung als Werkfeuerwehrmann/-frau

Werkfeuerwehr mit innerbetrieblichen Besonderheiten und Gefahren vertraut machen

Werkfeuerwehren werden in Unternehmen mit erhöhtem Gefahrenpotenzial eingerichtet und durch die Landratsämter oder Stadtverwaltungen der kreisfreien Städte anerkannt oder bei erheblichem Gefahrenpotential vorgeschrieben. Besteht in einem Unternehmen eine Werkfeuerwehr, so ist diese grundsätzlich an Stelle der öffentlichen Feuerwehr allein für die Gefahrenabwehr auf dem Werkgelände zuständig. Die öffentliche Feuerwehr wird daher nur tätig, wenn sie von der Werkfeuerwehr zur Verstärkung angefordert wird. Die Ausbildung und Ausstattung der Werkfeuerwehren entspricht den Voraussetzungen der öffentlichen Feuerwehren.

Werkfeuerwehren dienen dem besonderen Schutz vor spezifischen Brandgefährdungen innerhalb von Betrieben und Unternehmen, der schnellen und zielgerichteten Gefahrenabwehr und sollen möglichst geringe Produktionsausfallzeiten nach Schadenereignissen sicherstellen. Um die hohe Effizienz und Effektivität der speziell für die vorherrschenden Gefahren der Produktionsstätten ausgelegten Brandschutzkonzepte nutzen zu können, müssen Werkfeuerwehrangehörige mit den innerbetrieblichen Besonderheiten und Gefahren bestens vertraut sein. Es liegt daher im Interesse des Unternehmens, die beschäftigten Werkfeuerwehrleute über die allgemeine Feuerwehrausbildung hinaus durch zusätzliche Ausbildungen und betriebsinterne Einweisungen mit dem unternehmensspezifischen Gefährdungspotenzial und mit der vorhandenen Brandschutztechnik vertraut zu machen. Vielfach übernehmen Werkfeuerwehren auch regelmäßige Prüfungen und Revisionen von brandschutztechnischen Einrichtungen.

unternehmensspezifisches Gefahrenpotenzial

Erhöhte Gefährdungen durch selbsterhitzungsfähige Stoffe oder Gemische, Stoffe der Brandklassen D und F, brennbare Stäube, extrem oder leicht entzündbare Flüssigkeiten oder entzündbare Gase erfordern besondere Maßnahmen des abwehrenden Brandschutzes, wie Sonderlöschmittel, Löschanlagen oder auch Maßnahmen zur Rückhaltung kontaminierten Löschwassers.

Beispiel halbstationäre Löschanlagen

Löschanlagen ohne eigene Löschmittelversorgung

Halbstationäre Löschanlagen sind in der Regel Wasser- oder Schaumlöschanlagen, können jedoch auch mit anderen Löschmitteln betrieben werden. Im Gegensatz zu stationären Löschanlagen besitzen halbstationäre Löschanlagen keine eigene Löschmittelversorgung, sondern werden über einen Anschluss durch die Feuerwehr (in der Regel durch die Werkfeuerwehr) eingespeist. Sie bestehen aus fest installierten Rohren und offenen Löschdüsen, die in einem zu schützenden Bereich installiert sind. Sie ermöglichen den Einsatzkräften so einen schnellen und gezielten Löschangriff von außen ohne besonders gefährdete Bereiche zur Brandbekämpfung betreten zu müssen.

In Betrieben mit einer Werkfeuerwehr können die Aufgaben des Brandschutzbeauftragten der Werkfeuerwehr übertragen werden. Betreut eine Werkfeuerwehr mehrere Betriebe, sollte zur Sicherstellung einer einheitlichen Gefahrenabwehrorganisation die Koordination von einzelnen Brandschutzbeauftragten durch die Werkfeuerwehr erfolgen.

Werkfeuerwehrmann/-frau

Berufsbild Werkfeuerwehrmann/-frau

Der Beruf des Werkfeuerwehrmanns/der Werkfeuerwehrfrau ist ein anerkannter Ausbildungsberuf nach dem Berufsbildungsgesetz (BBiG) [11]. Werkfeuerwehrleute nehmen Aufgaben im Brand- und Gefahrenschutz in Betrieben mit erhöhtem Gefährdungspotenzial wahr. Sie planen und ergreifen in Betrieben mit erhöhter Brand- und Explosionsgefahr wie beispielsweise der chemischen Industrie, der Eisen- und Stahlindustrie, aber auch in Kraftwerken und an Flughäfen, Maßnahmen zum vorbeugenden Brandschutz. In der bundesweit geregelten dreijährigen Ausbildung wird den Auszubildenden in Werkfeuerwehren der Industrie die Anwendung der Vorschriften des vorbeugenden Brandschutzes sowie der Arbeitsschutz- und Unfallverhütungsvorschriften zu Verhaltensweisen bei Bränden und Maßnahmen zur Brandbekämpfung vermittelt. Neben den Maßnahmen zur Brandbekämpfung, technischen Hilfe und medizinischen Notfallversorgung, lernen sie, wie man ortsfeste Brandschutzeinrichtungen, insbesondere Rauch- und Wärmeabzugseinrichtungen, Löschanlagen, Steigleitungen, Anschlusseinrichtungen sowie Brand- und Gefahrenmeldeanlagen bedient und prüft [12].

Hinweis

Hinweis: Eine Ausbildung zum Werkfeuerwehrmann/zur Werkfeuerwehrfrau ist als alleinige Qualifikation nicht ausreichend, sondern als ergänzende Qualifikation zu verstehen, denn die erforderlichen Handlungskompetenzen für die betriebliche Tätigkeit des Brandschutzbeauftragten werden in der Ausbildung nicht vermittelt.

Fachkraft für Arbeitssicherheit

Eine erhöhte Brandgefährdung liegt vor, wenn entzündbare bzw. oxidierende Stoffe oder Gemische vorhanden sind, die örtlichen und betrieblichen Verhältnisse für eine Brandentstehung günstig sind und/oder bereits in der Anfangsphase eines Brandes mit einer schnellen Brandausbreitung oder großen Rauchfreisetzung zu rechnen ist.

In Betrieben mit erhöhter Brandgefährdung durch Tätigkeiten mit Gefahrstoffen sowie der Durchführung feuergefährlicher Arbeiten – z. B. in Werkstattbereichen der Instandhaltung, Produktions- und Fertigungsbereichen mit der Verwendung und Verarbeitung brennbarer Stoffe und Materialien oder auch in Verkaufsbereichen von technischen Waren und Artikeln – überschneiden sich viele Maßnahmen des betrieblichen Brandschutzes mit den Anforderungen des Arbeits- und Gesundheitsschutzes. Die Fachkraft für Arbeitssicherheit und der Brandschutzbeauftragte sollen in solchen Fällen zusammenarbeiten, um Brandschutzmaßnahmen in die betrieblichen Abläufe zu integrieren.

Kooperation Fachkraft für Arbeitssicherheit und Brandschutzbeauftragter

Beispiel Substitution

Die Substitution hat das Ziel, die Gefährdung bei allen Tätigkeiten mit Gefahrstoffen einschließlich Wartungsarbeiten sowie Bedien- und Überwachungstätigkeiten zu beseitigen oder auf ein Minimum zu reduzieren. Nach Gefahrstoffverordnung sollen Betriebe Gefahrstoffe möglichst durch Ersatzstoffe mit einem geringeren gesundheitlichen Risiko ersetzen (substituieren). Im Rahmen der Informationsermittlung sind vor Aufnahme der Tätigkeit vorrangig die Möglichkeiten der Substitution von brennbaren oder oxidierenden Gefahrstoffen sowie die Möglichkeiten zu Verfahrensänderungen im Verarbeitungsprozess in Richtung geringerer Gefährdung zu prüfen, um bevorzugt nicht brennbare oder nicht oxidierende Gefahrstoffe einzusetzen. Gleichzeitig darf die Substitution zu keiner Erhöhung der Gefährdung anderer Schutzgüter (Gesundheitsschutz, Umweltschutz, Verbraucherschutz) führen. Als Kriterien für eine Substitution sind neben den physikalisch-chemischen Gefährdungen sowohl die Gesundheitsgefahren als auch das Freisetzungspotenzial auf Grundlage der Verfahrens- und Verwendungsbedingungen zu berücksichtigen.

Einsatz von Ersatzstoffen mit geringerem Risiko

Daher kann es sinnvoll sein, für eine gemeinsame und einheitliche Bewertung von Gefährdungen durch Brand, Arbeitsmittel und Gefahrstoffe neben der brandschutztechnischen Qualifikation auch die zusätzliche Qualifikation zur Fachkraft für Arbeitssicherheit zu erfüllen.

Fachkräfte für Arbeitssicherheit

Fachkräfte für Arbeitssicherheit sind Funktionsträger im betrieblichen Arbeitsschutzsystem. Ihre Aufgaben sind im Arbeitssicherheitsgesetz (ASiG) vom 1. Dezember 1974 [13] beschrieben, in dem die Rechtsstellung der Fachkräfte für Arbeitssicherheit als fachliche Berater festgelegt wird. Die Fachkraft für Arbeitssicherheit hat die Aufgabe, den Arbeitgeber in allen Fragen der Sicherheit und Gesundheit der Beschäftigten zu beraten und zu unterstützen. Das ASiG gibt in § 6 keine abgeschlossene Zusammenstellung der Aufgaben der Fachkräfte für Arbeitssicherheit, sondern verlangt durch die offene Formulierung nach einem dynamischen Aufgabenkatalog. Es ist vorausschauend alles zu tun, damit es nicht zu Unfällen, arbeitsbedingten Erkrankungen, Störfällen, Bränden, Explosionen, Umweltgefährdungen usw. kommt.

§ 6 ASiG

Eine berufliche Basisqualifikation als Meister/in, Techniker/in oder Ingenieur/in ist Voraussetzung, um als Fachkraft für Arbeitssicherheit tätig werden zu können. Die Ausbildung zur Fachkraft für Arbeitssicherheit wird im Rahmen von Ingenieurstudiengängen, in einem staatlichen/berufsgenossenschaftlichen Ausbildungslehrgang oder in einem staatlich/berufsgenossenschaftlich anerkannten Ausbildungslehrgang durchgeführt. Darin wird die in der DGUV Vorschrift 2 [14] präzisierte „sicherheitstechnische Fachkunde" erworben. Das Ausbildungskonzept der Fachkräfte für Arbeitssicherheit „Die Ausbildung zur Fachkraft für Arbeitssicherheit – Optimierung 2012" (DGUV Report 2/2012) [15] unterteilt sich in Präsenz- und Selbstlernphasen. Das Präsenzlernen in Seminarform zur Vermittlung methodischer Fähigkeiten ist mit unterschiedlichen Formen und Medien des Selbstlernens zur Vermittlung von Fachkenntnissen sowie mit dem Kompetenzerwerb durch Praktikum im Betrieb gekoppelt. In der Selbstlernphase I wird im Lernabschnitt VII im Zusammenhang mit dem Basiswissen zu Gefährdungsfaktoren und gesundheitsfördernden Faktoren auch der Faktor Brand- und Explosionsgefahr im Rahmen einer knappen Einführung behandelt. Mithilfe des Erklärungsmodells „Entstehung von Unfällen" und mit den in einer vorangegangenen Lerneinheit zu Gefahrstoffen vermittelten Kenntnissen sollen über die Entstehungszusammenhänge das Identifizieren von Faktoren der Brand- und Explosionsgefahr und prinzipielle Interventionsansätze, Schutzkonzepte und exemplarische Lösungen erarbeitet werden. Das notwendige Spezialwissen muss betriebsbezogen für den jeweiligen konkreten Bedarf erworben werden. Es geht über die Inhalte einer Ausbildung zur Fachkraft für Arbeitssicherheit hinaus. An dieser Stelle wird auch auf die Aufgaben, Tätigkeiten und Verantwortungen von Brandschutzbeauftragten hingewiesen (siehe Nr. 5.1 DGUV Report [15]).

Brandschutz als Zusatzqualifikation

Eine Fachkraft für Arbeitssicherheit mit einer Zusatzqualifikation als Brandschutzbeauftragter kann arbeitsschutztechnische und -methodische Fachkenntnisse unter dem Gesichtspunkt des Brandschutzes einbringen. Die Fachkraft für Arbeitssicherheit kann so beim regelmäßigen Begehen der Arbeitsbereiche auch auf mögliche Brandgefahren achten und bei Mängeln im Brandschutz die Vorgesetzte oder den Vorgesetzten informieren sowie gleichzeitig Maßnahmen zur Mängelbeseitigung vorschlagen.

Hinweis

Hinweis: Eine verkürzte Ausbildung zum Brandschutzbeauftragten ist für Fachkräfte für Arbeitssicherheit nicht mehr vorgesehen. Dies ist aufgrund der geschilderten geringen inhaltlichen Berührungspunkte zu den für Brandschutzbeauftragte erforderlichen Fachkenntnissen sinnvoll.

Hochschulabsolventen mit Studienschwerpunkt Brandschutz oder Sicherheitstechnik

Studienabschlusses mit Schwerpunkt Brandschutz

Die Angebote der Fachhochschulen und Universitäten in Deutschland eröffnen verschiedene Möglichkeiten eines Studienabschlusses mit Schwerpunkt Brandschutz. Zum einen ermöglichen es unterschiedliche Bachelorstudiengänge, mit dem Brandschutz als grundständiges technisches Studium nach Abitur oder Berufsausbildung zu beginnen. Die Masterstudiengänge bieten vor allem eine wissenschaftliche Betrachtung des Brandschutzes und richten sich insbesondere als Weiterbildungsangebote neben dem klassischen Vollzeitstudium oft auf die berufsbegleitende Erlangung eines wissenschaftlichen Abschlusses aus.

Studienschwerpunkt Sicherheitstechnik

Vorrangiges Ziel der Studiengänge mit Schwerpunkt des betrieblichen Brandschutzes ist die interdisziplinäre Ausbildung von Ingenieuren und Ingenieurinnen auf dem Gebiet der betrieblichen Sicherheitstechnik. Neben dem Brandschutz gehören daher auch Aspekte der Arbeitssicherheit, der Gefahrstoffsicherheit und des Umweltschutzes zu den wesentlichen Studieninhalten. Im Rahmen des Studiums lernen die Studierenden, unterschiedliche Gefahren zu analysieren, sie zu bewerten sowie Vorsorge- und Schutzmaßnahmen abzuleiten.

Studienschwerpunkt Vorbeugender Brandschutz

Studiengänge mit dem Schwerpunkt Vorbeugender Brandschutz vermitteln das erforderliche Wissen über vorbeugenden und abwehrenden Brandschutz, das Brandverhalten von Bauprodukten und Bauarten, den anlagentechnischen Brandschutz und die einschlägigen bauordnungsrechtlichen Vorschriften. Dies geschieht vorrangig aus Sicht der Planung, Prüfung oder Genehmigung im Baugenehmigungsverfahren. Aufbauend auf allgemeinen ingenieurwissenschaftlichen Grundlagen vertiefen die Studierenden eines derartigen Studiengangs wissenschaftliche Methoden des Brandschutzes (vorbeugender Brand- und Explosionsschutz, abwehrender Brandschutz, Branderkennung und -bekämpfung usw.) sowie Ingenieurmethoden zur Berechnung von Brandschutzanforderungen und zur Auslegung von Brandschutzmaßnahmen. Absolventen eines solchen Studiums werden in der Regel als Prüfingenieurin oder Prüfingenieur im bauordnungsrechtlichen Genehmigungsverfahren anerkannt (§ 4 Verordnung über die Prüfingenieure, Prüfämter und Prüfsachverständigen im Bauwesen – PrüfVBau [16]). Wer die Berufsbezeichnung „Prüfsachverständiger für Brandschutz" führen darf, ist z. B. in Bayern zugleich berechtigt, bei

§ 4 PrüfVBau

allen Bauvorhaben den Brandschutznachweis zu führen. Prüfsachverständige im Brandschutz sind also befähigt, Brandschutzkonzepte gutachterlich zu erstellen oder auf Vollständigkeit und Wirksamkeit zu prüfen.

Studienschwerpunkte Gefahrenabwehr und Katastrophenschutz

Die Studiengänge mit Studienschwerpunkt Abwehrender Brandschutz, Gefahrenabwehr und Katastrophenschutz vermitteln neben sicherheitstechnischem Fachwissen zum Brandschutz besondere Kenntnisse des abwehrenden Brandschutzes sowie des Katastrophen-, Zivil- und Bevölkerungsschutzes, die weit über eine gewöhnliche Ingenieurausbildung hinausgehen. Schwerpunkte der Studieninhalte sind hier z. B. die Technik und Organisation in Feuerwehr und Rettungsorganisationen, die feuerwehrspezifische Einsatztaktik sowie die Einsatzplanung zur Festlegung notwendiger Kräfte, Mittel und Zuständigkeiten (Feuerwehrbedarfsplanung). Neben den allgemeinen ingenieurtechnischen Grundlagen zum Brandschutz wird in der Fachausbildung daher besonderer Wert auf die Bereiche Führung, Management, Notfallplanung, Psychologie und Recht gelegt. Damit ergeben sich für die Absolventen insbesondere berufliche Einsatzfelder in der Leitung und Organisation von Berufs- und Werkfeuerwehren, in Fachbehörden bei Bund, Ländern und Gemeinden oder der Polizei sowie als Risikoexperten in Industriefirmen für Brandschutz- und Sicherheitseinrichtungen, bei Versicherungen oder als selbstständige Berater und Gutachter.

Einsatzfelder u. a. bei Feuerwehren und in Fachbehörden

Die inhaltliche Schwerpunktbildung des jeweiligen Studiengangs auf verschiedene Teilbereiche des Brandschutzes kann daher von Studiengang zu Studiengang und von Hochschule zu Hochschule variieren. Je nach Gewichtung und Schwerpunktsetzung wird der Brandschutz mehr oder weniger aus planerischer, vorbeugender, betrieblicher oder abwehrender Perspektive betrachtet. Aufgrund dessen werden in der Regel betriebsspezifische Fachkenntnisse für die Tätigkeit eines Brandschutzbeauftragten nicht ausreichend berücksichtigt. Daher kann nicht grundsätzlich von einer ausreichenden Qualifikation für die sehr speziellen Tätigkeitsfelder eines Brandschutzbeauftragten ausgegangen werden, sodass eine zusätzliche Qualifikation zum Brandschutzbeauftragten ergänzt werden muss. Oftmals ist die Erlangung von berufsfeldorientierten Qualifikationen wie z. B. der Nachweis der Fachkunde zur Fachkraft für Arbeitssicherheit, der Fachkunde im Strahlenschutz oder die Qualifikation als Brandschutzbeauftragter innerhalb des Studiums möglich. In diesen Fällen sollte die Qualifikation zum Brandschutzbeauftragten oder die inhaltliche Übereinstimmung mit den Mindestvorgaben der Lehrinhalte durch die Hochschule bestätigt werden.

Zusatzqualifikation meist erforderlich

Befähigung aufgrund beruflicher Qualifikation und Kompetenz

Erfüllung einzelner Aspekte für Funktion des Brandschutzbeauftragten

Bestimmte berufliche Qualifikationen können, je nach Ausbildungsumfang und Ausbildungsinhalten, bereits einzelne Anforderungen an die Funktion eines Brandschutzbeauftragten fachlich und methodisch erfüllen, wenn deren Inhalte die in dieser Richtlinie genannten Aufgabenfelder und Tätigkeiten abdecken. Fachausbildungen im Brandschutz, insbesondere die mit ihnen erworbenen Berufserfahrungen sind ggf. eine gute Grundlage für die ergänzende Ausbildung als Brandschutzbeauftragter. In welchem inhaltlichen und zeitlichen Umfang eine zusätzliche brandschutzspezifische Ausbildung zu einer ausreichenden Qualifizierung als Brandschutzbeauftragter führt, lässt sich aufgrund der unterschiedlichen thematischen Gewichtungen nicht pauschal bestimmen.

Fachplaner im Brandschutz

Weiterbildung zum Brandschutzfachplaner

Die Weiterbildung zum Brandschutzfachplaner wird von verschiedenen Weiterbildungseinrichtungen angeboten. Sie ist ausgerichtet auf Absolventen eines Ingenieurstudiums im Bereich Bauwesen, Architektur oder eines gleichwertigen, technisch-wissenschaftlichen Bildungsganges sowie auf Interessenten mit Zugang zum gehobenen feuerwehrtechnischen Dienst. Die in der Regel berufsbegleitende Fachfortbildung vermittelt Fachwissen im vorbeugenden Brandschutz und befähigt dazu, Planungen, Berechnungen und Simulationen vorzunehmen und Gutachten oder auch Brandschutzkonzepte anzufertigen. Der Abschluss als Fachplaner im Brandschutz entspricht der in einigen Landesbauordnungen erwarteten umfassenden Fach- und Sachkunde zur besonderen Bedeutung des vorbeugenden baulichen Brandschutzes sowohl für die Planung als auch für die Genehmigung von Bauvorhaben. Das Erarbeiten eines schlüssigen Brandschutznachweises und das Aufzeigen von Lösungen sowie von Abweichungen, z. B. im Bauantragsverfahren, verlangen vom Fachplaner im Brandschutz eine besondere Sachkunde und Erfahrung, denn als Teilentwurfsverfasser Brandschutz ist er für die Vollständigkeit und Brauchbarkeit seines Entwurfs verantwortlich.

Werden organisatorische und betriebsspezifische Brandschutzthemen unter Abstimmung der jeweiligen Mindestlehrinhalte ergänzt, können die bereits erworbenen fundierten Fachkenntnisse zu einer auf die jeweilige Vorbildung und Berufserfahrung der Zielgruppe zugeschnittenen, maßgeschneiderten Ausbildung zum Brandschutzbeauftragten führen.

Kombination mehrerer Ausbildungen

Wird die Qualifikation zum Brandschutzbeauftragten durch die Kombination verschiedener Ausbildungs-, Schulungs- oder Seminarangebote erreicht, muss insgesamt jedoch der Erwerb der brandschutzspezifischen Kenntnisse und Fähigkeiten der Brandschutzbeauftragten-Ausbildung gewährleistet werden, z. B. durch:

- **Abgleich der Lehr- und Lerninhalte:**
  Ob auch die für die Tätigkeit eines Brandschutzbeauftragten fachspezifischen Kenntnisse und Fähigkeiten in ergänzenden Ausbildungsabschnitten, gesonderten Seminaren oder Lehrgängen berücksichtigt sind, kann bei geregelten Ausbildungsgängen durch einen Abgleich der Ausbildungsinhalte mit den Mindestanforderungen der Ausbildung von Brandschutzbeauftragten im Einzelfall ermittelt werden.

- **Prüfung der Zugangsvoraussetzungen:**
  Eine bereits bestehende berufliche Qualifikation im Brandschutz kann durch eine Zulassungsprüfung überprüft werden. Dabei ist nicht die ursprüngliche Zielstellung der vorangegangenen Ausbildung zu prüfen, sondern die hinreichende Erfüllung der für die ergänzende Ausbildung zum Brandschutzbeauftragten vorausgesetzten Kompetenzen. Diese vor Aufnahme ermittelten Kenntnisse und Fähigkeiten brauchen dann in der Ausbildung zum Brandschutzbeauftragten nicht wiederholt werden.

Sollen Personen mit brandschutztechnischer oder feuerwehrtechnischer Ausbildung zu Brandschutzbeauftragten bestellt werden, so ist der Erwerb der Kompetenzen durch die Ausbildungseinrichtung zu bestätigen. Eine nachträgliche Prüfung der Zugangsvoraussetzungen und ein Abgleich zwischen verschiedenen Ausbildungsinhalten durch den bestellenden Auftraggeber bzw. Arbeitgeber ist nicht möglich.

8 Aus- und Fortbildung des Brandschutzbeauftragten

Nr. 5 vfdb 12-09/01

Kapitel 5 der vfdb-Richtlinie 12-09/01 [1] geht auf die allgemeinen Regelungen zur Aus- und Fortbildung des Brandschutzbeauftragten ein. Ziel der Richtlinie ist es, dass die Qualität der Aus- und Fortbildungen in den Themengebieten des Brandschutzbeauftragten deutlich verbessert wird. Daher setzt vfdb 12-09/01 noch einen Schritt davor an und geht vor der Aus- und Fortbildung zunächst auf die Berufsausbildung ein (Nr. 4 vfdb 12-09/01). Denn die entscheidende Voraussetzung, um überhaupt an einer Ausbildung zum Brandschutzbeauftragten teilnehmen zu dürfen, ist eine abgeschlossene Berufsausbildung oder eine gleichwertige Ausbildung.

Voraussetzung zur Ausbildung

abgeschlossene Lehre

Als abgeschlossene Berufsausbildung in einem staatlich anerkannten Beruf gilt der erfolgreiche Abschluss der Lehre. Diese Ausbildung kann in kaufmännischen, handwerklichen, landwirtschaftlichen oder industriellen Berufen erfolgen. Gleichermaßen ist auch die Lehre im Gesundheits- oder Sozialwesen, in der Verwaltung und auch im Dienstleistungsbereich anerkannt.

abgeschlossenes Studium

Nun gibt es in Deutschland neben der Lehre noch weitere gleichwertige Berufsausbildungen. Dazu gehört der erfolgreiche Abschluss eines Studiums. Hierbei wird nicht zwischen den unterschiedlichen Abschlussmöglichkeiten unterschieden.

In der neuen Richtlinie wurden neben den beruflichen Voraussetzungen nun zusätzliche Empfehlungen bezüglich der Qualifikation der auszubildenden Personen ergänzt:

- angemessenes technisches Verständnis
- ausreichende Kommunikationsstärke
- hohe Zuverlässigkeit

Sollte die Erfüllung einer oder mehrerer dieser Empfehlungen nicht gewährleistet sein, ist es ratsam, geeignete Personen auch in diesen Bereichen fortzubilden. Insbesondere sollten kommunikative Kompetenzen geschult werden, da der Brandschutzbeauftragte mit Führungskräften, Behörden usw. mündlich oder schriftlich kommuniziert.

Prüfung durch Arbeitgeber

Die Aufgabe des Arbeitgebers besteht darin, diese Voraussetzung zu prüfen, bevor er Mitarbeiter die Ausbildung zum Brandschutzbeauftragten absolvieren lässt. Zu beachten ist weiterhin, dass neben der Ausbildung auch der Besuch der erforderlichen Fortbildungen ermöglicht wird. Hierbei ist vonseiten des Arbeitgebers darauf zu achten, dass diese betriebliche Belange berücksichtigen. Die Rahmenbedingungen für die Aus- und Fortbildung werden in diesem Kapitel näher erläutert.

Für Betriebe mit einer erhöhten Brandgefährdung empfiehlt die Richtlinie eine besondere Qualifikation. Beispielsweise nennt die Richtlinie die folgenden Qualifikationen, die bereits im Kapitel 7 genauer beschrieben wurden:

- Personen mit feuerwehrtechnischer Ausbildung,
- Absolventinnen oder Absolventen der Ausbildung Werkfeuerwehrmann/-frau,
- Fachkräfte für Arbeitssicherheit,
- Hochschul-/FH-Absolventen mit Studienschwerpunkt Brandschutz oder Sicherheitstechnik.

Grund hierfür ist, dass neben der Ausbildung zum Brandschutzbeauftragten weitere vertiefende Kenntnisse für die Aufgaben des Brandschutzbeauftragten in Betrieben mit erhöhter Brandgefährdung erforderlich sind.

8.1 Ausbildungseinrichtungen

In der aktuellen vfdb-Richtlinie werden Beispiele für kompetente Ausbildungseinrichtungen benannt, die die Ausbildung zum Brandschutzbeauftragten anbieten können. Diese sind:

- Ausbildungseinrichtungen der Träger der gesetzlichen Unfallversicherung oder einer von ihr mit der Durchführung der Ausbildung beauftragten Organisation,
- CFPA-anerkannte Ausbildungseinrichtungen (Fußnote: CFPA: The Confederation of Fire Protection Association Europe = Zusammenschluss national anerkannter Organisationen für Brandschutz),
- Ausbildungseinrichtungen der Schadenversicherer,
- Ausbildungseinrichtungen der Fach- und Prüfeinrichtungen für Brand- und Explosionsschutz,
- Feuerwehrschulen der Bundesländer,
- Bundesfeuerwehrschule,
- staatliche oder staatlich anerkannte Hochschulen und
- gleichermaßen qualifizierte Ausbildungseinrichtungen, die nach Grundlage der vfdb 12-09/01 ausbilden.

Gleichermaßen qualifizierte Ausbildungseinrichtungen

In Anhang 3 stellt die Richtlinie dar, was unter einer gleichermaßen qualifizierten Ausbildungseinrichtung verstanden wird. Im Folgenden sind die einzelnen Punkte aus der Richtlinie zitiert:

„1. *besitzen methodische und didaktische Erfahrungen in der Erwachsenenbildung*
2. *haben den Teilnehmerzahlen angepasste Räumlichkeiten für Ausbildung, Prüfungsvorbereitung und Prüfung*

3. *sind so gestaltet und ausgerüstet, dass die Ausbildung zum Brandschutzbeauftragten sicher und praxisgerecht durchgeführt werden kann*
4. *führen die praktischen Übungen sicher durch*
5. *führen die Ausbildung mit qualifizierten Ausbildern oder Ausbilderinnen (siehe unten) durch*
6. *koordinieren die Ausbildungsinhalte mehrerer Ausbilder oder Ausbilderinnen (z. B. durch einen Ausbildungskoordinator)*
7. *bilden nach dem Stand der Technik unter Beachtung des aktuellen Vorschriften- und Regelwerkes aus. Hierzu ist zum Beispiel ein Rechtsverzeichnis, Aktualisierungsdienst oder Dokumentenmanagement erforderlich*
8. *wenden geeignete Verfahren zur Sicherstellung der kompetenzorientierten Ausbildung an*
9. *besitzen eine Prüfungsordnung."*

Hiermit schafft die Richtlinie eine qualitative Steigerung der Ausbildung und eine Vergleichsmöglichkeit für die Teilnehmenden sowie für die Arbeitgebenden, die ihre Mitarbeitenden entsprechend ausbilden lassen möchten.

8.2 Qualitätsvorgaben für die Aus- und Fortbildung

modulares System

Die Aus- und Fortbildung zum Brandschutzbeauftragten ist als modulares System aufgebaut. Dieses gliedert sich in eine theoretische Ausbildung, einen praktischen Teil sowie die erforderlichen regelmäßigen Fortbildungen (s. Abb. 8.1).

8.2.1 Grundsätze der Ausbildung

gemeinsame Rahmenbedingungen

Vor der aktuellen Richtlinie vfdb 12-09/01 schlug die Ausbildung zum Brandschutzbeauftragten unterschiedliche Richtungen ein. Daher hat man sich in dieser Richtlinie die Mühe gemacht, neben den fachlichen Inhalten auch Qualitätskriterien für die Ausbildungsorganisation zu erstellen. Diese Rahmenbedingungen sollen den Ausbildungsteilnehmern die Möglichkeit geben, das gelernte Wissen zu vertiefen und nachzuarbeiten.

zeitliche Vorgaben für die Ausbildung

Neben inhaltlichen Vorgaben (siehe Kapitel 8.3) wurden die zeitlichen Rahmenbedingungen festgelegt. Damit ein einheitlicher Mindeststandard im Ausbildungsumfang erreicht wird, bezieht sich die Richtlinie auf Unterrichtseinheiten. Die Unterrichtseinheit umfasst bei Präsenzveranstaltungen mindestens 45 Minuten. Für andere Lernformen gelten andere Regelungen, auf die zu einem späteren Zeitpunkt eingegangen wird. Die Ausbildung muss mindestens 64 Unterrichtseinheiten umfassen, und die zeitliche Aufteilung der Themen ist an die Ausbildungsinhalte anzupassen. Erfahrungsgemäß führen Veranstaltungen mit mehr als 8 Stunden Wissensvermittlung zu Demotivation und Desinteresse an den Inhalten. Daher sollten pro Tag aus pädagogischer Sicht nicht mehr als 8 Unterrichtseinheiten vermittelt werden. Der Umfang eines Ausbildungstages sollte jedoch 10 Unterrichtseinheiten nicht überschreiten.

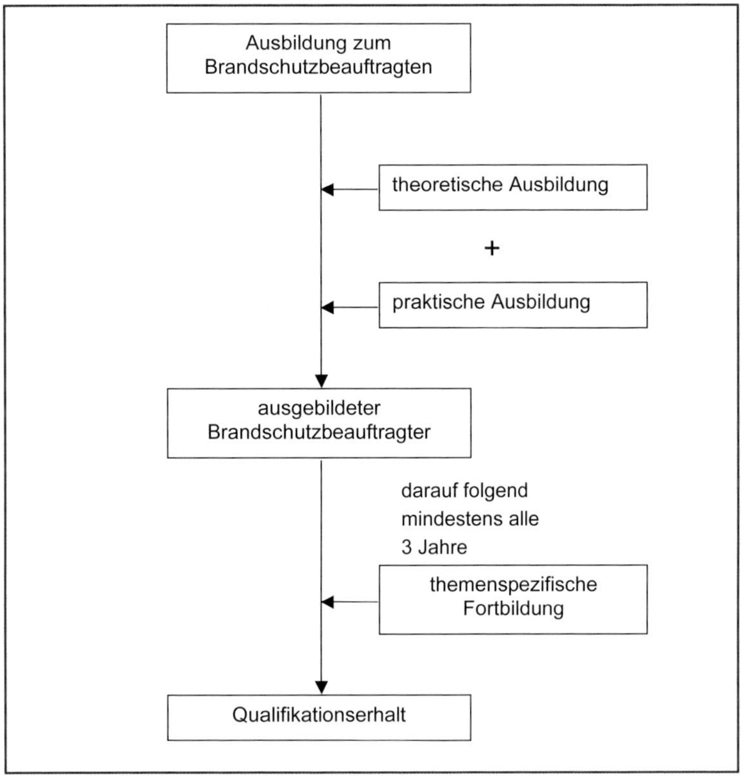

Abb. 8.1: Module der Ausbildung zum Brandschutzbeauftragten

Standarddauer 6,5 Tage

Rein rechnerisch gesehen führt dies dazu, dass die gesamte Lehrgangsdauer mindestens 6,5 Tage umfasst, sofern der Lehrgang komplett im Präsenzmodus erfolgt. Damit wird erreicht, dass sogenannte Schnellbesohlungen innerhalb von drei Tagen nicht mehr möglich sind. Hier geht die vfdb 12-09/01 einen weiteren Schritt in Richtung Standardisierung, da aktuell auf dem Markt Seminare von 3–10 Tagen Dauer angeboten werden. Wege- und Pausenzeiten sind ebenfalls aus den Unterrichtseinheiten herausgenommen.

Die Ausbildung zum Brandschutzbeauftragten muss innerhalb von zwei Jahren abgeschlossen werden.

Umfang der Abschlussprüfung

Den Abschluss des Lehrganges bilden eine schriftliche und eine mündliche Prüfung. Auch hier ist der zeitliche Umfang mit zusammen vier Unterrichtseinheiten vorgegeben und in den geforderten 64 Unterrichtseinheiten enthalten. Auf die Inhalte der Prüfung wird in Kapitel 8.5 eingegangen.

Neben den zeitlichen und inhaltlichen Rahmenbedingungen der Ausbildung werden in Kapitel 8 der vfdb 12-09/01 auch einige Vorgaben für die Fortbildung gemacht. Einerseits soll die Fortbildung regelmäßig erfolgen (mindestens alle drei Jahre mit einem Umfang von 16 Lehreinheiten). Dabei lässt die Richtlinie offen, ob die geforderten Lehreinheiten in einem oder mehreren Lehrgängen absolviert werden. Hiermit wird dem Brandschutzbeauftragten und dessen Arbeitgeber eine gewisse Flexibilität gegeben, die Fortbildungen an die Bedürfnisse des Betriebes anzupassen. Eine Aufteilung in mehr als zwei Schulungen ist jedoch als nicht sinnvoll anzusehen, da die Qualität der Schulungen aufgrund der kleinen Einheiten leidet. Zusätzlich ist zu beachten, dass der Abstand zwischen zwei Fortbildungen drei Jahre nicht überschreiten darf. Auch wird eine Dokumentation der Teilnahme an den Fortbildungen gefordert (z. B. durch eine Teilnahmebescheinigung). Die Inhalte der Fortbildung werden in Kapitel 8.6 behandelt.

zeitliche Vorgaben für die Fortbildung

Weitere Lehrgangsformen

Neben der Präsenzschulung für die Ausbildung zum Brandschutzbeauftragten beschreibt die Richtlinie erstmals in Kapitel 6 nun auch die Möglichkeit anderer Lehrgangsformen, um damit der modernen Erwachsenenbildung gerecht zu werden. Die Richtlinie hat hierzu auch mehrere mögliche Gestaltungsmöglichkeiten im Anhang aufgeführt, um den Anbietern dieser Schulungen eine erleichterte Gestaltung, Vergleichbarkeit und Anrechenbarkeit der einzelnen Schulungsphasen zu ermöglichen. Hierauf wird in Kapitel 8.6 näher eingegangen.

8.3 Inhalte der Ausbildung

Anhang 3 vfdb 12-09/01: Lehrinhalte

Die Lehrinhalte der theoretischen und praktischen Ausbildung zum Brandschutzbeauftragten werden in Anhang 2 der vfdb 12-09/01 sehr umfangreich dokumentiert. Insgesamt sind sechs Themenblöcke gebildet worden. Gegenüber vfdb 12 09/01:2014-11 wird nicht mehr der Schwerpunkt auf die Themeninhalte gelegt, sondern auf die zu erreichenden Kompetenzen innerhalb der Ausbildung. Damit entsteht ein weiterer Qualitätssprung in der Ausbildung zum Brandschutzbeauftragten, der schon mit der letzten Überarbeitung der Richtlinie begonnen wurde. Der erstmalig in der Richtlinie vfdb 12-09/01:2009-03 verankerte praktische Ausbildungsteil wurde beibehalten, damit Brandschutzbeauftragte weiterhin nicht nur theoretische Kenntnisse erwerben, sondern auch einfache praktische Regeln z. B. bei Unterweisungen von Mitarbeitern oder Brandschutzhelfern vermitteln können. Das Ziel ist, die unterschiedlichen Anbieter qualitativ anzunähern, damit die in Kapitel 6 dargestellten Aufgaben auch erfüllt werden können. Die zu erreichenden Kompetenzen sind in Tabelle 8.1 dargestellt.

praktische Übungen

Tabelle 8.1: Kompetenzen zur Ausbildung von Brandschutzbeauftragten ([1], Anhang 2)

Nummer	Kompetenzen
1	allgemeine Kompetenzen
2	baulicher Brandschutz
3	anlagentechnischer Brandschutz
4	organisatorischer Brandschutz
5	abwehrender Brandschutz
6	Kompetenzerfassung (Prüfung)

In den folgenden Kapiteln werden die Inhalte der einzelnen Kompetenzen dargestellt.

8.3.1 Allgemeine Kompetenzen

Anhang 2 vfdb 12-09/01

Im ersten der 6 Kompetenzblöcke sind nach Anhang 2 vfdb 12-09/01 dem in der Ausbildung befindlichen Brandschutzbeauftragten die allgemeinen Kompetenzen zu den folgenden Punkten zu vermitteln:

„• *Kennt[1] die einschlägigen Rechtsquellen und Erkenntnisquellen für sein Tätigkeitsgebiet und ist in der Lage, diese Dokumente sachgerecht zu interpretieren[2],*
- *kennt[1] seine Rechtsstellung im Betrieb,*
- *kann seine eigene Verantwortung und Haftung einschätzen[2] und erläutern[2].*
- *Kennt[1] seine internen und externen Ansprechpartner,*
- *ist in der Lage, seinen fachlichen Standpunkt deutlich darzustellen[2] und gegenüber Dritten nachdrücklich zu vertreten[2],*
- *versteht[2] die wesentlichen physikalisch-chemischen Grundlagen der Verbrennung und des Löschens,*
- *kann die Bedeutung des Brandschutzes für Betriebe und Organisationen darstellen[2],*
- *kann die mögliche Gefahren und Schäden, die für Mensch, Tiere, Gebäude, Sachen, Produktionseinrichtungen und -abläufe sowie die Umwelt durch Brand entstehen, Dritten vermitteln[2],*
- *kann die Auswirkungen von Brandfolgeprodukten auf die Gesundheit von Menschen erläutern[2],*
- *kennt[1] wesentliche Zündquellen und Brandursachen und kann Maßnahmen zu deren Beseitigung vorschlagen[5].*“

(Anmerkung: Die hochgestellten Ziffern bezeichnen die Kompetenzstufen.)

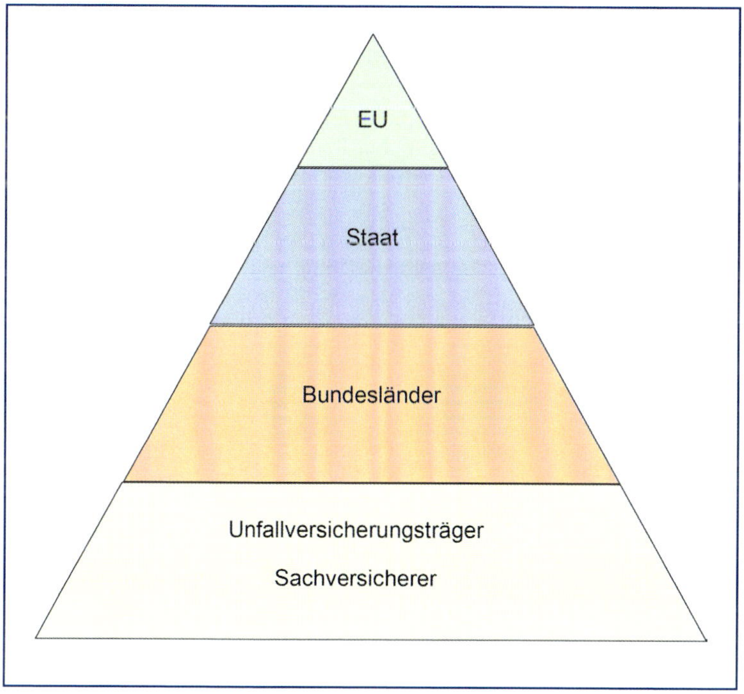

Abb. 8.2: Rechtsstruktur des Brandschutzes in Europa

Rechts- und Erkenntnisquellen

Die Rechtsstruktur des Brandschutzes mit den Akteuren Europäische Union (EU), Staat bzw. Bundesländer, Unfallversicherungsträger sowie Sachversicherer stellt sich wie in Abb. 8.2 dar.

Als Quellen für die Schulungsinhalte sind heranzuziehen: Rechtsquellen

- EU-Verordnungen,
- EU-Richtlinien,
- ArbStättV [2],
- Arbeitsstätten-Richtlinien (ASR),
- BetrSichV [3],
- Bauordnungen,
- Sonderbauverordnungen und -richtlinien wie MVKVO [4], MVStättVO [5], Muster-Beherbergungsstättenverordnung (MBeVO) [6], Muster-Garagenverordnung (M-GarVO) [7], MHHR [8], MIndBauRL [9], Muster-Schulbau-Richtlinie (MSchulbauR) [10],
- DGUV Information 211-041 [11],
- VdS-Richtlinien,
- vfdb 12-09/01 [1],
- DGUV Information 205-003 [1],
- VdS 3111 [1] und
- verschiedene DIN Normen.

Aus den vorgenannten Verordnungen, Richtlinien und Unfallverhütungsvorschriften sollen die enthaltenen Brandschutzaspekte vermittelt werden. Mehrere dieser Verordnungen und Richtlinien werden tiefer gehend in den folgenden Kapiteln angesprochen. Daher geht es hier nur um die Vermittlung wesentlicher Rechts- und Erkenntnisquellen. Je nach Vorqualifikation der Teilnehmer sind die Lehrgangsinhalte anzupassen.

Rechtsstellung, Verantwortung und Haftung

Der Brandschutzbeauftragte hat seine Rechtsstellung im Betrieb zu kennen sowie seine eigene Verantwortung und Haftung einzuschätzen und zu erläutern. Hierzu finden sich ausführliche Informationen in den Kapiteln 2, 3 und 4.

Interne und externe Ansprechpartner

In Kapitel 3 wurde bereits ausführlich auf die Brandschutzorganisation innerhalb eines Unternehmens eingegangen. Je nachdem, wie diese Brandschutzorganisation aufgebaut ist, ergeben sich die internen Ansprechpartner für den Brandschutzbeauftragten.

Als externe Ansprechpartner gelten beispielsweise:

- Fachexperten im Brandschutz
- Brandschutzbehörden
- Feuerwehren
- Feuerversicherer

Darstellung und Vertretung des fachlichen Standpunktes

In der heutigen Zeit wird es immer wichtiger, dass der Brandschutzbeauftragte neben seiner fachlichen Kompetenz auch persönliche Kompetenzen einsetzt. Dazu gehört, dass er sich präsentieren kann, Durchsetzungsvermögen besitzt und es auch bewusst einsetzt. Diese sogenannten Soft Skills erlangen immer mehr Bedeutung und sollten daher auch in der Ausbildung eingesetzt und unterstützt werden.

Physikalisch-chemische Grundlagen der Verbrennung und des Löschens

Ziel ist es, dass der zukünftige Brandschutzbeauftragte die wesentlichen physikalisch-chemischen Grundlagen der Verbrennung und des Löschens versteht. Dabei sind auch die unterschiedlichen Arten von Bränden zu behandeln.

Diese noch sehr allgemeine Kompetenz schlüsselt sich weiter auf in die beiden folgenden Schwerpunktkompetenzen:

- Grundlagen für Brände:
  stoffliche Voraussetzungen, zündfähiges Gemisch, energetische Voraussetzungen, Brandausbreitung, Zündquellen, Brandursachen
- chemisch-physikalische Grundlagen:
  Verbrennungstemperatur, Zündtemperatur, Brennpunkt, Flammpunkt, Arten der Verbrennung

Neben diesen Schwerpunktkompetenzen können weitere Kompetenzen integriert werden.

Bedeutung des Brandschutzes für Betriebe und Organisationen

Auch in diese Kompetenz zahlen viele der in Kapitel 3 vorgestellten Themen ein, sodass hier eine gute Grundlage für die Erlangung der Kompetenz in der Ausbildung geschaffen ist.

Gefahren und Schäden durch Brände

Um diese Kompetenz zu erlangen, ist es zunächst erforderlich, dass man sich über die Brandrisiken bewusst wird, damit man anschließend die Gefahren und Schäden durch Brände beurteilen sowie diese vermitteln kann.

Brandrisiken innerhalb des Betriebes

Das Brandrisiko ist der zu erwartende Schaden durch ein Feuer. Dieser ist definiert als der wahrscheinliche Schadeneintritt in Abhängigkeit vom Schadenausmaß oder von der Häufigkeit des Auftretens eines unerwünschten Ereignisses. Definition

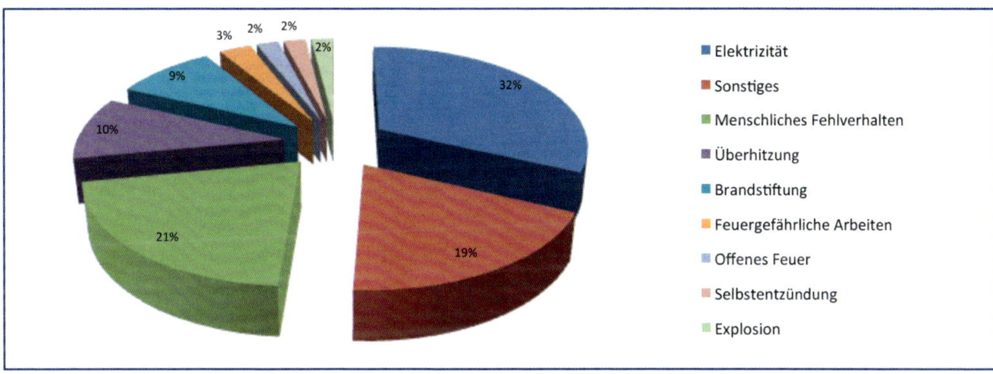

Abb. 8.3: Brandursachenstatistik 2021, Quelle: IFS-Schadendatenbank; Institut für Schadenverhütung und Schadenforschung der öffentlichen Versicherer e. V.

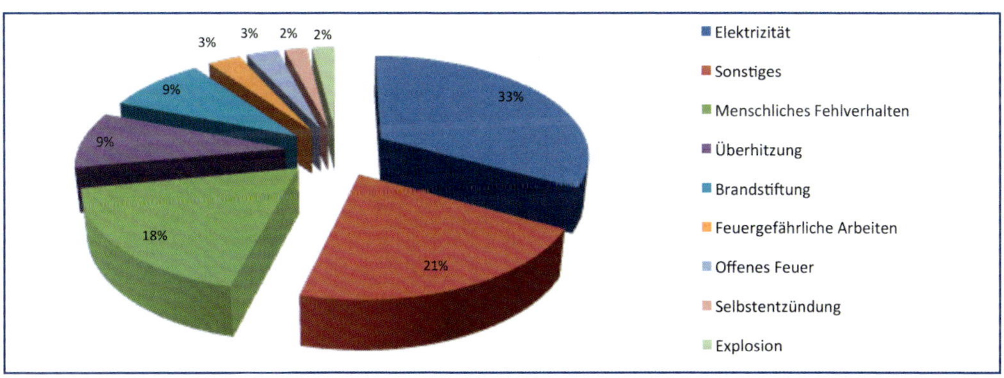

Abb. 8.4: Gesamtstatistik der Brandursachen der Jahre 2002 bis 2021, Quelle: IFS-Schadendatenbank; Institut für Schadenverhütung und Schadenforschung

Gruppenarbeit

Die Brandrisiken der einzelnen Brandursachen sind in der Ausbildung zu vermitteln. Dies wäre u. a. eine Aufgabe für eine Gruppenarbeit.

Beispiel Hochregallager

Brandrisiken durch bauliche Anlagen: Durch die unterschiedliche Gestaltung bei der Planung von Gebäuden entstehen erhöhte Brandrisiken. Eine erhöhte Brandgefährdung liegt bei großflächigen Brandabschnitten oder z. B. in Hochregallagern aufgrund der Höhe der Lagerung vor. In Hochregallagern ist im Brandfall auch mit einer sehr schnellen Ausbreitung des Brandes zu rechnen. In Lagerhallen werden die unterschiedlichsten Güter und Materialien gelagert, was zu sehr gefährlichen Brandrauchen im Falle eines Brandes führt. Daher ist heute bei der Planung von Gebäuden die Gefährdung durch Brand mitzubedenken.

Gesichtspunkte bei der Planung

Bei der Planung von Gebäuden sind die folgenden Punkte zu berücksichtigen:

- Nutzung der Anlagen,
- Rettungswege,
- Flächen für die Feuerwehr,
- Wände und Decken,
- Nutzung der Räume,
- Feuerungsanlagen,
- haustechnische Anlagen,
- Lüftungs- und Klimaanlagen,
- Gefahrenmeldeanlagen,
- Alarmierungsanlagen.

Unachtsamkeit von Mitarbeitern

Brandrisiken durch betriebliche Nutzung: Das größte Risiko bei der betrieblichen Nutzung von Gebäuden ist die Haltung von Mitarbeitern, die in Aussagen wie: „Was soll denn bei uns schon brennen?" oder: „Hier hat es noch nie gebrannt." zum Ausdruck kommen. Betriebsblindheit und Unachtsamkeit von Mitarbeitern gehören zu den häufigsten Ursachen für die Entstehung von Bränden. Die oben genannten Aussagen zeigen auch die mangelnde Sensibilität der Mitarbeiter gegenüber den Brandgefahren. Dem muss mittels Informationen und Gesprächen entgegengewirkt werden.

zusätzliche hohe Gefährdung

Brandrisiken durch explosionsfähige, brennbare oder brandfördernde Stoffe: Gase, brennbare Flüssigkeiten oder Stäube benötigen nur eine geringe Zündenergie, um zu brennen. Gase und brennbare Flüssigkeiten zählen in der Regel auch zu den Gefahrstoffen und können, wie auch Stäube, eine explosionsfähige Atmosphäre erzeugen. Mögliche explosionsfähige Atmosphären sind im Hinblick auf den Brandschutz eine zusätzliche hohe Gefährdung, die bei der Planung der Brandschutzeinrichtungen und der elektrischen Betriebsmittel besonders zu betrachten ist. Leider wird die Möglichkeit einer explosionsfähigen Atmosphäre in vielen Fällen unterschätzt, sodass es häufiger zu Verpuffungen kommt, da die Mitarbeiter nicht ausreichend über diese Gefährdung unterrichtet wurden. Ein Brand kann eine Folge einer Explosion sein. Es ist aber auch umgekehrt möglich, dass eine Explosion einem Brand folgt.

Abb. 8.5: Unterflurhydrant (© Dieter Schütz/PIXELIO)

Abb. 8.6: Oberflurhydrant (© segovax/PIXELIO)

Überhitzung, Einschalten

Brandrisiken durch elektrische Anlagen: Elektrische Anlagen sind die Hauptursache für die Entstehung von Bränden. Die Überhitzung der elektrischen Anlagen und Betriebsmittel spielt hierbei eine wesentliche Rolle. Auch die Einschaltvorgänge sind nicht zu unterschätzen, da zu diesem Zeitpunkt die meiste Energie fließt.

zentrale Löschwasserversorgung

unabhängige Löschwasserversorgung

Brandrisiken durch Löschwasserversorgung und -entsorgung: Die beiden Begriffe Versorgung und Entsorgung bedürfen der Erläuterung. Mit Versorgung ist z. B. die Löschwasserversorgung rund um das Unternehmen gemeint. Es gibt zwei Arten von Löschwasserversorgung: zentrale Löschwasserversorgung und unabhängige Löschwasserversorgung. Bei der zentralen Löschwasserversorgung erfolgt die Wasserzuführung durch ein Rohrleitungsnetz von einem zentralen Wasserversorger. Die unabhängige Löschwasserversorgung hingegen stützt sich auf Wasservorräte, die von einem Rohrnetz mit zentraler Versorgung unabhängig sind.

Entsorgung

Die Entsorgung betrifft alle Maßnahmen, die während und nach einem Brand getroffen werden müssen, um beispielsweise das Löschwasser aufzufangen, damit es nicht in das zentrale Abflussnetz gelangt. Wie dies geschieht, ist abhängig von der Art des Betriebes und den landschaftlichen Gegebenheiten rund um das Gebäude.

Energieträger

Brandrisiken durch Energieversorgung und Abfallentsorgung: Die Energieversorgung beinhaltet die folgenden Energieträger, von denen eine mehr oder weniger hohe Brandgefährdung ausgeht: Mineralöl, Steinkohle, Braunkohle, Erdgas, Kernenergie, Wasserkraft, Windkraft.

Auch die Lagerung und die Entsorgung von Abfällen kann eine Brandgefährdung darstellen. Dieser Bereich ist ebenfalls in der Ausbildung zum Brandschutzbeauftragten zu berücksichtigen.

Brandrisiken durch Brandstiftung: Unter Brandstiftung versteht man das vorsätzliche oder fahrlässige Legen eines Brandes. Ein Großteil von Brandstiftungen dient u. a. dem Versicherungsbetrug oder der Vertuschung von Straftaten. Die Brandstiftung belegt unter den Brandursachen einen der vorderen Plätze (siehe Abb. 8.3 und 8.4), schließlich entstehen ca. ein Zehntel aller Brände durch Brandstiftung. Nicht zu unterschätzen ist der Anteil der Angestellten eines Unternehmens, die einen Brand legen, da sie sich rächen und Aufmerksamkeit erlangen möchten.

Der deutsche Gesetzgeber unterscheidet die folgenden Schweregrade bei der Brandstiftung:

- Herbeiführung einer Brandgefahr,
- fahrlässige Brandstiftung,
- schwere Brandstiftung,
- besonders schwere Brandstiftung,
- Brandstiftung mit Todesfolge.

Gefährdung von Personen aufgrund von Anzahl, Art und Verteilung im Betrieb

Ortskenntnis, Behinderung

Ein ebenfalls nicht zu unterschätzendes Risiko entsteht durch die Anzahl der anwesenden Personen im Gebäude. Zu berücksichtigen sind hierbei u. a. auch die Ortskenntnis und der eventuelle Behinderungsgrad der anwesenden Personen. Wenn sich ein Großteil der Personen nicht regelmäßig oder teilweise nur einmalig im Gebäude aufhält, ist dies bei der Risikobewertung zu beachten.

Besondere Gefährdungen

Eine besondere Gefährdung liegt vor, wenn der Eintritt eines Schadens sehr wahrscheinlich oder der Eintritt des Schadens nicht mehr abzuwenden oder der Schaden in Art und Umfang besonders schwer ist. Die besondere Gefährdung bemisst sich nach der Schwere des möglichen Schadens und der Wahrscheinlichkeit des Schadenseintritts. Im Folgenden werden drei besondere Gefährdungen näher erläutert.

Ausfall und Außerbetriebnahme von Brandschutzeinrichtungen

Der Ausfall oder die Außerbetriebnahme von Brandschutzeinrichtungen führt dazu, dass eine schnellstmögliche Branderkennung oder Alarmierung verhindert wird. Daher sind hier besondere Schutzmaßnahmen einzuleiten. Zu diesen Brandschutzeinrichtungen zählen:

- Brandmeldeanlagen, bestehend aus Brandmeldezentrale und Unterzentralen, Einschüben mit Brandmeldelinien, Brandmeldelinien und automatische Brandmelder bzw. Handfeuermelder, Brandschutzklappen in Lüftungskanälen,
- Entrauchungsklappen in Kanälen,
- Rauch- und Wärmeabzugsgeräte in Dächern von Gebäuden,
- Brandschutztüren ohne und mit Tür-Feststellanlagen,

- stationäre Sprühwasserlöschanlagen,
- stationäre Gaslöschanlagen einschließlich ihrer jeweiligen Löschmedienversorgung,
- stationäre Löschwasserpumpen und
- Löschwasserhydranten ohne/mit Schaumzumischer.

Hier ist es sinnvoll zu ermitteln, welche Folgen der Ausfall einer oder mehrerer der oben genannten Brandschutzeinrichtungen haben kann. Ein Weg, der dabei hilfreich sein kann, ist die Erstellung eines Fehlerbaums.

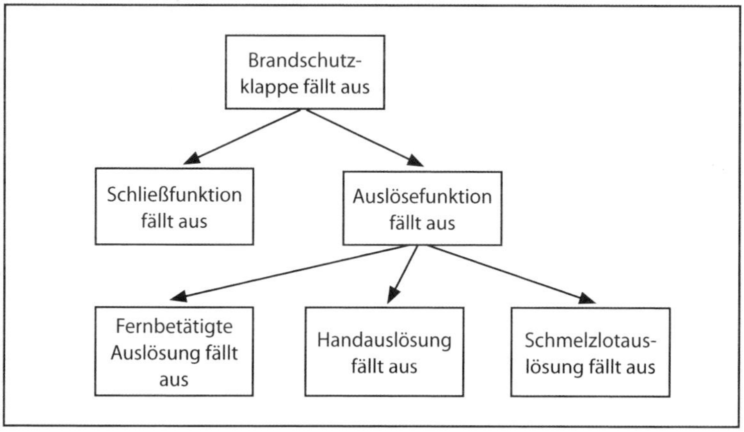

Abb. 8.7: Fehlerbaum für den Ausfall von Brandschutzklappen

Für jeden der in der Abbildung 8.7 aufgezeigten Fälle ist zu ermitteln, welche Gefährdungen entstehen, ob und wenn ja, wie man diesen begegnet.

Auswirkungen von Brandfolgeprodukten

Eine gute Grundlage für die Kompetenz bietet die VdS 2357 „Richtlinien zur Brandschadensanierung" [12], die auch eine gute Definition enthält. Brandfolgeprodukte sind demnach: VdS 2357

„*[…] Stoffe,*

- *die bereits vor dem Brand vorhanden waren und durch den Brand oder die Löscharbeiten freigesetzt wurden, als auch die Stoffe,*
- *die sich durch den Brand, den Kontakt mit Löschwasser bzw. Löschmitteln und anderen Einwirkungen gebildet haben.*"

Wichtig bei der Beurteilung von Brandfolgeprodukten ist, dass sie eine Vielzahl toxischer Substanzen enthalten können. Hier spielt die Gefährdungsbeurteilung eine wichtige Rolle. In deren Rahmen ist zu ermitteln, welche Gefährdungen durch die Brandfolgeprodukte auftreten können und wie sie wirksam vermieden werden. Hierzu wurde bereits in Kapitel 5 die Basis für die Erstellung derselben gelegt.

Der Brandschutzbeauftragte benötigt die Kompetenz, diese Gefahren vermitteln zu können, damit vorbeugend geeignete Maßnahmen geplant und umgesetzt werden.

Nach einem Brand empfiehlt es sich, die entsprechend der Gefährdungsbeurteilung vorgesehenen Maßnahmen umzusetzen. Hierzu bietet die oben genannte Richtlinie einen guten Handlungsleitfaden.

Zündquellen, Brandursachen und Maßnahmen zur Beseitigung

Der Brandschutzbeauftragte hat die wesentlichen Zündquellen und Brandursachen zu kennen und kann zu deren Beseitigung Maßnahmen vorschlagen. Im Folgenden werden hierzu mögliche Zündquellen dargestellt und eine Herangehensweise zur Entwicklung möglicher Maßnahmen vorgestellt.

Feuerarbeiten

Feuerarbeiten sind Arbeiten, die unter Zuhilfenahme von Feuer verrichtet werden. Sie werden auch feuergefährliche Arbeiten genannt und fallen in der Regel bei Reparatur-, Montage- und Demontagearbeiten, wie Schweißen, Trennschleifen, Löten und Brennschneiden an. Sie sind eine häufige Brandursache.

Brände können z. B. entstehen durch:

- offene Flammen,
- elektrische Lichtbögen,
- Schweiß-, Schneid- und Schleiffunken,
- abtropfendes glühendes Metall,
- Wärmestrahlung,
- Wärmeleitung stark erhitzter Werkstoffteile,
- heiße Oberflächen,
- heiße Gase.

Schleiffunken können auch noch in Entfernungen von 10 m und mehr brennbare Stoffe zünden. Aus diesem Grund sollten im Betrieb grundsätzlich Feuerarbeiten außerhalb hierfür ständig eingerichteter Arbeitsplätze untersagt sein. Sind solche Arbeiten unvermeidlich, muss eine schriftliche Genehmigung durch den Betriebsleiter oder seinem dafür Beauftragten erteilt werden (Erlaubnisschein für feuergefährliche Arbeiten). Damit wird das durchführende Personal (sowohl eigenes wie auch fremdes) verpflichtet, alle erforderlichen Vorsichtsmaßnahmen zu ergreifen und zu beachten.

Fremdfirmen

Durch den Einsatz von Fremdfirmen auf dem Betriebsgelände, in der Einrichtung etc. können zusätzliche Gefährdungen entstehen. Daher hat es sich als förderlich erwiesen, sich vor dem Einsatz von Fremdfirmen Gedanken darüber zu machen, welche eventuell zusätzlich auftretenden Brandgefährdungen entstehen können.

Um diese möglichen Gefährdungen zu ermitteln, zu beurteilen und

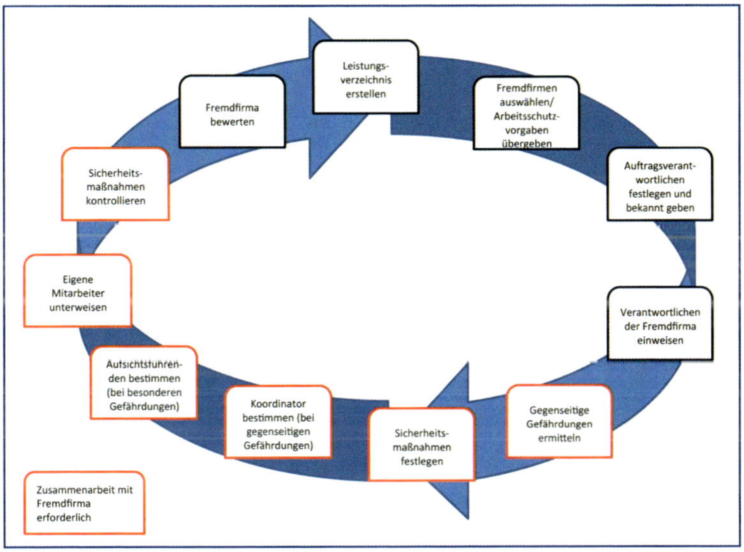

Abb. 8.8: Vorgehensweise Fremdfirmeneinsatz aus Sicht des Arbeitgebers (nach DGUV Information 215-830)

letztendlich geeignete Schutzmaßnahmen festlegen zu können, verpflichtet § 8 des Arbeitsschutzgesetzes (ArbSchG) die verschiedenen Arbeitgeber zur Zusammenarbeit.

Fremdfirmenmitarbeiter müssen über die Sicherheitsbestimmungen – dazu gehört auch der Brandschutz – informiert werden, die während des Aufenthaltes auf dem gesamten Betriebsgelände einzuhalten sind. Diese Arbeitsschutzbestimmungen sollten dem Unternehmer der Fremdfirma vor Aufnahme der Tätigkeiten überreicht werden, damit er seine Mitarbeiter entsprechend unterweisen kann. Bestenfalls werden diese in einem Vertrag verankert.

Folgende Inhalte können Bestandteil sein:

- grundlegende Verhaltensregeln wie z. B. Rauchverbote, Verhalten beim Betreten des Geländes, Notsignale, usw.,
- wichtige Rufnummern (Notarzt, Feuerwehr, Polizei, Sicherheitsbeauftrage, Ersthelfer usw.),
- Informationen über besondere Gefährdungen/Arbeitsschutzmaßnahmen
- Verhalten auf Verkehrswegen,
- Informationen zum Brandschutz,
- Erste Hilfe,
- Umweltschutzmaßnahmen.

Auswahl geeigneter Brandschutzmaßnahmen

Betriebe tun sich immer schwer, die geeigneten Brandschutzmaßnahmen festzulegen. Daher ist es sehr wichtig, dass sie von Fachleuten, in diesem Fall von Brandschutzbeauftragten, unterstützt werden.

Kosten außen vor lassen

Auswahl geeigneter Löschmittel: Für die Auswahl geeigneter Löschmittel ist die Gefährdungsbeurteilung heranzuziehen. In der Gefährdungsbeurteilung wird u. a. das Gefährdungspotential hinsichtlich einer Brandgefährdung festgestellt. Anhand dieser Feststellung, die sinnvollerweise orts- und betriebsspezifisch erfolgen muss, kann man die geeigneten Löschmittel auswählen. Wichtig ist, dass dabei die Kosten für die unterschiedlichen Löschmittel möglichst „außen vor gelassen" werden. Den in der Schulung befindlichen Brandschutzbeauftragten sind mittels einer Übung die Auswahlkriterien für Löschmittel zu veranschaulichen.

im Brandschutzkonzept

Auswahl geeigneter Löscheinrichtungen: Da der Brandschutzbeauftragte in der Regel nicht in die Planung von Gebäuden einbezogen wird, wird er auch meistens nicht dazu befragt, welche Löscheinrichtungen sinnvoll sind. Diese Aufgabe wird in der Regel von Architekten oder Brandschutzsachverständigen im Rahmen der Erstellung des Brandschutzkonzeptes übernommen. Trotzdem ist es wichtig, dass der Brandschutzbeauftragte die Löschanlagen einstufen und bewerten kann.

Organisation mit Leben füllen

Auswahl einer geeigneten Organisation: Es ist für ein Unternehmen bzw. eine Einrichtung geradezu „überlebenswichtig", dass die organisatorischen Maßnahmen konsequent umgesetzt werden, um einen Brand oder eine Explosion aufgrund von im Betrieb vorhandener Gefährdungen zu vermeiden. Der präventive Ansatz zur Brandvermeidung beginnt immer mit einer gut strukturierten Brandschutzorganisation in Verbindung mit der Umsetzung der gesetzlichen Vorgaben. Daneben ist es wichtig, dass der Arbeitgeber diesen theoretischen Vorgaben auch „Leben einhaucht", indem alle Mitarbeiter so sensibilisiert werden, dass das Handeln nach diesen Vorgaben quasi in Fleisch und Blut übergeht.

8.3.2 Baulicher Brandschutz

Dieser Themenblock ist von den Inhalten her ähnlich umfangreich wie der vorherige. Hier geht es um die speziellen Aspekte des baulichen Brandschutzes.

vfdb 12-09/01

Man kann sich die Frage stellen, wofür ein Brandschutzbeauftragter Kenntnisse des baulichen Brandschutzes braucht, da er ja nur für den vorbeugenden organisatorischen Brandschutz als Ansprechpartner dient. Blickt man jedoch auf die in Kapitel 6 dargestellten Aufgaben des Brandschutzbeauftragten, merkt man schnell, dass einige dieser Aufgaben nur erfüllt werden können, wenn auch ein Grundwissen zum baulichen Brandschutz vorhanden ist. Daher ist dieser Themenblock ein wichtiger Bestandteil des Lehrganges zum Brandschutzbeauftragten und enthält nach vfdb 12-09/01 folgende Themen:

Der Brandschutzbeauftragte oder die Brandschutzbeauftragte

- *„kann Gebäuden den Gebäudeklassen zuordnen*[1]*,*
- *erkennt, ob ein Gebäude einen Sonderbau darstellt*[1]*,*
- *versteht*[2] *die wesentlichen Maßnahmen und Konzepte im baulichen Brandschutz (z. B. notwendiger Flur, notwendiger Treppenraum, Schottung, Brandwand) und kann Dritten die Wichtigkeit der entsprechenden Maßnahmen erläutern*[2]*,*
- *kann den Ist- und Sollzustand für die Flucht- und Rettungswege sowie Notausgänge beurteilen*[5]*,*
- *versteht*[2] *die Klassifizierung von Baustoffen und Bauteilen,*
- *kann Anforderungen an Baustoffe und an Bauteile aus Brandschutzkonzepten und Vorschriften entnehmen*[1]*,*
- *kennt*[1] *die Bedeutung der Löschwasserversorgung und die wichtigsten Möglichkeiten, wie diese gewährleistet werden kann,*
- *kennt*[1] *die Wichtigkeit der Löschwasserrückhaltung und kennt*[1] *wesentliche Maßnahmen dafür,*
- *kennt*[1] *die Bedeutung der Flächen für die Feuerwehr und kann diese Dritten vermitteln*[2]*,*
- *kann offensichtliche Abweichungen von regulären Zuständen von Bauteilen erkennen und beschreiben*[4]*.“*

(Anmerkung: Die hochgestellten Ziffern bezeichnen die Kompetenzstufen.)

Bevor auf die einzelnen Themen eingegangen wird, ist es jedoch wichtig, dass der Brandschutzbeauftragte diverse Vorschriften und Normen kennenlernt, die in den folgenden Abschnitten dargestellt werden.

Bauordnungen der Länder, Sonderbauordnungen

Grundlage: jeweilige LBO

In den Bauordnungen der Länder (LBO) sind einige Paragraphen, die auf den Brandschutz Bezug nehmen. Leider ist jede landesspezifische Bauordnung anders aufgebaut, sodass hier nicht auf einzelne Paragraphen der länderspezifischen Bauordnungen Bezug genommen wird, sondern auf die Musterbauordnung (MBO) [13]. Der Brandschutzbeauftragte muss seiner Tätigkeit unbedingt die jeweils gültige LBO zugrunde legen.

§ 14 MBO

In § 14 MBO wird auf den Brandschutz allgemein eingegangen:

„Bauliche Anlagen sind so anzuordnen, zu errichten, zu ändern und instand zu halten, dass der Entstehung eines Brandes und der Ausbreitung von Feuer und Rauch (Brandausbreitung) vorgebeugt wird und bei einem Brand die Rettung von Menschen und Tieren sowie wirksame Löscharbeiten möglich sind.“

Daneben enthält die MBO weitere Paragraphen, die sich auf den Brandschutz auswirken und daher in der Schulung zu vermitteln sind. Hierzu gehören auszugsweise:

- § 2 Begriffe
- § 5 Zugänge und Zufahrten auf den Grundstücken
- § 11 bis § 25 zu Bauprodukten

- § 26 bis § 32 zu Brandverhalten von Baustoffen und Bauteilen; Wände, Decken, Dächer
- § 33 bis § 38 zu Rettungswegen, Öffnungen, Umwehrungen
- § 39 bis § 46 zu Technischer Gebäudeausrüstungen

Die Musterbauordnung ist die wesentliche Grundlage zur Vermittlung des Themas baulicher Brandschutz.

Sonderbauordnungen der Länder

Neben den Bauordnungen der Länder sind zusätzlich die einzelnen Sonderbauordnungen der Länder zu berücksichtigen. Da auch hier wieder Länderrecht gilt, werden im Folgenden nur die Sonderbauordnungen aufgelistet, die nicht unbedingt in jedem Bundesland verabschiedet sind:

- MBeVO [6],
- M-GarVO [7],
- MVKVO [4],
- MVStättVO [5]
- MHHR [8],
- MSchulbauR [10].

In der Verordnung über Bau und Betrieb von Sonderbauten (Sonderbauverordnung – SBauVO) vom 08. August 2022 [14] ist ein Brandschutzbeauftragter für Hochhäuser in dem Bundesland Nordrhein-Westfalen zu bestellen. Der Brandschutzbeauftragte ist für Bestandsbauten und Neubauten von dem jeweiligen Eigentümer oder dem Betreiber zu bestellen. Der Originaltext im Auszug lautet wie folgt:

„Kapitel 3
Betriebsvorschriften für Hochhäuser
§ 118 Verantwortliche Personen

(1) Die Eigentümerin oder der Eigentümer des Hochhauses ist für die Einhaltung der öffentlich-rechtlichen Vorschriften verantwortlich.

(2) Die Eigentümerin oder der Eigentümer hat für Hochhäuser, mit Ausnahme von Hochhäusern mit nicht mehr als 30 m Höhe und mit Nutzungseinheiten mit nicht mehr als 200 m² Grundfläche über dem ersten Obergeschoss, geeignete und mit dem Hochhaus und dessen technischen Einrichtungen vertraute **Brandschutzbeauftragte** *zu bestellen und der Brandschutzdienststelle zu benennen. Die* **Brandschutzbeauftragten** *haben die Aufgabe, die Einhaltung des genehmigten Brandschutzkonzeptes und der sich daraus ergebenden Anforderungen an den betrieblichen Brandschutz zu überwachen und den Eigentümern festgestellte Mängel zu melden.*

(3) Die Eigentümerin oder der Eigentümer kann die Verpflichtungen nach Absatz 1 durch schriftliche Vereinbarung auf Betreiberinnen oder Betreiber übertragen, wenn diese oder deren Beauftragte mit dem Hochhaus und dessen Einrichtungen vertraut sind. Die Verantwortung der Eigentümer bleibt unberührt.

Technische Baubestimmungen

Regelmäßig veröffentlicht die ARGEBAU (Bauministerkonferenz Konferenz der für Städtebau, Bau- und Wohnungswesen zuständigen Minister und Senatoren der Länder) eine Muster-Liste der „Technischen Baubestimmungen". Sie enthält technische Regeln für die Planung, Bemessung und Konstruktion baulicher Anlagen und ihrer Teile, deren Einführung als Technische Baubestimmungen auf der Grundlage des § 3 Abs. 3 MBO erfolgt. Technische Baubestimmungen sind allgemein verbindlich, da sie nach § 3 Abs. 3 MBO beachtet werden müssen.

Diese Muster-Liste ist in den einzelnen Ländern umzusetzen.

Tabelle 8.2: Stand der Umsetzung der Muster-Liste der Technischen Baubestimmungen in den Ländern (Stand 22.08.2023) (Quelle: IS-ARGEBAU)

Land	Titel	Fundstelle	Muster-Liste
Baden-Württemberg	Bekanntmachung des Ministeriums für Landesentwicklung und Wohnen zur Verwaltungsvorschrift Technische Baubestimmungen vom 12. Dezember 2022 – AZ.: MLW21-26-11/2	GABl. vom 28.12.2022, S. 1187	Januar 2021
Bayern	Vollzug des Art. 81a Abs. 1 Satz 1 der Bayerischen Bauordnung; Bayerische Technische Baubestimmungen (BayTB); Bekanntmachung des Bayerischen Staatsministerium für Wohnen, Bau und Verkehr vom 25. April 2022, Az. 28-4130-3-8	BayMBl. 2022 Nr. 334	Januar 2021
Berlin	Verwaltungsvorschrift Technische Baubestimmungen (VV TB Bln) vom 28. März 2023	ABl. 2023, S. 2483	Januar 2021
Brandenburg	Verwaltungsvorschrift Technische Baubestimmungen – VV TB – Bekanntmachung des Ministeriums für Infrastruktur und Landesplanung vom 3. Mai 2023	ABl. 2023, S. 492	Januar 2023
Bremen	Neufassung der Bremischen Klarstellungen und Abweichungen von der Muster-Verwaltungsvorschrift Technische Baubestimmungen des Deutschen Institutes für Bautechnik vom 27. Januar 2022	Brem.ABl. 2022, S. 67	Januar 2023

Fortsetzung Tabelle 8.2: Stand der Umsetzung der Muster-Liste der Technischen Baubestimmungen in den Ländern (Stand 22.08.2023) Quelle: IS-ARGEBAU

Hamburg	Erlass der Verwaltungsvorschrift Technische Baubestimmungen (VV TB) vom 20. Mai 2022	Amtl. Anz. 2022, S. 721	Januar 2021
Hessen	Hessische Verwaltungsvorschrift Technische Baubestimmungen (H-VV TB) (Umsetzung der Muster-Verwaltungsvorschrift Technische Baubestimmungen Ausgabe 2023/1) vom 1. August 2023	StAnz. 2023, S. 1079	Januar 2023
Mecklenburg-Vorpommern	Verwaltungsvorschrift Technischen Baubestimmungen M-V (VV TB M-V); Erlass des Ministeriums für Inneres, Bau und Digitalisierung vom 5. Januar 2023	AmtsBl. M-V 2023, S. 44	Januar 2023
Niedersachsen	Verwaltungsvorschrift Technische Baubestimmungen (VV TB) – Fassung März 2022; RdErl. d. MU v. 1. April 2022 – VORIS 21072 – geändert durch RdErl. v. 27. Juli 2022	Nds. MBl. 14/2022, S. 508, 30/2022, S. 1067	Januar 2021
Nordrhein-Westfalen	Verwaltungsvorschrift Technische Baubestimmungen NRW (VV TB NRW); Runderlass des Ministeriums für Heimat, Kommunales, Bau und Gleichstellung vom 15. Juni 2021, geändert durch Runderlass vom 17. Juli 2022	MBl. NRW. 2021, S. 444, MBl. NRW. 2022, S. 654	Januar 2021
Rheinland-Pfalz	Bekanntmachung von Technischen Baubestimmungen (VVTB) – Verwaltungsvorschrift des Ministeriums der Finanzen vom 8. Mai 2022	MinBl. RP 2022, S. 60	Januar 2021
Saarland	Verwaltungsvorschrift Technische Baubestimmungen (VVTB) Erlass des Ministeriums für Inneres, Bauen und Sport zur Änderung der Muster-Verwaltungsvorschrift Technische Baubestimmungen (MVV TB) vom 14. Juni 2022	Amtsbl. 2022, S. 1023	Januar 2021

Fortsetzung Tabelle 8.2: Stand der Umsetzung der Muster-Liste der Technischen Baubestimmungen in den Ländern (Stand 22.08.2023) Quelle: IS-ARGEBAU

Sachsen	Verwaltungsvorschrift des Sächsischen Staatsministeriums für Regionalentwicklung zur Geltung der Technischen Baubestimmungen (VwV TB) vom 6. Januar 2021	SächsABl. 3/2021, S. 52	Januar 2019
Sachsen-Anhalt	Verwaltungsvorschrift zur Einführung Technischer Baubestimmungen (VV TB); RdErl. des MID vom 20. April 2022 – 25/24011/05	MBl. LSA Nr. 21/2022	Januar 2021
Schleswig-Holstein	Verwaltungsvorschrift – Technische Baubestimmungen SH – (VV TB SH Ausgabe Mai 2022); Erlass des Ministeriums für Inneres, Kommunales, Wohnen und Sport vom 19. Juli 2022 – IV 531 – 516.50 –	Amtsbl. Schl.-H. 38/2022, S. 1031	Januar 2021
Thüringen	Verwaltungsvorschrift des Thüringer Ministeriums für Infrastruktur und Landwirtschaft zur Einführung Technischer Baubestimmungen (ThürVVTB) vom 14. November 2022	ThürStAnz Nr. 46/2022, S. 1387	Januar 2021

DIN 4102 bzw. EN-Normen, Baustoffe und Bauteile

DIN 4102 „Brandverhalten von Baustoffen und Bauteilen" hat aktuell 20 Teile. Im Rahmen der Ausbildung zum Brandschutzbeauftragten ist vor allem auf folgende Normen einzugehen:

- DIN 4102-1:1998-05 „Brandverhalten von Baustoffen und Bauteilen – Teil 1: Baustoffe; Begriffe, Anforderungen und Prüfungen"[15]
- DIN 4102-2:1977-09 „Brandverhalten von Baustoffen und Bauteilen; Bauteile, Begriffe, Anforderungen und Prüfungen" [16]
- DIN 4102-3:1977-09 „Brandverhalten von Baustoffen und Bauteilen; Brandwände und nichttragende Außenwände, Begriffe, Anforderungen und Prüfungen" [17]
- DIN 4102-4:2016-05 „Brandverhalten von Baustoffen und Bauteilen – Teil 4: Zusammenstellung und Anwendung klassifizierter Baustoffe, Bauteile und Sonderbauteile" [18]

- DIN 4102-5:1977-09 „Brandverhalten von Baustoffen und Bauteilen; Feuerschutzabschlüsse, Abschlüsse in Fahrschachtwänden und gegen Feuer widerstandsfähige Verglasungen, Begriffe, Anforderungen und Prüfungen" [19]
- DIN 4102-7:2018-11 „Brandverhalten von Baustoffen und Bauteilen – Teil 7: Bedachungen Anforderungen und Prüfungen"[20]

Feuerwiderstandsklassen

Bei der Behandlung der Reihe DIN 4102 ist auf die Feuerwiderstandsklassen der einzelnen Bauteile einzugehen. Wichtig ist hierbei die Erklärung der Bezeichnungen und der zugehörigen Ziffern (z. B. F 30). Dabei verweist die Norm auch auf weitere Normen zu den speziellen Bauprodukten. In diesem Ausbildungsblock geht es jedoch nur um das Verständnis für die unterschiedlichen Feuerwiderstandsklassen der einzelnen Bauprodukte.

Industriebaurichtlinie

Nr. 5.14.3 MIndBauRL

In Nr. 5.14.3 MIndBauRL [9] werden der Brandschutzbeauftragte erwähnt und auch die Vorgaben für den Betreiber dargestellt, nach denen er einen Brandschutzbeauftragten zu bestellen hat:

„5.14.3 Der Betreiber eines Industriebaus mit einer Summe der Grundflächen der Geschosse aller Brandabschnitte bzw. aller Brandbekämpfungsabschnittsflächen von insgesamt mehr als 5 000 m² hat einen geeigneten Brandschutzbeauftragten zu bestellen.

Der Brandschutzbeauftragte hat die Aufgabe, die Einhaltung des genehmigten Brandschutzkonzeptes und der sich daraus ergebenden betrieblichen Brandschutzanforderungen zu überwachen und dem Betreiber festgestellte Mängel zu melden. Die Aufgaben des Brandschutzbeauftragten sind im Einzelnen schriftlich festzulegen.

Der Name des Brandschutzbeauftragten und jeder Wechsel sind der für den Brandschutz zuständigen Dienststelle auf Verlangen mitzuteilen."

Eine Gesamtübersicht aller möglichen Aufgaben des Brandschutzbeauftragten wurde bereits in Kapitel 6 gegeben. In MIndBauRL wird deutlich gemacht, dass der Betreiber die Aufgaben des Brandschutzbeauftragten gemäß dem vorliegenden Brandschutzkonzept und darüber hinaus schriftlich festzulegen hat.

Neben diesem wichtigen Abschnitt zur Bestellung des Brandschutzbeauftragten sind im Rahmen der Ausbildung auch weitere für den Brandschutzbeauftragten wichtige Inhalte aus MIndBauRL zu behandeln, u. a. die Abschnitte 5 bis 7.

Gebäudeklassen

Der Brandschutzbeauftragte muss in der Lage sein, Gebäude zu Gebäudeklassen zuordnen zu können. Dazu gehört auch das Wissen um die Definition eines Gebäudes. Hierzu gibt § 2 Abs. 2 MBO [13] Auskunft:

„Gebäude sind selbstständig benutzbare, überdeckte bauliche Anlagen, die von Menschen betreten werden können und geeignet oder bestimmt sind, dem Schutz von Menschen, Tieren oder Sachen zu dienen."

Es gibt 5 Gebäudeklassen:

Tabelle 8.3: Gebäudeklassen gemäß MBO

Gebäudeklassen nach MBO

Gebäudeklasse	Definition
1	• freistehende Gebäude mit einer Höhe bis zu 7 m und nicht mehr als 2 Nutzungseinheiten von insgesamt nicht mehr als 400 m² und • freistehende land- oder forstwirtschaftlich genutzte Gebäude
2	Gebäude mit einer Höhe bis zu 7 m und nicht mehr als 2 Nutzungseinheiten von insgesamt nicht mehr als 400 m²
3	sonstige Gebäude mit einer Höhe bis zu 7 m
4	Gebäude mit einer Höhe bis zu 13 m und Nutzungseinheiten mit jeweils nicht mehr als 400 m²
5	sonstige Gebäude einschließlich unterirdischer Gebäude

Die in Tabelle 8.3 angegebenen Höhen eines Gebäudes werden bis zur Fußbodenoberkante des höchstgelegenen Geschosses, in dem ein Aufenthaltsraum möglich ist, gemessen. Bei der Berechnung der Brutto-Grundflächen werden die Flächen der Kellergeschosse nicht berücksichtigt.

Sonderbau

Nachdem nun bekannt ist, wie Gebäude in Gebäudeklassen einzuordnen sind, hat der Brandschutzbeauftragte seine Kenntnisse dahingehend zu vertiefen, welche Gebäude zu Sonderbauten gehören. Auch hierzu liefert der § 3 der MBO in Abs. 4 [13] die entsprechenden Informationen. Zu Sonderbauten zählen Gebäude, Anlagen und Räume, die unter eine besondere Art oder Nutzung fallen.

§ 3 MBO

Dabei haben diese die in Tabelle 8.4 genannten Tatbestände zu erfüllen, um als Sonderbau zu gelten:

Tabelle 8.4: Sonderbauten gemäß MBO

Lfd. Nr.	Tatbestand
1	Hochhäuser (Gebäude mit einer Höhe nach Absatz 3 Satz 2 von mehr als 22 m)
2	bauliche Anlagen mit einer Höhe von mehr als 30 m
3	Gebäude mit mehr als 1.600 m² Grundfläche des Geschosses mit der größten Ausdehnung, ausgenommen Wohngebäude und Garagen
4	Verkaufsstätten, deren Verkaufsräume und Ladenstraßen eine Grundfläche von insgesamt mehr als 800 m² haben
5	Gebäude mit Räumen, die einer Büro- oder Verwaltungsnutzung dienen und einzeln eine Grundfläche von mehr als 400 m² haben
6	Gebäude mit Räumen, die einzeln für die Nutzung durch mehr als 100 Personen bestimmt sind
7	Versammlungsstätten a) mit Versammlungsräumen, die insgesamt mehr als 200 Besucher fassen, wenn diese Versammlungsräume gemeinsame Rettungswege haben, b) im Freien mit Szenenflächen sowie Freisportanlagen jeweils mit Tribünen, die keine Fliegenden Bauten sind und insgesamt mehr als 1.000 Besucher fassen
8	Schank- und Speisegaststätten mit mehr als 40 Gastplätzen in Gebäuden oder mehr als 1.000 Gastplätzen im Freien, Beherbergungsstätten mit mehr als 12 Betten und Spielhallen mit mehr als 150 m² Grundfläche
9	Gebäude mit Nutzungseinheiten zum Zwecke der Pflege oder Betreuung von Personen mit Pflegebedürftigkeit oder Behinderung, deren Selbstrettungsfähigkeit eingeschränkt ist, wenn die Nutzungseinheiten a) einzeln für mehr als 6 Personen oder b) für Personen mit Intensivpflegebedarf bestimmt sind, oder c) einen gemeinsamen Rettungsweg haben und für insgesamt mehr als 12 Personen bestimmt sind
10	Krankenhäuser
11	sonstige Einrichtungen zur Unterbringung von Personen sowie Wohnheime
12	Tageseinrichtungen für Kinder, Menschen mit Behinderung und alte Menschen, ausgenommen Tageseinrichtungen einschließlich Tagespflege für nicht mehr als 10 Kinder

Fortsetzung Tabelle 8.4: Sonderbauten gemäß MBO

Lfd. Nr.	Tatbestand
13	Schulen, Hochschulen und ähnliche Einrichtungen
14	Justizvollzugsanstalten und bauliche Anlagen für den Maßregelvollzug,
15	Camping- und Wochenendplätze
16	Freizeit- und Vergnügungsparks
17	Fliegende Bauten, soweit sie einer Ausführungsgenehmigung bedürfen
18	Regallager mit einer Oberkante Lagerguthöhe von mehr als 7,5 m
19	bauliche Anlagen, deren Nutzung durch Umgang oder Lagerung von Stoffen mit Explosions- oder erhöhter Brandgefahr verbunden ist
20	Anlagen und Räume, die in den Nummern 1 bis 19 nicht aufgeführt und deren Art oder Nutzung mit vergleichbaren Gefahren verbunden sind

Anhand dieser Tabelle ist es dem Brandschutzbeauftragten möglich zu entscheiden, ob ein zu begutachtendes Gebäude als Sonderbau gilt.

Maßnahmen und Konzepte im baulichen Brandschutz

Maßnahmen und Konzepte baulicher Brandschutz

Zu dem Themenblock Maßnahmen und Konzepte im baulichen Brandschutz hat der Brandschutzbeauftragte das Verständnis über bauliche Einrichtungen zu erlangen und muss dieses Verständnis auch gegenüber Dritten vertreten können. Auch hier bietet die MBO im vierten und fünften Abschnitt eine wesentliche Grundlage, die in den folgenden Abschnitten erläutert wird.

Flucht- und Rettungswege

Die Texte und Abbildungen unter dieser Überschrift stammen aus dem Buch „Brandschutzhelfer", S. 119 ff. [21].

Der Begriff **Rettungsweg** ist im Baurecht verankert. Der Rettungsweg dient gemäß § 14 MBO [13] der Rettung von Menschen und als Angriffsweg für die Rettungskräfte. Der Angriffsweg ist der Weg der Feuerwehr zur Rettung von Menschen und zur Bekämpfung eines Brandes innerhalb eines Gebäudes. Rettungswege werden in einem für Gebäude nicht immer erforderlichen Feuerwehrplan gekennzeichnet. Der Feuerwehrplan dient der Feuerwehr als Hilfsmittel, um sich in einem eventuell unbekannten Gebäude orientieren zu können. Die Rettungswege verlaufen über notwendige Flure und Treppen. Diese sind unter speziellen baulichen Aspekten zu errichten. In der MBO und den daraufhin folgenden länderspezifischen Landesbauordnungen werden ein erster und ein zweiter Rettungsweg gefordert. Die baulichen Voraussetzungen des zweiten Rettungsweges orientieren sich an der Möglichkeit, zulässige Rettungsgeräte von Feuerwehren einzusetzen.

Fluchtweg Der Begriff **Fluchtweg** stammt hingegen aus der ArbStättV [2]. Der Fluchtweg dient gemäß § 9 ArbStättV der Flucht von Personen vom Arbeitsplatz. Die Fluchtwege müssen selbstständig begehbare Verkehrswege sein und sind in dem so genannten Flucht- und Rettungsplan, wenn dieser erforderlich ist, zu kennzeichnen. Ebenso wie beim Rettungsweg, sind auch hier ein Haupt- und Nebenfluchtweg gefordert. Als Fluchtweg kann auch ein Rettungsweg dienen, wenn die Forderung nach der selbstständigen Begehbarkeit eingehalten wird. Der Einsatz von Rettungsgeräten ist gemäß ArbStättV und damit der Verzicht auf einen zweiten baulichen Fluchtweg nur erlaubt, wenn dies mittels einer Gefährdungsbeurteilung ermittelt wurde. Zusätzlich werden noch besondere Anforderungen an Treppenläufe, Türen, Notausgänge, Kennzeichnungen und Sicherheitsbeleuchtung für und auf Fluchtwegen in der ArbStättV genannt.

Staatliche Gesetze, Verordnungen und Regeln

ArbSchG Das ArbSchG [22] dient als Ausgangspunkt der Rechtsprechung in Bezug auf Fluchtwege. Im § 3 Abs. 1 werden die Grundpflichten des Arbeitgebers benannt:

„Der Arbeitgeber ist verpflichtet, die erforderlichen Maßnahmen des Arbeitsschutzes unter Berücksichtigung der Umstände zu treffen, die Sicherheit und Gesundheit der Beschäftigten bei der Arbeit beeinflussen. […]“

Zusätzlich zum § 3 sind auch noch der § 10 „Erste Hilfe und sonstige Notfallmaßnahmen“ und im Speziellen der Absatz 1 als relevant anzusehen:

„Der Arbeitgeber hat entsprechend der Art der Arbeitsstätte und der Tätigkeiten sowie der Zahl der Beschäftigten die Maßnahmen zu treffen, die zur […] Brandbekämpfung und Evakuierung der Beschäftigten erforderlich sind. […]“

Für den Fall, dass es zu einem Brand mit Personenschäden kommt, werden diese beiden Absätze von den Juristen herangezogen und es wird überprüft, ob der Arbeitgeber diesen Verpflichtungen nachgekommen ist.

Auf den im vorigen Kapitel genannten Paragraphen aufbauend, werden in der ArbStättV [2] genauere Angaben zu deren Umsetzung gemacht, die der Arbeitgeber einzuhalten hat. Im § 2 Begriffsbestimmungen unter Absatz 4 fällt erstmals der Begriff Fluchtweg, der dann im Anhang unter 2.3 Fluchtwege und Notausgänge näher definiert wird:

„(1) Fluchtwege und Notausgänge müssen:

a) sich in Anzahl, Anordnung und Abmessung nach der Nutzung, der Einrichtung und den Abmessungen der Arbeitsstätte sowie nach der höchstmöglichen Anzahl der dort anwesenden Personen richten,

b) auf möglichst kurzem Weg ins Freie oder, falls dies nicht möglich ist, in einen gesicherten Bereich führen [...]"

Hier stellt sich nun die Frage, was Anzahl, Anordnung und Abmessung heißt. Dies findet sich in der nachgeordneten Technischen Regel ASR A2.3 „Fluchtwege und Notausgänge " [23].

Fluchtwege

Die ASR A2.3 definiert die in der ArbStättV gemachten Aussagen. In Punkt 3 der ASR A2.3 werden der Hauptfluchtweg und Nebenfluchtweg definiert. Unter 3.1 steht:

„Fluchtwege sind Verkehrswege, an die besondere Anforderungen zu stellen sind und die der selbstständigen Flucht aus einem möglichen Gefahrenbereich und in der Regel zugleich der Rettung von Personen dienen.

Der Fluchtweg beginnt an allen Orten in der Arbeitsstätte, zu denen Beschäftigte im Rahmen ihrer Arbeit Zugang haben oder sich bei der Nutzung von Neben-, Sanitär-, Kantinen-, Pausen- und Bereitschaftsräumen, Erste-Hilfe-Räumen und Unterkünften aufhalten.

Außentreppen, begehbare Dachflächen oder offene Gänge können Teil eines Fluchtweges sein."

Mit Überarbeitung der ASR A2.3 im März 2022 wird nun zwischen Haupt- und Nebenfluchtwegen unterschieden.

*„**Hauptfluchtwege** (bisher erste Fluchtwege) sind insbesondere die zur Flucht erforderlichen Verkehrswege, die nach dem Bauordnungsrecht notwendigen Flure und Treppenräume für notwendige Treppen sowie die Notausgänge.*

***Nebenfluchtwege** (bisher zweite Fluchtwege) sind zusätzliche Fluchtwege, die ebenfalls ins Freie oder in einen gesicherten Bereich führen."*

Die Kapitel 5 „Hauptfluchtwege" und 6 „Nebenfluchtwege" geben letztendlich die entscheidenden Hinweise zu Gestaltung und Dimension der Fluchtwege:

„5 Hauptfluchtwege

(1) Hauptfluchtwege müssen in Anzahl, Anordnung und Abmessung nach der Nutzung, der Einrichtung und den Abmessungen der Arbeitsstätte sowie nach der höchstmöglichen Anzahl der anwesenden Personen eingerichtet werden. Hauptfluchtwege sollen übersichtlich verlaufen.

(2) Die Länge des Hauptfluchtweges ist die kürzeste Wegstrecke (ohne Berücksichtigung der Raumausstattung, jedoch nicht durch Wände gemessen) vom Beginn des Fluchtweges bis zu einem Notausgang. Die Hauptfluchtweglänge muss möglichst kurz sein und darf:

Tabelle 8.5: *Fluchtweglängen nach Punkt 5 (2) ASR A2.3 [23]*

1.	*für Räume ohne oder mit normaler Brandgefährdung ausgenommen Räume nach Nummern 2 bis 4*	*bis zu 35 m*
2.	*für Räume mit erhöhter Brandgefährdung mit selbsttätigen Feuerlöscheinrichtungen*	*bis zu 35 m*
3.	*für Räume mit erhöhter Brandgefährdung ohne selbsttätige Feuerlöscheinrichtungen*	*bis zu 25 m*
4.	*für Räume, in denen eine Gefährdung durch explosionsgefährliche Stoffe besteht*	*bis zu 10 m*

(3) Für Räume, in denen eine andere Gefährdung als nach Absatz 2 Nummer 1 bis Nummer 4 besteht, muss im Rahmen der Gefährdungsbeurteilung unter Beachtung der geltenden Technischen Regeln ermittelt werden, ob gegebenenfalls eine geringere Länge des Fluchtweges erforderlich ist, z. B. bei Lagerung und Verwendung von Gefahrstoffen in ortsbeweglichen Behältern gemäß TRGS 510 ‚Lagerung von Gefahrstoffen in ortsbeweglichen Behältern'.

(4) Die tatsächliche Laufweglänge darf nicht mehr als das 1,5-fache der maximal zulässigen Hauptfluchtweglänge betragen.

(5) Sofern es sich bei einem Hauptfluchtweg nach Absatz 2 Nummer 1 bis Nummer 3 auch um einen Rettungsweg handelt und das Bauordnungsrecht der Länder, z. B. die Industriebaurichtlinie, für diesen Weg eine von Absatz 2 Satz 2 abweichende längere Weglänge zulässt, können dafür die Maßgaben des Bauordnungsrechts angewandt werden."

Die Vorgaben zur Breite der Fluchtwege ist mit der Änderung der ASR A2.3 im März ebenfalls angepasst worden und zusätzlich sind Vorgaben zur Breite für Türen im Verlaufe von Hauptfluchtwegen ergänzt worden.

Mit diesen Angaben lassen sich nun die Fluchtwege gestalten. Auch wird in Punkt 5 (5) (siehe obiges Zitat) darauf verwiesen, dass bezüglich der Weglänge in bestimmten Fällen auf das Bauordnungsrecht zurückgegriffen werden soll. Dies bedeutet, dass hier die ArbStättV hinter das Bauordnungsrecht zurückgestellt wird.

Die ASR A2.3 beschreibt auch noch einige Ausnahmen Gebäude, die bis zum 30.09.2022 errichtet wurden oder bei denen bis zum 30.09.2022 ein Bauantrag gestellt wurde. Diese sind:

„(7) In Gebäuden, die bis zum 30.9.2022 errichtet worden sind oder deren Bauantragstellung bis zu diesem Termin erfolgt ist, dürfen Hauptfluchtwege nach Tabelle 1 Nummer 1 Spalte C für bis 5 Personen mit einer lichten Mindestbreite von 0,875 m eingerichtet oder solange betrieben

Tabelle 8.6: Mindestbreiten für Hauptfluchtwege und Türen in deren Verlauf nach Punkt 6 ASR A2.3 [23]

Nr.	Anzahl der Personen (Einzugsgebiet)	Lichte Mindestbreiten von Durchgängen und Türen im Verlauf von Hauptflucht-wegen, z. B. Türen von Notausgängen (in m)	Lichte Mindestbreiten von Hauptflucht-wegen (in m)
1	bis 5	0,80*)	0,90
2	bis 20	0,90	1,00
3	bis 50	0,90	1,20
4	bis 100	1,00	1,20
5	bis 200	1,05	1,20
6	bis 300	1,65	1,80
7	bis 400	2,25	2,40
	„Bei Einzugsgebieten von mehr als 200 Personen sind Zwischenwerte der Mindestbreiten (ermittelt durch lineare Interpolation) zulässig. Der Begriff Einzugsgebiet beschreibt einen Bereich, aus dem alle dort anwesenden Personen denselben Hauptfluchtweg nutzen müssen. Dies entspricht z. B. bei mehrgeschossigen Gebäuden der Gesamtanzahl der Personen, die über alle Ebenen (auch als Etagen, Geschosse, Stockwerke bezeichnet) demselben Hauptfluchtweg zugeordnet sind, unab-hängig davon, ob diese Personen Abschnitte des Hauptfluchtweges im Fluchtfall zeitgleich oder zeitlich versetzt nutzen. *) Hinweis: Bei Neubauten und wesentlichen baulichen Erweiterungen oder Umbauten wird empfohlen, für Einzugsgebiete von bis zu 5 Personen nach Nummer 1 Spalte B eine lichte Mindestbreite von Durchgängen und Türen im Verlauf von Hauptfluchtwegen von 0,90 m einzuhalten, um auch in diesen Bereichen eine barrierefreie Zugänglichkeit zu ermöglichen. Zudem lassen sich auf diesem Wege bauliche Maßnahmen im Sinne der ASR V3a.2 „Barrierefreie Gestaltung von Arbeitsstätten" und in der Folge Umbaukosten vermeiden."		
	Abweichend für Fluchtwege aus besonderen Bereichen		**Lichte Mindestbreiten (in m)**
8	Gänge zu persönlich zugewiesenen Arbeitsplätzen		0,60
9	Nebengänge von Lagereinrichtungen für die ausschließliche Be- und Entladung von Hand		0,75
10	Türen von Toilettenzellen und von Toilettenräumen mit nur einer Toilette entsprechend ASR A4.1 „Sanitärräume"		0,55

werden, bis die jeweiligen Bereiche dieser Arbeitsstätten wesentlich erweitert oder umgebaut werden oder nach § 3a Absatz 2 der Arbeitsstättenverordnung eine Vergrößerung erforderlich wird.

(8) In Gebäuden, die bis zum 30.9.2022 errichtet worden sind oder deren Bauantragstellung bis zu diesem Termin erfolgt ist, dürfen Durchgänge und Türen von Hauptfluchtwegen […] mit einer lichten Mindestbreite von 0,85 m eingerichtet oder solange betrieben werden, bis die jeweiligen Bereiche dieser Arbeitsstätten wesentlich erweitert oder umgebaut werden oder nach § 3a Absatz 2 der Arbeitsstättenverordnung eine Vergrößerung erforderlich wird.

(9) In Gebäuden, die bis zum 30.9.2022 errichtet worden sind oder deren Bauantragstellung bis zu diesem Termin erfolgt ist, dürfen Türen von Toilettenzellen und Toilettenräumen mit nur einer Toilette mit einer lichten Mindestbreite von 0,50 m eingerichtet oder solange betrieben werden, bis die jeweiligen Bereiche dieser Arbeitsstätten wesentlich erweitert oder umgebaut werden."

Es werden in der ASR A2.3 weitere Angaben gemacht zu:

- Fluchttunneln, Gängen und Außentreppen im Verlauf von Hauptfluchtwegen
- lichte Mindesthöhen
- Treppen im Verlauf von Hauptfluchtwegen

Neu aufgenommen sind nun die lichten Mindestbreiten von Treppen im Verlaufe eines Hauptfluchtweges.

Tabelle 8.7: Lichte Mindestbreiten von Treppen

Nr.	Personenbelegung (Personen pro Ebene)	Lichte Mindestbreiten von Durchgängen und Türen im Verlauf von nach der Treppe anschließenden Hauptfluchtwegen, z. B. Türen von Notausgängen (in m)	Lichte Mindestbreiten von Treppen und danach anschließender Hauptfluchtwege (in m)
1	bis 30	0,90	1,00
2	bis 40	1,05	1,20
3	bis 50	1,25	1,40
4	bis 60	1,65	1,80
5	bis 70	2,25	2,40
Zwischenwerte der Mindestbreiten (ermittelt durch lineare Interpolation sind zulässig)			

In Kapitel 6 werden in der ASR A2.3 vorgaben zu Nebenfluchtwegen gemacht:

- Ist der Hauptfluchtweg nicht mehr sicher begehbar ist der Nebenfluchtweg zu wählen. Als Entscheidungsgrundlage dienen z. B. erhöhte Brandgefährdung, Lagerung von gefährlichen Stoffen, hohe Anzahl an Personen etc.
- Verzicht auf einen Nebenfluchtweg durch Gewährleistung einer sicheren Begehbarkeit des Hauptfluchtweges durch Verminderung der Verrauchung durch technische Maßnahmen
- die sichere Benutzung der Nebenfluchtwege muss sich an die darauf angewiesenen Personen ausrichten.

Wie zuvor bereits bei Hauptfluchtwegen beschrieben dürfen Nebenfluchtwege auch über Hauptfluchtwege verlaufen. Laufen Nebenfluchtwege nicht über Hauptfluchtwege sind die folgenden Anforderungen zu erfüllen:

- es gelten die Vorgaben nach Tabelle 8.6 also wie für Hauptfluchtwege
- *„Fahrsteige und Fahrtreppen, Wendel- und Spindeltreppen sowie Steigleitern und Steigeisengänge sind im Verlauf von Nebenfluchtwegen zulässig*
- *Treppen im Verlauf von Nebenfluchtwegen sollen über gerade Läufe verfügen. Können im Verlauf von Nebenfluchtwegen keine Treppen mit geraden Läufen eingerichtet werden, dann sind Wendeltreppen gegenüber Spindeltreppen, Spindeltreppen gegenüber Steigleitern und Steigleitern gegenüber Steigeisengängen zu bevorzugen*
- *Nebenfluchtwege sollen keine Ausgleichsstufen enthalten.*
- *Nebenfluchtwege führen durch einen Ausgang, der als Tür, Fenstertür (z. B. Terrassentür) oder als Schlupftür in Toren ausgebildet ist, oder durch einen Notausstieg.*“ Zu Notausstiegen werden weitere Angaben gemacht.

Die Musterbauordnung [13], die von der Bauministerkonferenz verabschiedet wird, gibt Rahmenbedingungen für die Landesbauordnungen vor. Baurecht ist nämlich Länderrecht, sodass jedes Bundesland eine eigene, von der Musterbauordnung abweichende Landesbauordnung erstellt hat. Hier wird der Rettungsweg definiert.

In der Musterbauordnung [13] steht im § 33 „Erster und zweiter Rettungsweg“ Folgendes (Anm.: Hier werden noch andere Begriffe verwendet: erster Rettungsweg = Hauptfluchtweg, zweiter Rettungsweg = Nebenfluchtweg.):

„(1) Für Nutzungseinheiten […] wie Wohnungen, Praxen, selbstständige Betriebsstätten müssen in jedem Geschoss mindestens zwei voneinander unabhängige Rettungswege ins Freie vorhanden sein; beide Rettungswege dürfen jedoch innerhalb des Geschosses über denselben notwendigen Flur führen.

(2) Für Nutzungseinheiten […], die nicht zu ebener Erde liegen, muss der erste Rettungsweg über eine notwendige Treppe führen. Der zweite Rettungsweg kann eine weitere notwendige Treppe oder eine mit Rettungsgeräten der Feuerwehr erreichbare Stelle der Nutzungseinheit sein. Ein zweiter Rettungsweg ist nicht erforderlich, wenn die Rettung über einen sicher erreichbaren Treppenraum möglich ist, in den Feuer und Rauch nicht eindringen können […]"

Die Abb. 8.9 bis 8.13 zeigen einige Beispiele, die der Umsetzung der zuvor genannten Regelungen entsprechen.

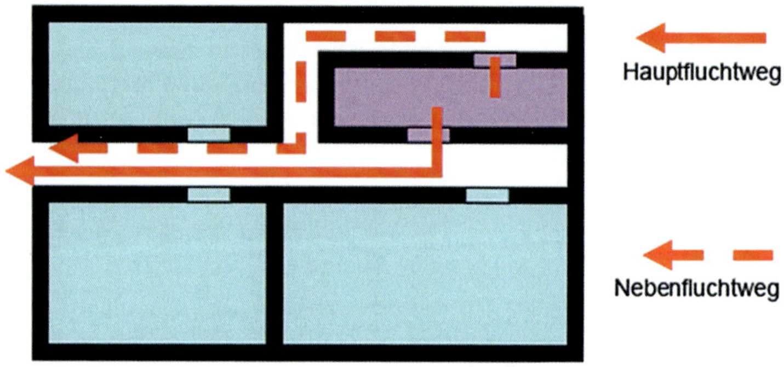

Abb. 8.9: Haupt- und Nebenfluchtweg dürfen innerhalb eines Geschosses über denselben Flur zu Notausgängen führen.

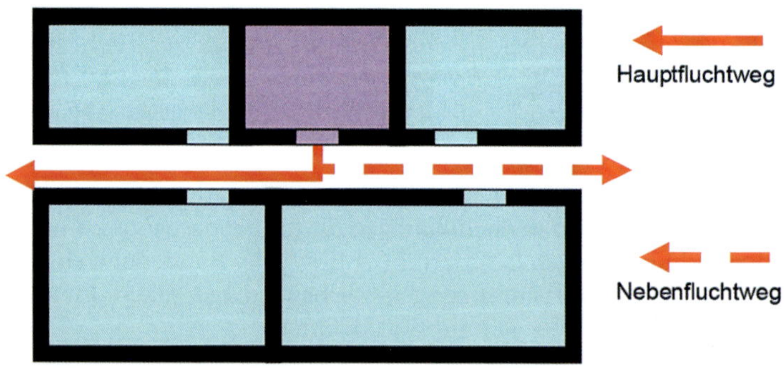

Abb. 8.10: Auch hier führen der Haupt- und Nebenfluchtweg innerhalb eines Geschosses über denselben Flur zu Notausgängen.

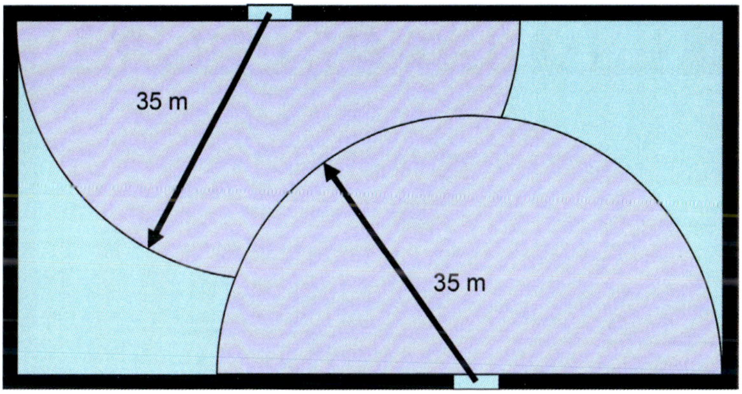

Abb. 8.11: Die Fluchtweglänge ist die kürzeste Wegstrecke in Luftlinie, gemessen vom entferntesten Aufenthaltsort bis zu einem Notausgang.

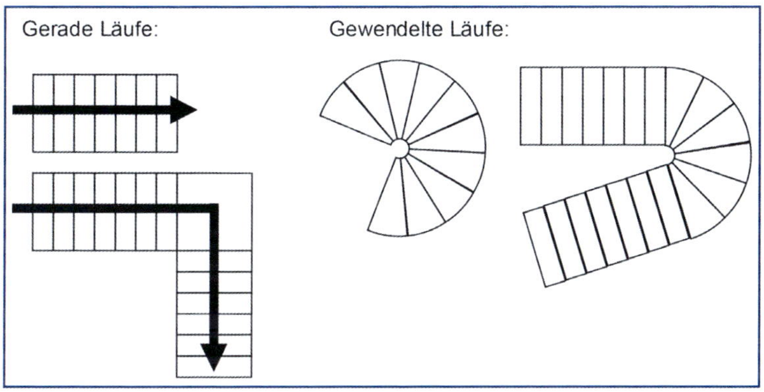

Abb. 8.12: Treppen im Verlauf von Hauptfluchtwegen müssen, die von Nebenfluchtwegen sollen über gerade Läufe verfügen.

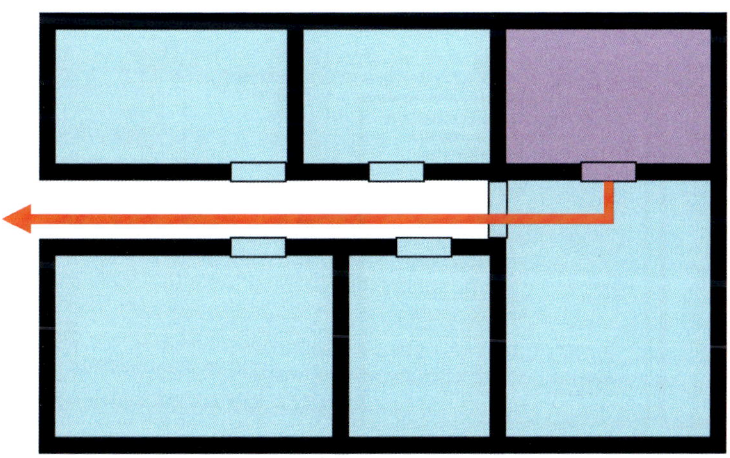

Abb. 8.13: Ein gefangener Raum ist ein Raum, der ausschließlich durch einen anderen Raum betreten oder verlassen werden kann.

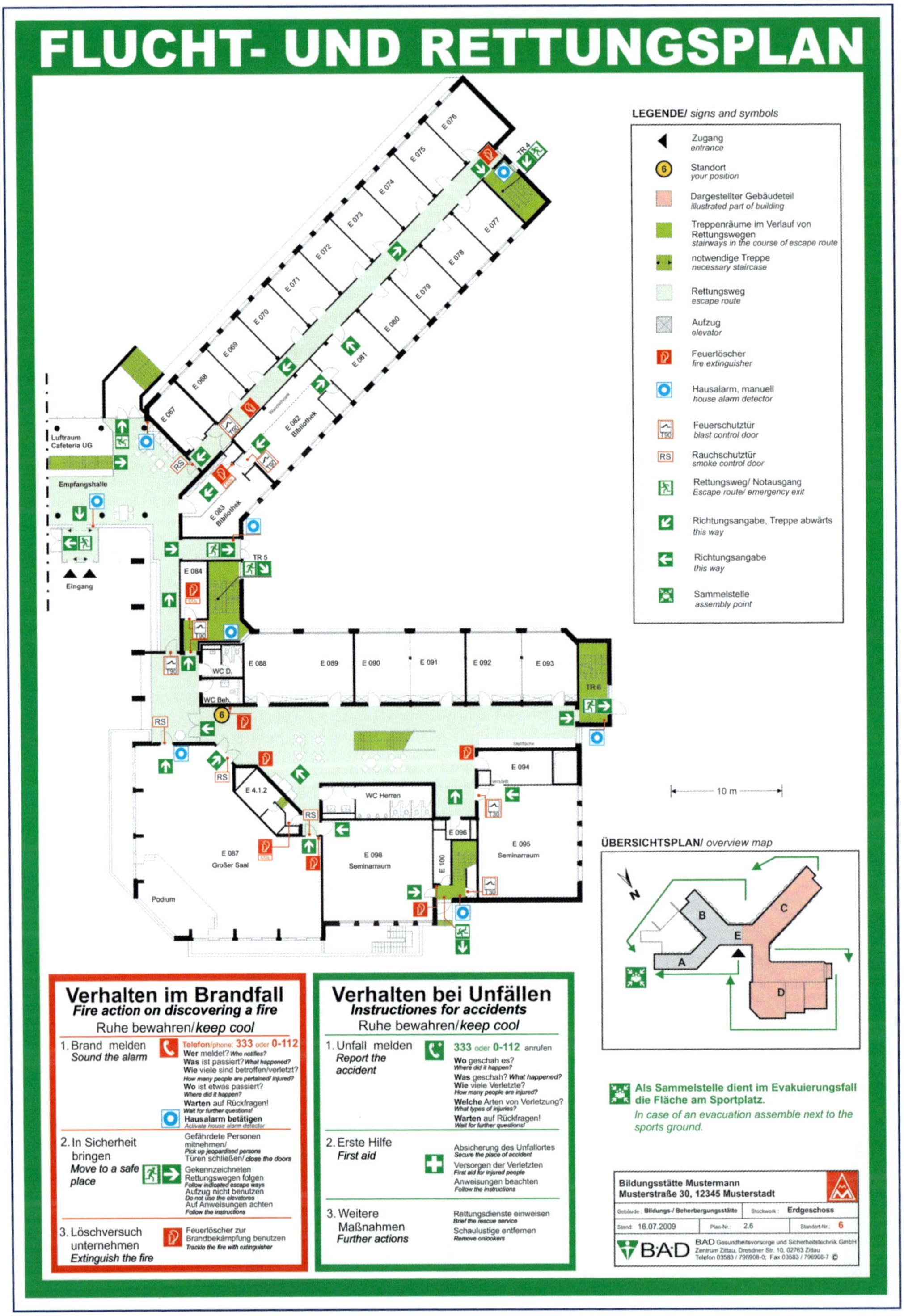

Abb. 8.14: Beispiel für einen Flucht- und Rettungsplan (B▪A▪D Gesundheitsvorsorge und Sicherheitstechnik GmbH)
Anm.: Piktogramme entsprechen den Piktogrammen im Gebäude

Klassifizierung von Baustoffen

Baustoffklassen

Baustoffe werden gemäß DIN 4102-1 [15] in verschiedene Baustoffklassen eingeteilt. Man unterscheidet dabei zwischen den Baustoffklassen A1, A2, B1, B2 und B3.

A steht hierbei für nicht brennbare Baustoffe und B für entflammbare Stoffe.

Tabelle 8.8: Baustoffklassen nach DIN 4102-1 [15]

Baustoffklasse	Definition
A1	Nichtbrennbar. Sie enthalten keine brennbaren Bestandteile und zeigen folglich auch keine Rauchentwicklung sowie kein brennendes Abtropfen (Zusatzanforderungen der DIN 4102-1).
A2	Nichtbrennbar. Die Baustoffe dürfen aber gewisse Anteile brennbarer Bestandteile enthalten. Auch für diese Klasse gilt, dass die Baustoffe keine Rauchentwicklung und kein brennendes Abtropfen zeigen dürfen.
B1	Schwer entflammbar. Sie dürfen nach Entfernen der Zündquelle nicht selbstständig weiterbrennen.
B2	Normal entflammbar. Ihre Entzündbarkeit muss bei einer Kanten- oder Flächenbeflammung mit kleiner Flamme auf das in DIN 4102-1 vorgegebene Maß beschränkt bleiben.
B3	Leicht entflammbar. Sie dürfen in Gebäuden nur dann eingebaut werden, wenn sie mit anderen Baustoffen so verbunden werden, dass die entstehenden Verbundwerkstoffe nicht mehr leicht entflammbar sind.

DIN EN 13501-1

Parallel zu der nationalen Klassifizierung von Baustoffen existiert ein europäisches Klassifizierungssystem gemäß DIN EN 13501-1 [24]. Hier wird unterschieden zwischen den Baustoffklassen A bis F.

Tabelle 8.9: Baustoffklassen nach DIN EN 13501-1 [24]

Baustoffklasse	Definition
A	kein Beitrag zum Brand
B	sehr begrenzter Beitrag zum Brand
C	begrenzter Beitrag zum Brand
D	hinnehmbarer Beitrag zum Brand
E	hinnehmbares Brandverhalten
F	keine Leistung festgestellt

Zusätzlich werden darin die Rauchentwicklung sowie das brennbare Abtropfen klassifiziert. Man unterscheidet hier die Klassen s1, s2, s3, d0, d1 und d2.

Tabelle 8.10: Klassifizierung Rauchentwicklung und brennbares Abtropfen

Klasse	Definition
s1	geringe Rauchentwicklung
s2	mittlere Rauchentwicklung
s3	hohe Rauchentwicklung bzw. Rauchentwicklung nicht geprüft
d0	kein brennbares Abtropfen/Abfallen innerhalb von 600 Sekunden
d1	kein brennbares Abtropfen/Abfallen mit einer Nachbrennzeit länger als 10 Sekunden innerhalb von 600 Sekunden
d2	keine Leistung festgestellt

Klassifizierung von Bauteilen (Feuerwiderstandsklassen)

Im Brandschutz werden Bauteile bezüglich ihres Feuerwiderstands beurteilt und in Feuerwiderstandsklassen eingeteilt. Hierzu bieten die nationale Norm DIN 4102-2 [16] und die europäische Norm DIN EN 13501-2 [25] die Grundlagen.

Feuerwiderstandsklassen

In der DIN 4102 wird für die Feuerwiderstandsklasse der Buchstabe F verwendet. Zusätzlich zum Buchstaben F wird auch die Zeit, die das Bauteil dem Feuer widerstehen kann, angegeben. Hier werden meist die Stufen 30, 60 und 90 verwendet. Die Zahlen geben die Minuten an, die das Bauteil dem Feuer standhält. Da die Bauteile bei den entsprechenden Prüfungen des Feuerwiderstands z. B. nicht genau 30 Minuten standhalten, werden Bauteile immer auf die nächste durch 30 teilbare Stufe heruntergesetzt.

Beispiel: Das Bauteil hat bei der Prüfung 49 Minuten dem Feuer standgehalten. Dann erfolgt die Abrundung auf die nächst niedrigere Stufe auf 30 Minuten. So erhält dieses Bauteil die Bezeichnung F 30.

Angewendet werden diese Einstufungen für Wände, Decken, Stützen, Unterzüge, Treppen usw. sowie Bauteile mit Sonderanforderungen, wie Brandwände, nichttragende Außenwände, Feuerschutzabschlüsse (z. B. Türen) usw.

In der DIN EN 13501 unterscheidet man die folgenden Kriterien für den Feuerwiderstand: DIN EN 13501

- Tragfähigkeit (R)
- Raumabschluss (E)
- Wärmedämmung (I)

Hier werden die Bauteile nicht nur in drei Stufen (siehe DIN 4102), sondern in deutlich mehr Stufen eingeteilt. Diese lauten 15, 20, 30, 45, 60, 90, 120, 180, 240, 360. Es erfolgt also eine deutlich detailliertere Einstufung der Bauteile.

Auch hierzu ein **Beispiel**: Ein Bauteil hat bei der Tragfähigkeitsprüfung 90 Minuten, bei der Raumabschlussprüfung ebenfalls 90 Minuten und bei der Wärmedämmungsprüfung 60 Minuten standgehalten. Das Bauteil erhält somit die Feuerwiderstandsklassifizierung R 90, RE 90 und REI 60.

Bei Bedarf kann das Bauteil mit weiteren Angaben gekennzeichnet werden:

- Begrenzung der Wärmestrahlung (W)
- Mechanische Stabilität (M)
- Begrenzung der Rauchdurchlässigkeit (S)
- Selbstschließend (C)
- Aufrechterhaltung der Energieversorgung (P)

Bauaufsichtliche Anforderungen an Bauteile entstehen durch die Landesbauordnungen. Hier werden abhängig von der Gebäudeklasse Brandschutzanforderungen an Bauteile gestellt. Hier wird zwischen drei Brandschutzanforderungen unterschieden: Brandschutzanforderungen

- feuerhemmend (fh)
- hochfeuerhemmend (hfh)
- feuerbeständig (fb)

Die Tabelle 8.10 dient als Übersicht über die Zuordnung der oben genannten Vorgaben gemäß DIN 4102.

Tabelle 8.10: Feuerwiderstandsklassen von Bauteilen gemäß DIN 4102-2 [16] mit Zuordnung zu bauaufsichtlichen Anforderungen

Zeile	bauaufsichtliche Anforderung nach MBO bzw. LBO	Feuerwiderstandsklasse nach DIN 4102-2	Baustoffklasse nach DIN 4102-1 für		Benennung der Feuerwiderstandsfähigkeit	Kurzzeichen
			wesentliche Teile	übrige Teile		
1	feuerhemmend	F 30	B	B	F 30	F 30-B
2			A	B	F 30 und in den wesentlichen Teilen aus nicht brennbaren Baustoffen	F 30-AB
3			A	A	F 30 und aus nicht brennbaren Stoffen	F 30-A
4	nicht hoch feuerhemmend	F 60	B	B	F 60	F 60-B
	hoch feuerhemmend		B	B	F 60, tragende und aussteifende Teile aus brennbaren Baustoffen mit einer allseitigen brandschutztechnisch wirksamen Bekleidung aus nicht brennbaren Stoffen (Brandschutzbekleidung), Dämmstoffe aus nicht brennbaren Stoffen	F 60-B K 260
5			A	B	F 60 und in den wesentlichen Teilen aus nicht brennbaren Baustoffen	F 60-AB
6			A	A	F 60 und aus nicht brennbaren Stoffen	
7	nicht feuerbeständig	F90	B	B	F 90	F 90-B
8	feuerbeständig		A	A	F 90 und in den wesentlichen Teilen aus nicht brennbaren Baustoffen	F 90-AB
9			A	A	F 90 und aus nicht brennbaren Stoffen	F 90-A

Tabelle 8.11 dient als Übersicht über die Zuordnung der oben genannten Vorgaben gemäß DIN EN 13501-2 [25].

Tabelle 8.11: Feuerwiderstandsklassen von Bauteilen gemäß DIN EN 13501-2 [25] mit Zuordnung zu bauaufsichtlichen Anforderungen

bauaufsichtliche Anforderung	tragende Bauteile		nichttragende Innenwände	nichttragende Außenwände	Doppelböden	selbstständige Unterdecken
	ohne Raumabschluss	mit Raumabschluss				
feuerhemmend	R 30	REI 30	EI 30	E 30 (i→o) und EI 30-ef (i↔o)	REI 30	EI 30 (a↔b)
hoch feuerhemmend	R 60	REI 60	EI 60	E 60 (i→o) und EI 60-ef (i←o)		EI 60 (a↔b)
feuerbeständig	R 90	REI 90	EI 90	E 90 (i→o) und EI 90-ef (i←o)		EI 90 (a↔b)
Feuerwiderstandsfähigkeit 120 Minuten	R 120	REI 120	–	–		–
Brandwand	–	REI 90-M	EI 90-M	–		–

Löschwasserrückhaltung

Die Löschwasserrückhaltung basiert ursprünglich auf der Forderung der Löschwasser-Rückhalte-Richtlinie (LöRüRl, Fassung 1992). Diese Richtlinie wurde Ende des Jahres 2019 außer Kraft gesetzt. Es gibt jedoch noch keine Nachfolgerichtlinie, sodass es sich empfiehlt, weiterhin auf diese Grundlagen zuzugreifen. Der Hintergrund dieser Richtlinie ist der Schutz der Gewässer vor verunreinigtem Löschwasser, das bei einem Brand, z. B. eines Lagers mit wassergefährdenden Stoffen, anfällt. Die Erfordernis dieser Richtlinie ergibt sich aus dem Besorgnisgrundsatz des Wasserrechts (§ 62 WHG – Wasserhaushaltsgesetz [26]). Dieser sagt aus, dass verunreinigtes Wasser zurückgehalten und ordnungsgemäß entsorgt werden muss.

Die LöRüRl stellt u. a. Anforderungen an die Löschwasser-Rückhalteanlagen sowie an die Lagerung von Stoffen unterschiedlicher Wassergefährdungsklassen. Dabei handelt es sich um:

- WGK 1: schwach wassergefährdende Stoffe
- WGK 2: wassergefährdende Stoffe
- WGK 3: stark wassergefährdende Stoffe

Die Einstufung der Stoffe erfolgt anhand der Vorschriften des Wasserrechts. Vergleiche hierzu: Allgemeine Verwaltungsvorschrift zum Wasserhaushaltsgesetz über die Einstufung wassergefährdender Stoffe und ihre Einstufung in Wassergefährdungsklassen [27].

Weitere Anforderungen werden an das Lagern von Stoffen gestellt in Verpackungen, ortsbeweglichen Gefäßen und ortsbeweglichen Behältern.

Konkrete Hinweise zur Planung und zum Einbau von Löschwasser-Rückhalteeinrichtungen werden in VdS 2557 behandelt [28].

Flächen für die Feuerwehr

MRFlF

Für bauliche Anlagen ist in den LBO geregelt, dass Zugangsmöglichkeiten für die Feuerwehr vorzusehen sind. Über die baulichen Rahmenbedingungen dieser Zugangsmöglichkeiten ist die Musterrichtlinie über Flächen für die Feuerwehr auf Grundstücken (MRFlF) [29] zu beachten. Diese Richtlinie ist für diesen Themenkomplex bei der Ausbildung heranzuziehen.

Feuerwehrpläne

Damit sich die Feuerwehr im Falle eines Brandes auf dem Gelände des Unternehmens zurechtfindet, wird im Rahmen eines Bauantrages oder nach Brandschauen von dem Unternehmer gefordert, Feuerwehrpläne zu erstellen. Diese Feuerwehrpläne dienen dazu, Stellflächen für Feuerwehrfahrzeuge, besondere Gefahrenquellen und Angriffspunkte zu kennzeichnen.

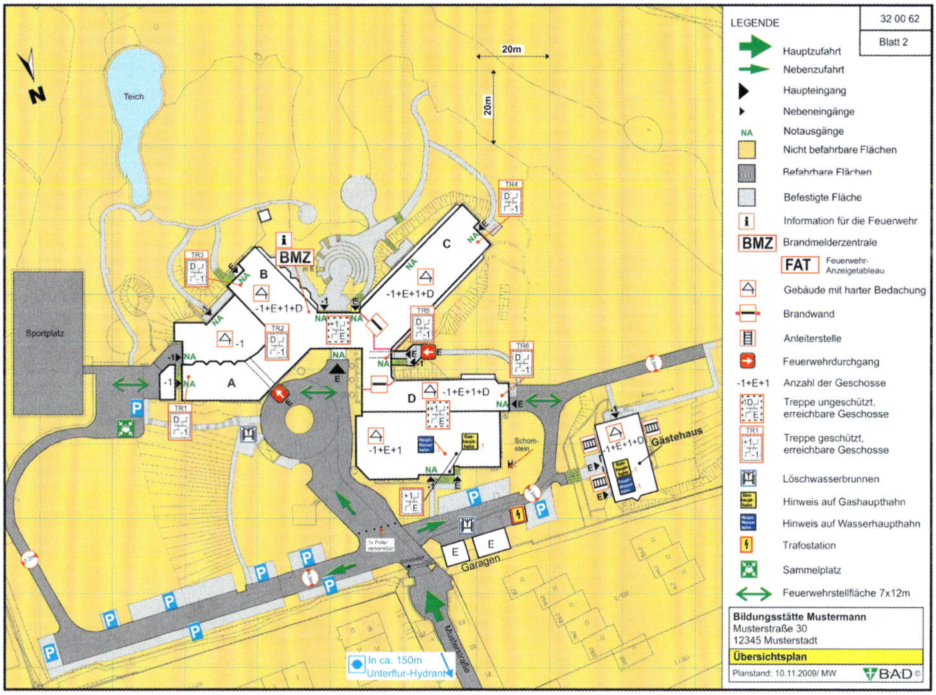

Abb. 8.14: Beispiel für einen Feuerwehrplan (B▪A▪D Gesundheitsvorsorge und Sicherheitstechnik GmbH)

Planung und Bewertung baulicher Anlagen unter den Gesichtspunkten des Brandschutzes

Bewertung durch Fachleute

Die Planung und Bewertung von baulichen Einrichtungen ist anhand der MBO [13] vorzunehmen. Hiernach ist es möglich, Gebäude und das vorhandene Gefährdungspotential einzustufen. Dies erfordert allerdings einen tieferen Einblick in den baulichen Brandschutz, daher soll in der Ausbildung zum Brandschutzbeauftragten nur auf die Möglichkeit der Einstufung hingewiesen werden. Tiefer gehende Bewertungen sollten nur von hierzu fachlich geeigneten Personen vorgenommen werden. Hier sei verwiesen auf bereits vorhandene Checklisten, die u. a. im Brandschutzatlas von Josef Mayr und Lutz Battran (Mayr/Battran, 2015 [30]) enthalten sind.

Brandschutzatlas

8.3.3 Anlagentechnischer Brandschutz

Neben dem baulichen Brandschutz ist dem zukünftigen Brandschutzbeauftragten auch in Teilen der anlagentechnische Brandschutz zu vermitteln. Gemäß vfdb 12-09/01 werden die zu erlernenden Kompetenzen in den folgenden Abschnitten behandelt.

vfdb 12-09/01

Brand- und Gefahrenmeldeanlagen

Brandmeldeanlagen dienen zur frühzeitigen Erkennung von Bränden. Außer bei Brandmeldeanlagen, die nur durch Handfeuermelder ausgelöst werden, wird die Abhängigkeit von Personen minimiert. Damit wird eine ständige Überwachung eines Bereiches auch in Zeiten, in denen sich keine Personen dort aufhalten, ermöglicht. Brandmeldeanlagen dienen neben dem Personenschutz auch dem Schutz von Sachwerten. Allein der Zeitgewinn bei der Registrierung eines Brandes durch diese technische Überwachungseinrichtung kann größere Personen- oder Sachschäden vermeiden helfen. In diesem Themenblock sind vor allem die Vorgaben, wann Brandmeldeanlagen erforderlich sind, der unterschiedliche Aufbau und die unterschiedlichen Funktionsweisen von Brandmeldeanlagen zu vermitteln.

Notwendigkeit, Aufbau, Funktionsweisen

Komponenten einer Brandmeldeanlage

Eine Brandmeldeanlage kann aus den folgenden Komponenten bestehen:

- Brandmeldezentrale (BMZ),
- automatische Brandmelder: punktförmige Rauchmelder, punktförmige Wärmemelder, Rauchansaugsysteme, Lichtstrahlrauchmelder, Flammenmelder usw.,
- nichtautomatische Brandmelder (Handfeuermelder),
- Energieversorgung,
- Feuerwehrbedienfeld,
- Schlüsseldepot,
- Ansteuerung von unterschiedlichen Brandschutzeinrichtungen: Türsteuerung, Fahrstuhlsteuerung, Entrauchung usw.,
- Störmeldung,
- Brandmeldung,
- Alarmierung,
- Feuerwehrlaufkarten.

Signale

Eine Brandmeldeanlage zeigt die folgenden Signale an:

- Störmeldung,
- Brandmeldung.

Wann die genannten Bestandteile einer Brandmeldeeinrichtung notwendig sind und wie sie funktionieren, ist den Ausbildungsteilnehmern zu vermitteln.

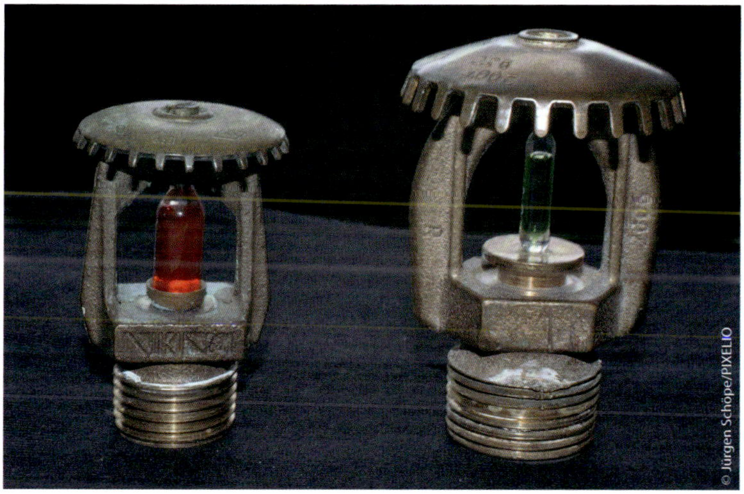

Abb. 8.15: 2 Sprinklertypen: Die Farbe der in der Glasphiole befindlichen Flüssigkeit steht für die Temperatur, die durch einen Brand erreicht werden muss, um die Glasphiole zu zerstören, damit der Sprinkler mit dem Versprühen des Löschwassers beginnen kann.

Ortsfeste Feuerlöschanlagen

Neben den Brandmeldeanlagen zählen Löschanlagen zu den Maßnahmen, die für den vorbeugenden technischen Brandschutz erforderlich sein können. Daher können diese Löschanlagen wesentlicher Bestandteil von Brandschutzkonzepten sein. Brandschutzkonzepte müssen bei der Genehmigung bestimmter Gebäudetypen mit dem Bauantrag eingereicht werden. Ob das notwendig ist, hängt ab von der zuständigen Baubehörde und dem in dem jeweiligen Bundesland geltenden Brandschutzrecht. In Brandschutzkonzepten werden bestimmte Löschanlagen vorgeschrieben, und nur bei deren Einbau in das Gebäude darf dieses auch betrieben werden. Löschanlagen dienen als Ergänzung zum baulichen Brandschutz, nicht als „Konkurrenz“.

Ergänzung zum baulichen Brandschutz

Folgende in der Schulung zu behandelnde Löschanlagen gibt es:

Löschanlagen

- Sprinkleranlagen,
- Sprühwasseranlagen,
- Feinsprühlöschanlagen,
- Schaumlöschanlagen,
- Gaslöschanlagen,
- Sonderlöschanlagen: ESFR-Sprinkleranlagen, selbsttätige Löschhilfeanlagen, halbstationäre Löschanlagen.

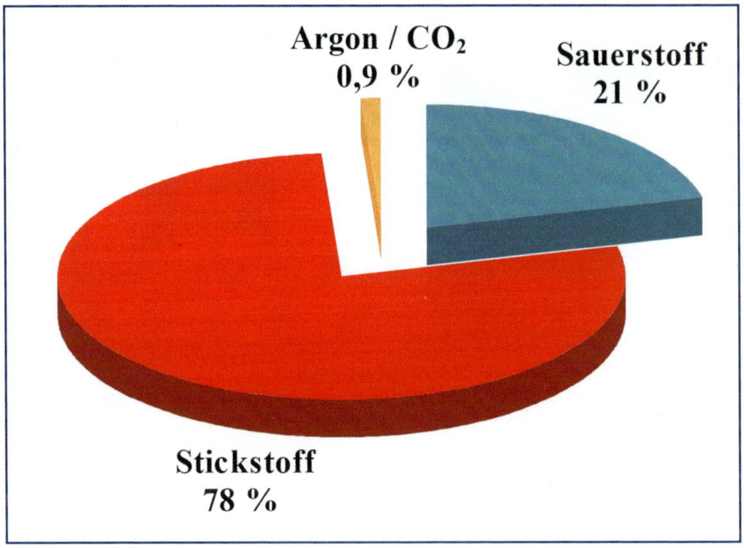

Abb. 8.16: Natürliche Zusammensetzung der Luft

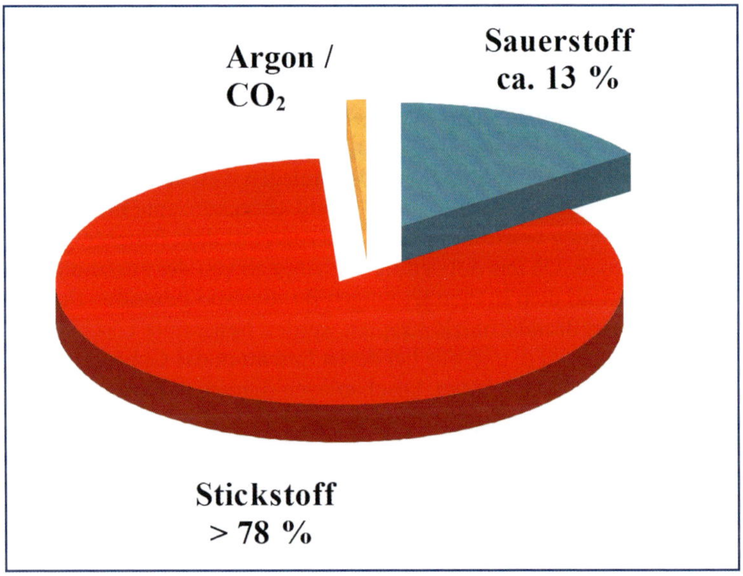

Abb. 8.17: Beispielhafte Zusammensetzung der Luft nach Sauerstoffreduzierung

Ortsfeste Brandvermeidungsanlagen

Funktionsprinzip: Reduktion des Sauerstoffgehalts

Zu den Brandvermeidungsanlagen zählen Anlagen, die den Sauerstoffgehalt in der Luft reduzieren. Durch die Sauerstoffreduzierungsanlage wird verhindert, dass es zu einem offenen Brand kommt. Die beiden folgenden Grafiken stellen die unterschiedliche Luftzusammensetzung ohne und mit einer ortsfesten Brandvermeidungsanlage dar. Der Sauerstoffanteil wird soweit reduziert, dass die Gefahr einer Entzündung minimiert wird.

Brandvermeidungsanlagen nehmen einen immer höheren Stellenwert in der Brandverhinderung ein, sodass auf diese auch in der Ausbildung zum Brandschutzbeauftragten Bezug genommen werden muss.

Rauch- und Wärmeabzugsanlagen

Ein wichtiger Bestandteil des Themenblocks „Anlagentechnischer Brandschutz" ist der Unterschied zwischen Rauch- und Wärmeabzugsanlagen (RWA) sowie deren Einsatzgebiet und Wirkungsweise.

- **Rauchabzugsanlagen:** Rauchabzugsanlagen dienen im Brandfall dazu, den Rauch abzuleiten. Dabei sollen die Rauchabzugsanlagen so dimensioniert sein, dass über dem Boden eine ausreichend hohe rauchfreie bzw. raucharme Schicht, gemessen vom Fußboden bis zur Unterkante der Rauchschicht, beibehalten wird.
  In der Ausbildung zum Brandschutzbeauftragten sollte man sich auf die Art, Wirkungsweise und Nutzung der unterschiedlichen Rauchabzugsanlagen beschränken. Es gibt mehrere Arten von Rauchabzugsanlagen:
  - Natürliche Rauchabzugsanlagen (NRA)
  - Maschinelle Rauchabzugsanlagen (MRA)
  - Rauchschutz-Druckanlagen (RDA)
- **Wärmeabzugsanlagen:** Wärmeabzugsanlagen werden in der Regel ergänzend zu den Rauchabzugsanlagen genutzt. Der Wärmeabzug wird z. B. durch die zusätzliche Installation von Ventilatoren erreicht.

Instandhaltung

Die in diesem Kapitel genannten Anlagen zum Brandschutz sind laut Gesetzgeber und Hersteller unterschiedlichen Prüfungen und Instandhaltungen zu unterziehen. Zu den einzelnen Arten von Brand- und Gefahrenmeldeanlagen gibt es Normen, die neben dem Prüfungsrhythmus auch die Inhalte der Prüfung festlegen. Hier ist in der Ausbildung zum Brandschutzbeauftragten auf die unterschiedlichen Prüfrhythmen einzugehen. Die Inhalte der Prüfungen sind nur kurz anzusprechen, da der Brandschutzbeauftragte selbst keine Prüfungen durchführt, sondern nur besonders dafür geschultes Fachpersonal, welches in der Regel von den Herstellern gestellt wird.

Da der Brandschutzbeauftragte auch nicht die Instandhaltung durchführt, ist im Rahmen der Ausbildung nur das erforderliche Wissen, dass es die Instandhaltung gibt und wer diese durchführen darf, zu vermitteln. Auch dafür gibt es speziell geschultes Fachpersonal, das die Instandhaltungen der einzelnen Brand- und Gefahrenmeldeanlagen durchführt.

8.3.4 Organisatorischer Brandschutz

vfdb 12-09/01

Auf den organisatorischen Brandschutz entfallen die meisten Lehreinheiten innerhalb der Ausbildung zum Brandschutzbeauftragten, da dies das Hauptbetätigungsfeld des Brandschutzbeauftragten ist. Die gemäß vfdb 12-09/01 zu erlernenden Kompetenzen werden in den folgenden Abschnitten behandelt.

Zum organisatorischen Brandschutz gehören u. a. die Themenfelder:

- betriebliche Organisation
- Brandschutzordnung
- Unterweisung und Schulung
- Evakuierungen
- Gefährdungsbeurteilung
- Prüfpflichten
- Flucht- und Rettungspläne
- Feuerwehrpläne

Diese wurden bereits in den vorherigen Kapiteln ausführlich dargestellt. Daher folgen an dieser Stelle noch einige Themenfelder, die bisher in diesem Buch nur am Rande oder gar nicht angesprochen wurden.

Handbetätigte Geräte zur Brandbekämpfung

Neben den zuvor genannten theoretischen Blöcken beinhaltet die Ausbildung auch einen praktischen Teil.

Tragbare und fahrbare Feuerlöschgeräte

Brandklassen und Feuerlöschertypen

Je nach Einsatzgebiet gibt es unterschiedliche Feuerlöscherarten. Die Unterschiede und deren Auswirkung sind im Rahmen der Brandschutzbeauftragten-Ausbildung zu vermitteln. Die Tabelle 8.12 zeigt die unterschiedlichen Brandklassen. In Tabelle 8.13 sind die dafür geeigneten Feuerlöscher dargestellt.

Die Verbände und Gremien, die an der Erstellung der Richtlinie beteiligt waren, haben bewusst einen praktischen Ausbildungsteil in der Ausbildung verankert. Der Hintergrund ist, dass viele Brandschutzbeauftragte zwar theoretische Kenntnisse über Funktionsweisen haben, aber die einfachen praktischen Regeln, z. B. bei Unterweisungen von Mitarbeitern oder Brandschutzhelfern, nicht vermitteln können. Um diesen Missstand zu beheben, wird die praktische Ausbildung im Umgang mit Löscheinrichtungen gefordert. Hierzu zählt nicht nur der Umgang mit Feuerlöschern, sondern auch mit Wandhydranten.

Unterweisung von Mitarbeitern

Tabelle 8.12: Brandklassen (B▪A▪D Gesundheitsvorsorge und Sicherheitstechnik GmbH)

Brandklasse	**brennbare Stoffe**
	brennbare feste, organische unter Glutbildung verbrennende Stoffe
	brennbare flüssige und flüssigwerdende Stoffe
	brennbare Gase
	brennbare Metalle und deren Verbindungen
	Brände von Speiseölen/-fetten in Frittier- und Fettbackgeräten und anderen Kücheneinrichtungen und -geräten

Tabelle 8.13: Feuerlöschertypen (B▪A▪D Gesundheitsvorsorge und Sicherheitstechnik GmbH)

Feuerlöschertypen	für Brandklassen geeignet	Art der Brände
Wasserlöscher		brennende Feststoffe, brennende Personen
Schaumlöscher	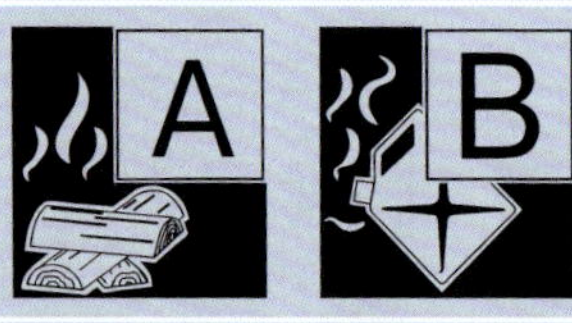	brennende Feststoffe, brennende Flüssigkeiten; (brennende Personen)
Glutbrand-Pulver-löscher		brennende Feststoffe, Flüssigkeiten und Gase; (brennende Personen)
CO_2 Löscher		Elektrogeräte-, Maschinenbrände, Laborbrände, Flüssigkeitsbrände
Metallbrandlöscher		Metallbrände
Fettbrandlöscher		Fettbrände

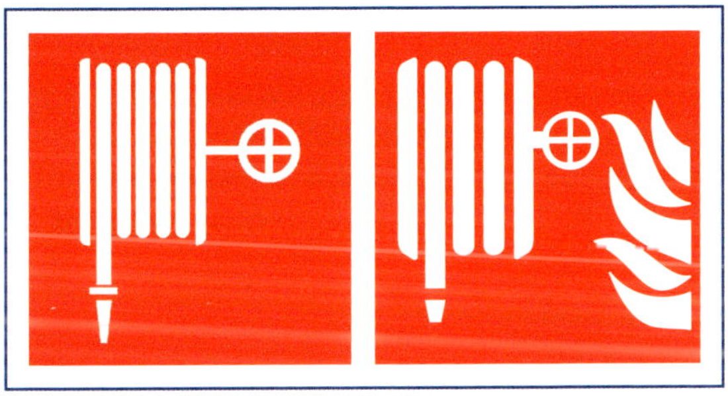

Abb. 8.18:
Hinweis auf einen Wandhydranten
rechts: Symbol nach DIN ISO 23601,
links: Symbol nach DIN 4844

Abb. 8.19:
Hinweis auf einen Feuerlöscher
rechts: Symbol nach DIN ISO 23601,
links: Symbol nach DIN 4844

Abb. 8.20:
Beispiel für einen Feuerlöscher: Pulverlöscher
(© ich/PIXELIO)

Übung im Umgang mit Feuerlöschern bedeutet allerdings nicht, dass man lediglich eine Feuerlöschübung durchführt, sondern dass man möglichst mehrere Feuerlöschtypen und -arten praktisch benutzen lernt. Auch das Vermitteln dieser Kenntnisse sollte geübt werden. vfdb 12-09/01 sieht lediglich zwei Lerneinheiten für die praktische Übung vor. Die Grundlagen dazu sind im theoretischen Teil der Ausbildung zu vermitteln.

zwei Lerneinheiten

Wandhydranten

Wandhydranten werden in Gebäuden eingesetzt, wo es aufgrund der Höhe der Brandgefährdung sinnvoll ist, eine große Menge an Löschwasser vorzuhalten, um Brände schnellstmöglich zu löschen. Es wird zwischen zwei Arten von Wandhydranten unterschieden: Wandhydranten mit

- Feuerwehrschlauch/Flachschlauch oder
- mit formstabilem Schlauch.

Diese werden in den letzten Jahren auch mit unterschiedlichen Piktogrammen gekennzeichnet:

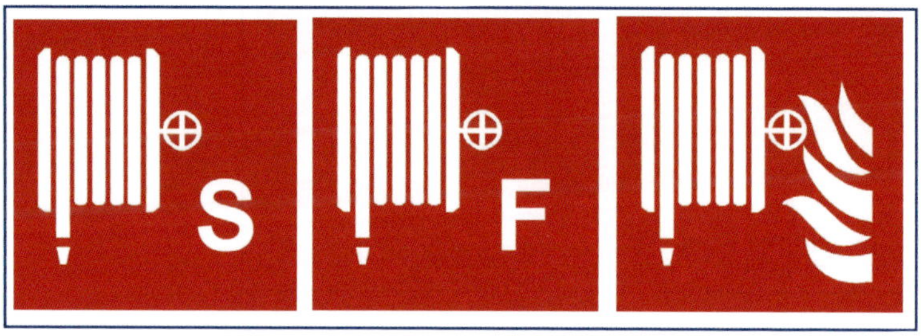

Abb. 8.21: Links: Wandhydrant von Typ S. Nur zur Erstbrandbekämpfung durch Laien, nicht für die Feuerwehr geeignet.
Mitte: Wandhydrant von Typ F. Die Brandbekämpfung ist durch Laien (Selbsthilfe) wie auch durch die Feuerwehr möglich.
Rechts: Allgemeine Kennzeichnung im Wandhydranten.

Die Wandhydranten Typ F und Typ S unterscheiden sich in Anwendungsbereich, Löschleistung und Anforderungen an den Wasseranschluss. Der Wandhydrant Typ F dient an Löschwasserleitungen nass oder nass/trocken der Feuerwehrnutzung und der Löschwasserversorgung der Feuerwehrkräfte. Gleichzeitig kann der Wandhydrant mit dem formstabilen Schlauch auch von Personen ohne spezielle Fachkenntnisse genutzt werden.

Der Wandhydrant Typ S mit einer reduzierten Löschwassermenge von bis zu 24 l/min dient ausschließlich der Selbsthilfe. Dieser Typ kann zusätzlich auch direkt an die Trinkwasserinstallation angeschlossen werden, wenn die geltenden Anforderungen an den unmittelbaren Anschluss eingehalten werden.

Wandhydranten werden bei der Berechnung der erforderlichen Löscheinheiten mit berücksichtigt. Dadurch ist eine Verminderung der Anzahl der Feuerlöscher möglich.

Speziallöschgeräte

Speziallöschgeräte, auch Sonderlöschgeräte genannt, werden für spezielle Anwendungen entwickelt und eingesetzt. Diese Sonderlöschgeräte müssen ebenfalls den Anforderungen nach DIN EN 3 [31] gerecht werden. Daher ist hier eine Prüfung und Zulassung nach DIN EN 3 [31] erforderlich.

Zu den Sonderlöschgeräten zählen beispielsweise:

- Kfz-Feuerlöscher,
- Übungsfeuerlöscher,
- Polizeifeuerlöscher,
- Metallbrandfeuerlöscher,
- Braunkohlestaubfeuerlöscher,
- antimagnetische Feuerlöscher.

Instandhaltung

Handbetätigte Geräte zur Brandbekämpfung sind aufgrund der Anforderungen durch die DIN EN 3 [31] regelmäßig zu prüfen und zu warten. Die Prüffristen wurden bereits in Kapitel 6 aufgeführt. Hersteller können mit ihren Anforderungen von diesen Prüffristen abweichen. In diesen Fällen sind die vom Hersteller gemachten Angaben einzuhalten.

Brandschutzausbildung der Beschäftigten

Eine wesentliche Aufgabe des Brandschutzbeauftragten ist die Ausbildung der Beschäftigten. Dazu gehört neben der Vermittlung von Grundkenntnissen rund um das Thema Brandentstehung und -vermeidung und von präventiven Maßnahmen durch eine Unterweisung auch die praktische Schulung im Umgang mit Feuerlöschern. Daher ist es wichtig, dass in der Ausbildung zum Brandschutzbeauftragten diese Tätigkeit geübt wird.

Unterweisung
Übung

Brandschutzkonzepte

Aufgabenbestimmung

Brandschutzkonzepte dienen u. a. als Grundlage zur Bestimmung der Aufgaben des Brandschutzbeauftragten. Brandschutzkonzepte werden von einem nachweisberechtigten (bauvorlageberechtigten) Ingenieur, der zudem über die erforderlichen Kenntnisse im Brandschutz verfügt (Fachplaner für vorbeugenden Brandschutz mit mindestens dreijähriger Berufserfahrung), erstellt.

Ein Brandschutzkonzept wird vom Gesetzgeber entsprechend MBO [13] für alle genehmigungspflichtigen Vorhaben gefordert. Für bestehende Gebäude können Brandschutzkonzepte ohne behördliche Aufforderungen erstellt werden und immer dann, wenn im Rahmen von Betriebsbegehungen Brandschutzmängel festgestellt wurden, von denen eine Gefahr für Personen oder Sachwerte ausgeht.

Inhalt

Das Brandschutzkonzept enthält eine umfassende Darstellung der objektspezifischen brandschutztechnischen Anforderungen zum:

- vorbeugenden Brandschutz mit Berücksichtigung aller brandschutztechnischen Belange entsprechend der jeweiligen Rechtsvorschriften (z. B. über Bauteile, Bauarten, Brandabschnitte, technische Gebäudeausrüstung),
- anlagentechnischen Brandschutz (z. B. Brandmelde-, Alarmierungs-, Sprinkleranlagen),
- abwehrenden Brandschutz (Einsatz der Feuerwehr inklusive aller Anforderungen an Aufstellflächen, Löschwasserversorgung usw.),
- organisatorischen Brandschutz (z. B. Flucht- und Rettungspläne, Feuerwehrpläne, Brandschutzbeauftragter, Brandschutzordnung, Brandschutzübungen),
- Ermitteln der Brandgefährdungen und Risikobewertung aus Sicht des Brandschutzes,
- Formulieren von Abweichungen einschließlich Begründung und Festlegung von Kompensationsmaßnahmen,
- Darstellen von Mängelpunkten und Maßnahmeplänen.

Brandschutzpläne

Zum Brandschutzkonzept gehören Brandschutzpläne mit Darstellung der Brandschutzbelange und des Fluchtwegkonzeptes. Die vorgenannten Punkte sind in der Ausbildung mittels Beispielen zu vermitteln.

Abb. 8.22: Darstellung der Gefährlichkeit einer Fettbrandexplosion bei einer praktischen Vorführung (© Holger Knecht/PIXELIO)

Abb. 8.23: Praktische Schulung von Mitarbeitern in der Handhabung von Feuerlöschern (B▪A▪D Gesundheitsvorsorge und Sicherheitstechnik GmbH)

Abb. 8.24: Praktische Schulung von Mitarbeitern in der Handhabung von Feuerlöschern (B▪A▪D Gesundheitsvorsorge und Sicherheitstechnik GmbH)

Beurteilung von Brandschutzkonzepten

Maßnahmen

Brandschutzkonzepte beinhalten Maßnahmen aus

- dem vorbeugenden baulichen sowie anlagentechnischen Brandschutz,
- dem organisatorischen (betrieblichen) Brandschutz und
- dem abwehrenden Brandschutz.

Kriterien

Zu berücksichtigen sind dabei

- die Nutzung,
- das Brandrisiko und
- das zu erwartende Schadenausmaß.

Schutzziele

Weiterhin werden die Schutzziele und die Erreichung dieser Schutzziele beschrieben. Im Rahmen der Ausbildung zum Brandschutzbeauftragten ist die Beurteilung von Brandschutzkonzepten zu vermitteln, da der Brandschutzbeauftragte derjenige sein wird, der zukünftig diese Brandschutzkonzepte im Unternehmen durchsetzen muss.

Inhalt

Ein beispielhaftes Inhaltsverzeichnis eines Brandschutzkonzeptes findet sich in Kapitel 11.4.

Verhalten bei Bränden

Bei diesem Ausbildungsthema geht es zum größten Teil um den Inhalt der Brandschutzordnung Teil A. Ein möglicher Ablauf ist:

- Ruhe bewahren,
- Feuerwehr alarmieren,
- den Brand bekämpfen,
- in Sicherheit bringen,
- auch die anderen Mitarbeiter warnen und diesen helfen,
- keine Aufzüge benutzen,
- Fenster und Türen schließen,
- Feuerwehr erwarten,
- ggf. bemerkbar machen.

Kontrolle der Brandschutzmaßnahmen

regelmäßige Begehungen

Brandschutzmaßnahmen sind Maßnahmen, die aus Feststellungen z. B. von Brandschutzmängeln entstehen. Der Brandschutzbeauftragte führt regelmäßig eigenständige Begehungen oder Ortstermine mit Aufsichtsbehörden oder der zuständigen Feuerwehr durch. Mängel, die dabei festgestellt werden, sind zu dokumentieren und durch den Unternehmer nachzuverfolgen. In der Regel wird diese Verpflichtung an den Brandschutzbeauftragten übergeben, daher obliegt dem Brandschutzbeauftragten eine regelmäßige Kontrolle der zuvor im Unternehmen festgelegten Brandschutzmaßnahmen. Dazu gehört eine Vielzahl der bereits in Kapitel 6 angesprochen Themenfelder.

Integration von Brandschutz in die betriebliche Struktur

Der Brandschutz ist genau wie der Arbeitsschutz in die betriebliche Struktur eines Unternehmens zu integrieren. Zu den Hauptaufgaben des Brandschutzbeauftragten gehört daher auch die Gestaltung eines Brandschutzsystems innerhalb eines Unternehmens.

Gestaltung eines Brandschutzsystems

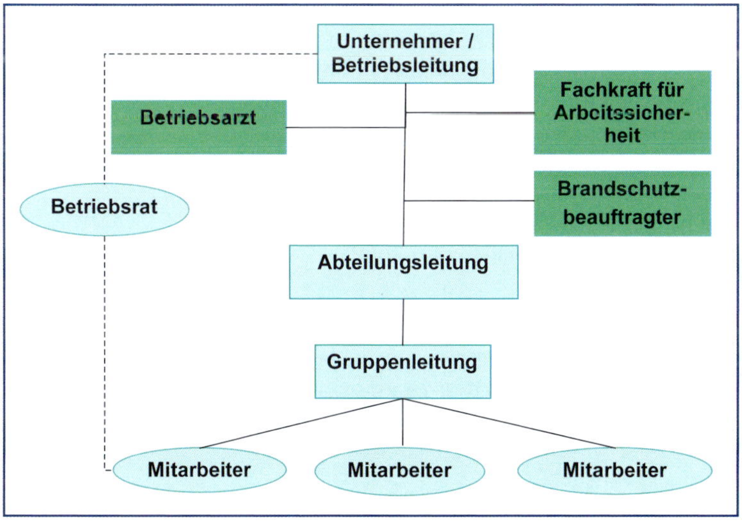

Abb. 8.25: Einbindung des Brandschutzbeauftragten in die Betriebsstruktur

Dazu gehört z. B. die Einbindung des Brandschutzbeauftragten in den Arbeitsschutzausschuss. Dieser ist gemäß ASiG [32] regelmäßig einzuberufen.

Arbeitsschutzausschuss

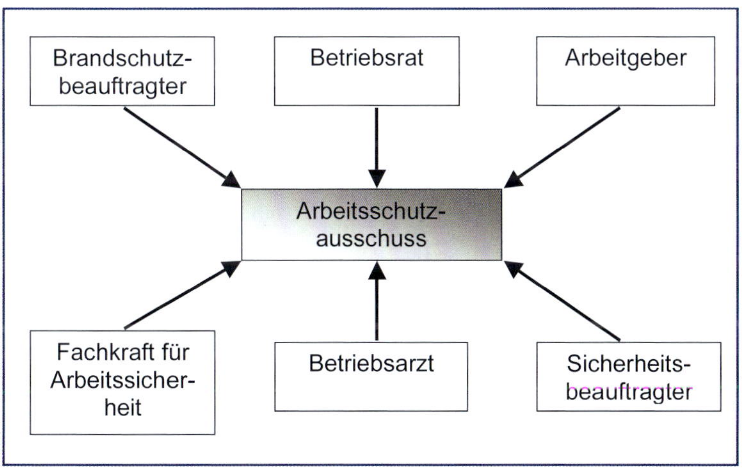

Abb. 8.26: Die Zusammensetzung des Arbeitsschutzausschusses

Die Aufgabe des Arbeitsschutzausschusses ist die Beratung des Unternehmers oder Arbeitgebers rund um die Themen Arbeits-, (Brand-) und Gesundheitsschutz. In diesem Ausschuss werden Maßnahmenvorschläge erarbeitet und Verantwortlichkeiten für die Umsetzung festgelegt.

8.3.5 Behörden, Feuerwehren und Versicherer

Dieser Kompetenzblock hat dem Brandschutzbeauftragten einen Einblick in die einzelnen Aufgaben der unterschiedlichen Behörden, der Feuerwehren und der Versicherer zu geben. In diesem Ausbildungsblock ist neben der Zusammenarbeit auch auf die einzelnen Aufgaben dieser Partner und auf die Ausrüstung und Einsatzmöglichkeit der Feuerwehren einzugehen.

Zuständige Behörden und deren Aufgaben

Kontrolle und Genehmigung

Die zentrale Aufgabe der Behörden ist, die Einhaltung der Brandschutzbestimmungen zu kontrollieren und bei Bauvorhaben den geplanten Brandschutz zu genehmigen. Da der Brandschutz Landesrecht ist, gibt es hier keine bundesweit einheitliche Regelung.

Einfluss auf das Unternehmen können die folgenden Behörden nehmen:

- Bauaufsichtsbehörde,
- Abfall- und Umweltbehörde,
- Gewerbeaufsichtsamt,
- staatliches Amt für Arbeitsschutz.

Auflagen

Diese Behörden können Auflagen u. a. im Brandschutz machen, die das Ziel haben, die Öffentlichkeit vor Gefahren, die von einem Unternehmen ausgehen, zu schützen. Ein Verstoß gegen diese Auflagen kann bis zu einer Strafverfolgung der Verantwortlichen führen.

partnerschaftliches Verhältnis

Da eine Vielzahl von Gesetzen, Verordnungen und Richtlinien in Deutschland existiert, der Brandschutz Landesrecht ist und viele andere Rechtsgebiete auf den Brandschutz Einfluss nehmen, ist es schwierig, sich in diesem „Dschungel" zurechtzufinden. Daher ist eine Unterstützung durch die Behörden meistens unerlässlich und sollte auch eingefordert werden, denn nur ein partnerschaftliches Verhältnis ist für alle Seiten und vor allem für den Betrieb von Vorteil.

Aufgaben, Arten und Leistungsvermögen von Feuerwehren

Feuerwehr-Dienstvorschriften (FwDV)

Die Aufgabe der Feuerwehr ist der abwehrende Brandschutz. Hierbei geht die Personenrettung vor dem Sachschutz. Daher ist es im Brandfall unbedingt erforderlich, dass der Einsatzleiter der Feuerwehr frühzeitig darüber informiert wird, ob sich noch Personen in dem durch den Brand betroffenen Gebäude oder Gebäudeabschnitt befinden. Die genauen Tätigkeiten der Feuerwehren sind länderübergreifend in den Feuerwehr-Dienstvorschriften (FwDV) geregelt.

Das Feuerwehrwesen ist in Deutschland über die Länder geregelt. Die Ausbildung wird zwar ziemlich einheitlich gehandhabt. Jedoch sind die Finanzierung und die Ausstattung je nach Art der einzelnen Feuerwehren unterschiedlich. Man unterscheidet in Deutschland zwischen den folgenden Arten von Feuerwehren:

- Berufsfeuerwehr,
- Freiwillige Feuerwehren,
- Pflichtfeuerwehren,
- Werksfeuerwehren.

Berufsfeuerwehr

Die Gesetzgebung der einzelnen Bundesländer regelt, wann eine Berufsfeuerwehr vorhanden sein muss. Die Verpflichtung einer Kommune zur Unterhaltung einer Berufsfeuerwehr richtet sich entweder nach der Einwohnerzahl der Stadt oder nach deren Status. Die Einwohnergrenze von 100.000 ist nur in wenigen Bundesländern ausschlaggebend (z. B. in Hessen, Thüringen und Baden-Württemberg). Es gibt auch Städte, die eine Berufsfeuerwehr unterhalten, obwohl sie dazu nicht gesetzlich verpflichtet sind (z. B. Gießen, Eisenach, Minden, Cuxhaven oder Iserlohn; vgl. [33]).

Freiwillige Feuerwehr

Freiwillige Feuerwehren sind immer dann einzurichten, wenn eine Berufsfeuerwehr nicht erforderlich ist. Dabei hat jede Kommune eine Freiwillige Feuerwehr, die jedoch meist an mehreren Standorten vertreten ist. Die personelle und materielle Ausrüstung, z. B. mit Feuerwehrfahrzeugen, richtet sich nach dem Gefahrenpotential im Zuständigkeitsbereich des jeweiligen Feuerwehrstandortes, das sich aus Einwohnerzahl, Industrie- und Gewerbebetrieben und Verkehrsinfrastruktur zusammensetzt (vgl. [34]).

Pflichtfeuerwehr

Eine Pflichtfeuerwehr ist dann erforderlich, wenn keine freiwillige Feuerwehr aufgestellt werden kann, da nicht genügend freiwillige Helfer gefunden werden. In diesem Fall werden Bürger zwangsverpflichtet.

Eine Werkfeuerwehr ist eine Feuerwehr, welche keine öffentliche Feuerwehr ist. Werkfeuerwehren sind staatlich angeordnete oder anerkannte Feuerwehren. Sie können wie eine Berufsfeuerwehr organisiert sein. Ihre Aufgabe besteht überwiegend in der Sicherstellung des Brandschutzes in großen Industriebetrieben. Werkfeuerwehren müssen bezüglich Aufbau, Ausbildung und Ausrüstung den Erfordernissen sowohl der zu schützenden Betriebe als auch der öffentlichen Feuerwehr entsprechen [vgl. [35]).

Die Ausstattung, das davon abhängige Leistungsvermögen und die Einsatztaktik einer Feuerwehr unterscheiden sich je nach Art und Standort.

Aufgaben und Leistungen von Versicherern

Der Versicherer ist ein nicht minder wichtiger Partner des Unternehmens im Brandschutz. Er übernimmt die wirtschaftliche Absicherung des Brandrisikos. Versicherer verlangen in der Regel eine frühzeitige Einbindung, da auch vonseiten des Versicherers weiterführende Auflagen hinsichtlich des Brandschutzes gemacht werden können. Die Versicherungsprämien orientieren sich u. a. an der brandschutztechnischen Ausstattung des Unternehmens. Die Faustregel: „Je mehr technischer Brandschutz, desto geringer die Versicherungsprämie" ist nicht unbedingt richtig, da zahlreiche andere Faktoren in die individuelle Prämienfindung mit einfließen.

Auflagen

Prämienhöhe

Für die Feuerversicherung gibt es Musterversicherungsbedingungen, die in den „Allgemeinen Bedingungen für die Feuerversicherung" (AFB 2010) [36] zusammengefasst sind. Diese Musterbedingungen werden vom Gesamtverband der Deutschen Versicherungswirtschaft unverbindlich bekannt gegeben. Man kann daher von diesen Regelungen abweichen.

AFB 2010

VdS 2038

Weitere wichtige Regeln sind VdS 2038 „Allgemeine Sicherheitsvorschriften der Feuerversicherer für Fabriken und gewerbliche Anlagen (ASF)" (2008-01) [37] zu entnehmen. Auch diese Regeln sind als unverbindlich anzusehen.

8.4 Ausbildungsunterlagen

Den Teilnehmenden der Ausbildung sind geeignete Ausbildungsunterlagen mit den wesentlichen Ausbildungsinhalten zur Verfügung zu stellen, damit er die Inhalte der Schulung während der Teilnahme nachvollziehen und im Anschluss an die Ausbildung nachlesen kann. Die Ausbildungsunterlagen müssen so gestaltet sein, dass anhand dieser eine eigenständige Vor- und Nachbereitung der Lerninhalte möglich ist. Sie können auch in elektronischer Form zur Verfügung gestellt werden.

8.5 Abschlussprüfung

Die Abschlussprüfung ist ein wichtiger Bestandteil der Ausbildung, da hier das erlernte Wissen der Teilnehmenden überprüft werden soll. Für die erfolgreiche Teilnahme an der Ausbildung reicht die Anwesenheit nicht aus, sondern der Lernerfolg der angestrebten Kompetenzen wird anhand des Bestehens einer schriftlichen und mündlichen Prüfung durch die ausbildende Stelle dokumentiert.

Erfolg dokumentieren

Die Prüfungsunterlagen müssen nach Abschluss der Ausbildung mindestens drei Jahre von der Ausbildungseinrichtung aufbewahrt werden. Dazu gehören

- die schriftliche Prüfung,
- das Protokoll der mündlichen Prüfung,
- die Gruppenergebnisse,
- Projektdokumente,
- Praxisberichte und
- Lernerfolgskontrollen.

Diese Dokumente können auch in elektronischer Form aufbewahrt werden.

Die schriftliche Prüfung hat zuerst zu erfolgen, da die Teilnehmenden nur nach bestandener schriftlicher Prüfung zur mündlichen Prüfung zugelassen werden. Die Abschlussprüfung gilt nur als bestanden, wenn beide Prüfungsteile, der schriftliche sowie der mündliche, erfolgreich abgeschlossen werden. *schriftliche vor mündlicher Prüfung*

8.5.1 Schriftliche Prüfung

Die schriftliche Prüfung muss mindestens eine Gesamtdauer von 90 Minuten betragen und alle Lerninhalte der Ausbildung zum Brandschutzbeauftragten abdecken. *90 Minuten*

Bei der Fragestellung sind „offene Aufgabenstellungen“ Multiple-Choice-Fragen vorzuziehen, da Multiple-Choice-Fragen weniger geeignet sind, die erlernten Kompetenzen eines Brandschutzbeauftragten zu prüfen, da hier das konzeptionelle Vorgehen eine wichtige Rolle spielt. Bei Multiple-Choice-Fragen können sowohl eine als auch mehrere Antworten richtig sein. Die Anzahl der möglichen Antworten ist beliebig wählbar.

Die schriftliche Prüfung ist bestanden, wenn die Teilnehmenden mindestens 60 % der Punkte erzielen. Das bedeutet auch, dass für die Fragen unterschiedlich viele Punkte vergeben werden können. *60 % der Punkte*

Es ist auch möglich, dass die Prüfung in elektronischer Weise erfolgt. Die Identität der zu prüfenden Person muss eindeutig verifizierbar sein. Dabei hat die Ausbildungseinrichtung auch die Vorgaben des Datenschutzes einzuhalten und sicherzustellen. *Datenschutz*

Für den Fall, dass ein oder mehrere Teilnehmende die schriftliche Prüfung nicht bestehen, kann diese Prüfung einmalig nach einer angemessenen Lernzeit wiederholt werden. Dabei wird empfohlen, diese zu einem späteren Zeitpunkt durchzuführen, damit genügend Lernzeit eingeräumt wird. Hier gibt die Richtlinie dem Ausbildungsträger einen gewissen Spielraum. *Wiederholung*

8.5.2 Mündliche Prüfung

Fallstudie

Im Rahmen der mündlichen Prüfung sollen die fachlichen Inhalte richtig und die erlernten Kompetenzen mittels z. B. einer Fallstudie angewendet werden. Die Bearbeitung der Fallstudie erfolgt in Arbeitsgruppen. Die Gruppengröße ist auf maximal 5 Teilnehmende zu beschränken, da sonst die einzelnen Themengebiete, die in der Fallstudie zu behandeln sind, einen zu geringen Umfang einnehmen. Das Ergebnis dieser Gruppenarbeit ist anschließend vor einer Prüfungskommission zu präsentieren.

Gruppenarbeit

Einzelpräsentationen

Die Präsentation ist nicht als Gesamtpräsentation der Gruppe gedacht, sondern jedes einzelne Gruppenmitglied trägt einen Teil der Ergebnisse vor. Dabei ist darauf zu achten, dass diese Einzelpräsentationen möglichst den gleichen Umfang besitzen, sodass jeder Teilnehmer die in vfdb 12-09/01 vorgegebenen mindestens 15 Minuten Präsentation vor der Prüfungskommission erfüllt. Aus der Präsentation muss ersichtlich sein, wer von den Prüfungsteilnehmern welchen Teil federführend erarbeitet hat. Die Art der Präsentation ist freigestellt.

Prüfungskommission

Die Prüfungskommission hat aus einem Vorsitzenden und mindestens einem Beisitzer zu bestehen.

8.5.3 Nichtbestehen der Prüfung

Wiederholung

Sollte auch die zweite Prüfung nicht erfolgreich abgeschlossen werden, ist die vollständige Ausbildung zu wiederholen.

8.5.4 Ausbildungsbescheinigung

Fachkundenachweis

Nach bestandener schriftlicher und mündlicher Prüfung ist den Teilnehmenden an der Brandschutzbeauftragten-Ausbildung ein Fachkundenachweis (Zertifikat) zu überreichen. Dieser Fachkundenachweis muss mindestens beinhalten:

- Vor- und Zuname des Prüflings,
- Informationen zum Aufbau des Lehrgangs (Gliederung der Lernphasen inklusive deren Dauer)
- Lehrgangsinhalte mit der Anzahl der Lehreinheiten,
- Hinweis auf die Einhaltung der vfdb-Richtlinie 12-09/01,
- Name und Anschrift des Ausbildungsträgers,
- Ausstellungsdatum des Fachkundenachweises.

Mit der Überarbeitung der Richtlinie wurde hier ein zusätzlicher Hinweis eingeführt, dass die Bestellung der Branschutzbeauftragten erst nach der Einweisung in die betrieblichen Gegebenheiten erfolgen soll.

8.6 Inhalte der Fortbildungen

Die Fachkunde eines Brandschutzbeauftragten ist regelmäßig aufzufrischen, den aktuellen Erfordernissen in den Betrieben anzupassen und auf dem aktuellen Stand zu halten. Die Verpflichtung zu regelmäßigen Fortbildungen soll auch dem Brandschutzbeauftragten einen rechtlichen Rückhalt schaffen, damit er im „Falle eines Falles" nicht belangt werden kann, falls sein Vorgesetzter ihm die Fortbildung nicht genehmigt hatte.

rechtlicher Rückhalt

Da der Brandschutzbeauftragte aufgrund der sich ändernden Rechtsprechung eine immer höhere Gewichtung im Unternehmen erhält, ist es erforderlich, dass seine Sach- sowie Fachkunde in Regelwerken und Vorschriften regelmäßig ausgeweitet und verbessert wird. Deshalb ist es unvermeidbar, dass der Brandschutzbeauftragte sich regelmäßig fortbildet, um seine Aufgaben gewissenhaft wahrnehmen zu können. Der Brandschutzbeauftragte soll seine Aufgaben qualitativ hochwertig verrichten können.

Stellung im Unternehmen

Nr. 8 vfdb 12-09/01 zählt mögliche Fortbildungsthemen auf:

Nr. 8 vfdb 12-09/01 Fortbildungsthemen

- *„Themenbezogene Seminare zum anlagentechnischen, organisatorischen und baulichen Brandschutz*
- *Branchenbezogene Seminar zum Brandschutz*
- *Spezialisierungsseminare (Explosionsschutz, Notfallmanagement, Katastrophenschutz, Evakuierung, Luftfahrt, Bahn usw.)*
- *Seminare zu Kommunikation, Didaktik, Präsentation*
- *Fachtagungen"*

Es wird auch eine Vorgabe über den Umfang und die Dauer dieser Fortbildungen gemacht. Es ist dem Brandschutzbeauftragten freigestellt, nur eine Fortbildung oder mehrere Fortbildungen zu besuchen. Es ist lediglich der in der Richtlinie vorgegebene Umfang von 16 Lehreinheiten á 45 Minuten in drei Jahren einzuhalten. Als sinnvolle Untergrenze ist eine Fortbildung von mindestens vier Lehreinheiten anzusehen.

Umfang und Dauer

Auch diese Teilnahme ist zu dokumentieren. Die Ausbildungsträger haben bei der Fortbildungsbescheinigung die gleichen Vorgaben wie bei der Ausbildungsbescheinigung (siehe Kapitel 8.5.4) einzuhalten.

Dokumentation

Schafft es der Brandschutzbeauftragte nicht, die zur Verlängerung der Qualifikation nötigen Fortbildungen mit den o. g. Kriterien zu besuchen, muss die Ausbildung zum Brandschutzbeauftragten komplett neu durchlaufen werden.

9 Verantwortung und Haftung des Brandschutzbeauftragten

Verantwortung für den Brandschutz

Die Verantwortung für den Brandschutz ergibt sich aus den allgemeinen Betreiber- und Arbeitgeberpflichten. Damit liegt diese beim Eigentümer eines Gebäudes bzw. seinem Nutzer als Mieter oder Pächter sowie dem Unternehmer bzw. Arbeitgeber als Betreiber einer Arbeitsstätte. Bei Unternehmen sind dies ein gesetzlicher Vertreter, das vertretungsberechtigte Organ einer juristischen Person oder der vertretungsberechtigte Gesellschafter einer Personenhandelsgesellschaft.

Haftung

strafbare Handlung

Verantwortung ist die Pflicht, sowohl für aktive Handlungen, also z. B. Anweisungen und Tätigkeiten, als auch für dabei entstehende Fehler einzustehen und die damit verbundenen Folgen zu tragen (Haftung). Grundsätzlich macht man sich nur strafbar, wenn man durch sein aktives Handeln (seine Tat) gegen ein Strafgesetz verstößt.

passives Unterlassen

echte und unechte Unterlassungsdelikte

Unter bestimmten Umständen umfasst die Verantwortlichkeit aber auch ein passives Unterlassen, z. B. durch fehlendes Fachwissen, Unkenntnis der Situation oder Duldung von Zuständen. Der Gesetzgeber unterscheidet dabei zwischen echten und unechten Unterlassungsdelikten. Um ein echtes Unterlassungsdelikt handelt es sich nur, soweit das Gesetz den betreffenden Tatbestand klar umschreibt, z. B. die unterlassene Hilfeleistung. Von einem unechten Unterlassungsdelikt spricht man, wenn eine Straftat, die normalerweise die Folge aktiven Tuns ist, durch Unterlassung begangen wird. Bei den sogenannten unechten Unterlassungsdelikten ist im Strafrecht die sogenannte Garantenstellung von Bedeutung.

Garantenstellung

Garantenpflicht: die Pflicht zum Tätigwerden

Aus einer Verpflichtung zum Handeln aufgrund eines Gesetzes, eines Vertrages, durch vorangegangenes Tun (z. B. gefahrbegründendes Vorverhalten, also die sogenannte Ingerenz des Täters) oder aus einem anderen Grund, entsteht eine Garantenstellung: Wer nichts unternimmt, um einen vom Gesetz verbotenen Sachverhalt zu verhindern, macht sich strafbar, wenn er rechtlich dafür einzustehen hat, dass der Tatbestand nicht eintritt. Diese Verpflichtung zum Tätigwerden wird als Garantenpflicht bezeichnet. Durch die Garantenpflicht handelt der Verpflichtete pflichtwidrig, wenn er ein gebotenes Handeln unterlässt und dadurch einen anderen schädigt (vgl. § 13 I StGB [1]). Sie kann auf einem Gesetz, einem Vertrag oder einem besonderen Vertrauensverhältnis beruhen.

Ursachen für Garantenstellung

Die Garantenstellung kann sich dann ergeben, wenn eine Person in einer Pflichtenposition steht,

- in der sie dafür einzustehen hat, dass ein bestehendes Rechtsgut vor Schäden geschützt wird. Sie kann sich z. B. aus der freiwilligen Übernahme von Schutzpflichten oder einer besonderen Amtsstellung ergeben (Polizei, Feuerwehr etc.),
- in der sie insbesondere aus dem Gesetz und sonstigen Normen oder einem Vertrag dafür einzustehen hat, dass sich die Gefahren, die von einer bestimmten Gefahrenquelle ausgehen, nicht realisieren. Dies resultiert z. B. aus gesetzlichen Verkehrssicherungspflichten, aus den Pflichten eines Geschäftsführers/Vorstands einer Gesellschaft, aus vertraglichen Verpflichtungen zur Verantwortung oder aus der Eröffnung und Beherrschung von Gefahrenquellen (Arbeitsschutz-, Gefahrstoff-, Umweltschutzvorschriften etc.).

gesetzliche und vertragliche Garantenpflicht für Brandschutzbeauftragte

Damit bestehen, je nach Aufgaben und Tätigkeiten im Einzelfall, der übertragenen Pflichten und der vertraglichen Gestaltung, auch für den Brandschutzbeauftragten gesetzliche und vertragliche Garantenpflichten. Besteht nach Gesetz, Vertrag oder aus einem anderen Grund eine Rechtspflicht zum Handeln (z. B. die vollständige und richtige Beratung im Brandschutz oder die Erkennung und Meldung von Mängeln in der Brandsicherheit), unterlässt oder vernachlässigt der Brandschutzbeauftragte diese Pflichten und schädigt er dadurch einen anderen, so kann sich daraus eine strafrechtliche Verantwortlichkeit ergeben.

9.1 Strafrechtliche Haftung

Überprüfung Strafbarkeit durch schematisierten Prüfungsablauf

Die Frage, ob eine Pflichtverletzung strafbar ist, wird anhand eines schematisierten Prüfungsablaufes entschieden. Dies dient der objektiven Nachvollziehbarkeit, also letztlich zur Herstellung von Rechtssicherheit und Gerechtigkeit. Hier folgt der schematisierte Prüfungsablauf:

Objektiver Tatbestand

objektiver Tatbestand

Der objektive Tatbestand sind die im Gesetz als sogenannte Tatbestandsmerkmale formulierten äußerlichen Umstände, die für eine strafbare Handlung gegeben sein müssen.

Brandstiftung

So beschreibt der § 306 des StGB den Straftatbestand der Brandstiftung mit einer abschließenden Auflistung bestimmter, besonders schützenswerten Sachgüter (z. B. fremde Gebäude, Betriebsstätten oder technische Einrichtungen, namentlich Maschinen, Warenlager oder -vorräte, Kraftfahrzeuge oder land-, ernährungs- oder forstwirtschaftliche Anlagen oder Erzeugnisse), die in Brand gesetzt oder durch eine Brandlegung ganz oder teilweise zerstört werden. Werden diese objektiven Tatbestände nicht erfüllt, da andere, im Gesetz nicht genannte Objekte (z. B. Abfalllager ohne bedeutenden Wert) angezündet oder aufgelistete Objekte (z. B. Gebäude oder Betriebsstätten, sowie deren technische Einrichtungen) zwar durch ein Feuer beschädigt, aber nicht ganz oder nur teilweise zerstört wurden und selbst nicht in Brand geraten sind, begeht der „Brandstifter" ggf. „nur" eine Sachbeschädigung, deren fahrlässige Herbeiführung übrigens nicht bestraft werden kann.

Sachbeschädigung

Subjektiver Tatbestand

subjektiver Tatbestand

Der subjektive Tatbestand bezieht sich auf das Bewusstsein des Täters während der Tat bzw. auf seine Einstellung gegenüber seiner Handlung, also die Frage ob die Tat bewusst (vorsätzlich) oder unbewusst (fahrlässig) begangen wurde. Denn für ein fahrlässiges Handeln sieht das Strafrecht eine Strafbarkeit nach § 15 StGB nur vor, wenn dieses im Gesetz ausdrücklich mit Strafe bedroht wird. Dies ist insbesondere bei Tatbeständen mit einer Gefährdung von Leben, Gesundheit oder der Allgemeinheit (gemeingefährliche Straftaten) der Fall:

- **Fahrlässige Baugefährdung (§ 319 Abs. 3, 4 StGB):** Wer fahrlässig bei der Planung, Leitung oder Ausführung eines Baus oder des Abbruchs eines Bauwerkes gegen die allgemein anerkannten Regeln der Technik verstoßen hat und dadurch Leib oder Leben eines anderen Menschen gefährdet, dem drohen eine Freiheitsstrafe bis zu fünf Jahren oder eine Geldstrafe. Dies gilt ebenso, wenn in Ausübung eines Berufs oder Gewerbes bei der Planung, Leitung oder Ausführung eines Vorhabens technische Einrichtungen in ein Bauwerk eingebaut oder eingebaute Einrichtungen dieser Art geändert werden, dabei fahrlässig gegen die allgemein anerkannten Regeln der Technik verstoßen wird und dadurch fahrlässig Leib oder Leben eines anderen Menschen gefährdet werden: Dann droht eine Freiheitsstrafe bis zu zwei Jahren oder eine Geldstrafe.
- **Fahrlässiges Herbeiführen einer Brandgefahr (§ 306f StGB):** Wenn fahrlässig fremde feuergefährdete Betriebe oder Anlagen, Anlagen oder Betriebe der Land- oder Ernährungswirtschaft, in denen sich deren Erzeugnisse befinden, durch Rauchen, durch offenes Feuer oder Licht, durch Wegwerfen brennender oder glimmender Gegenstände oder in sonstiger Weise in Brandgefahr gebracht werden oder durch fahrlässiges Herbeiführen einer Brandgefahr dabei zusätzlich Leib oder Leben eines anderen Menschen oder fremde Sachen von bedeutendem Wert gefährdet werden, dann ist eine Freiheitsstrafe bis zu einem Jahr oder eine Geldstrafe zu erwarten.
- **Fahrlässige Brandstiftung (§ 306d StGB):** Werden fahrlässig fremde Gebäude, Betriebsstätten oder technische Einrichtungen, namentlich Maschinen, Warenlager oder -vorräte, Kraftfahrzeuge, Schienen-, Luft- oder Wasserfahrzeuge oder land-, ernährungs- oder forstwirtschaftliche Anlagen oder Erzeugnisse in Brand gesetzt oder durch eine Brandlegung ganz oder teilweise zerstört, kann eine Freiheitsstrafe bis zu fünf Jahren oder eine Geldstrafe verhängt werden.
- **Fahrlässige Körperverletzung (§ 229 StGB):** Wer durch Fahrlässigkeit eine andere Person an der Gesundheit schädigt, den erwartet eine Freiheitsstrafe bis zu drei Jahren oder eine Geldstrafe.
- **Fahrlässige Tötung (§ 222 StGB):** Wenn durch Fahrlässigkeit der Tod eines Menschen verursacht wird, ist eine Freiheitsstrafe bis zu fünf Jahren oder eine Geldstrafe die Folge.

Fahrlässigkeit

Unter Fahrlässigkeit wird die nichtgewollte Verwirklichung eines Straftatbestandes verstanden, falls damit der Täter die ihm mögliche und zumutbare Sorgfalt außer Acht gelassen hat und den nach dem Gesetz erforderlichen Erfolg hätte voraussehen können. Strafrechtlich wird zwischen bewusster und unbewusster Fahrlässigkeit unterschieden.

bewusste Fahrlässigkeit

- Bei der bewussten Fahrlässigkeit rechnet der Handelnde mit dem möglichen Eintritt, vertraut aber pflichtwidrig und vorwerfbar darauf, dass der Schaden nicht eintreten wird. Der Handelnde darf den Erfolg aber nicht billigend in Kauf genommen haben, sonst liegt bedingter Vorsatz vor.

unbewusste Fahrlässigkeit

- Die unbewusste Fahrlässigkeit ist dadurch gekennzeichnet, dass der Handelnde den Erfolg nicht voraussieht, ihn aber doch bei der im Verkehr erforderlichen und ihm zumutbaren Sorgfalt hätte voraussehen und verhindern können.

Rechtswidrigkeit

Rechtswidrigkeit

Bei Erfüllung der objektiven und subjektiven Tatbestände muss für eine Strafbarkeit die Rechtswidrigkeit der Handlung geprüft werden. Rechtswidrig ist ein Verhalten dann nicht, wenn Rechtfertigungsgründe vorliegen, wenn also z. B. in Notwehr oder Notstand gehandelt wurde. Dieses wird jedoch bei der vorbeugenden Tätigkeit eines Brandschutzbeauftragten nicht der Fall sein.

Schuld

Schuldfrage

Als letzte Voraussetzung wird geprüft, ob der Täter hinsichtlich seiner konkreten Handlungen Schuld ist, d. h. ob ihm ein persönlicher Vorwurf gemacht werden kann. Vorwerfbarkeit bedeutet, dass der Täter rechtswidrig gehandelt hat, obwohl er nach seinen Fähigkeiten und unter den konkreten Umständen der Tat in der Lage war, das im Tatbestand beschriebene Verhalten zu vermeiden und sich stattdessen rechtmäßig zu verhalten.

Verkettung unglücklicher Umstände

Ein Brandereignis im Verantwortungsbereich eines Brandschutzbeauftragten wird jedoch zum überwiegenden Teil durch ein zufälliges Zusammentreffen unglücklicher Umstände ausgelöst, die nicht allein vom Brandschutzbeauftragten beeinflusst werden können. So wird z. B. eine fehlerhafte Beratung zu Brandgefahren nicht alleinige Ursache für den Brandausbruch sein. Hinzu kommen z. B. eine fehlende Unterweisung der Beschäftigten durch die Vorgesetzten und eine Missachtung von Brandschutz- und Sicherheitsvorschriften im Betriebsablauf. Da der Brand vermutlich auch ohne sein Zutun entstanden wäre, hätte er auch durch eine vollständige und richtige Beratung den Brandeintritt alleine nicht verhindern können. Dem Brandschutzbeauftragten kann daher erfahrungsgemäß kaum ein persönlicher Vorwurf als Voraussetzung für eine Strafbarkeit gemacht werden.

Nur wenn die Voraussetzungen für eine Strafbarkeit aus objektivem und subjektivem Tatbestand sowie der Rechtswidrigkeit und der persönlichen Schuld nachgewiesen werden können, kann das Gericht die im Gesetzestext angegebene Rechtsfolge – die Strafe – verhängen. Brandschutzbeauftragte handeln strafrechtlich relevant, wenn sie schuldhaft eine Brandgefahr oder einen Brandschaden durch aktives Handeln oder durch Unterlassen in ihrer sogenannten Garantenstellung (vgl. § 13 StGB) herbeigeführt haben. Weil das in der Praxis doch eher selten vorkommt, ist ihre strafrechtliche Haftung eng begrenzt.

objektiver oder subjektiver Tatbestand als Voraussetzung für Strafe

9.2 Strafbemessung

Oberstes Ziel von Strafen ist es, die Gesellschaft vor sozialschädlichem Verhalten zu bewahren und die Werte des Gemeinschaftslebens zu schützen. Strafen sollen durch die abschreckende Wirkung Menschen davon abhalten, fremde Rechtsgüter zu verletzen. Weiterhin werden Strafen eine Rechtsverletzung ahnden, die bereits stattgefunden hat, um den Täter künftig zu einem rechtskonformen Verhalten zubringen.

Strafe als Abschreckung

Je nach Straftat sieht das Strafgesetzbuch einen bestimmten Strafrahmen aus jeweiligen Mindest- und/oder Höchststrafen als Geld- oder Freiheitsstrafe vor. Die genaue Festsetzung der Strafe liegt im Ermessen des Gerichts und richtet sich nach den Umständen des Einzelfalles. Einfluss nimmt hier u. a. die Schwere der Tat, der Grad der Fährlässigkeit, aber auch der persönliche Eindruck, den das Gericht von dem Angeklagten hat (Persönlichkeit, Zuverlässigkeit, Einsicht u. Ä.), um eine Wiederholungsgefahr einschätzen zu können.

Strafmaß

9.2.1 Ordnungsgelder

Der Gesetzgeber sieht es bei leichten Rechtsverstößen als ausreichend an, nicht mit dem Mittel der Strafe zu reagieren, sondern nur mit Bußgeldern. Eine geringfügige Verletzung der Rechtsregeln wird in Deutschland daher als Ordnungswidrigkeit verfolgt.

Ordnungswidrigkeit als geringfügige Verletzung der Rechtsregeln

Das Recht der Ordnungswidrigkeiten gehört zum Strafrecht im weiteren Sinn, weil es den Methoden des Strafrechts folgt und im Verfahren ähnlich ist. Eine Ordnungswidrigkeit ist eine rechtswidrige und vorwerfbare Gesetzesübertretung als vorsätzliche oder fahrlässige Handlung, die den Tatbestand eines Gesetzes verwirklicht, das die Ahndung mit einer Geldbuße zulässt (§ 1 Abs. 1 des „Gesetzes über Ordnungswidrigkeiten“ OWiG [2]). Das gilt hauptsächlich für leichte Fälle der Gefährdung oder Beeinträchtigung von Rechtsgütern anderer Personen. Ist eine Handlung gleichzeitig Straftat und Ordnungswidrigkeit, so hat das Strafgesetz Vorrang (§ 21 OWiG).

Gesetz über Ordnungswidrigkeiten

Die Sanktionen im Ordnungswidrigkeitenverfahren sind meist Bußgelder, die in der Regel deutlich unterhalb von Geldstrafen bleiben und durch einen Katalog pauschal festgesetzt sein können. Diese Bußgeldkataloge stellen Zumessungsregeln für die Bemessung der Geld-

Bußgelder als Sanktionen

buße dar und sollen bundesweit ein gleichmäßiges Verwaltungshandeln bei häufig vorkommenden und im Wesentlichen gleich gelagerten Ordnungswidrigkeiten durch die Verfolgungs- und Ahndungsbehörden gewährleisten. Dennoch setzen sie eine Prüfung der Einzelfallumstände in Ausübung des Ermessens nach den Zumessungskriterien des § 17 Abs. 3 OWiG voraus.

Bußgeldhöhe

Regelsätze für Bußgelder

Die Bemessung und Festsetzung der Bußgeldhöhe erfolgt in zwei Schritten.

- **Regelsatz:** Zunächst ist bei einem Verstoß von dem Regelsatz in den Bußgeldkatalogen auszugehen. Die in den Bußgeldkatalogen ausgewiesenen Regelsätze gehen von einer vorsätzlichen Begehung und gewöhnlichen Tatumständen aus. So weist z. B. der Bußgeldkatalog zur Arbeitsstättenverordnung des Länderausschusses für Arbeitsschutz und Sicherheitstechnik (LASI) (LASI-Veröffentlichung LV 56 [3]) für Verstöße gegen die Arbeitsstättenverordnung (ArbStättV) [4] folgende Regelsätze aus:
  - **Verstoß gegen § 3 Absatz 3 ArbStättV**
    Gefährdungsbeurteilung nicht richtig, nicht vollständig oder nicht rechtzeitig dokumentiert: 3000 Euro
  - **Verstoß gegen § 3a ArbStättV i. V. m. Anhang Ziffer 2.3, Nr. 1, Satz 1**
    Fluchtwege und Notausgänge mangelhaft/nicht geeignet: 3000 Euro
  - **Verstoß gegen § 3a ArbStättV i. V. m. Anhang Ziffer 2.3, Nr. 1, Satz 2**
    Sicherheitskennzeichnung von Fluchtwegen/Notausgängen fehlt/unzureichend: 2000 Euro
  - **Verstoß gegen § 4 Absatz 1 Satz 2 ArbStättV**
    Arbeiten werden beim Auftreten einer unmittelbaren erheblichen Gefahr durch den Arbeitgeber nicht eingestellt, z. B. bei nicht funktionierenden Sicherheits- und Feuerlöscheinrichtungen oder Sicherheitsbeleuchtungen: 5000 Euro
  - **Verstoß gegen § 4 Absatz 4 Satz 1 ArbStättV**
    Verkehrswege, Fluchtwege, Notausgänge durch das teilweise oder vollständige Verstellen mit Gegenständen oder durch ein unzulässiges Blockieren und Verschließen von Fluchtwegtüren und Notausgängen nicht freigehalten oder wenn der Fluchtweg aus anderen Gründen nicht vollständig nutzbar ist: 2000 Euro
  - **Verstoß gegen § 4 Absatz 4 Satz 2 ArbStättV**
    Fehlende Vorkehrungen für Flucht und Rettung nach der Gefährdungsbeurteilung, insbesondere die Erstellung und Bekanntgabe eines Flucht- und Rettungsplans, Bestellung von Evakuierungshelfern, praktische Notfallübungen, Bereitstellen von Rettungsmitteln für den Notfall (zum Beispiel bei Beschäftigung von Menschen mit Behinderung): 2000 Euro

- **Ermäßigung des Regelsatzes:** Eine Ermäßigung des Regelsatzes kommt zum Beispiel in Betracht, wenn aus besonderen Gründen des Einzelfalles der Vorwurf, der den Betroffenen trifft, geringer erscheint, als dies für durchschnittlich vorwerfbares Handeln angemessen ist oder die betroffene Person Einsicht zeigt, sodass Wiederholungen nicht zu befürchten sind. Der in den genannten Gesetzen angedrohte Höchstsatz der Geldbuße kann bis zur Hälfte ermäßigt werden, da die im Bußgeldkatalog ausgewiesenen Beträge in Fällen der Fahrlässigkeit nur bis zur Hälfte ausgeschöpft werden sollen (§ 17 Abs. 2 OWiG).

Ermäßigung des Regelsatzes

- **Ermessensentscheidung:** Als weiterer Schritt sind dann die ersichtlichen Umstände des Einzelfalles, u. a. auch die Bedeutung der Ordnungswidrigkeit zu prüfen und in der abschließenden Ermessensentscheidung angemessen zu berücksichtigen. Führt die vorgesehene Geldbuße z. B. aufgrund der wirtschaftlichen Verhältnisse des Betroffenen zu einer unzumutbaren Belastung, muss die Bußgeldhöhe im Verhältnis zu den wirtschaftlichen Verhältnissen besonders betrachtet werden.

Anpassung nach Ermessen

Verwarnungsgeld

Verwarnungsgeld

Die Verfolgung und Ahndung von Ordnungswidrigkeiten liegt im pflichtgemäßen Ermessen der Verfolgungsbehörde (Opportunitätsgrundsatz, § 47 Abs. 1 Satz 2 OWiG). Von der Festsetzung eines Bußgeldbetrags kann abgesehen werden, wenn die Bedeutung des Verstoßes oder des Vorwurfs so gering ist, dass eine Verwarnung nach § 56 OWiG ausreichend erscheint. Mit der Verwarnung soll dem Betroffenen oder der Betroffenen sein bzw. ihr Fehlverhalten vorgehalten werden. Sie ist daher mit einem Hinweis auf den Verstoß zu verbinden. Ob die Ordnungswidrigkeit geringfügig ist, richtet sich nach der Bedeutung der Handlung und dem Grad der Vorwerfbarkeit. Ist die Verwarnung ohne Verwarnungsgeld nicht angemessen, kann ein Verwarnungsgeld von fünf bis zu 55 Euro erhoben werden.

9.2.2 Geldstrafe

Geldstrafe

Durch ein Urteil oder durch einen Strafbefehl kann in vielen Fällen eine Geldstrafe nach §§ 40 bis 43 StGB als eine relativ milde Sanktion im Strafrecht verhängt werden. Sie ist als strafrechtliche Sanktion von Geldbußen, Ordnungsgeldern, Zwangsgeldern oder anderen Ordnungsmitteln und auch von der Geldauflage bei einer Verfahrenseinstellung zu unterscheiden. Eine Geldstrafe hat den Sinn, den Täter durch Verminderung seiner finanziellen Leistungsfähigkeit zwangsweise in seinem gewohnten Konsum vorübergehend einzuschränken. Daher richtet sich die Höhe der Geldstrafe nicht nur nach dem vorwerfbaren Fehlverhalten, sondern auch nach den wirtschaftlichen Verhältnissen des Täters.

Höhe Geldstrafe abhängig von wirtschaftlichen Verhältnissen

Tagessätze

Tagessätze

Die Geldstrafe wird in Deutschland in Tagessätzen bemessen, um die Strafe den unterschiedlichen wirtschaftlichen Verhältnissen der Täter anzupassen. Die Höhe der Geldstrafe, also der vom verurteilten Täter zu zahlende Betrag, ergibt sich dabei aus einer Multiplikation von Tagessatzanzahl und Tagessatzhöhe:

Tagessatzanzahl

- **Tagessatzanzahl:** Über die Anzahl der verhängten Tagessätze entscheidet das Gericht im Rahmen der eigentlichen Strafzumessung. Die Anzahl der Tagessätze richtet sich dabei nach der Schuld des Täters. Gesetzlich möglich sind fünf bis 360 Tagessätze, bei mehreren Tatvorwürfen in der Bildung einer Gesamtstrafe nach § 54 StGB bis zu 720 Tagessätze. Geldstrafen bis zu 90 Tagessätzen werden (bis auf wenige Ausnahmen) nicht ins Führungszeugnis aufgenommen. Damit gilt der Verurteilte nicht als vorbestraft, sofern nicht bereits ein weiterer Eintrag im Bundeszentralregister hinzukommt oder zum Urteilszeitpunkt besteht.

Höhe des Tagessatzes

- **Tagessatzhöhe:** Die Höhe des einzelnen Tagessatzes bemisst sich nach den sozialen Verhältnissen (Einkünfte, Unterhalt etc.) auf Grundlage des Nettoeinkommens des Täters (vgl. § 40 StGB). Ein Tagessatz entspricht in etwa 1/30 dieses Betrags. Die Tagessatzhöhe variiert in der Praxis zwischen etwa zehn und 30.000 Euro.

9.2.3 Freiheitsstrafe

Freiheitsstrafe

Reicht eine Geldstrafe nicht aus, um das Unrecht der Tat zu sanktionieren kommt eine Freiheitsstrafe in Betracht. Die Freiheitsstrafe nach §§ 38, 39 StGB ist sicherlich die bekannteste, wenn auch nicht die am häufigsten verhängte Strafe. Sie beträgt mindestens einen Monat und maximal fünfzehn Jahre.

Bewährung

Bewährungsstrafe

Die Vollstreckung einer Freiheitsstrafe bis zur Dauer von zwei Jahren kann zur Bewährung ausgesetzt werden. Das bedeutet, dem Verurteilten droht kein Freiheitsentzug. Bewährung wird durch das Strafgericht gewährt, wenn zum Zeitpunkt des Urteils dem Täter eine günstige Sozialprognose gestellt werden kann, d. h. wenn erwartet werden kann, dass der Täter sich künftig auch ohne Strafvollstreckung straffrei führen wird.

Auflagen bei Bewährung

Der Täter hat sich jedoch für die Dauer von zwei bis maximal fünf Jahren (vgl. § 56a Absatz 1 Satz 2 StGB) straffrei zu verhalten und muss bestimmte Auflagen (z. B. Schadenwiedergutmachung) und Weisungen (z. B. Zusammenarbeit mit Bewährungshelfer) erfüllen. Die Dauer der Bewährungszeit und die Art der Auflagen stehen dabei im Ermessen des Gerichts. Bei Verstößen gegen die Bewährungsauflagen kann die Bewährung widerrufen werden und die Freiheitsstrafe ist dann in ihrer vollen Länge zu verbüßen.

9.3 Zivilrechtliche Haftpflicht

Die häufig als Haftung bezeichnete Haftpflicht ist die Pflicht, einen durch ein rechtswidriges Verhalten oder Unterlassen entstanden Schaden durch entsprechenden Schadenersatz zu entschädigen. Ob ein Schaden zu ersetzen ist und von wem, bestimmt sich nach der jeweiligen vom eigentlichen Schadensersatzrecht separaten Anspruchsgrundlage.

zivilrechtliche Haftpflicht

9.3.1 Rechtswidrigkeit

Rechtswidrigkeit bedeutet, dass die Verhaltensweise des Schädigers zu den Verhaltensmaßstäben der Rechtsordnung, d. h. zu Gesetzen, Verordnungen oder Verträgen, im Widerspruch steht. Voraussetzung für die Haftpflicht ist grundsätzlich ein schuldhaftes Handeln oder Unterlassen, d. h. der Schädiger muss den Schaden rechtswidrig herbeigeführt haben. Mittelbare, d. h. nicht direkt selbst verursachte Rechtsverstöße und Unterlassungen, sind nur dann als rechtswidrig anzusehen, wenn der Schädiger hierbei gegen eine Rechtspflicht – z. B. eine Sicherungspflicht – verstoßen hat. Ausnahmsweise kommt auch eine verschuldensunabhängige Garantiehaftung oder eine Gefährdungshaftung zum Tragen.

Rechtswidrigkeit

9.3.2 Kausalität

Um schadensersatzpflichtig zu werden, muss zwischen der Handlung des Schädigers und dem Schaden eine Kausalität bestehen, d. h. der Schaden muss durch das rechtswidrige Handeln verursacht worden sein. Unter einem Schaden im Sinne des Bürgerlichen Gesetzbuchs versteht man jede Einbuße an Rechtsgütern aufgrund eines bestimmten Ereignisses. Hierzu zählen sowohl Vermögensschäden als auch immaterielle Schäden, wobei für immaterielle Schäden nur dann eine Entschädigung in Geld gefordert werden kann, wenn das Gesetz dies explizit anordnet (insbesondere § 253 Abs. 2 BGB [5]).

Kausalität

Vermögensschäden und immaterielle Schäden

9.3.3 Fahrlässigkeit

Der Begriff der Fahrlässigkeit steht im deutschen Zivilrecht im Sinne des Verschuldens bzw. Vertretenmüssens als Haftungsmaßstab für eigenes oder fremdes Verhalten. Die Fahrlässigkeit unterscheidet sich vom vorsätzlichen, also zielgerichteten Handeln dadurch, dass die Folgen der Handlung nicht willensmäßig herbeigeführt worden sind. Nach § 276 Abs. 2 BGB ist Fahrlässigkeit das Außerachtlassen „der im Verkehr erforderlichen Sorgfalt". Hierzu bedarf es der Vermeidbarkeit, der Voraussehbarkeit des rechts- beziehungsweise pflichtwidrigen Handelns und der sich daraus ergebenden Folge. Darüber hinaus muss ein alternatives Verhalten in der jeweiligen Situation zumutbar sein.

Fahrlässigkeit

grobe, mittlere und leichte Fahrlässigkeit

- **Grobe Fahrlässigkeit:** Die grobe Fahrlässigkeit ist eine Pflichtverletzung, welche nicht nur besonders schwerwiegend, sondern auch subjektiv unentschuldbar ist. Dies ist der Fall, wenn der Arbeitnehmer die grundsätzlichen Sorgfaltspflichten außer Acht gelassen hat.
- **Leichte (einfache) Fahrlässigkeit:** Eine leichte Fahrlässigkeit liegt vor, wenn eine geringfügige Pflichtverletzung begangen wurde, welche theoretisch jedem unterlaufen könnte (z. B. sogenanntes Augenblickversagen) und die somit entschuldbar ist.

Ergänzend wird im Verhältnis zwischen Arbeitgeber und Arbeitnehmer noch eine weitere Unterteilung der leichten Fahrlässigkeit in die leichteste und sogenannte mittlere Fahrlässigkeit unterschieden:

- **Mittlere (normale) Fahrlässigkeit:** Die mittlere Fahrlässigkeit ist das schlichte Außerachtlassen der im Verkehr erforderlichen Sorgfalt: Das heißt, wenn es keine Anhaltspunkte für leichte oder für grobe Fahrlässigkeit gibt, dann ist von mittlerer oder „normaler" Fahrlässigkeit auszugehen.

objektiv erforderliche Sorgfalt

Wer am Rechtsverkehr teilnimmt, muss sich darauf verlassen können, dass andere mit der für ihre Tätigkeit erforderlichen Sorgfalt agieren. Der Fahrlässigkeitsmaßstab ist daher die objektive, erforderliche Sorgfalt, nicht die übliche Sorgfalt. Die objektiven Sorgfaltspflichten bemessen sich deshalb in der Regel nicht nach dem tatsächlichen, sondern nach dem üblicherweise von einem Brandschutzbeauftragten zu erwartenden Wissens- und Kenntnisstand (Herbert, 2009 [6]). Denn auch wer die erforderliche Sorgfalt aus Wissensdefizitgründen, z. B. wegen mangelhafter Qualifikation oder fehlender regelmäßiger Fortbildung etc. verletzt, handelt fahrlässig. Fremdes Verhalten kann nur in Ausnahmefällen zugerechnet werden. Der Haftung auf Schadensersatz kann jedoch ein Mitverschulden des Geschädigten entgegengehalten werden.

9.3.4 Schadensersatzansprüche

Die §§ 249 ff. BGB bestimmen Art, Inhalt und Umfang der Leistung von Schadensersatz. Das deutsche Zivilrecht unterscheidet zwischen gesetzlichen und vertraglichen Schadensersatzansprüchen.

gesetzliche und vertragliche Schadensersatzansprüche

- **Gesetzliche Schadensersatzansprüche:** Gesetzliche Schadensersatzansprüche ergeben sich aus unerlaubten Handlungen, d. h. aus widerrechtlichen, in entsprechenden Gesetzen verbotenen Handlungen. Nach § 823 Abs. 1 BGB ist derjenige, der vorsätzlich oder fahrlässig das Leben, den Körper, die Gesundheit, die Freiheit, das Eigentum oder ein sonstiges Recht eines anderen widerrechtlich verletzt, zum Ersatz des daraus entstehenden Schadens verpflichtet. Gemäß § 823 Abs. 2 BGB trifft die Schadensersatzpflicht außerdem denjenigen, welcher gegen ein Gesetz verstößt, das den Schutz eines anderen bezweckt. Zu diesen sogenannten Schutzgesetzen gehören bestimmte Strafgesetze im StGB (etwa gegen Tötungsdelikte, Körperverletzung und Sachbeschädigung) sowie zahlreiche weitere Ge-

setze (z. B. zum Arbeitsschutz und der Produkthaftung). Wurde gegen ein solches Schutzgesetz verstoßen, sind auch aus dem Verstoß folgende reine Vermögensschäden zu ersetzen.
- **Vertragliche Schadensersatzansprüche:** Schadensersatzansprüche können sich weiterhin aus einer Vereinbarung (Vertrag) zwischen Anspruchsteller und Anspruchsgegner ergeben. Durch einen Vertrag können für eine oder beide Vertragsparteien Verpflichtungen begründet werden, für deren Erfüllung gehaftet wird. Diese werden als Leistungspflichten bezeichnet. Erfüllt der Verkäufer diese Verpflichtungen verspätet oder überhaupt nicht, so tritt neben die primäre Leistungspflicht die sekundäre Pflicht zum Schadensersatz.

9.4 Pflichtenkreise als Brandschutzbeauftragter

Für die Verantwortung und Haftung eines Brandschutzbeauftragten ist es von grundsätzlicher Bedeutung, innerhalb welchen Pflichtenkreises er Aufgaben übertragen bekommt. Der Inhalt und Umfang der Verantwortung und die damit unmittelbar verbundene Haftung richtet sich nach den übernommenen Aufgaben und der übertragenen Verantwortung. Für die Funktion und Bestellung des Brandschutzbeauftragten gibt es, anders als z. B. zur Fachkraft für Arbeitssicherheit, keine gesetzliche verbindliche Grundlage. Daher werden im Folgenden vier typische Organisations- und Beauftragungsbedingungen eines Brandschutzbeauftragten, sowie die sich daraus ergebenden speziellen Verantwortungs- und Haftungsfragen dargestellt.

Pflichtenkreise

keine gesetzliche verbindliche Grundlage

9.4.1 Brandschutzbeauftragter als beratender Betriebsbeauftragter

Um die allgemeine Verantwortung im Brandschutz zur Umsetzung der erforderlichen baulichen, technischen und organisatorischen Brandschutzmaßnahmen zu erfüllen, können Aufgaben im Brandschutz und damit auch die Verantwortung für die zuverlässige und fachkundige Ausführung an andere Personen vergeben werden. Grundsätzlich sollen Brandschutzbeauftragte für die Beratung zu allen Fragen des Brandschutzes durch die für den Brandschutz verantwortliche Person (Eigentümer, Nutzer oder Betreiber) bestellt werden. In den meisten Fällen wird diese Aufgabe ein Mitarbeiter des Unternehmens entweder als Hauptaufgabe, viel häufiger jedoch als Nebentätigkeit im Rahmen eines Arbeitsverhältnisses übertragen bekommen.

beratender Betriebsbeauftragter

Arbeitsvertrag

Grundlage für ein Arbeitsverhältnis ist der Arbeitsvertrag als gegenseitiger Vertrag, durch den sich der Arbeitnehmer zur Leistung der versprochenen Arbeit und der Arbeitgeber zur Gewährung des vereinbarten Arbeitsentgelts (Arbeitslohn) verpflichtet. Der Arbeitsvertrag ist eine besondere Art des Dienstvertrages und unterliegt daher auch den allgemeinen Vorschriften der §§ 611 bis 630 BGB.

Arbeitsvertrag

Bestellung zur fachkundigen Beratung

Prüfung der Qualifikation vor Beauftragung

Die Übertragung von Aufgaben setzt eine entsprechende Qualifikation voraus. Bei der Übertragung von Aufgaben auf Beschäftigte hat der Arbeitgeber je nach Art der Tätigkeiten zu berücksichtigen, ob die Beschäftigten befähigt sind, die für die Sicherheit und den Gesundheitsschutz bei der Aufgabenerfüllung zu beachtenden Bestimmungen und Maßnahmen einzuhalten [7]. Der Unternehmer muss also vor der Bestellung bzw. Beauftragung prüfen, ob die betreffende Person für ihre Aufgabe qualifiziert ist und ob sie über die notwendige Erfahrung verfügt. Daher behält der Unternehmer bzw. sein Stellvertreter die Führungsverantwortung, während der Beauftragte lediglich die Fachverantwortung übernimmt.

Festlegung der Zuständigkeit

Grundlage der Bestellung, d. h. die Vergabe der innerbetrieblichen Arbeitsaufgabe an den Brandschutzbeauftragten, ist die schriftliche Bestellung mit einer Festlegung des Zuständigkeitsbereichs, der Aufgaben sowie der Rahmenbedingungen, wie z. B. der Zugriff auf alle brandschutzrelevanten Unterlagen und Informationen, ein Zutritt zu allen betreffenden Liegenschaften und Räumen sowie die verfügbare Arbeitszeit und verfügbare Arbeitsmittel (siehe Musterbestellungsschreiben im Anhang der Richtlinie zu Aufgaben, Qualifikation, Ausbildung und Bestellung von Brandschutzbeauftragten [8]).

Aufgaben und Pflichten

Aufgaben und Pflichten

Der so bestellte Brandschutzbeauftragte übernimmt im Rahmen des Arbeitsvertrages in Verbindung mit der o. g. Bestellung zum Brandschutzbeauftragten die Beratung und Unterstützung des verantwortlichen Unternehmers bzw. der ihn vertretenden Führungskräfte in allen Fragen des Brandschutzes, insbesondere zur Umsetzung eines Brandschutzkonzeptes sowie zur Einhaltung von Brandschutzbestimmungen bei Neu-, Um- und Erweiterungsbauten, Nutzungsänderungen, Anmietungen und Beschaffungen und zur Umsetzung behördlicher Anordnungen und Auflagen des Feuerversicherers.

Pflichten zur Mitwirkung

Seine Pflichten zur Mitwirkung umfassen im Wesentlichen:

- **eine richtige und vollständige Beratung**, insbesondere durch sein Mitwirken bei der Ermittlung von Brand- und Explosionsgefahren und der Beurteilung der Brandgefährdung an Arbeitsplätzen sowie bei der Ausarbeitung von Betriebsanweisungen, soweit sie den Brandschutz betreffen,
- **die Organisation und Sicherstellung der Prüfung und Wartung von brandschutztechnischen Einrichtungen,** durch die Teilnahme an behördlichen Brandschauen und die regelmäßige Durchführung von internen Brandschutzbegehungen, wie z. B. der Sicherheitskennzeichnung von Brandschutzeinrichtungen und Flucht- und Rettungswegen sowie deren Benutzbarkeit, der Lagerung und/oder der Einrichtung zur Lagerung von brennbaren Flüssigkeiten, Gasen usw. sowie der Aktualität der Flucht-, Rettungs-, Feuerwehr- und Alarmpläne usw.,

- **die Meldung erkannter Mängel und Vorschläge zu Maßnahmen für deren Beseitigung** durch bauliche, technische und organisatorische Brandschutzmaßnahmen sowie der Festlegung von Ersatzmaßnahmen bei Ausfall und Außerbetriebsetzung von brandschutztechnischen Einrichtungen,
- **ein Hinwirken auf sicherheitsgerechtes Verhalten**, z. B. durch seine Unterstützung der Führungskräfte bei den regelmäßigen Unterweisungen der Beschäftigten im Brandschutz, bzw. durch Aus- und Fortbilden von Beschäftigten mit besonderen Aufgaben in einem Brandfall (Brandschutzhelfer gemäß ASR A2.2) in der Handhabung von Feuerlöscheinrichtungen sowie durch Planung, Organisation und Durchführung von Räumungsübungen,
- **die Zusammenarbeit mit allen Beteiligten im Brandschutz**, z. B. bei Gesprächen mit den Brandschutzbehörden und Feuerwehren, den Feuerversicherern, den Unfallversicherungsträgern, den staatlichen Arbeitsschutzbehörden usw., durch innerbetriebliche Stellungnahmen zu Investitionsentscheidungen, die Belange des Brandschutzes betreffen sowie durch die Mitwirkung bei der Implementierung von präventiven und reaktiven (Schutz)maßnahmen im Notfallmanagement.

Haftungsgründe

Angestellte, beratende Brandschutzbeauftragte haften unter folgenden Voraussetzungen zivilrechtlich im Rahmen der gesetzlichen Pflichten: zivilrechtliche Haftung

- **Schuldhaft verursachter Schaden:** Als Arbeitnehmer haftet der Brandschutzbeauftragte auch für Schlechtleistungen, d. h. für Schäden, die durch Verletzungen arbeitsvertraglicher Pflichten entstehen. Hierzu gehören nicht nur Schäden, die erst durch tatsächliche Brandereignisse verursacht werden, sondern bereits betriebliche oder finanzielle Nachteile, die z. B. durch zusätzliche behördliche Auflagen oder erhöhte Versicherungsprämien wegen der Nichtbeachtung von Sicherheits- und Brandschutzvorschriften, entstehen. Der Arbeitsvertrag als besondere Form des Dienstvertrages begründet jedoch keinesfalls eine verschuldensunabhängige Gewährleistung, da im Dienstleistungsrecht die Arbeitsleistung, jedoch nicht der Erfolg, geschuldet ist. Ein Schadensersatzanspruch wegen einer Schlechtleistung aus § 280 Abs. 1 BGB erfordert immer ein Verschulden des Arbeitnehmers.
- **Verstoß gegen rechtliche Pflichten:** Ein Verschulden des Brandschutzbeauftragten entsteht durch die Verletzung arbeitsvertraglicher Haupt- und Nebenpflichten. Hierzu zählen insbesondere eine fehlerhafte oder unvollständige Beratung des Arbeitgebers zum betrieblichen Brandschutz aus fehlender Fachkenntnis, Unaufmerksamkeit oder einer unzureichenden Gefahreneinschätzung. Dabei führen auch andere, nicht vom Brandschutzbeauftragten direkt zu vertretende persönliche oder betriebliche Umstände, wie Übermüdung, eine plötzliche Arbeitsüberlastung oder andere Umstände dieser Art, in der Regel nicht zu einem Ausschluss der Haftung für einen schadenursächlichen Fehler.

- **Vorsatz oder Fahrlässigkeit:** Selbstverständlich führt eine mutwillige, also vorsätzliche Schädigung zu einer Schadenersatzpflicht des Schädigers. Eine solche bewusste Handlung wird im Rahmen der Tätigkeit eines Brandschutzbeauftragten in der Regel nicht gegeben sein. Jedoch führt auch ein unbewusst, d. h. fahrlässig verursachter Schaden zu einer Verpflichtung zum Schadensersatz. Hierzu genügt auch im Arbeitsrecht bereits der geringste Verstoß gegen die „im Verkehr erforderliche Sorgfalt", um fahrlässig und somit schuldhaft zu handeln (§ 276 Abs. 2 BGB). Allerdings muss der Arbeitgeber die Pflichtverletzung und den Grad des Verschuldens des Arbeitnehmers beweisen (§ 619a BGB).

Haftungsumfang

Mängelbeseitigung

Für die Schlechtleistung, also die mangelhafte Erfüllung der in der Bestellung des Brandschutzbeauftragten beschriebenen Aufgaben, kann der Arbeitgeber im Wege seines Weisungsrechts im Rahmen der auch sonst üblichen Arbeitstätigkeit, z. B. durch Korrekturarbeiten, Nachträge oder zusätzliche Arbeiten, eine Mängelbeseitigung verlangen.

eingeschränkte Haftung von Arbeitnehmern

Auch ein fachkundiger und zuverlässiger Brandschutzbeauftragter kann in seiner Arbeit und durch seine Tätigkeit Schäden verursachen. Eine Haftung nach den allgemeinen zivilrechtlichen Regeln würde ihn leicht in den wirtschaftlichen Ruin treiben. Denn häufig ist der entstandene Schaden so groß, dass er in keinem Verhältnis zum Lohn steht. Deshalb wird die Haftung des Arbeitnehmers nach ständiger Rechtsprechung gegenüber dem Arbeitgeber eingeschränkt. Dieses wird mit einer angemessenen Verteilung des Betriebsrisikos begründet, denn ein Arbeitnehmer kann im Rahmen seines Arbeitsverhältnisses seine Arbeit nicht selbst frei bestimmen. Somit hat er auch keinen Einfluss auf seine Arbeitsverhältnisse, z. B. wie der Betrieb organisiert ist und welche Arbeitsmittel zur Verfügung stehen. Der Arbeitgeber hingegen kann das Schadenrisiko in seinem Betrieb besser einschätzen und Vorkehrungen treffen, damit keine Schäden eintreten oder dass diese Schäden durch von ihm abgeschlossene Versicherungen abgedeckt sind.

innerbetrieblicher Schadenausgleich

Bei der Haftung für Schäden, die der Arbeitnehmer in Ausführung betrieblicher Verrichtungen dem Arbeitgeber zugefügt hat, ist ein innerbetrieblicher Schadenausgleich nach folgenden Grundsätzen durchzuführen:

- **Betrieblich veranlasste Tätigkeit:** Als Voraussetzung für den innerbetrieblichen Schadenausgleich gilt, dass der Schaden durch einen Arbeitnehmer des Unternehmens während einer betrieblich veranlassten Tätigkeit verursacht worden ist. Betrieblich veranlasst sind Tätigkeiten, die der Brandschutzbeauftragte im Interesse des Arbeitgebers vornimmt oder mit denen der Arbeitnehmer arbeitsvertraglich beschäftigt ist.
- **Innerbetrieblicher Schadenausgleich:** Wie ein Arbeitnehmer im Arbeitsverhältnis für Schäden gegenüber dem Arbeitgeber haftet, hängt nach den Grundsätzen des innerbetrieblichen Schadenaus-

gleichs davon ab, was für ein Verschulden den Arbeitnehmer trifft. Für alle Schäden des Arbeitgebers, die ein Arbeitnehmer durch eine betrieblich veranlasste Tätigkeit rechtswidrig verursacht, gelten die folgenden Haftungsregeln:

- **Grobe Fahrlässigkeit:** Bei grober Fahrlässigkeit haftet der Arbeitnehmer in der Regel voll, d. h. er haftet grundsätzlich auf Ersatz des gesamten Schadens. Die Haftung des Arbeitnehmers kann sich außerdem reduzieren, wenn dem Arbeitgeber ein Mitverschulden (z. B. fehlende Unterweisung, mangelnde Aufklärung des Arbeitnehmers über die Gefahr eines Schadeneintritts, Missachtung der Arbeitsschutzvorschriften, mangelhaftes Arbeitsgerät etc.) zur Last gelegt werden kann. In der Praxis ist eine grob fahrlässige Pflichtverletzung im Arbeitsverhältnis meist auch mit einem Organisationsverschulden des Arbeitgebers durch eine Verletzung seiner Personalauswahlpflicht oder einer ungenügenden Kontrolle der Arbeitsverhältnisse und Arbeitsleistungen verbunden. Ausnahmen von der generellen Schadenersatzpflicht gelten zum Beispiel dann, wenn das Missverhältnis zwischen Arbeitsverdienst und Schadenhöhe sehr extrem wäre oder wenn der Arbeitgeber zur Schadenhöhe durch eine fehlende Versicherung beigetragen hat. Daher ist es auch bei einer grob fahrlässigen Verursachung des Schadens durchaus möglich, dass der Arbeitnehmer nur einen Teil des Schadens tragen muss.
- **Mittlere Fahrlässigkeit:** Bei mittlerer Fahrlässigkeit wird der Schaden unter Berücksichtigung sämtlicher Umstände des Einzelfalls zwischen Arbeitgeber und Arbeitnehmer aufgeteilt. Hierbei werden die besonderen Umstände des Einzelfalls gegeneinander abgewogen. Viele dieser Umstände, z. B. die objektive Gefährlichkeit der ausgeübten Tätigkeit – also die Gefahr, dass bei betreffender Tätigkeit ein Fehler unterlaufen kann, welcher einen Schaden verursachen kann (sogenannte Gefahrgeneigtheit) –, sowie der Grad des Verschuldens, die Höhe des Schadens, die Vergütung des Arbeitnehmers, die Stellung des Arbeitnehmers in der Betriebshierarchie und der bisherige Verlauf des Arbeitsverhältnisses werden bei entsprechender Fachkunde und Zuverlässigkeit eine Herabsetzung des vom Brandschutzbeauftragten zu tragenden Anteils am Schaden zur Folge haben. Die Schadenteilung wird dann den ganz überwiegenden Anteil des Schadens dem Arbeitgeber zuweisen. Sogar die hundertprozentige Entlastung des Arbeitnehmers ist nach der Rechtsprechung eine mögliche Variante.
- **Leichteste Fahrlässigkeit:** Bei leichtester Fahrlässigkeit haftet der Arbeitnehmer nicht (Hessisches LArbG, 27.05.2008, 12 Sa 1288/07). Schäden durch leichteste Fahrlässigkeit werden dem allgemeinen Betriebsrisiko des Arbeitgebers zugerechnet. Leichteste Fahrlässigkeit kommt zum Beispiel bei extremer Überforderung in Betracht, also etwa dann, wenn der Arbeitnehmer durch eine Anweisung des Arbeitgebers in eine Situation gebracht wurde, der er nach seiner bisherigen Arbeitserfahrung von vornherein nicht gewachsen war. In solchen Fällen ist eine Haftung des Brandschutzbeauftragten also von vornherein vollständig ausgeschlossen.

- **Haftungsbeschränkung im Arbeitsverhältnis:** Da der Brandschutzbeauftragte als Berater seines Arbeitgebers tätig wird und daher im Regelfall keinen Einfluss auf die betrieblichen Abläufe und Gefahren hat, und da er außerdem typischerweise nicht in der Lage ist, mit seinem Arbeitsverdienst die oft hohen Verluste bei betrieblichen Schadenfällen auszugleichen, begrenzt die Rechtsprechung die Pflicht zum Schadensersatz gegenüber dem „allgemeinen Zivilrecht" ganz erheblich. So hat das Bundesarbeitsgericht (BAG) bereits 1994 festgestellt, dass die Grundsätze über die beschränkte Arbeitnehmerhaftung für alle Arbeiten gelten, die durch den Betrieb veranlasst sind und aufgrund eines Arbeitsverhältnisses geleistet werden. Grundsätzlich gilt also eine Beschränkung der Arbeitnehmerhaftung für alle Schäden durch Tätigkeiten, die durch den Betrieb veranlasst sind und aufgrund eines Arbeitsverhältnisses geleistet werden. So beschränken zahlreiche Entscheidungen zu Haftungsobergrenzen und Schadenverteilungen die Haftung des Arbeitnehmers regelmäßig auf das Dreifache eines Monatsgehalts.

begrenzte Pflicht zum Schadensersatz

- **Haftungsausschluss gegenüber Arbeitskollegen:** Wird durch eine betriebliche Tätigkeit ein Mitarbeiter des gleichen Unternehmens geschädigt, ist die Haftung des verursachenden Arbeitnehmers, ebenso wie die Haftung des Arbeitgebers, ausgeschlossen, wenn der Personenschaden auf einen Versicherungsfall im Sinne des Unfallversicherungsrechts (Arbeitsunfall) zurückzuführen ist und selbstverständlich nicht vorsätzlich herbeigeführt wurde. Diese Beschränkung der Haftung anderer im Betrieb tätiger Personen ergibt sich aus § 105 Abs.1 Satz 1 SGB VII (Sozialgesetzbuch VII) [9]. In diesem Fall tritt ausschließlich die gesetzliche Unfallversicherung für den Schaden des Arbeitskollegen (des „Versicherten") ein. Der Ausschluss der Haftung umfasst auch den Anspruch auf Schmerzensgeld. Für Sachschäden eines zu Schaden gekommenen Kollegen besteht dagegen eine Schadenersatzpflicht, da die gesetzliche Unfallversicherung hier keine Leistungen erbringt und der gesetzliche Haftungsausschluss entsprechend nicht besteht. In einem solchen Fall kann der Arbeitnehmer aber möglicherweise von seinem Arbeitgeber verlangen, dass der Arbeitgeber für ihn einspringt und dem geschädigten Kollegen Ersatz leistet (Freistellung).

Ausschluss der Haftung gegenüber Kollegen

9.4.2 Brandschutzbeauftragter als Brandschutzverantwortlicher

Brandschutzbeauftragter als Brandschutzverantwortlicher

In besonderen Fällen werden dem Brandschutzbeauftragten nicht nur Beratungspflichten, sondern auch Verantwortlichkeiten im Brandschutz übertragen. Durch Delegation kann der Arbeitgeber ihm obliegende Aufgaben, Pflichten und Verantwortlichkeiten auf nachgeordnete Führungskräfte und Mitarbeiter übertragen, indem er zuverlässige und fachkundige Personen schriftlich damit beauftragt, diese in eigener Verantwortung wahrzunehmen. Beauftragte Personen können z. B. Betriebs-, Objekt- oder Verwaltungsleiter, Prokuristen und Abteilungsleiter, Meister oder Schichtführer sein. Dies ist z. B. dann der Fall, wenn der Brandschutzbeauftragte durch seine Stellung und Aufgaben im Unternehmen weitere Pflichten, z. B. als Betriebsleiter oder als verantwortlicher Abteilungsleiter in brandschutzrelevanten Bereichen, so etwa technische Dienste, in der Bauunterhaltung oder der Betriebsinstandsetzung wahrnehmen muss.

Die Verantwortung der Führungskräfte reicht so weit, wie ihnen Weisungs- und Organisationsbefugnisse übertragen sind. Damit sind diese Führungskräfte jeweils auf ihrer Hierarchieebene und in ihrem Zuständigkeitsbereich im Rahmen ihrer jeweiligen Kompetenzen Träger von Verantwortung für die Verwirklichung der an sie delegierten Aufgaben.

Delegierung von Pflichten im Brandschutz

Pflichtenübertragung

Die Pflichtenübertragung dokumentiert die ordnungsgemäße Aufgabenübertragung auf die beauftragte Person mit Art und Umfang der übertragenen Unternehmerpflichten, organisatorische, personelle und finanzielle Handlungskompetenzen, Entscheidungs- und Weisungsbefugnisse, um selbstständig handeln zu können, Schnittstellen zu benachbarten Verantwortungsbereichen und die Zusammenarbeit mit anderen Verpflichteten. Der Unternehmer hat vor der Beauftragung zu prüfen, ob die für die Pflichtenübertragung vorgesehenen Personen zuverlässig und fachkundig sind:

Prüfung von Zuverlässigkeit und Fachkunde

- **Zuverlässig** sind die für die Pflichtenübertragung vorgesehenen Personen, wenn zu erwarten ist, dass diese die Aufgaben des Arbeitsschutzes mit der gebotenen Sorgfalt ausführen.
- **Fachkundig** sind die für die Pflichtenübertragung vorgesehenen Personen, die das einschlägige Fachwissen und die praktische Erfahrung aufweisen, um die ihnen obliegenden Aufgaben sachgerecht auszuführen.

Die Unternehmerpflichten können nur wirkungsvoll übertragen werden, wenn der beauftragten Person die zur Pflichtenerfüllung erforderlichen Entscheidungs- und Handlungsfreiheiten eingeräumt werden:

Weisungsbefugnis, Disziplinarrecht und Budgetverantwortung

- **Weisungsbefugnis:** Die Weisungsbefugnis ist das wesentliche Merkmal betrieblicher Führungskräfte. Sie sind auf ihrer Hierarchieebene jeweils im Rahmen ihrer Kompetenzen berechtigt, Regelungen festzulegen und Anweisungen zu erteilen. Anweisungen und Untersagungen zum sicheren Arbeiten und Handeln müssen an die unterstellten Mitarbeiter gegeben werden dürfen.
- **Budgetverantwortung:** Für die Umsetzung erforderlicher Maßnahmen muss über die erforderlichen finanziellen, technischen und organisatorischen Mittel entschieden werden können.
- **Disziplinarrecht:** Bei Nichtbefolgung von Arbeitsanweisungen oder Verstoß gegen Untersagungen müssen arbeitsrechtliche Konsequenzen ausgesprochen werden können.

Führungskräfte als „Garanten"

Damit haben Führungskräfte auch eine Auswahl-, Organisations- und Überwachungspflicht und gelten rechtlich als „Garanten". Die Übertragung von Unternehmerpflichten auf Führungskräfte bedarf der Schriftform und ist vom Beauftragten zu unterzeichnen. Eine Ausfertigung ist ihm auszuhändigen. Rechte und Pflichten ergeben sich regelmäßig z. B. aus dem Arbeitsvertrag, dem betrieblichem Organisationsschema und/oder der jeweiligen Stellenbeschreibung.

erforderliche Schriftform

Eine schriftliche Pflichtenübertragung mit der gesonderten Beschreibung von Zuständigkeit, Verantwortungsumfang und Entscheidungsbefugnissen ist bei der Übertragung von Arbeitgeberpflichten auf andere verantwortliche Aufgabenträger erforderlich, die nicht automatisch die für eine Umsetzung erforderlichen Entscheidungs- und Handlungsfreiheiten besitzen.

Verantwortung innerhalb der Betriebsorganisation

Sonderstellung der Führungskräfte

Führungskräfte nehmen im Unternehmen eine Sonderstellung ein. Sie stehen im Unternehmen auf der Nahtstelle zwischen Arbeitgeber und Arbeitnehmer, denn sie befinden sich zwar rechtlich auf der Seite der Arbeitnehmer, übernehmen aber teilweise Arbeitgeberfunktionen. Diese Position eröffnet besondere Befugnisse, verlangt aber auch eine besondere Verantwortung. Führungskräfte haben entsprechend ihrem jeweiligen Aufgaben- und Kompetenzbereich erheblichen Einfluss auf die Bedingungen, unter denen sich die Abläufe in ihrem jeweiligen Zuständigkeitsbereich vollziehen.

Führungspflicht

Die Führungskräfte sind an Stelle des Unternehmers verantwortlich für die Arbeitssicherheit der ihnen anvertrauten Mitarbeiter (Führungspflicht) und haben auch die Verantwortung für die Verkehrssicherungspflicht gegenüber Dritten. Sie haben insbesondere folgende Aufgaben:

- **Ermittlung der (Brand-)Gefährdungen** und Festlegung der erforderlichen Maßnahmen des Arbeits- und Brandschutzes unter Berücksichtigung der die Sicherheit und Gesundheit bei der Arbeit beeinflussenden Umstände sowie eine regelmäßige Prüfung auf die Wirksamkeit der Schutzmaßnahmen. Dabei ist eine Verbesserung von Sicherheit und Gesundheitsschutz der Beschäftigten anzustreben.
- **Schaffung einer geeigneten Organisation und Bereitstellung der erforderlichen Mittel**, um unter Berücksichtigung der Art der Tätigkeiten und der Zahl der Beschäftigten Vorkehrungen zu treffen, damit die festgelegten Sicherheits- und Schutzmaßnahmen, auch den Brandschutz betreffend, in die betrieblichen Führungsstrukturen eingebunden und bei allen Tätigkeiten beachtet werden.
- **Berücksichtigung des Arbeits- und Brandschutzes bei Planung, Beschaffung und Instandhaltung**, um die Arbeitsbedingungen so zu gestalten, dass eine Gefährdung für das Leben sowie die physische und die psychische Gesundheit möglichst vermieden und die verbleibende Gefährdung möglichst gering gehalten wird. Die Sicherheitsmaßnahmen sind mit dem Ziel zu planen, Technik, Arbeitsorganisation, sonstige Arbeitsbedingungen, soziale Beziehungen und Einfluss der Umwelt auf den Arbeitsplatz sachgerecht zu verknüpfen. Hierzu sind der Stand von Technik, Arbeitsmedizin und Hygiene so-

wie sonstige gesicherte arbeitswissenschaftliche Erkenntnisse zu berücksichtigen.

- **Personalauswahl** geeigneter Mitarbeiter, um bei der Übertragung von Aufgaben die Befähigung der beauftragten Personen sicherzustellen, die die bei der Aufgabenerfüllung zu beachtenden Sicherheits- und Brandschutzbestimmungen und -maßnahmen (je nach Art der Tätigkeit) einhalten können.
- **Erstellen von schriftlichen Betriebsanweisungen** für Arbeits- und Gefahrstoffe, deren Zubereitungen und für Maschinen und andere technische Anlagen, um in einer für die Beschäftigten verständlichen Form und Sprache geeignete Anweisungen, zu erteilen, damit die Beschäftigten insbesondere Maschinen, Geräte, Werkzeuge, Arbeitsstoffe, Transportmittel und sonstige Arbeitsmittel sowie Schutzvorrichtungen und die ihnen zur Verfügung gestellte persönliche Schutzausrüstung bestimmungsgemäß verwenden und nach der Weisung des Arbeitgebers für die Sicherheit und Gesundheit bei der Arbeit Sorge tragen können.
- **Bereitstellung von persönlichen Schutzausrüstungen**, um die Beschäftigten mit für die jeweilige Tätigkeit am Arbeitsplatz geeigneten und in ausreichender Anzahl zur persönlichen Verwendung zur Verfügung gestellten Schutzausrüstungen während der gesamten Zeit der gefährlichen Einwirkung zu schützen.
- **Ausreichende und angemessene Unterweisung der Beschäftigten** über Sicherheit und Gesundheitsschutz bei der Arbeit, insbesondere über die mit ihrer Arbeit verbundenen Gefährdungen und die Maßnahmen zu ihrer Verhütung, durch auf den Arbeitsplatz oder den Aufgabenbereich ausgerichtete Anweisungen und Erläuterungen. Die Unterweisung muss bei der Einstellung, bei Veränderungen im Aufgabenbereich, der Einführung neuer Arbeitsmittel oder einer neuen Technologie vor Aufnahme der Tätigkeit der Beschäftigten erfolgen. Die Unterweisung muss an die Gefährdungsentwicklung angepasst sein und regelmäßig, mindestens aber einmal jährlich wiederholt werden.
- **Regelmäßige Kontrolle von Arbeitsmitteln, Einrichtungen, Arbeitsverfahren bzw. des Arbeitsablaufes**, um bei einem auftretenden Mangel das Arbeitsmittel oder die Einrichtung der weiteren Benutzung zu entziehen oder stillzulegen bzw. das Arbeitsverfahren oder den Arbeitsablauf abzubrechen, bis der Mangel behoben ist.
- **Berichterstattung an den Unternehmer**, damit der Arbeitgeber über die je nach Art der Tätigkeiten und der Zahl der Beschäftigten erforderlichen Unterlagen verfügt, aus denen das Ergebnis der Gefährdungsbeurteilung, die von ihm festgelegten Maßnahmen des Arbeitsschutzes und das Ergebnis ihrer Überprüfung ersichtlich sind.

Durch die Pflichtenübertragung nimmt die beauftragte Person im Rahmen der Beauftragung die Rechtsstellung des Unternehmers im Betrieb mit allen damit verbundenen Rechten und Pflichten ein. Sie hat daher dafür zu sorgen, dass die übertragenen Pflichten auch tatsächlich umgesetzt werden.

Besondere Haftung von Führungskräften

Die oberste Auswahl-, Aufsichts- und Kontrollverpflichtung als grundlegende Verantwortung für den Arbeits- und Gesundheitsschutz im Betrieb trägt der Unternehmer bzw. Arbeitgeber. Diese ist nicht übertragbar und untrennbar mit der Gesamtverantwortung für das Unternehmen verbunden. Der Unternehmer hat zumindest stichprobenartig zu prüfen oder prüfen zu lassen, ob die übertragenen Aufgaben ordnungsgemäß erfüllt werden.

besondere Haftung von Führungskräften

Durch die Delegation von Arbeitgeberpflichten treten Führungskräfte in technischen, organisatorischen und/oder personellen Teilbereichen an die Stelle des Unternehmers. Eine derartige Sonderstellung nehmen vor allem leitende Angestellte ein. Als leitende Angestellte gelten, Mitarbeiter eines Unternehmens, die befugt sind, dauerhaft selbstständig Einstellungen und Entlassungen vorzunehmen, Generalvollmacht oder Prokura innehaben oder sonst aufgrund ihrer fachlichen Qualifikation Aufgaben wahrnehmen, welche für den Bestand und die Entwicklung des Unternehmens oder Betriebs von Bedeutung sind.

Aufsichtspflichten

Kontrollen der Umsetzung

Die Verantwortung der Führungskräfte umfasst entsprechend ihres Verantwortungsbereichs nicht nur grundlegende Aufgaben der Gestaltung, sondern auch laufende Kontrollen der Umsetzung. Führungskräfte, die in ihrem Bereich in eigener Verantwortung Maßnahmen treffen, müssen kontrollieren, d. h. sicherstellen bzw. sich davon überzeugen, dass diese umgesetzt werden und ob sie ausreichend wirksam sind, wenn sie ihre Arbeitsschutz- und damit auch zu erfüllende Brandschutzziele erfolgreich realisieren wollen. Wer als Führungskraft vorsätzlich oder fahrlässig die erforderlichen Aufsichtsmaßnahmen unterlässt, welche erforderlich sind, um Verstöße gegen Pflichten, deren Verletzung für den Inhaber mit Strafe oder Geldbuße bedroht ist, zu verhindern, handelt grundsätzlich im Sinne von § 130 OWiG ordnungswidrig. Zu den erforderlichen Aufsichtsmaßnahmen gehören auch die Bestellung, sorgfältige Auswahl und Überwachung von Aufsichtspersonen. Dieses gilt auch für Zuwiderhandlungen von anderen Mitarbeitern, wenn diese durch gehörige Aufsicht verhindert oder wesentlich erschwert worden wäre.

Aufsichtspflicht

Bestellung, Auswahl und Überwachung von Aufsichtspersonen

Je nach Art der Maßnahmen, der Wahrscheinlichkeit von gesundheitsgefährdenden Folgen, der Schwere der möglichen Folgen, der Zuverlässigkeit und der Erfahrung der Beschäftigten sollten die Kontrollen mehr oder weniger häufig und intensiv stattfinden. Hängt die Wirkung von Maßnahmen allein vom Verhalten der Beschäftigten ab, dann ist eine häufige Prüfung und Einflussnahme sinnvoll. Führungskräfte haben in ihrer Aufsichtspflicht rechtlich dafür einzustehen dass Tatbestände eines Strafgesetzes nicht eintreten. Das Unterlassen der Vermeidung oder Abwendung eines gesetzlichen Tatbestandes wird wie ein eigenes aktives, strafbewehrtes Handeln bewertet (§ 13 StGB).

Haftungsumfang

Für die Folgen von Versäumnissen bei der Umsetzung von Arbeitsschutzpflichten haften der Arbeitgeber und die Führungskräfte nach Straf-, Ordnungswidrigkeiten- oder Arbeitsschutzrecht. Den Führungskräften obliegt zum Teil die gesamte Koordination und Leitung von Betriebsteilen bis hin zu ganzen Betrieben. Eine Fehlentscheidung kann hier zu immensen Schäden wie auch zu Umsatzeinbußen beim Unternehmen führen, sodass das Haftungsrisiko gerade auch für Führungskräfte offensichtlich sehr hoch ist.

Haftung von Führungskräften

Vorsätzliche oder fahrlässige Pflichtverletzungen werden, je nach Art und Schwere, mit Freiheits- oder Geldstrafen, mit Verwarnungs- oder Bußgeldern geahndet und können Schadenersatz- oder Regressforderungen nach sich ziehen:

strafrechtliche Verantwortung des Mitarbeiters

Die strafrechtliche Verantwortung des Unternehmens kann innerhalb des jeweils gesellschafts- und arbeitsrechtlich festgelegten innerbetrieblichen Aufgabenbereichs auch auf den verantwortlich handelnden Mitarbeiter entfallen. Verstöße gegen bußgeldbewehrte Vorschriften, z. B. die vorsätzliche oder fahrlässige Zuwiderhandlung gegen eine Unfallverhütungsvorschrift nach § 15 Abs. 1 oder 2, können nach § 209 SGB VII mit einer Geldbuße bis zu 10.000 Euro geahndet werden. Bei einer mit Geldbuße bedrohten Aufsichtspflichtverletzung nach § 130 OWiG bestimmt sich das Höchstmaß der Geldbuße wegen der Aufsichtspflichtverletzung nach dem für die Pflichtverletzung angedrohten Höchstmaß der Geldbuße und kann bis zu einer Million Euro betragen.

zivilrechtliche Haftung des Unternehmens

Zivilrechtlich haftet das Unternehmen, gemäß den §§ 31 und §§ 823 BGB, für Handlungen seiner Organe und der diesen gleichgestellten Personen. Ein Arbeitgeber kann sich nur unter den engen Voraussetzungen des § 831 Abs. 1 Satz 2 BGB für die Handlungen seiner Arbeitnehmer entlasten (Auswahl- und Überwachungsverschulden).

Bei grober Verletzung der Führungs- und Sorgfaltspflichten kann der gesetzliche Unfallversicherungsträger gegen den Schädiger Regress nehmen, sofern und soweit dieser z. B. für Ansprüche aus unerlaubter Handlung oder der Verletzung von Verkehrssicherungspflichten schadensersatzpflichtig ist. Grob fahrlässige Versäumnisse bei Maßnahmen zum Schutz der Beschäftigten des Unternehmens – insbesondere gegen Unfallverhütungsvorschriften zum Schutz vor lebensbedrohlichen Gefahren, die somit elementare Sicherungspflichten zum Inhalt haben – können nach §110 Abs. 1 SGB VII zu einer Rückforderung sämtlicher Kosten aus einem Unfall gegenüber dem Unfallverursacher führen.

9.4.3 Brandschutzbeauftragter als externer Dienstleister

externer Brandschutzbeauftragter

Externe Brandschutzbeauftragte werden beauftragt, wenn ein Unternehmen die fachliche Beratung durch einen Brandschutzbeauftragten benötigt, jedoch der Betrieb über keinen eigenen Brandschutzbeauftragten verfügt. Unternehmen oder natürliche Personen in der Funktion eines Brandschutzbeauftragten als externe Berater sind Auskunftspflichtige, die dem Auftraggeber Aufklärung, Beratung und/oder Empfehlungen aus einem Beratungsvertrag zuteilwerden lassen. Die vertragliche Grundlage für den „Einkauf" der Dienstleistungen eines externen Brandschutzbeauftragten ist der Beratungsvertrag auf Dienstvertragsbasis mit Geschäftsbesorgungscharakter (§§ 611, § 675 BGB).

Beratungsvertrag

Dienstvertrag nach § 611 BGB

Dienstvertrag

Ein Dienstvertrag liegt vor, wenn sich eine Vertragspartei zur Leistung von bestimmten Diensten und der andere Teil zur Zahlung der vereinbarten Vergütung verpflichtet haben. Darunter fallen selbstständige oder nichtselbstständige; abhängige, eigenbestimmte oder fremdbestimmte Dienstleistungen. Gegenstand eines Dienstvertrages können Dienste bzw. Tätigkeiten aller Art sein. Es kann sich dabei um einen einmaligen Leistungsaustausch (Projektarbeiten, Stellungnahmen, Gutachten) oder um ein Dauerschuldverhältnis (laufende Beratung) handeln. Der Auftragnehmer (Dienstleister) ist verpflichtet, die vereinbarte Dienstleistung im vereinbarten Zeitraum zu erbringen. Ein konkretes Ergebnis, wie etwa der Eintritt eines gewissen Ergebnisses oder Erfolges ist nicht geschuldet, sondern nur ein Tätigwerden in dem vereinbarten Umfang. Dies schließt allerdings nicht aus, dass aus der Tätigkeit in irgendeiner Weise etwas folgt, das für den Auftraggeber nutzbringend bzw. von Vorteil ist.

Erfüllung vereinbarter Beratungspflichten

Ein Beratungsvertrag verpflichtet den Dienstleister zu einer richtigen und insbesondere vollständigen Information über diejenigen Umstände, die bei Vertragsabschluss für den Auftraggeber von wesentlicher Bedeutung sind oder sein können. Der Auftraggeber vertraut in das Können des beauftragten externen Beraters. Aus einem solchen Dienstvertrag ergeben sich neben der Kernpflicht zur „Experten-Leistung" für den Berater auch bestimmte Nebenpflichten, wie zum Beispiel:

- weitere Informations- und Hinweispflichten (z. B. drohende Gefahrenerkennung in Bereichen, die nicht Bestandteil der vertraglichen Regelungen sind),
- die Pflicht zur Einhaltung von Fristen und Terminen,
- die Pflicht zur Vertraulichkeit/zum Datenschutz.

Beratungshaftung

Werden die vertraglichen Pflichten nicht eingehalten oder nicht im vereinbarten Umfang erbracht, entsteht daraus eine Beratungshaftung.

Beratungshaftung

Die Beratungshaftung ist die Haftung für eine Falschberatung. Die Beratungshaftung bezweckt in erster Linie den Schutz des beratenen Auftraggebers. Dieser Schutz wird durch die Verpflichtung zu Aufklärung, Beratung, Empfehlung und gegebenenfalls Warnung gewährleistet. Voraussetzung für eine derartige Haftung ist zunächst ein Beratungsvertrag. Neben dem Beratungsvertrag ist die zweite Anspruchsvoraussetzung ein Beratungsfehler aus Schlecht- oder Falschberatung.

Leistungsstörung

Sofern einer der Vertragspartner eines Geschäftes nicht die pflichtgemäßen Vereinbarungen einhält, so liegt eine sogenannte Leistungsstörung vor. Eine Pflichtverletzung des Beraters liegt bereits vor, wenn gegen Einzelpflichten verstoßen wird (etwa mangelnde Kenntnisse über den Beratenen, schlechte Kenntnisse über Produkte, nicht wahrgenommene Aufklärungs- und Warnpflicht) oder wenn der Berater gegen die Grundsätze der Wahrheit, Klarheit und Vollständigkeit der Beratung verstoßen hat.

Schlechtleistung

Schlechtleistung ist ein Rechtsbegriff aus dem Schuldrecht und ein Unterfall der Leistungsstörung. Eine Schlechtleistung liegt vor, wenn eine Leistung zwar erbracht wurde, diese aber qualitativ nicht der geschuldeten Leistung entspricht. Von einer Falschberatung ist auszugehen, wenn Aufklärungspflichten verletzt werden und dadurch beim Beratenen ein Schaden entstanden ist. Dabei wird das Verschulden des Beraters unterstellt (§ 280 I 2 BGB). Es kommt allerdings auf die Kausalität einer Falschberatung für konkrete Schäden an, dass z. B. eine Entscheidung des Auftraggebers aufgrund einer fehlerhaften Information des Beraters ursächlich für den späteren Schaden ist. Die Kausalität ist durch den Geschädigten zu beweisen.

Schadenersatz aus Fehlberatung

Anders als bei Kauf- und Werkverträgen gibt es bei Dienstverträgen keine besonderen Vorschriften, die bei der Schlechtleistung, d. h. wenn der Dienstleister die fällige Dienstleistung z. B. durch eine unvollständige oder fehlerhafte Beratung nicht wie geschuldet erbringt, eingreifen. Es gibt also nicht die Möglichkeit, eine Nachbesserung der Leistung zu verlangen oder die Vergütung zu mindern. Erfüllen die Vertragspartner die ihnen nach dem Vertrag obliegenden Pflichten nicht, sind die Rechtsfolgen den allgemeinen Vorschriften zu Leistungsstörungen zu entnehmen. Nach § 249 Abs. 1 BGB ist der tatsächlich angefallene Schaden zu ersetzen. Es handelt sich um einen vertraglichen Schadensersatzanspruch. Der Geschädigte ist dabei so zu stellen, als wäre die Fehlberatung nicht erfolgt.

vertraglicher Schadensersatzanspruch

9.4.4 Brandschutzbeauftragter im Facility-Management

Facility-Management

Immer häufiger wird die Verwaltung, Bewirtschaftung und Instandhaltung von Gebäuden, Anlagen und Einrichtungen (engl. Facilities) im Rahmen des Facility-Managements (gebräuchliche Abkürzung: FM), auch Liegenschaftsverwaltung oder Anlagenmanagement genannt, an eigenständige (ggf. auch konzernangehörige) Unternehmen ausgelagert. Das Facility-Management (FM) nach DIN EN15221-1 [10] umfasst die professionelle Abwicklung von Sekundärprozessen. Dazu gehören technische, infrastrukturelle und kaufmännische Aufgaben, die nicht in das Kerngeschäft des Auftraggebers fallen, sondern dieses unterstützen.

Ein Teil des Facility-Managements ist das Gebäudemanagement. Dieses umfasst zum einen die Hausverwaltung wie z. B. das Flächenmanagement mit der Verwaltung und Nutzung von Flächen sowie der Organisation einer Flächenoptimierung bei Belegschafts-, Nutzungsänderungen, Neu- bzw. Umbaumaßnahmen. Zum anderen beinhaltet es auch Leistungen, die zum Betreiben und Bewirtschaften der baulichen sowie technischen Anlagen und Einrichtungen eines Gebäudes, die zur Bereitstellung des Arbeitsplatzes und deren Prozesse erforderlich sind, also auch die bauliche Betreuung von Gebäuden. So ergibt sich im Rahmen der Serviceverträge im Facility-Management die Übernahme umfangreicher Betreiberpflichten aus den einschlägigen Gesetzen, Verordnungen, Technischen Regeln und Unfallverhütungsvorschriften.

Übernahme von Betreiberpflichten

Betreiberverantwortung

Zur Betreiberverantwortung gehören u. a. die Ergreifung von Schutzmaßnahmen im Betrieb, der Umweltschutz, die Verkehrssicherungspflicht und die Pflicht, Behörden Auskunft zu erteilen, um aus dem Betrieb von Gebäuden und Anlagen entstehende Gefahren oder Nachteile für Leben, Körper, Gesundheit oder sonstige Rechte von Personen oder für die Umwelt zu vermeiden. Jedem Unternehmen, das im Rahmen seiner Geschäftstätigkeit Gebäude betreibt, wird deshalb vom Gesetzgeber die Verantwortung dafür auferlegt, alle erforderlichen und zumutbaren Maßnahmen zu ergreifen, um diese Gefahren oder Nachteile zu vermeiden oder zu verringern. Der Facility-Manager ist somit im Rahmen der Betreiberverantwortung

Betreiberverantwortung für Facility-Manager

- für die fachgerechte Instandhaltung und Prüfung von baulicher Brandschutzmaßnahmen, wie z. B. Brandschutztüren, -klappen sowie Brandschotts,
- für den sicheren Betrieb technischer Anlagen für die Sicherheit und den Brandschutz in einem Gebäude, wie z. B. Brandmelde- und Löschanlagen, Feuerlöscher,
- sowie für die Organisation und Durchführung von betrieblichen Brandschutzmaßnahmen, wie z. B. Flucht- und Rettungswege, deren Kennzeichnung und Sicherheitsbeleuchtung

verantwortlich.

Zum ordnungsgemäßen Betrieb eines Gebäudes werden daher neben den Verwaltungsaufgaben und dem technischen Gebäudebetrieb häufig auch die Aufgaben des Brandschutzbeauftragten vertraglich dem Facility-Management angegliedert.

Werkvertrag nach §§ 631 ff. BGB

Grundlage für die Geschäftsbeziehungen zwischen Auftraggeber und FM-Dienstleister (Auftragnehmer) ist der Vertrag über die vereinbarten Facility-Management-Leistungen (FM-Vertrag). Der Auftragnehmer nimmt diese Tätigkeiten im Interesse des Auftraggebers selbstständig wahr, d. h., er plant die ihm übertragenen Aufgaben eigenverantwortlich und führt sie für den Auftraggeber gegen das vereinbarte Entgelt aus. Auf die Bereiche des technischen Facility-Managements, vor allem in Bezug auf alle baulichen Maßnahmen, wie z. B. Sanierung, Instandhaltung und Instandsetzung, Umbau etc., ist das Werkvertragsrecht anwendbar. Werkvertrag

Der FM-Vertrag beinhaltet jedoch in den meisten Fällen sowohl Regelungen eines Werkvertrages, bei dem hinsichtlich seiner Leistung ein „Erfolg" als ein konkretes Ergebnis geschuldet wird, als auch eines Dienstvertrages, bei dem die Erbringung einer Leistung als solche im Mittelpunkt steht. Er wird dann juristisch als gemischter Geschäftsbesorgungsvertrag nach § 675 BGB bezeichnet. Ob im Schaden- oder Streitfall die Rechtsvorschriften des Dienst- oder Werkvertragsrechts bei der Auslegung des Vertrages anzuwenden sind, wird nach einer Entscheidung des Bundesgerichtshofs (Urteil VII ZR 215/98 vom 10. Juni 1999) das anwendbare Vertragsrecht vorrangig von den getroffenen Vereinbarungen bestimmt. Selbst wenn der Auftragnehmer zwar nicht ausschließlich erfolgsorientierte Aufgaben übernommen hat, diese aber derart überwiegen, dass sie den Vertrag prägen, kann u. U. das Werkvertragsrecht auf den gesamten Vertrag anwendbar sein. So kann auch die eigentlich beratende Dienstleistung des Brandschutzbeauftragten zur Einhaltung und Umsetzung des Brandschutzkonzeptes dem Werkvertragsrecht unterliegen, wenn gleichzeitig die Verwaltung, der Betrieb und die Instandhaltung des Gebäudes, d. h. die Ausführung und Kontrolle des Brandschutzes durch einen Werkvertrag an denselben FM-Unternehmer vergeben ist. FM-Vertrag

Der Werkvertrag verpflichtet nach §§ 631 ff. BGB den Auftragnehmer (FM-Dienstleister) zur Herstellung eines Werks, den Auftraggeber bzw. Besteller zur Zahlung einer Vergütung (Werklohn). Der rechtliche Werkbegriff in diesem Sinne umfasst materielle und immaterielle Sachen, wie auch Erfolgsergebnisse einer Arbeit oder Dienstleistung (vgl. § 631 Abs. 2 BGB): Dies kann beinhalten:

- die Herstellung einer Sache (z. B. Bau, Umbau oder Nutzungsänderung),
- die Veränderung einer Sache (z. B. Reparatur oder Instandhaltung),
- ein anderer, durch Arbeit oder Dienstleistung herbeizuführender Erfolg (z. B. Umsetzung, Instandhaltung und Kontrolle von Brandschutzeinrichtungen).

Die beauftragte Werkvertragsfirma schuldet dabei nicht den Aufwand der geleisteten Arbeit, sondern mit der Schaffung des vereinbarten Werkes ein konkretes Ergebnis.

Der FM-Unternehmer handelt unternehmerisch selbstständig, d. h. er unterliegt nicht den Weisungen von Vorgesetzten des Kundenbetriebs. Er entscheidet selbst, wie, mit wieviel Personal und mit welchem Zeitaufwand die Arbeit erledigt wird und verwendet dabei eigene Arbeitsmittel. Er ist somit allein verantwortlich und damit haftbar für den Erfolg seiner Tätigkeit.

Mängelfreie Leistungserbringung

Im Werkvertrag wird die Arbeit nach dem Ergebnis (Werk) beurteilt. Daher genügt das Bemühen zur Herstellung eines Werkes für die Vertragserfüllung nicht. Erforderlich ist ein konkreter Leistungserfolg. Der Unternehmer muss dem Besteller das Werk frei von Sach- und Rechtsmängeln beschaffen.

Sachmangel des Werkes

Ein Sachmangel des Werkes liegt vor, wenn

- es nicht die zwischen Werkbesteller und Werkunternehmer vereinbarte Beschaffenheit hat, z. B. durch einen Verstoß gegen Baubestimmungen oder nichtgenehmigte Abweichungen vom Brandschutzkonzept,
- es sich nicht für die im Vertrag vorausgesetzte Verwendung eignet, z. B. Nichtnutzbarkeit als Arbeitsstätte durch Verstoß gegen das Arbeitsschutz- oder Arbeitsstättenrecht bzw. bei Nichteinhaltung der Arbeitsstättenregeln, die weitere Einzelheiten regeln und unbestimmte Rechtsbegriffe der Arbeitsstättenverordnung konkretisieren,
- es sich nicht für die gewöhnliche Verwendung eignet und nicht eine Beschaffenheit aufweist, die bei Werken der gleichen Art üblich ist und die der Besteller nach der Art des Werkes erwarten kann, z. B. durch Nichteinhaltung gesetzlicher, behördlicher oder versicherungstechnischer Auflagen oder durch Abweichungen von den allgemein anerkannten Regeln der Technik, ggf. auch wenn diese nicht ausdrücklich vertraglich vereinbart sind,
- ein anderes als das bestellte Werk oder ein Werk in zu geringer Menge hergestellt worden ist, z. B. der Einbau von bauaufsichtlich nicht zugelassenen oder geeigneten Brandschutzprodukten oder eine Abweichung von den definierten Einbaubedingungen.

Abnahme zur Freigabe des Ergebnisses

Als besondere Hauptleistungspflicht beim Werkvertrag gilt die Abnahme, bei der der Auftraggeber sein Einverständnis mit der Leistung des Auftragnehmers erklärt und das Ergebnis freigibt. Der Zeitpunkt der Abnahme ist Voraussetzung für die Fälligkeit des Werklohnanspruchs, womit der Auftragnehmer die Bezahlung vom Kunden verlangen kann. Außerdem sind damit der Gefahrübergang auf den Auftraggeber und der Beginn der Gewährleistungsfrist verbunden.

Verschuldensunabhängige Haftung

Verschuldensunabhängige Haftung

Bis zur Abnahme hat der Auftraggeber einen Erfüllungsanspruch auf die mangelfreie Herstellung der vereinbarten, d. h. der geschuldeten Vertragsleistung. Bei wesentlichen Mängeln kann der Auftraggeber die Abnahme verweigern und die Herstellung eines mangelfreien Werkes verlangen. Da jeder Werkvertrag ein Leistungsversprechen beinhaltet, ist es dabei ohne Bedeutung, aus welchem Grund der FM-Unternehmer daran gehindert ist, den Leistungserfolg herbeizuführen. Er haftet also auch für Umstände, die außerhalb seines eigenen Verschuldens liegen.

Liegt ein Mangel vor, so kann der Besteller Gewährleistungsrechte geltend machen. Die Ansprüche und Rechte des Auftraggebers sind weitgehend parallel zu den Käuferrechten ausgestaltet:

Selbstvornahme bei keiner Mängelbeseitigung

Kommt der Auftragnehmer trotz Mängelrüge seiner Mängelbeseitigungspflicht nicht nach, sind die weiteren Rechte von der Setzung einer angemessenen Nacherfüllungsfrist (meist zusammen mit der Mangelrüge) abhängig, soweit diese nicht aufgrund besonderer Umstände entbehrlich ist. Nach Ablauf der Frist kann der Auftraggeber nach § 637 BGB die Mängel auf Kosten des Auftragnehmers beseitigen lassen (sogenannte Selbstvornahme).

Haftung für fremdes Verschulden

Grundsätzlich setzt eine Haftung ein eigenes Verschulden durch Vorsatz oder Fahrlässigkeit voraus.

schuldhaftes Verhalten von Erfüllungsgehilfen

Das schuldhafte Handeln von Erfüllungsgehilfen (z. B. beauftragte Handwerker oder Installateure, Subunternehmer oder Gutachter) wird unter bestimmten Voraussetzungen wie das eigene Fehlverhalten gewertet. Dabei ist entscheidend, ob die Schadensersatzpflicht auf vertraglicher oder gesetzlicher Grundlage beruht:

- Unter Geschäftsherrenhaftung versteht man die Unterlassungshaftung einer vorgesetzten, in der Regel weisungsbefugten Person wegen der Nichtverhinderung von Straftaten Untergebener. Selbst ohne vertragliche Beziehungen besteht nach § 831 Abs. 1 BGB eine Eintrittspflicht für von Verrichtungsgehilfen verursachte Schäden (Geschäftsherrenhaftung), bei denen der Auftraggeber als „Geschäftsherr“ nicht belegen kann, dass er den Gehilfen sorgfältig ausgewählt und beaufsichtigt hat und, sofern er Vorrichtungen oder Gerätschaften zu beschaffen oder die Ausführung der Verrichtung zu leiten hat, dabei die im Verkehr erforderliche Sorgfalt beachtet hat (Fahrlässigkeit) oder wenn der Schaden auch bei Anwendung dieser Sorgfalt entstanden wäre.
- Werden Erfüllungsgehilfen, z. B. ein Subunternehmer, mit der Erfüllung eines Vertrages zugunsten eines Dritten beauftragt, muss der Vertragspartner auf die Leistungsversprechen des ursprünglichen Auftragnehmers vertrauen können. Daher haftet derjenige, der eine Auftragsleistung weitergibt, für das Verschulden des Subunternehmers wie für eigenes Verschulden (§ 278 BGB).

Schadensersatzansprüche

Schadensersatzanspruch

Neben den Ansprüchen zur Herstellung des einwandfreien Vertragsgegenstandes kann der Auftraggeber zusätzlich einen Schadensersatzanspruch gegen den FM-Unternehmer haben. Nach erfolglosem Ablauf der Nacherfüllungsfrist besteht neben dem Recht auf Rücktritt bzw. Minderung auch der Anspruch auf Schadensersatz:

- Der FM-Unternehmer, der schuldhaft jemand anderen, z. B. durch die Nichterfüllung eines Vertrages, schädigt, haftet auf Ersatz des entstehenden Schadens (§ 823 Abs. 1 BGB). Das Verschulden ist in § 276 BGB beschrieben als Vorsatz oder Fahrlässigkeit und umfasst im Gegensatz zur Haftung im Arbeitnehmerverhältnis auch einfache Fahrlässigkeit, also das Außerachtlassen der im Verkehr nicht nur üblichen, sondern der tatsächlich erforderlichen Sorgfalt. Wer diese Sorgfaltspflicht nicht beachtet, haftet für den daraus entstehenden Schaden, z. B. für Schäden aus der Nichtnutzbarkeit eines Gebäudes oder zusätzliche Aufwendungen durch Auflagen oder Ersatzmaßnahmen.
- Wird der Erfolg des Werkvertrages schuldhaft zu spät geliefert (z. B. durch Versäumnisse in der Überwachung von Prüf- und Kontrollfristen oder der fristgerechten Umsetzung von Genehmigungsauflagen), haftet man für den Verzugsschaden, z. B. fehlende Mieteinnahmen, Mehrarbeit zur Mängelbeseitigung (§ 286 Abs. 4 BGB). Voraussetzung ist, dass eine dem FM-Unternehmer gesetzte angemessene Frist zur Leistung beziehungsweise Nacherfüllung erfolglos abgelaufen ist. Alternativ zum Schadensersatz kann der Auftraggeber vom FM-Unternehmer Ersatz für seine vergeblichen Aufwendungen verlangen. Er kann somit die Aufwendungen geltend machen, die er im Vertrauen auf den Erhalt einer mangelfreien Leistung getätigt hat, z. B. abgeschlossene Verträge, vereinbarte Lieferfristen usw.

Der Schadensersatzanspruch kann also durchaus höher sein als die eigentlich vereinbarte Vergütung für die Werkleistung.

9.5 Haftungsvermeidung

Der Brandschutzbeauftragte ist mit zahlreichen, je nach Gestaltung der Bestellungs- und/oder Vertragsgrundlagen, in seiner Beratungstätigkeit unterschiedlichen Arbeits- und Leistungspflichten konfrontiert sowie im Schadenfall bei Pflichtverletzungen straf- und zivilrechtlich haftbar. Daher sind bereits bei der Übernahme der Aufgaben eines Brandschutzbeauftragten wichtige Voraussetzungen zu einer späteren Haftungsvermeidung zu beachten.

Haftungsvermeidung

Qualifikation zum Brandschutzbeauftragten

Zur Vermeidung der Haftung des Arbeitgebers bzw. des Auftraggebers aus mangelhafter Personalauswahl sollten nur Personen für die Aufgaben des Brandschutzbeauftragten bestellt werden, die durch eine entsprechende Qualifikation die erforderlichen Fachkenntnisse besitzen.

Qualifikation: Fachkenntnisse nachweisen

Auch für den Brandschutzbeauftragten kann eine Übernahme der Tätigkeit ohne entsprechende Fachkenntnisse unter dem Vorwurf der Vernachlässigung seiner erforderlichen Sorgfaltspflichten als schuldhafte Verletzung arbeitsvertraglicher Haupt- und Nebenpflichten aus fehlender Fachkenntnis, oder einer unzureichenden Gefahreneinschätzung ausgelegt werden.

Mit dem Nachweis

- einer Ausbildung zum Brandschutzbeauftragten oder einer gleichwertigen Ausbildung,
- betrieblichen Erfahrungen zu Arbeitsplätzen und der Verwendung von Betriebs- und Arbeitsmitteln,
- von Grundkenntnissen der betrieblichen Brandschutzorganisation und
- betriebsspezifischer brandschutzrelevanter Kenntnisse, z. B. über verfahrenstechnische Besonderheiten bei Produktionsabläufen und Erfahrungen mit Umgang und Lagerung von brennbaren und entzündlichen Gefahrstoffen

kann die Eignung des zu bestellenden Brandschutzbeauftragten überprüft werden.

Fortbildung zur Erhaltung der Fachkenntnis

Zur Vermeidung der fahrlässigen Pflichtverletzung aus fehlender fachlicher Kenntnis und beruflicher Erfahrungen muss der Brandschutzbeauftragte als fachkundige Person stets aktuelle Qualifikationen besitzen, um die übertragenen Aufgaben zuverlässig, fachlich richtig und vollständig ausführen zu können. Daher muss die Fachkunde eines Brandschutzbeauftragten den aktuellen Erfordernissen sowie den sich ändernden Regelwerken und Vorschriften regelmäßig angepasst werden. Die Fachkunde wird erhalten durch:

aktuelle Kenntnisse durch Fortbildung

- eine fachliche Berufsausbildung oder -erfahrung,
- zeitnah ausgeübte berufliche Tätigkeiten im entsprechenden Arbeitsumfeld und
- die Teilnahme an spezifischen Fortbildungsmaßnahmen durch themenbezogenen Seminare zum anlagentechnischen, organisatorischen und baulichen Brandschutz, branchenbezogene Seminare zum Brandschutz oder durch Spezialisierungsseminare zu Explosionsschutz, Notfallmanagement, Katastrophenschutz, Räumung und Evakuierung usw.

Schriftliche Bestellung

Zur Vermeidung einer Haftung des Arbeit- bzw. Auftraggebers durch Organisationsverschulden, aber auch zum Schutz des zu bestellenden Brandschutzbeauftragten vor dem Vorwurf mangelhafter Beratung, ist die schriftliche Bestellung Pflicht.

Daher muss diese schriftliche Bestellung möglichst genaue Angaben über

schriftliche Bestellung

- Zuständigkeitsbereich,
- Aufgaben und Befugnisse,
- verfügbare Arbeitszeit und Arbeitsmittel,

- Zugriff auf alle brandschutzrelevanten Unterlagen und Informationen,
- Zutritt zu allen betreffenden Liegenschaften und Räumen,
- Schnittstellen zu anderen betrieblichen Funktionen der betrieblichen Sicherheit,
- Einbindung in interne Abläufe (z. B. Investitionen, Umbauten, Prozessänderungen)

definieren und festlegen.

Dokumentation der Tätigkeiten als Brandschutzbeauftragter

Dokumentation

Zur Vermeidung der Haftung aus einer fahrlässigen Falschberatung müssen folgende Tätigkeiten dokumentiert werden:

- die ausgeführten Beratungsaufgaben,
- zur Verfügung gestellte und beanspruchte Arbeitszeiten,
- die Entscheidung über bestimmte Tätigkeitsschwerpunkte sowie
- die Fristen- und Mängelverfolgung.

Diese Dokumentation dient auch der Rechtssicherheit des Unternehmers bzw. der verantwortlichen Personen. Sie kann als Hilfe zur Prüfung der Wirksamkeit der getroffenen Schutzmaßnahmen herangezogen werden und im Schadenfall als Nachweis der Erfüllung der Arbeits- und Brandschutzpflichten, insbesondere der Pflicht zur Gefährdungsbeurteilung, dienen.

Regelmäßige Berichte an den Arbeit- bzw. Auftraggeber

regelmäßige Berichte

Zur Vermeidung der Haftung aus einer fehlerhaften oder unvollständigen Beratung oder sogar einer fahrlässigen Unterlassung durch fehlende Beratung müssen

- die gesetzlichen, behördlichen, berufsgenossenschaftlichen und versicherungsvertraglichen Anforderungen an den betrieblichen Brandschutz,
- die regelmäßige Kontrolle ihrer Umsetzung im Betriebsalltag,
- dabei festgestellte Mängel oder Fehler,
- mögliche Lösungen zu deren Vermeidung oder Beseitigung sowie
- eine Prioritätenliste zur Umsetzung der ergänzenden Maßnahmen

an den Arbeit- bzw. Auftraggeber berichtet werden.

Nur die Kenntnis über zu treffende Brandschutzmaßnahmen ermöglicht den verantwortlichen Führungskräften, ihrer Pflicht nachzukommmen, Entscheidungen über erforderliche Brandschutzmaßnahmen unter Berücksichtigung der Umstände, die Sicherheit und Gesundheit gefährden, zu fällen. Die Kenntnisnahme einer Handlungspflicht entlastet den Brandschutzbeauftragten in seiner Garantenstellung.

Die bundeseinheitliche Richtlinie zu Aufgaben, Qualifikation, Ausbildung und Bestellung von Brandschutzbeauftragten legt Mindestanforderungen an die Qualifikation, Ausbildung und Bestellung von

Brandschutzbeauftragten fest. Sie beschreibt die Aufgaben und gibt Hilfestellungen für die Umsetzung der Anforderungen für eine geeignete betriebliche Brandschutzorganisation. Diese Anforderungen dienen der rechtssicheren Organisation des betrieblichen Brandschutzes sowie der eindeutigen Definition von Aufgaben und Pflichten des Brandschutzbeauftragten. Bei Beachtung der enthaltenen Hinweise können Haftungsrisiken sowohl für den Arbeit- bzw. Auftraggeber als auch für den Brandschutzbeauftragten reduziert werden.

10 Erste Schritte als Brandschutzbeauftragter

Nach der erfolgreichen Ausbildung zum Brandschutzbeauftragten und der Bestellung durch den Unternehmer beginnt die praktische Tätigkeit als Brandschutzbeauftragter. Je nach Größe des Unternehmens, Art und Nutzung des Gebäudes und der Tätigkeitsbeschreibung in der Bestellung steht dabei ein mehr oder weniger umfangreicher Aufgabenkatalog [1] bei der Übernahme der brandschutztechnischen Beratung gegenüber.

Dem Brandschutzbeauftragten sind die zur Erfüllung der übertragenen Aufgaben erforderliche Arbeitszeit, benötigte Informationen und Arbeitsmittel zur Verfügung zu stellen. Um die zahlreichen Aufgaben jedoch auch zuverlässig, vollständig und fachlich richtig umsetzen zu können, ist es zu Beginn der Tätigkeit als Brandschutzbeauftragter wichtig, sich eine eigene Arbeits- und Selbstorganisation zu schaffen. Die Arbeit muss zunächst gut strukturiert und danach zeitlich sowie inhaltlich geplant werden. Bei der Selbstorganisation spielt auch das eigene Zeitmanagement eine immer größere Rolle.

Arbeits- und Selbstorganisation

Selbstorganisation

Selbstorganisiertes Arbeiten bedeutet, die zur Verfügung gestellten Ressourcen so effizient und effektiv wie möglich für die Erledigung des eigenen Arbeits- und Aufgabenspektrums zu nutzen. Eine gute Selbstorganisation zeichnet sich dadurch aus, dass die übertragenen Aufgaben nach einem bestimmten Schema und nicht willkürlich abgearbeitet werden. Dies ist nur durch eine vorherige zeitliche und inhaltliche Planung der zu erledigenden Arbeitsschritte möglich.

planvolles Vorgehen

Zeitmanagement

Zeitmanagement ist die Organisation ablaufender Ereignisse, um durch Planung sowie durch konsequente und zielorientierte Anwendung bewährter Arbeitstechniken die eigenen Aufgaben- und Tätigkeitsbereiche in der täglichen Praxis innerhalb eines bestimmten Zeitraums zu führen und zu organisieren. Die Terminplanung für Aufgaben und Arbeitsvorgänge oder sonstiger Termine, wie z. B. verbindlicher Prüf- und Kontrollfristen, gehört dabei zu den wichtigsten Inhalten des Zeitmanagements. Ziel ist es, die zur Verfügung stehende Zeit für die zu erfüllenden Aufgaben möglichst produktiv zu nutzen.

effektive Terminplanung

10.1 Bestandsaufnahme

Katalogisieren der Aufgaben

In einer Bestandsaufnahme werden zunächst alle zu erledigenden Aufgaben katalogisiert. Eine erste brandschutztechnische Betriebsbegehung bietet dem Brandschutzbeauftragten eine Orientierung innerhalb des Betriebs, einen umfassenden Einblick in die vorhandenen Brandgefährdungen und einen schnellen Überblick über mögliche Schwachstellen, Abweichungen und eventuell bestehende Mängel.

10.1.1 Vorbereitungen für eine brandschutztechnische Begehung

erste Begehung

Vor der brandschutztechnischen Begehung erfolgt eine Zusammenstellung der baulichen Gegebenheiten des Gebäudes, der technischen Anforderungen der Arbeitsplätze bzw. Arbeitsmittel und -verfahren und der organisatorischen Rahmenbedingungen.

Technische Anlagen unterliegen einer Vielzahl von rechtlichen Regelungen und technischen Vorschriften aus unterschiedlichen Rechtsbereichen (Produktsicherheit, Arbeitsschutzrecht, Baurecht, Umweltrecht) und ergänzenden Regelungen (z. B. Anforderungen der Sachversicherungen). Neben den allgemeinen Schutzzielen der bauordnungsrechtlichen Anforderungen kommen aufgrund der vorgesehenen Nutzung ggf. besondere Schutzziele in Betracht, die mit dem Bauherrn festzulegen sind. Aus der vorgesehenen Nutzung ergeben sich objektspezifische Konkretisierungen dieser Schutzziele. Auch weitergehende rechtliche Anforderungen, z. B. aus dem Störfallrecht, sind zu beachten. Diese rechtlichen Bedingungen bieten die Möglichkeit, bereits vorab inhaltliche Schwerpunkte der Besichtigung festzulegen und bilden die Grundlage der Bewertung von Abweichungen und Mängeln. Sie stellen den Soll-Zustand dar.

Soll-Zustand ermitteln

Bauunterlagen

Die aus baulicher Sicht erforderlichen Brandschutzmaßnahmen ergeben sich aus den materiellen Anforderungen der Landesbauordnungen bzw. der jeweiligen Sonderbauverordnungen.

Baugenehmigung

Die Baugenehmigung ist im öffentlichen Baurecht die Genehmigung, eine bauliche Anlage zu errichten, zu ändern oder zu beseitigen. Sie wird von der zuständigen Bauaufsichtsbehörde erteilt. Die Baugenehmigung ist ein schriftlicher Genehmigungsbescheid der zuständigen Baubehörde, dass dem Bauvorhaben nach öffentlichem Recht keine Hindernisse entgegenstehen (§ 72 Musterbauordnung – MBO [2]).

Musterbauordnung § 72

Zur Baugenehmigung zählen u. a.:

- Bauzeichnungen (Grundriss, Schnitt, Ansichten)
- Lageplan (Auszug aus dem Liegenschaftskataster)
- Baubeschreibung

Diese müssen mit dem Genehmigungsvermerk (Stempel, meist in Grün) der Behörde versehen sein. Die Dokumentation dieser Festlegungen in neuen bzw. geänderten Baugenehmigungsunterlagen ist für den Brandschutzbeauftragten die Grundlage für die Bewertung der baulichen Brandschutzmaßnahmen.

Genehmigungsvermerk

Nachträge, Ergänzungen zur Baugenehmigung

Baurechtlich relevante Änderungen der Gebäudenutzung, der Gebäudeaufteilung oder der Ausführung von Rettungswegen sowie der brandschutztechnischen Bauausführung unterliegen dem Baugenehmigungsverfahren.

Abweichungen bzw. ergänzende Anforderungen

Die Baugenehmigung kann auch einengende Auflagen enthalten. Die Genehmigungsbehörde kann im Einzelfall zum einen aufgrund einer besonderen Art bzw. Nutzung oder besonderer Anforderungen an das Gebäude Erleichterungen (Abweichungen) gestatten, zum anderen diese auch mit besonderen Anforderungen (Kompensationen) verbinden.

Auflagen und Erleichterungen

Brandschutznachweis bzw. -konzept

Ein Brandschutznachweis belegt die Erfüllung aller baurechtlichen Belange in Bezug auf den Brandschutz, wie sie für eine Genehmigung des vorgelegten Bauvorhabens ausgewiesen sind. In der Regel ist dies mit der Einhaltung der Anforderungen aus der Bauordnung geleistet.

In einem Brandschutzkonzept [3] werden die wesentlichen baurechtlichen Anforderungen der brandschutztechnischen Planung und eventuell beanspruchte Abweichungen von baurechtlichen Vorschriften erläutert. Darin wird der Nachweis erbracht, dass die Mindestanforderungen des baulichen Brandschutzes erfüllt sind.

Brandschutzkonzept

Brandschutzplan

Ergänzend zum textlichen Teil des Brandschutzkonzeptes werden häufig Brandschutzpläne zur Visualisierung der baulichen und anlagentechnischen Maßnahmen erstellt.

Weitere Genehmigungsbescheide

Zu den bauordnungsrechtlichen Schutzzielen gehört auch der Schutz der natürlichen Lebensgrundlagen (Umweltschutz). Neben den Schutzmaßnahmen zur Vorbeugung der Brandentstehung und zur Begrenzung der Brandausbreitung einschließlich der wirksamen Brandbekämpfung ist in besonderer Weise der Schutz von Gewässern und des Grundwassers vor verunreinigtem Löschwasser [4] und wassergefährdenden Stoffen [5] im Brandschutzkonzept zu beurteilen.

Umweltschutz als Schutzziel

Gefährdungsbeurteilung im Brandschutz

Arbeitsstättenverordnung (ArbStättV)

Für Arbeitsstätten sind zum Schutz der Beschäftigten vor Brandereignissen technische und organisatorische Sicherheitsmaßnahmen des vorbeugenden Brandschutzes zum sicheren Betreiben der Arbeitsstätte und der Arbeitsplätze aus der Arbeitsstättenverordnung (ArbStättV) [6] und deren Anhang festzulegen. Die Arbeitsstättenverordnung beinhaltet Regelungen und Vorschriften zur Gestaltung, Einrichtung und technischen Ausrüstung von Arbeitsräumen, Arbeitsplätzen und Betriebsgeländen, z. B. zur Sicherheits- und Gesundheitsschutzkennzeichnung, zur Ausstattung mit Brandmelde- und Feuerlöscheinrichtungen sowie zu Anordnung und Abmessungen von Fluchtwegen und Notausgängen. Hierzu beschreiben die Arbeitsstättenregeln Maßnahmen und praktische Durchführungshilfen, wie die in der ArbStättV gestellten Schutzziele und Anforderungen erreicht werden können.

weitergehende Brandschutzmaßnahmen

Bei der systematischen Ermittlung und Bewertung relevanter Brandgefährdungen werden erforderliche Maßnahmen für Sicherheit und Gesundheit bei der Arbeit erfasst. Dabei ist zu prüfen und festzulegen, welche Maßnahmen bei Bränden, Unfällen oder sonstigen Betriebsstörungen zum Schutz der Mitarbeiter notwendig sind. Brandschutzmaßnahmen können infolge der Gefährdungsbeurteilung bei erhöhter oder hoher Brandgefährdung über die grundlegenden Anforderungen des Bau- und Arbeitsstättenrechts hinausgehen.

Brandschutzmaßnahmen zu Gefahrstoffen

Brandgefahr durch stoffliche Eigenschaften

Ziel der Gefahrstoffverordnung (GefStoffV) [7] ist der Schutz für Beschäftigte und andere Personen sowie der Umwelt u. a. durch Maßnahmen gegen Schädigungen durch Stoffe, Gemische oder Erzeugnisse. Sie umfasst auch den Schutz bei Tätigkeiten mit Gefahrstoffen, bei denen die Sicherheit und Gesundheit von Beschäftigten, aber auch von anderen Personen gefährdet sein können. Der Arbeitgeber hat die für ihn zutreffenden Technischen Regeln zu Gefahrstoffen (TRGS) bei der Festlegung der erforderlichen Schutzmaßnahmen zu beachten und die erforderlichen technischen Schutzmaßnahmen sowie Maßnahmen des organisatorischen Arbeitsschutzes entsprechend der TRGS festzulegen.

GefStoffV und TRGS

Für Tätigkeiten mit Gefahrstoffen, die zu Brand- und Explosionsgefährdungen führen können, müssen entsprechend der Gefährdung nach Art, Umfang, Dauer der Tätigkeit sowie der Gefährlichkeit und Menge der Gefahrstoffe geeignete bauliche, technische und organisatorische Schutzmaßnahmen der Gefahrstoffverordnung ergriffen werden, die auch oder insbesondere dem Brandschutz dienen.

Gefahrstoffkataster

§ 6 Abs. 10 GefStoffV

Um einen Überblick über alle im Unternehmen verwendeten Gefahrstoffe zu erhalten, muss nach § 6 Abs. 10 GefStoffV grundsätzlich ein Gefahrstoffkataster als ein Verzeichnis aller im Unternehmen vorkommenden Gefahrstoffe erstellt werden. Das Gefahrstoffverzeichnis ist auf dem aktuellen Stand zu halten. Änderungen wie neue Gefahrstoffe, Nutzung in anderen Arbeitsbereichen oder die Einstufung des Gefahrstoffes sollten unverzüglich eingearbeitet werden.

Betriebsanweisungen für Gefahrstoffe

§ 14 Gefahrstoffverordnung

Nach § 14 der Gefahrstoffverordnung ist für jeden im Betrieb vorhandenen Gefahrstoff eine Betriebsanweisung zu erstellen. Dabei können Stoffe und Gemische mit gleichartigem Gefährdungspotenzial und ähnlichen Schutzmaßnahmen zusammengefasst werden. Die Anweisungen enthalten alle nötigen Hinweise, um Gefahren abzuwehren, so z. B. auch Schutzmaßnahmen und Verhaltensregeln im Brandschutz und das Verhalten bei Störungen, im Gefahrfall und bei Bränden oder Unfällen.

Maßnahmen zur Betriebssicherheit

BetrSichV und TRBS

Für die Bereitstellung von Arbeitsmitteln durch den Arbeitgeber sowie für die Verwendung von Arbeitsmitteln durch Beschäftigte bei der Arbeit gilt grundsätzlich die Verordnung über Sicherheit und Gesundheitsschutz bei der Verwendung von Arbeitsmitteln (Betriebssicherheitsverordnung – BetrSichV [8]). Explosionsgefährdete Gefahrenbereiche fallen unter die überwachungsbedürftigen Anlagen, für die besondere Betriebs- und Prüfvorschriften der BetrSichV gelten. Die jeweiligen Verpflichtungen nach BetrSichV werden durch allgemeine und gefährdungsbezogene Anforderungen der Technischen Regeln für Betriebssicherheit (TRBS) näher bestimmt.

Begründungen zu Abweichungen vom technischen Regelwerk

Stand der Technik nach § 3a ArbStättV

Die Bewertungsmaßstäbe für die baulichen bzw. technischen sowie organisatorischen Sicherheitsmaßnahmen des betrieblichen Brandschutzes sind die diesbezüglichen Technischen Regeln (ASR, TRGS, TRBS). Die in den Technischen Regeln genannten konkreten Anforderungen, Maße oder Werte bilden somit konkrete und objektive Bewertungsfaktoren. Sie beschreiben den nach § 4 ArbschG [9] bzw. § 3a ArbStättV geforderten Stand der Technik bei der Umsetzung von Brandschutzmaßnahmen. Bei Einhaltung der Technischen Regeln kann daher davon ausgegangen werden, dass die entsprechenden Anforderungen der ArbStättV erfüllt sind (Vermutungswirkung).

Ergreift der Arbeitgeber andere als die im technischen Regelwerk genannten Maßnahmen, muss er damit nachweislich mindestens die gleiche Sicherheit und den gleichen Gesundheitsschutz für die Beschäftigten erreichen. Dies muss in der Gefährdungsbeurteilung bewertet und begründet werden.

Obliegenheitspflichten nach Versicherungsrecht

Klauseln und Obliegenheiten

Neben den gesetzlichen und behördlichen Vorschriften gelten die mit dem Abschluss der Feuerversicherung vereinbarten Sicherheitsvorschriften. Sie beschreiben die vertraglichen Pflichten des Versicherungsnehmers. Je nach Versicherer und Risiko können vertraglich auch andere bzw. weitere Versicherungsbedingungen (sogenannte Klauseln) vereinbart sein. Neben den schriftlich fixierten, vertraglichen Regelungen treffen den Versicherungsnehmer jedoch auch weitere gesetzliche und vertragliche Nebenpflichten (sogenannte Obliegenheiten), die zur Erhaltung der Versicherungsdeckung nicht verletzt werden dürfen.

Sicherheitsvorschriften der Feuerversicherer

ASF und AVB

Neben den gesetzlichen und behördlichen Vorschriften gelten die im Versicherungsvertrag vereinbarten Sicherheitsvorschriften. Hierzu zählen insbesondere die Allgemeinen Sicherheitsvorschriften der Feuerversicherer für Fabriken und gewerbliche Anlagen (ASF) [10]. Werden diese Sicherheitsvorschriften, obwohl vertraglich vereinbart, nicht eingehalten, kann der Versicherungsschutz beeinträchtigt sein. Diese Regelung gilt ebenso für andere, vertraglich vereinbarte Allgemeine Vertragsbedingungen (AVB) mit Feuerdeckung. Die Versicherer können im Einzelfall jedoch weitere Sicherheitsvorkehrungen nach eigenem Ermessen festlegen, die den betrieblichen Spezifikationen entsprechen.

Berichte der Risikobesichtigung

Vor dem Vertragsabschluss einer Betriebsversicherung sowie im Verlauf des Vertragsverhältnisses werden von Seiten der Versicherung Risikobesichtigungen durchgeführt, um die vertragsrelevanten brandschutztechnischen Aspekte bewerten und das Unternehmen entsprechend in der Feuerschutzversicherung einstufen zu können. Der Versicherer dokumentiert dabei alle Gefahrenquellen, Mängel und anstehenden Arbeiten sowie vereinbarte Fristen.

10.1.2 Durchführung einer brandschutztechnischen Begehung

Kenntnis betrieblicher Gegebenheiten

In der Bestellung zum Brandschutzbeauftragten sind dessen Zuständigkeitsbereich, die Aufgaben sowie die Rahmenbedingungen zu definieren und festzulegen. Voraussetzung für die Aufgabenerfüllung des Brandschutzbeauftragten ist die Kenntnis der betrieblichen Gegebenheiten. Zu den erforderlichen Rahmenbedingungen der Tätigkeit eines Brandschutzbeauftragten gehört daher auch der Zutritt zu allen betreffenden Liegenschaften und Räumen.

Als Basis für die brandschutztechnische Begehung sollten alle Abteilungen und Arbeitsbereiche in einem Betrieb erfasst werden. Die Beurteilung des Brandschutzes umfasst dabei grundsätzlich alle dort ausgeführten Tätigkeiten und Arbeitsabläufe an verschiedenen Arbeitsplätzen, z. B. Werkstatt, Produktion, Lager, Büro.

Auswahl des Begehungsbereiches

Um den Besichtigungsaufwand überschaubar zu halten, kann die Arbeitsstätte in sinnvolle Betrachtungseinheiten unterteilt werden. Bei gleichartigen Arbeitsbedingungen reicht jedoch die Beurteilung eines Arbeitsplatzes oder einer Tätigkeit aus, wenn die ermittelten Schutzmaßnahmen auf die anderen gleichartigen Arbeitsplätze oder Tätigkeiten übertragbar sind. Durch eine sinnvolle Unterteilung der Arbeitsbereiche sowie durch systematisches Erfassen gleicher oder unterschiedlicher Tätigkeiten in verschiedenen Arbeitsbereichen kann der Umfang der Beurteilungen auf das erforderliche Maß begrenzt werden und man vermeidet Doppelarbeit.

Doppelarbeit vermeiden

Auswahl des Begehungszeitpunktes

abweichende Betriebszustände

Bei der Begehung sind neben dem Normalbetrieb auch abweichende Betriebszustände wie z. B. In- und Außerbetriebnahme von Sicherheits- und Brandschutzeinrichtungen, Betriebsstörungen sowie Instandhaltungsarbeiten (Wartung, Inspektion, Instandsetzung, Verbesserung) zu berücksichtigen. Diese speziellen Gegebenheiten weichen in den meisten Fällen von den üblicherweise betrachteten Bedingungen und Voraussetzungen ab, sodass Brandschutzmaßnahmen erforderlichenfalls anzupassen sind. Daher sind diese Betriebszustände stets getrennt zu beurteilen.

Im Rahmen der Berücksichtigung genehmigungsrechtlicher und sonstiger Anforderungen sind

- bauordnungsrechtliche Anforderungen hinsichtlich des vorbeugenden und des abwehrenden Brandschutzes,
- bereits vorhandene Brandschutzmaßnahmen oder ggf. vorhandene Maßnahmen aus Brandschutzgutachten und Brandschutzkonzepten gemäß der Baugenehmigung oder anderer Genehmigungen,
- bereits vorhandene Brandschutzmaßnahmen aus den Ergebnissen der Gefährdungsbeurteilung nach § 5 ArbSchG, § 6 GefStoffV und § 3 BetrSichV, z. B. Explosionsschutzdokumente,
- ggf. vorhandene Schutzmaßnahmen aufgrund weitergehender Schutzziele, z. B. zum Umweltschutz bzw. zum Schutz von Sachwerten bzw. vor Betriebsunterbrechungen

bei der Informationsermittlung einzubeziehen.

10.1.3 Auswertung der Besichtigungsergebnisse

Die Bewertung von Brandgefährdungen und Schutzmaßnahmen gehört zu den grundlegenden Aufgaben eines Brandschutzbeauftragten. Dabei müssen die jeweiligen Brandschutzanforderungen aus den verschiedenen Quellen in einem Soll-Ist-Vergleich kontrolliert, verglichen und bewertet werden. Die Ergebnisse der Brandschutzbegehung und das Begehungsprotokoll sollten mit den beteiligten Mitarbeitern besprochen werden.

Soll-Ist-Vergleich

Begehungs- bzw. Mängelprotokoll

Die Ergebnisse der Brandschutzbegehungen werden hierzu in einem Begehungsprotokoll dokumentiert, welches den Nachweis für die Durchführung der Überprüfung darstellt.

Dokumentation

Eine aussagefähige Dokumentation der im Unternehmen durchgeführten Begehungen besteht aus Unterlagen, die

- das Ergebnis der Gefährdungsbeurteilung,
- die darauf gestützten Maßnahmen des Arbeitsschutzes sowie
- das Ergebnis ihrer Überprüfung

dokumentieren.

Diese Dokumentation ermöglicht es, Maßnahmen, Verantwortliche und die Termine für die Durchführung der Brand- und Arbeitsschutzmaßnahmen nachvollziehbar festzuhalten.

Handlungsbedarf

Anhand der systematischen Erfassung aller Tätigkeiten und den damit verbundenen Gefährdungen, der Bewertung der vorhandenen Brandschutzmaßnahmen und deren Wirksamkeit muss im nächsten Schritt beurteilt werden, ob

akzeptabeles Restrisiko

- Risiken vorhandener Gefährdungen und Belastungen akzeptabel,
- vorhandene Maßnahmen ausreichend,
- neue oder weitere Maßnahmen zu treffen sind.

Bei der Beurteilung von Gefährdungen ist zu bewerten, ob die vorhandenen Gefährdungspotentiale so gering sind, dass das Restrisiko akzeptabel ist, oder ob Handlungsbedarf im Brandschutz besteht. Zudem ist auch festzustellen, wo sich Möglichkeiten für Verbesserungen ergeben.

Beseitigung von Mängeln

Fristsetzung zur Mängelbeseitigung

Werden bei der Brandschutzbegehung Mängel festgestellt, müssen unverzüglich Maßnahmen zur Beseitigung der aufgedeckten Mängel ergriffen werden. Dafür sind Fristen festzulegen und die fachgerechte Ausführung der Mängelbeseitigung ist zu kontrollieren. Die Dokumentation ermöglicht es, Maßnahmen, Verantwortliche und die Termine für die Durchführung der Brand- und Arbeitsschutzmaßnahmen nachvollziehbar festzuhalten.

Anpassung an veränderte Gefährdungen

Maßnahmen anpassen

Gefährdungen von Leben und Gesundheit der Beschäftigten bei der Arbeit sollen möglichst vermieden oder minimiert werden. Deshalb sind durch den Arbeitgeber alle erforderlichen Maßnahmen des Arbeitsschutzes zu treffen, die Wirksamkeit der getroffenen Maßnahmen zu überprüfen und die Maßnahmen an sich ändernde Gegebenheiten anzupassen. Bei einer Veränderung bzw. Erhöhung der Brandgefährdung im Betrieb sind die Brandschutzmaßnahmen entsprechend anzupassen und zu ergänzen.

Verbesserung der Sicherheit und des Gesundheitsschutzes

Zielsetzung des Arbeitsschutzes

Nach § 3 ArbSchG ist eine stetige Verbesserung der Sicherheit und des Gesundheitsschutzes der Beschäftigten anzustreben. Da durch das Arbeitsschutzgesetz nicht festgelegt ist, wie die Verbesserung zu erfolgen hat, bleibt es dem Arbeitgeber überlassen, in welcher Form er dieses Ziel umsetzt. Verbesserungen können zum Beispiel in kleinen Schritten erfolgen oder auch im Rahmen von strategischen Projekten umgesetzt werden.

Risikominderung

positive Bewertung durch Versicherer

Versicherungsrechtlich ist der Versicherungsnehmer gemäß z. B. den Allgemeinen Bedingungen für die Feuerversicherung verpflichtet, Brandschäden abzuwenden bzw. zu mindern. Wirksame Risikoverbesserungen durch geeignete Brandschutzmaßnahmen werden von Feuerversicherern in Abhängigkeit von objektspezifischen Gegebenheiten im Regelfall positiv bewertet.

10.1.4 Prioritätenliste erstellen

To-do-Liste nach Dringlichkeit

Die Prioritätenliste ist eine besondere Form der To-do-Liste und gehört zu den gängigen Methoden des Arbeits- und Zeitmanagements. Sie ordnet in einer entsprechenden Übersicht die zu erledigenden Arbeitsaufgaben bzw. Aktivitäten nach ihrer Wichtigkeit bzw. Dringlichkeit. Für die Dringlichkeitsstufe einer Aufgabe oder Aktivität werden die Arbeitsaufgaben bzw. Aktivitäten mit zeitlichen Prioritäten gekennzeichnet. Die Priorität gibt hierbei die geplante Bearbeitungsreihenfolge der zu erledigenden Aufgaben an. Die so kategorisierte To-do-Liste wird in der Reihenfolge der Prioritäten neu verfasst, d. h. die Aufgaben oder Aktivitäten in der Reihenfolge ihrer vorgesehenen Erledigung angeordnet. Daraus entsteht die so genannte Prioritätenliste, die dem Arbeitsschritt der Prioritätensetzung zuzuordnen ist.

Kategorie „Sofortige bzw. kurzfristige Umsetzung notwendig"

sofortige Maßnahmen bei akuter Gefahr

Sofort bzw. schnellstmöglich müssen Brandschutzmaßnahmen umgesetzt werden, um bestehende Mängel im Brandschutz zu beseitigen, die zum Schutz für Leib und Leben zwingend notwendig sind (z. B. wegen Gefahr im Verzug). Diese lassen keinen Aufschub zu. Eine konkrete Gefahr liegt vor, wenn in dem zu beurteilenden konkreten Einzelfall in überschaubarer Zukunft mit dem Schadenseintritt hinreichend wahrscheinlich gerechnet werden kann. Dann kann auch die Bauaufsicht verlangen, dass rechtmäßig bestehende bauliche Anlagen nachträglich an höhere als nach dem bisherigen Baurecht bestehende Brandschutzanforderungen angepasst werden, wenn dies zur Abwehr von erheblichen Gefahren für Leben und Gesundheit notwendig ist.

Zu dieser Dringlichkeitskategorie zählen auch Umstände, die zu einem nicht ordnungsgemäßem und/oder genehmigungskonformen Zustand beitragen. Eine bauliche Anlage ist nur dann bestandsgeschützt, wenn sie genehmigt und genehmigungskonform errichtet worden ist (formeller Bestandsschutz) oder wenn sie zum Zeitpunkt der Errichtung dem geltenden Recht entsprochen hat (materieller Bestandsschutz) und danach jeweils nicht rechtswidrig geändert worden ist. Erlischt der Bestandsschutz durch wesentliche Veränderungen der baulichen Anlage kann die zuständige Baurechtsbehörde Verfügungen zur Gefahrenabwehr erlassen. Dazu gehören insbesondere Abbruchanordnungen, Nutzungsuntersagungen oder Nachbesserungsverfügungen. Neben den vorgenannten Anordnungen kann die Behörde auch Bußgelder verhängen, wenn die für den rechtswidrigen Zustand Verantwortlichen einer nachvollziehbaren schriftlichen Anordnung der Bauaufsichtsbehörde zuwiderhandeln.

formeller/materieller Bestandsschutz

Zudem können bei Nichteinhaltung gesetzlicher, behördlicher und vertraglicher Sicherheitsvorschriften im Schadenfall Versicherungsleistungen beeinträchtigt sein. Der Versicherer ist dann unter bestimmten Voraussetzungen zur Kündigung berechtigt oder auch ganz oder teilweise leistungsfrei. Nur vorübergehende Abweichungen von Sicherheits- und Betriebsvorschriften bei Bau-, Umbau- und Reparaturarbeiten gelten, soweit sie durch zwingende technische Gründe veranlasst sind und bei ihrer Durchführung die gebotene erhöhte Sorgfalt beachtet wird, nicht als Vertragsverletzung. Abweichungen von Sicherheitsvorschriften, denen die für den Arbeitsschutz zuständige Behörde, das Gewerbeaufsichtsamt oder die Berufsgenossenschaft schriftlich zugestimmt hat, beeinträchtigen dagegen die Entschädigungspflicht nicht [11].

Versicherungsschutz aufrechterhalten

Unverzügliches Handeln, d. h. sofortiges Handeln ohne schuldhaftes Zögern, erfordern die Anzeigepflichten von gefahrerheblichen Umständen. Als Versicherungsnehmer darf der Unternehmer nach Abschluss des Versicherungsvertrages ohne Einwilligung des Versicherers keine Gefahrerhöhung vornehmen oder deren Vornahme durch einen Dritten gestatten. Eine anzeigepflichtige Gefahrerhöhung kann insbesondere dann vorliegen, wenn sich ein Umstand ändert, nach dem der Versicherer vor Vertragsschluss gefragt hat, oder wenn von der dokumentierten Betriebsbeschreibung abgewichen wird, Neu- oder Erweiterungsbauten durchgeführt werden oder wenn ein Gebäude oder der überwiegende Teil des Gebäudes nicht genutzt wird. Erkennt der Versicherungsnehmer nachträglich, dass er ohne Einwilligung des Versicherers eine Gefahrerhöhung vorgenommen oder gestattet hat, hat er diese dem Versicherer unverzüglich anzuzeigen.

Anzeigepflicht bei Gefahrerhöhung

Hierunter können auch einfache und in der Folge sofort umzusetzende Brandschutzmaßnahmen fallen, die aus sachlichen Gründen nicht aufgeschoben werden müssen. Dies sind in der Regel einfache Instandhaltungsarbeiten, Nachholung von technischen Prüfungen bei Fristüberschreitungen oder die Anordnung organisatorischer Maßnahmen.

Kategorie „Mittelfristige Umsetzung erforderlich"

Nicht alle Brandschutzmaßnahmen können sofort umgesetzt werden. Insbesondere technische Brandschutzmaßnahmen benötigen in der Planung, Installation und Inbetriebnahme eine Vorlaufzeit. Bei der Planung und Ausführung von Neu- und Umbaumaßnahmen und von Nutzungsänderungen ist zu prüfen, wie sie sich auf die bereits festgelegten Brandschutzmaßnahmen und somit auf das Brandschutzkonzept auswirken. Bereits in der Vorplanung ist die Genehmigungsfähigkeit des Brandschutzkonzeptes im Blick zu behalten. Es ist deshalb sinnvoll, den Brandschutzbeauftragten, den Sachversicherer und die zuständige Feuerwehr frühzeitig hinzuzuziehen. Bei einer Erhöhung des Gefährdungspotenzials im Betrieb ist das Brandschutzkonzept entsprechend anzupassen. Die zuständigen Genehmigungsbehörden oder auch Prüfingenieure oder technischen Prüfsachverständige für Brandschutz (siehe jeweilige LBO) prüfen und entscheiden auf der Basis bauordnungsrechtlicher Regelbestimmungen über die Brandschutz-Planung. Sie entscheiden auch über Abweichungen, deren Begründungen und über diesbezügliche ingenieurtechnische Nachweise.

Prüfen der Auswirkungen von Neu- und Umbaumaßnahmen

In bestimmten Fällen müssen weitere Genehmigungen abgewartet werden. So benötigen Anlagen, die in der 4. Verordnung über genehmigungsbedürftige Anlagen (BImSchV) aufgeführt sind, eine Genehmigung nach dem Bundes-Immissionsschutzgesetz (BImSchG), da sie besonders umweltrelevant sind oder in anderer Weise die Allgemeinheit oder die Nachbarschaft gefährden, erheblich benachteiligen oder belästigen könnten. Jede Veränderung oder Abweichung von der genehmigten Beschaffenheit oder Betriebsweise an einer Anlage, die Auswirkungen auf die genannten Schutzgüter haben kann, ist anzeige- oder genehmigungsbedürftig. Die Errichtung und der Betrieb der im Anhang 1 zur 4. BImSchV [12] genannten und in Spalte c mit einem „G" gekennzeichneten Anlagen erfordert im Genehmigungsverfahren nach § 10 BImSchG [13] zusätzlich eine Öffentlichkeitsbeteiligung. Dabei wird das Vorhaben öffentlich bekannt gemacht und der Antrag sowie die Antragsunterlagen öffentlich zur Einsicht ausgelegt. Hierzu müssen vor Beginn erst die erforderlichen Antragsunterlagen vollständig und richtig erstellt werden.

BImSchV

§ 10 BImSchG

Sicherheitseinrichtungen und die für die Sicherheit erforderlichen Schutz- und Überwachungseinrichtungen müssen in einem ordnungsgemäßen Zustand erhalten werden. Eine Anpassung ist zwingend, wenn der bisherige Zustand eine Gefahr für Personen oder Sachen bedeutet oder die Anpassung in den gesetzlichen oder behördlichen Sicherheitsvorschriften, den VDE-Bestimmungen oder den Sicherheitsvorschriften der Feuerversicherer ausdrücklich gefordert wird. Dies bedeutet im Allgemeinen nicht, dass bestehende Anlagen den Anforderungen der später in Kraft getretenen Sicherheitsvorschriften jeweils angepasst werden. Jedoch ist bei der Planung und Umsetzung von Brandschutzmaßnahmen im Bereich des Arbeitsschutzes und der Gefahrstoffsicherheit der jeweils aktuelle Stand der Technik zu berück-

aktueller Stand der Technik

sichtigen. Somit ist der Arbeitgeber aufgefordert, neue Erkenntnisse auf ihre Anwendbarkeit im Betrieb hin zu überprüfen und sie ggf. sofort, spätestens aber bei umfangreichen, sicherheitsrelevanten Änderungen umzusetzen.

behördliche Anordnungen

Die Bauordnungsbehörden, Aufsichtsbehörden des Arbeits- und Umweltschutzes sowie die Berufsgenossenschaften können hierzu innerhalb ihrer Zuständigkeit auch vollziehbare Anordnungen im Einzelfall aussprechen, mit denen die Behörde Maßnahmen anordnen kann. Im Gefahrenfall kann die sofortige Umsetzung notwendig werden. Sofern keine direkte Gefahr existiert, kann die Behörde aber auch Fristen zur Umsetzung der geforderten Maßnahmen gewähren.

geeignete Ersatzmaßnahmen

Bis zur endgültigen Behebung sind eventuell gleichwertige Ersatzmaßnahmen zu treffen. Bei unmittelbar drohender Gefahr für Personen und Sachwerte sind Sofortmaßnahmen notwendig (z. B. Abschalten von Anlagen oder der Energiezufuhr, Räumung und Arbeitsunterbrechung). Bei Ausfall und Außerbetriebsetzung von brandschutztechnischen Einrichtungen sollte der Brandschutzbeauftragte bei der zielgerichteten Festlegung von Ersatzmaßnahmen mitwirken, um die Einschränkungen möglichst gering zu halten.

Projektsteuerung

Brandschutztechnische Anforderungen, die umfangreiche Änderungen an baulichen Gegebenheiten oder an komplexen technischen Systemen der Gebäudetechnik erforderlich machen, sollten durch eine Projektsteuerung begleitet werden. Mit einem Projektplan werden Aufgabenpläne, Ablaufpläne, Terminpläne, Kapazitätspläne, Kommunikationspläne, Kostenpläne, Qualitätspläne und das Risikomanagement festgelegt. Hierbei werden wesentliche und zentrale Ereignisse während des Projektverlaufs festgelegt, an denen der aktuelle Projektstand mess- und überprüfbar ist und der Projektfortschritt beurteilt werden kann.

Kategorie „Langfristige Umsetzung möglich"

Umfangreiche bauliche und technische Brandschutzmaßnahmen können meist nur im Zusammenhang mit weiteren Bautätigkeiten z. B. bei Maßnahmen für einen zeitgemäßen Gebäudebetrieb, Umrüstung von technischen Anlagen nach neuestem Stand oder im Zuge von Maßnahmen zur Nachhaltigkeit und Energieeffizienz des Gebäudes usw. durchgeführt werden. Diese sind daher im Hinblick auf den Gebäudebetrieb der nächsten Jahre zu planen und können erst im späteren Verlauf umgesetzt werden. Da es sich in der Regel nicht nur in technischer, sondern auch in finanzieller Hinsicht um große Aufwendungen handelt, sind hier langfristige Investitionsentscheidungen der Unternehmensführung erforderlich, in die der Brandschutzbeauftragte einbezogen werden sollte.

langfristige Investitionen

In der betriebswirtschaftlichen Praxis wird immer dann, wenn eine Investitionsentscheidung getroffen werden muss, ein Investitionsplan aufgestellt. Die Investitionsplanung ist Bestandteil der strategischen

Unternehmensplanung bei der Analyse, Bewertung und Umsetzung von Investitionsprojekten anlässlich von Errichtungs-, Ersatz- bzw. Erweiterungsinvestitionen, aber auch von Rationalisierungs- und Anpassungsinvestitionen. Er enthält eine Aufstellung der für einen bestimmten Zeitraum (Planungsperiode) geplanten Investitionen eines Unternehmens.

Investitionen und Folgekosten

Um auch langfristig erfolgreich zu sein und im Wettbewerb bestehen zu können, sind (regelmäßige) Investitionen notwendig. Investitionen sind nicht nur mit einem hohen Kapitaleinsatz und einer langfristigen Kapitalbindung verbunden. Investitionsentscheidungen wirken sich auch maßgeblich auf die Kostenstruktur eines Unternehmens aus. Es entstehen Folgekosten für den Betrieb, z. B. für Personal, Material, Instandhaltung und Energie. Dies gilt ebenso für Investitionen, die im Zusammenhang mit Brandschutzmaßnahmen stehen. Eine Investition lohnt sich daher nur, wenn dadurch zusätzliche Umsätze erzielt oder Einsparungen während der Nutzungsdauer erreicht werden können, die die Anschaffungs- und Betriebskosten übertreffen. Hierzu zählen brandschutztechnische Investitionen zum Schutz von Sach- und Vermögenswerten sowie zur Vermeidung von Imageverlusten im Brandfall zur Erhaltung der Marktstellung. Dies kann Kosteneinsparungen, z. B. eine günstigere Prämieneinstufung in der Feuerversicherung, ermöglichen.

Investition können auch notwendig werden, um den Betrieb überhaupt aufrechterhalten zu können. Die Aufrechterhaltung der Produktions- und Lieferfähigkeit dient auch der Bewahrung der Kreditwürdigkeit und Versicherbarkeit des Unternehmens. Bei mehreren Alternativen sollte die Variante mit den geringsten Kosten ausgewählt werden.

Brandschutz Teil der Investitionsplanung

Eine Berücksichtigung nur der gesetzlichen Schutzziele und Bestimmungen führt im Zuge des Risikomanagements vielfach zu Mehrinvestitionen für zusätzliche Maßnahmen, die bei einer umsichtigen Planung vermieden oder begrenzt werden können. Ein technisch optimaler und wirtschaftlich sinnvoller Brandschutz kombiniert die Maßnahmen schutzzielorientiert und risikogerecht im Rahmen eines Brandschutzkonzeptes. Dies gilt insbesondere für Schutzmaßnahmen, die dem Risikomanagement und Sachwertschutz dienlich sind. Solche Brandschutzmaßnahmen sollten möglichst früh in das Investitionsprogramm des Unternehmens aufgenommen und berücksichtigt werden.

10.2 Zusammenarbeit zwischen allen beteiligten Personen

Die Erfüllung aller Anforderungen des Brandschutzes macht eine frühzeitige Kommunikation und intensive Kooperation aller Akteure mit Bezug zum Brandschutz über die gesamte Planungsphase erforderlich. Das Organigramm des Unternehmens gibt hierzu einen Überblick über die betrieblichen Strukturen (Unternehmensstruktur, Abteilungen, Namen von wichtigen Personen wie Vorstand, Geschäftsführer, Betriebsleiter, Hauptabteilungsleiter usw.).

10.2.1 Baubeteiligte

Bauvorhaben

Ein Bauvorhaben umfasst den gesamten Planungs- und Arbeitsprozess zur Erstellung oder Veränderung eines Bauobjekts. Im engeren Sinne handelt es sich dabei um ein Bauwerk. Im weiteren Sinne können sämtlichen Arbeiten an Anlagen, Gebäuden, Grundstücken und der baulichen Infrastruktur als Bauvorhaben angesehen werden. Bauvorhaben sind im Regelfall genehmigungs- oder zumindest anzeigepflichtig und sind mit unterschiedlichen Aufgaben und Verantwortungen verbunden.

„Die am Bau Beteiligten" bezeichnet als übliche zusammenfassende Bezeichnung im Wesentlichen alle am Bau beteiligten Vertragspartner und Einflussnehmer, die dafür verantwortlich sind, dass bei der Errichtung, Änderung, Instandhaltung, Nutzungsänderung oder dem Abbruch baulicher Anlagen die öffentlich-rechtlichen Vorschriften eingehalten werden.

Bauherr

Auftraggeber

Der Bauherr ist im Baurecht der rechtlich und wirtschaftlich verantwortliche Auftraggeber bei der Durchführung von Bauvorhaben. Als Bauherr gilt, wer im eigenen Namen oder für eigene oder fremde Rechnung Bauvorhaben vorbereitet, ausführt oder vorbereiten und ausführen lässt. Der Bauherr hat zur Vorbereitung, Überwachung und Ausführung eines genehmigungs- oder anzeigebedürftigen Bauvorhabens einen Entwurfsverfasser und einen Unternehmer zu bestellen.

Entwurfsverfasser

Planung und Errichtung

Der Entwurfsverfasser befasst sich mit der technischen, wirtschaftlichen, funktionalen und gestalterischen Planung und Errichtung oder Änderung von Gebäuden und Bauwerken. Er hat dafür zu sorgen, dass die für die Ausführung notwendigen Zeichnungen, Berechnungen und Anweisungen geliefert werden und den genehmigten Bauvorlagen, den öffentlich-rechtlichen Vorschriften und den als Technische Baubestimmungen eingeführten technischen Regeln entsprechen. Die Tätigkeitsbereiche reichen vom Entwurf über Ingenieurtätigkeiten und das technische Entwerfen von Gebäuden bis hin zur Bauleitung und -überwachung sowie der Koordination von Terminen, Qualität und Baukosten.

Nachweisberechtigte (Fachplaner)

Der Architekt ist dazu verpflichtet, einen Fachplaner hinzuzuziehen, wenn ihm die notwendigen Kenntnisse fehlen. Die Fachplaner verfügen über Spezialwissen und sind verantwortlich für die von ihnen für einen speziellen Planungsabschnitt gefertigten Unterlagen (z. B. Statik, Brandschutz, Schallschutz). Fachplaner sind zum Beispiel:

Tragwerksplaner (Statiker)

Tragwerksplaner erstellen den nach dem Bauordnungsrecht erforderlichen Standsicherheitsnachweis.

Fachplaner TGA

Der Verantwortungsbereich der Fachplaner TGA umfasst die Detailplanung der Technischen Gebäudeausrüstung (TGA) aller im Bauwerk eingebauten oder damit fest verbundenen technischen Einrichtungen, die der funktionsgerechten Nutzung von Gebäuden dienen. Hierzu gehören z. B. Gebäudeheizung, Raumluft- und kältetechnische Anlagen, Wasser- und Abwasserversorgungsanlagen, Stromversorgung, Kommunikationsanlagen und Informationstechnik, aber auch Brandmelde-, Feuerlösch- und Entrauchungsanlagen.

Fachplaner Brandschutz

Der Fachplaner Brandschutz ist für die Erstellung eines Brandschutzkonzeptes, die Planung der objektspezifischen Brandschutzmaßnahmen und im Zuge der Baugenehmigung für den notwendigen Nachweis der Erreichung der gesetzlichen Schutzziele im Rahmen des Brandschutzkonzeptes verantwortlich.

Gebäudenutzer

Mit Nutzer bezeichnet man die Rechtssubjekte, die ein Gebäude benutzen. Der Nutzer kann mit dem Bauherrn oder Eigentümer identisch sein. In vielen Fällen sind diese jedoch die Mieter eines Gebäudes.

10.2.2 Betriebsverantwortliche

Ein Betrieb wird als technisch-organisatorische Einheit definiert, in dem alle Mitarbeiter unter der gleichen organisatorischen und technischen Leitung arbeiten. Betriebsverantwortliche sind Personen, die in einem Unternehmen als Leitung des Unternehmens oder einer Zweigniederlassung stellvertretend für die Unternehmensleitung oder in leitender Stellung mit kaufmännischen oder technischen Aufgaben Verantwortung für mindestens einen Beschäftigten des Unternehmens haben.

Führungskräfte

Die betriebliche Arbeitsschutzorganisation bildet die Grundlage, um die Mitarbeiter vor Brandgefahren am Arbeitsplatz zu schützen. Diese Aufgabe muss planvoll organisiert sein und erfordert ein optimales Zusammenwirken von Unternehmensleitung und verantwortlichen Führungskräften, betrieblichen Sicherheitsfachkräften, Betriebsärzten und Brandschutzbeauftragten sowie den Sicherheitsbeauftragten, Betriebsräten und Beschäftigten.

betriebliche Arbeitsschutzorganisation

Unternehmer

grundsätzliche Verantwortung

Unternehmer sind Personen, auf deren Weisung und Rechnung das Unternehmen handelt und denen das Ergebnis unmittelbar zum Vor- oder Nachteil gereicht. Die Verantwortung ergibt sich dabei entweder aus der Stellung im Unternehmen oder aus der Übertragung der Aufgaben und Befugnisse. Unternehmer tragen das Risiko, bestimmen die Unternehmensziele und besitzen die Personal- und Sachmittelhoheit.

Arbeitgeber

Verantwortung für Beschäftigte

Arbeitgeber ist jede natürliche oder juristische Person sowie rechtsfähige Personengesellschaft, die Arbeitnehmer beschäftigt. Der Arbeitgeber trägt mit der obersten Auswahl-, Aufsichts- und Kontrollverpflichtung die Hauptverantwortung für die Sicherheit und den Gesundheitsschutz der Beschäftigten bei der Arbeit. Für die Folgen von Versäumnissen bei der Umsetzung von Arbeitsschutzpflichten haften verantwortliche Personen nach Straf-, Ordnungswidrigkeiten-, Arbeits- und/oder Zivilrecht.

Verantwortliche Personen

Führungskräfte nehmen in Bezug auf die Verantwortung im Arbeitsschutz eine Schlüsselrolle ein. In der Praxis sind sie oft die unmittelbaren Adressaten der Beratungstätigkeit des Brandschutzbeauftragten, abhängig davon, welche Zuständigkeitsbereiche sie haben und ob ihnen hierfür bereits die Pflichten im Arbeitsschutz übertragen wurden.

10.2.3 Fachkundige Personen

Beratung durch mehrere fachkundige Personen

Verfügt der Arbeitgeber nicht selbst über die nötigen Fachkenntnisse, um seine Verantwortung in der betrieblichen Sicherheit wahrzunehmen, ist er dazu verpflichtet, sich von fachkundigen Personen beraten zu lassen. Die Kenntnisse zum betrieblichen Brandschutz können bei geeigneten Kombinationen (z. B. Fachkraft für Arbeitssicherheit mit Zusatzkenntnissen im Brandschutz oder Brandschutzbeauftragte mit Zusatzkenntnissen zur Gefährdungsbeurteilung und zu Gefahrstoffen oder anderen Kombinationen) vorliegen. Es ist jedoch oft sinnvoll, die notwendigen Kenntnisse durch mehrere Personen einzubringen.

Kooperation mit anderen Fachkräften

Die Kooperation aller Beteiligten wird vor allem dann zum Erfolg führen, wenn es gelingt, den Arbeits- und Gesundheitsschutz umfassend in die Unternehmensorganisation einzubinden und diesen Prozess ständig weiterzuentwickeln und zu verbessern. Der Unternehmer ist daher verpflichtet, für eine Zusammenarbeit der im Bereich des Arbeitsschutzes beauftragten Personen zu sorgen. Das Arbeitsschutzgesetz verwendet dabei nicht ausdrücklich die Bezeichnung „Brandschutzbeauftragter" und auch andere bundesweit geltenden Gesetze und Verordnungen enthalten nicht den Begriff des Brandschutzbeauftragten. Daher sollte sich der Brandschutzbeauftragte aus eigenem Interesse aktiv um die Zusammenarbeit mit den Fachkräften für

Arbeitssicherheit, Betriebsärzten (Arbeitsmedizinern) und weiteren Beauftragten für einen bestimmten Schwerpunkt bemühen.

Fachkraft für Arbeitssicherheit

Die Fachkraft für Arbeitssicherheit unterstützt laut § 5 Arbeitssicherheitsgesetz (AsiG) [14] den Unternehmer zu allen Themen der Arbeitssicherheit, einschließlich der menschengerechten Gestaltung der Arbeit. Sie ist in ihrer Funktion als Stabsstelle direkt der Betriebsleitung unterstellt und ausschließlich beratend tätig. Die Fachkraft für Arbeitssicherheit hat keine Weisungsbefugnis. Eine der zentralen Tätigkeiten ist die wiederkehrende Begehung der Arbeitsbereiche im Hinblick auf die Themen der Arbeitssicherheit, der Gesundheit und des Umweltschutzes, aber auch zum betrieblichen Brandschutz. § 5 AsiG

Betriebsarzt

Der Betriebsarzt ist, wie die Fachkraft für Arbeitssicherheit, in einer Stabsstelle beratend und unterstützend für den Unternehmer tätig. Betriebsärzte sind aufgrund ihrer speziellen Ausbildung und ihrer besonderen Kenntnisse über die Arbeitswelt mehr als andere Mediziner geeignet, die medizinische Betreuung der Arbeitnehmer wahrzunehmen. Der Arbeitgeber darf laut § 4 ASiG nur Personen als Betriebsärzte bestellen, die berechtigt sind, den ärztlichen Beruf auszuüben und die über die zur Erfüllung der ihnen übertragenen Aufgaben erforderliche arbeitsmedizinische Fachkunde verfügen. Der Betriebsarzt berät in allen Fragen des Gesundheitsschutzes, insbesondere bei arbeitsmedizinischen, arbeitspsychologischen, hygienischen und ergonomischen Fragen. Außerdem gehören die arbeitsmedizinische Vorsorge für die Beschäftigten sowie die arbeitsmedizinische Beurteilung der Arbeitsplätze zu seinem Aufgabengebiet. § 4 ASiG

Gefahrstoffbeauftragter

Der Gefahrstoffbeauftragte berät die Geschäftsleitung, die Fachabteilungen sowie alle im Umgang mit Gefahrstoffen verantwortlichen Personen zu Fragen der Auswahl und des Umgangs mit Gefahrstoffen, auch bei der Zusammenarbeit mit Fremdfirmen. Für die Funktion als Gefahrstoffbeauftragte/r werden Fachkenntnisse gefordert, etwa zu Art und Menge der verwendeten Gefahrstoffe, zu den Anforderungen an die Lagerung und Aufbewahrung oder zu Maßnahmen des Arbeitsschutzes. § 6 GefStoffV

Abfall-, Umwelt- oder Immissionsschutzbeauftragter

Der Umweltbeauftragte hat die Aufgabe, dafür zu sorgen, dass alle Anforderungen im betrieblichen Umweltschutz erfüllt werden. Der Unternehmer muss einen oder mehrere Betriebsbeauftragte für Immissionsschutz (Immissionsschutzbeauftragter) bestellen, wenn er eine genehmigungsbedürftige Anlage im Sinne des BImSchG betreibt.
Der Immissionsschutzbeauftragte berät den Unternehmer und die

Betriebsangehörigen in allen Angelegenheiten, die für den Immissionsschutz bedeutsam sein können, insbesondere im Hinblick auf die von Art oder Größe der Anlage sowie der Erzeugnisse bei bestimmungsgemäßer Verwendung ausgehenden schädlichen Umwelteinwirkungen durch Luftverunreinigungen, Geräusche oder Erschütterungen sowie in Hinblick auf technische Probleme der Emissionsbegrenzung.

Störfallbeauftragter

BImSchG

Für genehmigungsbedürftige Anlagen im Sinne des Bundesimmissionsschutzgesetzes (BImSchG) ist ein Störfallbeauftragter/sind mehrere Störfallbeauftragte zu bestellen, sofern dies aufgrund der Art und Größe der Anlage bei einer Störung des bestimmungsgemäßen Betriebs durch die auftretenden Gefahren für die Allgemeinheit und die Nachbarschaft erforderlich ist. Auch bei nichtgenehmigungsbedürftigen Anlagen kann die Bestellung eines Störfallbeauftragten im Einzelfall angeordnet werden. Der Störfallbeauftragte berät den Unternehmer in Angelegenheiten, die für die Sicherheit der Anlage bedeutsam sein können. Plant der Unternehmer die Einführung von Arbeitsverfahren und Arbeitsstoffen, hat er beim Störfallbeauftragten rechtzeitig eine Stellungnahme einzuholen, wenn diese Entscheidungen für die Sicherheit der Anlage bedeutsam sein können.

10.2.4 Arbeitsschutzausschuss (ASA)

§ 11 ASiG

Arbeitgeber mit mehr als 20 Beschäftigten sind gemäß § 11 Arbeitssicherheitsgesetz (ASiG) verpflichtet, einen Arbeitsschutzausschuss in ihrem Betrieb zu bilden. Dieser soll im Wesentlichen die im Arbeitsschutz und der Unfallverhütung befassten Funktionsträger zusammenbringen, um über die Angelegenheiten des Arbeitsschutzes zu beraten. Sinn und Zweck des ASA ist es, ein Kommunikationsnetzwerk aller relevanten Arbeitsschutzspezialisten und Entscheidungsträger zu schaffen und damit einen regelmäßigen Austausch über alle arbeitsschutzrelevanten Themen zu ermöglichen.

Innerhalb des Arbeitsschutzausschusses können Planungen beraten, Maßnahmen bewertet, Entscheidungen vorbereitet bzw. getroffen sowie Schritte im Einzelnen koordiniert werden.

Typische Aufgaben des Arbeitsschutzausschusses sind z. B.:

- Analyse des Unfallgeschehens im Betrieb
- Beratung über Maßnahmen und Einrichtungen, um Unfall- und Gesundheitsgefahren zu begegnen
- Erfahrungsaustausch zu umgesetzten Maßnahmen
- Koordinierung der Arbeitssicherheitsaufgaben
- Erarbeitung eines Arbeitsschutz- oder Aktionsprogramms
- Beratung sicherheitstechnischer Aspekte bei der Einführung neuer Arbeitsverfahren oder neuer Arbeitsstoffe

Über einen regelmäßigen Austausch sollen die Sicherheit und Gesundheit bei der Arbeit weiterentwickelt und insbesondere Fehler schon in der Planungsphase ausgeschlossen werden. Der ASA tagt dazu in wenigstens vierteljährlichen Abständen zum Informationsaustausch und zur Zusammenarbeit in einer festgelegten Zusammensetzung.

mindestens quartalsweise ASA-Treffen

Arbeitgeber oder ein dazu Beauftragter

Da der Arbeitgeber die Hauptverantwortung im Arbeitsschutz trägt, ist seine Teilnahme an und Mitgestaltung bei der ASA-Arbeit absolut unverzichtbar. Wer im Einzelfall diese Aufgabe wahrnimmt, ist abhängig davon, auf welcher Ebene der ASA angesiedelt ist. Während in kleineren Unternehmen oder Einheiten durchaus der Chef oder Abteilungsleiter persönlich die ASA-Sitzungen leitet, wird es in größeren Unternehmen ein auf dieser Ebene betrieblich entscheidungsbefugter Beauftragter sein.

Fachkraft für Arbeitssicherheit und Betriebsarzt

Bei der Erstellung bzw. der Aktualisierung der Gefährdungsbeurteilung muss der Sachverstand von Betriebsärzten und Fachkräften für Arbeitssicherheit mit einbezogen werden. Hierzu regelt das Arbeitssicherheitsgesetz (ASiG) die Zusammenarbeit zwischen der Fachkraft für Arbeitssicherheit und dem Betriebsarzt. Anlassbezogene Beratungen zu speziellen Fachthemen können z. B. auch als Beratungen im Zusammenhang mit Brandschutzmaßnahmen erfolgen.

Zwei Mitglieder des Betriebsrats

Bei Maßnahmen, die der Arbeitgeber zur Verhütung von Arbeitsunfällen und Berufskrankheiten und allgemein zum Gesundheitsschutz, also auch zum betrieblichen Brandschutz, trifft, hat der Betriebsrat nach § 87 Abs. 1 Nr. 7 BetrVG [15] ein zentrales Mitbestimmungsrecht und ist mit zwei seiner Mitglieder vertreten. Die Auswahl der teilnehmenden Betriebsratsmitglieder ist der Beschäftigtenvertretung überlassen. Es ist sinnvoll, dass kontinuierlich dieselben Betriebsratsmitglieder teilnehmen.

§ 87 Abs. 1 Nr. 7 BetrVG

Sicherheitsbeauftragter

Sicherheitsbeauftragte nach § 22 SGB VII [16] sind neben ihrer üblichen Tätigkeit freiwillig und ehrenamtlich auf ihrer jeweiligen Arbeitsebene unterstützend in der betrieblichen Sicherheitsorganisation tätig. Sie sind Multiplikator und erster Ansprechpartner gegenüber den Beschäftigten bei sicherheitstechnischen Fragestellungen. Durch ihre Präsenz und ihre Vorbildfunktion bewirken sie ein sicherheitsgerechtes Verhalten bei Mitarbeiterinnen und Mitarbeitern. Insbesondere sollen die Sicherheitsbeauftragten die Arbeitsplätze und das Arbeitsumfeld dahingehend beobachten, ob die vorgeschriebenen Schutzvorrichtungen und -ausrüstungen vorhanden sind.

§ 22 SGB VII

Schwerbehindertenvertretung

§ 95 Abs. 4 SGB IX

Die Schwerbehindertenvertretung hat nach § 95 Abs. 4 SGB IX [17] ein Recht darauf, an allen Sitzungen des Arbeitsschutzausschusses beratend teilzunehmen. Sie kann Angelegenheiten, die einzelne schwerbehinderte Menschen oder diese als Gruppe besonders betreffen, auf die Tagesordnung der nächsten Sitzung setzen lassen. Des Weiteren hat sie das Recht, Fragen zu stellen und ihre Meinung einzubringen. Dies gilt insbesondere für die barrierefreie Gestaltung der Arbeitsstätte. Das Erfordernis der barrierefreien Gestaltung von Arbeitsstätten im Hinblick auf die Sicherheit und den Gesundheitsschutz ergibt sich immer dann, wenn Menschen mit Behinderungen beschäftigt werden. Gebäude sowie öffentliche Orte sind so zu planen und zu bauen, dass sie barrierefrei sind, also von allen Menschen ohne besondere Erschwernisse genutzt werden können.

Vor dem Hintergrund der örtlichen Gegebenheiten bzw. besonderen Nutzungen und den Grundsätzen des Brandschutzkonzeptes ist u. a. die Alarmierung im Brandfall für Menschen mit Einschränkungen der auditiven Wahrnehmung nach dem Zwei-Sinne-Prinzip anzustreben. Primäres Ziel ist es, eine Eigenrettung zu ermöglichen. Ist dies nicht möglich, muss die Rettung durch betriebliche Maßnahmen oder durch fremde Hilfe sichergestellt werden. Der Nachweis über das Vorliegen einer Behinderung und ihrer Auswirkungen auf die Sicherheit und den Gesundheitsschutz können durch die Schwerbehindertenvertretung erfolgen.

Weitere Fachleute

optionale Teilnehmer beim ASA

Zu den Sitzungen des Arbeitsschutzausschusses können, je nach Erforderlichkeit, weitere Personen hinzugezogen werden. In manchen Branchen/Unternehmen ist es üblich, dass weitere Funktionsträger regelmäßig im Arbeitsschutzausschuss vertreten sind. Optional ist es also möglich, zusätzlich zu den gesetzlich vorgeschrieben Mitgliedern des ASA weitere Personen zu den Sitzungen einzuladen. Das können sowohl innerbetriebliche Fachleute (z. B. Brandschutzbeauftragte, Strahlenschutzbeauftragte, Immissionsschutzbeauftragte, Gewässerschutzbeauftragte, Laserschutzbeauftragte) als auch außerbetriebliche Fachleuchte sein (z. B. Aufsichtspersonen der Unfallkassen oder der Berufsgenossenschaften). Eine konkrete gesetzliche Regelung gibt es dazu nicht, sodass also ein Unternehmen eigenständig darüber entscheidet, welche weiteren Funktionsträger ergänzend zur gesetzlichen Regelung regelmäßig oder nach Bedarf teilnehmen sollen.

10.2.5 Anlagenverantwortliche

Anlagen sind komplexe Systeme aus Maschinen, Apparaten, Geräten, Werkzeugen bzw. Instrumenten. Als Maschine gilt generell eine Gesamtheit miteinander verbundener Teile oder Vorrichtungen, von denen mindestens eines bzw. eine beweglich ist und die für eine bestimmte Anwendung zusammengefügt sind. Bereits in der Planungsphase muss der Hersteller einer Maschine eine Risikobeurteilung erstellen. Dieser können Gefährdungen durch die Maschine über den gesamten Lebenszyklus (auch bei Montage und Instandhaltung) sowie Anforderungen an die Aufstellung und den Betrieb, Schutzmaßnahmen und weitere wichtige Informationen entnommen werden. Beim Planen und Bauen von Prozessanlagen steht der wirtschaftliche und sichere Betrieb der Anlage an erster Stelle. Die Planungsleistungen erstrecken sich von der Konzeptentwicklung über Verfahrensanalysen, Dimensionierung und Auslegung von Apparaten und Maschinen bis hin zur Aufstellungsplanung über alle Projektphasen. Sie berücksichtigen alle abgestimmten Detaillösungen von Bauplanung und TGA-Planung.

Wirtschaftlichkeit und Sicherheit von Anlagen prioritär

Anlagenhersteller

Der Hersteller ist nach der Maschinenrichtlinie 2006/42/EG [18] eine natürliche oder juristische Person, die eine in den Geltungsbereich der Maschinenrichtlinie fallende Maschine oder unvollständige Maschine oder eine Maschine zur fremden Verwendung (Fremdhersteller) oder zum eigenen Gebrauch (Eigenhersteller) konstruiert und/oder baut. Er ist für die Übereinstimmung der Maschine oder unvollständigen Maschine mit der Maschinenrichtlinie hinsichtlich ihres Inverkehrbringens unter eigenem Namen oder Warenzeichen oder für den Eigengebrauch verantwortlich.

Maschinenrichtlinie 2006/42/EG

Befähigte Person zur Prüfung vor erstmaliger Inbetriebnahme

Der Arbeitgeber hat nach § 15 BetrSichV sicherzustellen, dass überwachungsbedürftige Anlagen vor erstmaliger Inbetriebnahme geprüft werden. Dies dient der Feststellung, ob die Anlage einschließlich der Anlagenteile entsprechend der BetrSichV errichtet worden ist und sich auch unter Berücksichtigung der Aufstellbedingungen in einem sicheren Zustand befindet. Bei diesen Prüfungen ist auch festzustellen, ob die getroffenen sicherheitstechnischen Maßnahmen geeignet und funktionsfähig sind und ob die Fristen für die nächsten wiederkehrenden Prüfungen zutreffend festgelegt wurden. Die Prüfungen sind von einer zugelassenen Überwachungsstelle oder, sofern nach BetrSichV zulässig, von einer zur Prüfung befähigten Person durchzuführen.

Prüfung entsprechend BetrSichV

Anlagenbetreiber

Betreiber ist, wer die tatsächliche oder rechtliche Möglichkeit besitzt, die notwendigen Entscheidungen im Hinblick auf die Sicherheit der Anlage zu treffen. Grundsätzlich gilt als Betreiber, wer über Weisungsbefugnisse für den Betrieb der Anlage verfügt und für die Sicherheit der Anlage verantwortlich ist. Auf die Eigentumsverhältnisse kommt es nicht an. Maßgeblich ist die privatrechtliche Ausgestaltung des Verhältnisses zwischen dem Eigentümer der Betriebsanlagen und dem Nutzer. Bei umfangreichen oder komplexen Anlagen kann diese Zuständigkeit auch für Teilanlagen übertragen werden.

Betriebspflichten

10.3 Projektsteuerung

Funktionsfähigkeit sicherstellen

Bei der Planung und Ausführung von Neu- und Umbaumaßnahmen und von Nutzungsänderungen, aber auch bei Veränderungen an Produktionsverfahren oder an Arbeitsplätzen sowie bei der Verwendung von Gefahrstoffen, ist zu prüfen, wie sich diese auf die bereits festgelegten Brandschutzmaßnahmen und somit auf das Brandschutzkonzept auswirken. Es ist darauf zu achten, dass die Brandschutzmaßnahmen und Sicherheitseinrichtungen fachgerecht erstellt und funktionsfähig erhalten werden.

Eine Projektsteuerung unterstützt und strukturiert dabei die Planung, Überwachung, Steuerung und den Abschluss eines zeitlich definierten und begrenzten Projektes, das von einer temporären Organisationseinheit gemanagt wird, um ein spezifiziertes Werk zu einem definierten Termin und zu vorgegebenen Kosten zu erstellen.

10.3.1 Projektdefinition

Ein Projekt beginnt zwar streng formal erst mit der Erteilung des Projektauftrags durch den Auftraggeber an den Projektleiter, aber bereits im Vorfeld eines Projektes werden entscheidende Weichen für die anschließende Durchführung gestellt. Innerhalb der Projektinitiierung ist eine exakte Zieldefinition der wichtigste Schritt, mit dem eine realistische Planung erst möglich wird. Das Ziel des Projektes wird festgelegt, Chancen und Risiken werden analysiert und die wesentlichen Inhalte festgelegt. Kosten, Ausmaß und Zeit werden grob geschätzt oder bei großen Projekten durch eine Machbarkeitsstudie ermittelt. Am Ende dieser Phase steht der formelle Projektauftrag.

Vorplanung

Berücksichtigung aller Interessen

Um falsche Beschaffungsentscheidungen zu vermeiden, sollte die Gefährdungsbeurteilung bereits während der Planungsphase begonnen werden. Hinsichtlich der brandschutztechnischen Anforderungen ist dabei ein abgestimmtes Zusammenwirken aller Akteure erforderlich. Der Bauherr bzw. Betreiber von baulichen Anlagen soll aus Eigeninteresse bereits bei der Auftragserteilung dem Entwurfsverfasser und Brandschutzfachplaner alle art- und nutzungsspezifischen Betriebszustände, die für die Brandschutzplanung relevant sind, z. B. Lagerung und Verwendung leicht- oder hochentzündlicher Stoffe, und alle Bedürfnisse zum Brandschutz benennen. Nur auf dieser Grundlage kann der Brandschutzfachplaner ein technisch und wirtschaftlich optimales Brandschutzkonzept entwickeln.

Betriebliche Planung

TRGS 800

Auf der Grundlage der technischen Parameter kann die Gefährdungsbeurteilung nach den Vorgaben der TRGS 800 [19] durchgeführt werden. Zur Beurteilung der Brandgefährdung muss ermittelt werden, an welchen Orten, in welchen Mengen und in welchem Zustand brennbare oder oxidierende Gefahrstoffe vorhanden sind oder entstehen können. Dabei sind insbesondere eingesetzte Arbeitsmittel einschließlich Anlagen, deren Betriebsweise und Arbeitsverfahren, sowie die baulichen, örtlichen und betrieblichen Gegebenheiten zu berücksichtigen. Die Beurteilung ist unter Berücksichtigung der verschiedenen Betriebszustände durchzuführen. Neben dem Normalbetrieb, einschließlich aller dazugehörigen Tätigkeiten von Beschäftigten oder anderen Personen, sind dabei insbesondere auch die In- und Außerbetriebnahme von Anlagen oder Arbeitsmitteln, Wartungs- und Instandhaltungsmaßnahmen, Betriebsstörungen sowie ein vorhersehbarer nicht bestimmungsgemäßer Betrieb (z. B. zu erwartende Fehlanwendung von Arbeitsmitteln) zu bewerten. In diesem Schritt erfolgt die Zuordnung der Brandgefährdung zu den einzelnen Betriebsbereichen.

Berücksichtigung aller Betriebszustände

Erstellung des Lastenheftes

Der nächste Schritt der betrieblichen Planung ist die Erstellung des Lastenheftes. Im Lastenheft sind die Anforderungen aus Anwendersicht einschließlich aller Randbedingungen zu beschreiben. Diese sollten quantifizierbar und prüfbar sein. Anhand dieser Kenngrößen können die Anlagenparameter als Bestandteil des Lastenheftes abgeleitet werden. Das Lastenheft wird vom Auftraggeber oder in dessen Auftrag erstellt und dient als Ausschreibungs-, Angebots- und/oder Vertragsgrundlage.

prüfbare Anforderungen

10.3.2 Projektplanung

Jedes Projekt sollte auf Basis eines Projektplans umgesetzt werden. Die Projektpartner erhalten durch eine schriftliche Planung eine Übersicht der einzelnen Arbeitsschritte und können überprüfen, ob die Planung all ihre Wünsche berücksichtigt. Der Projektplan dient als verbindliche Grundlage für das weitere Vorgehen.

Übersicht der Arbeitsschritte

Projektleiter

Die Planung eines Projekts zählt neben Überwachung und Steuerung zu den drei Kernaufgaben des Projektleiters.

Projektplan

Der Projektplan ist die ausschlaggebende Referenz, mit der alle Ist-Größen (z. B. entstandene Kosten) verglichen werden. In dieser Phase wird das Team organisiert und es werden Aufgabenpläne, Ablaufpläne, Terminpläne, Kapazitätspläne, Kommunikationspläne, Kostenpläne, Qualitätspläne sowie das Risikomanagement festgelegt. Hierbei spielen Meilensteine eine wichtige Rolle. Dabei handelt es sich um wesentliche und zentrale Ereignisse während des Projektverlaufs, an denen der aktuelle Projektstand mess- und überprüfbar ist und anhand derer der Projektfortschritt beurteilt werden kann.

Meilensteine festlegen

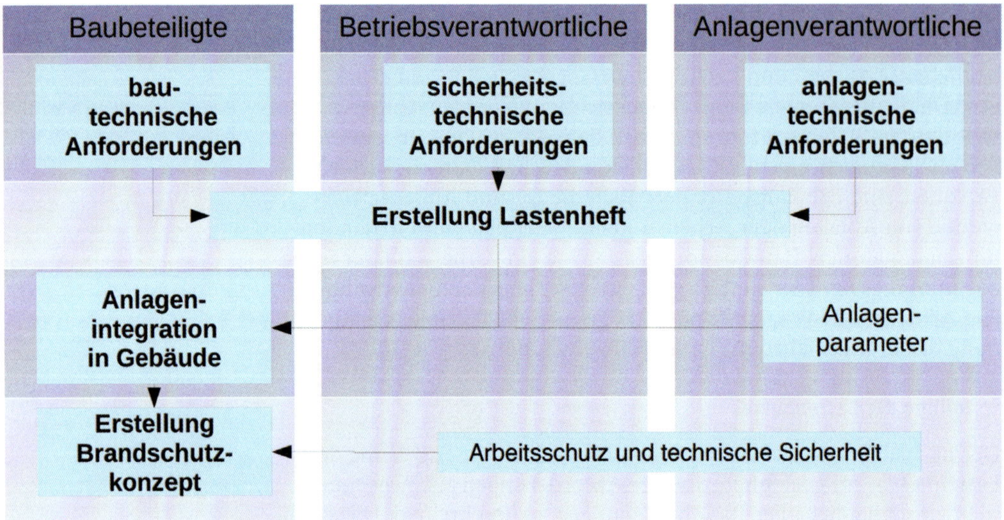

Abb. 10.1: Projektplanung

Projektstrukturplan

PSP Der Projektstrukturplan (PSP) hat die Funktion, eine systematische Übersicht zu den Aktionsfeldern zu geben, die zur Erreichung des Projektziels notwendig sind. Er liefert eine Gliederung der zu erledigenden Aufgaben in Teilprojekte und Prozesse. Neben der Ermittlung der zeitlichen Abfolge geht es bei der Planung des Projektablaufs auch um die sachlichen und zeitlichen Abhängigkeiten, die zwischen den einzelnen Arbeitspaketen bestehen. Ein Projekt besteht dabei aus einer Gruppe von Prozessen, die auf eine Zielsetzung ausgerichtete, koordinierte und gesteuerte Vorgänge mit Beginn- und Fertigstellungsterminen umfassen.

Hauptprozesse

Unter Hauptprozessen versteht man übergeordnete Prozesse des Prozessmodells. Hier werden z. B. strategische Ziele für Prozesse auf ihre Realisierbarkeit analysiert und dem strategischen Führungsprozess zugeordnet. Hauptprozesse sind zweckmäßig zu einem Gesamtprozess verknüpfte Teilprozesse.

Leistungsprozesse

Der Leistungsprozess ist der eigentliche Basisprozess zur Bereitstellung von Produktionsfaktoren und Beschaffung von Vorleistungen, zur Erstellung von Produkten oder Dienstleistungen entsprechend dem Betriebszweck der betreffenden Einrichtung (Unternehmen, Verwaltung u. a.).

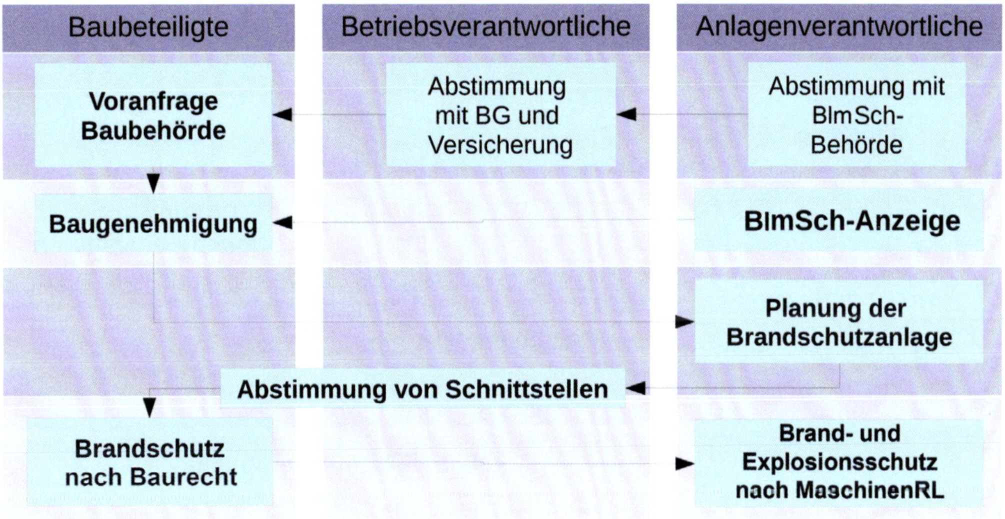

Abb. 10.2: Projektrealisierung

Teilprozesse

Teilprozesse schaffen als Unterstützungsprozesse (häufig auch als Supportprozesse bezeichnet) die Rahmenbedingungen für das Funktionieren der Leistungsprozesse und dienen somit nur indirekt der betrieblichen Wertschöpfung. Sie beziehen sich im Wesentlichen auf die Bereitstellung der erforderlichen Ressourcen.

10.3.3 Projektdurchführung und -kontrolle

Diese Phase umfasst, abgesehen von der Durchführung selbst, für das Projektmanagement die Kontrolle des Projektfortschrittes und die Reaktion auf projektstörende Ereignisse. Erkenntnisse über gegenwärtige oder zukünftige Abweichungen führen zu Planungsänderungen und Korrekturmaßnahmen. Termintreue, inhaltlicher Fortschritt und Kostentreue sind permanent durch einen Soll-Ist-Vergleich zu überprüfen. Die Überwachung und Steuerung verknüpft deshalb alle Projektmanagementprozesse bei der Projektdurchführung.

Realisierung

Im Rahmen der Realisierung werden alle brandschutzrelevanten Informationen zwischen den Beteiligten verbindlich ausgetauscht und entsprechend konzipiert und konstruiert. Ergeben sich im Verlauf der Entwurfsplanung erhebliche Abweichungen von der Vorentwurfsplanung, ist zu kontrollieren, ob die der Vorentwurfsplanung zugrunde liegenden Planungsaufgaben, Zielsetzungen und Randbedingungen noch aktuell sind.

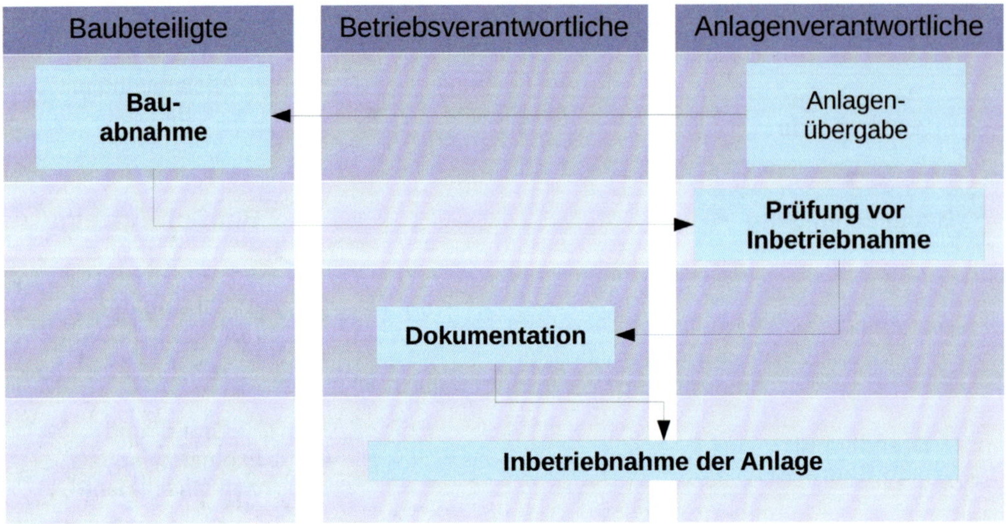

Abb. 10.3: Projektabschluss

Projektabschluss

Zentrale Aufgabe des Projektabschlusses ist für den Projektleiter, vom Auftraggeber die Abnahme der Projektergebnisse einzuholen. Darüber hinaus muss er aber auch das Projektteam auflösen, eine Nachkalkulation erstellen und Erfahrungswerte sichern. Weiterhin muss er einen Projektabschlussbericht erstellen und alle Dokumente des Projektes, z. B. die Liste der offenen Punkte, überprüfen und so abschließen, dass sie für eine spätere Revision zur Verfügung stehen.

Abnahme

Brandschutz-Dokumentation

Bei der Abnahme ist sowohl die Umsetzung des Brandschutzkonzeptes nach den entsprechenden Regeln der Technik als auch die damit verbundenen Brandschutzanforderungen (Detail-Nachweise der Fachfirmen) zu prüfen und zu dokumentieren.

11 Musterformulare und Beispiele

11.1 Brandschutzordnung Teil A

Brände verhüten

Keine offene Flamme; Feuer, offene Zündquelle und Rauchen verboten

Verhalten im Brandfall

Ruhe bewahren

Brand melden	• Handfeuermelder betätigen Notruf: 0-112 und xxxx (Info im Hause)
In Sicherheit bringen	• Gefährdete Personen warnen/Hausalarm betätigen • Hilflose mitnehmen • Türen schließen • Gekennzeichneten Fluchtwegen folgen • Aufzug nicht benutzen • Sammelstelle aufsuchen Benennung eintragen • Auf Anweisungen achten
Löschversuch unternehmen	• Feuerlöscher benutzen • Löschschlauch benutzen • Mittel und Geräte zur Brandbekämpfung benutzen (z. B. Löschdecke)

Brandschutzordnung nach DIN 14096/Erstelldatum:

(Quelle: B•A•D Gesundheitsvorsorge und Sicherheitstechnik GmbH)

11.2 Alarmplan

Alarmplan

Betrieb: *XYZ , Alarmgasse 11, 12345 Alarmhausen*

Notrufliste bei: Brand - Bombenalarm - Technischen Störungen - Katastrophenalarm

Unfall
Feuer

0-112

Überfall/Einbruch
Bombendrohung
Umweltschaden

0-110

WO ist WAS passiert? WER meldet?

INFO

Geschäftsführung:

____

(Geschäftsführer/in)

____

Auslösung der **chiffrierten Alarmdurchsage**

Infocenter:

____

Empfang:

____

Im **Brandfall** umgehend benachrichtigen!

Brandschutzbeauftragter:

Herr/Frau

____

Sofortmaßnahmen

Erste Hilfe/Feuer:	**Rettungsleitstelle**	**0-112**
Ersthelfer, Brandhelfer, Melder, Notausgangs-besetzungen etc.:	Über **Infocenter** u. **Empfang** durch „chiffrierte Alarmdurchsagen" oder „Alarmton" anfordern:	**000** oder **000**
Hausmeister:	**(Name)**	**000**
Fachkraft für Arbeitssicherheit:	**(Name/Firma)**	**000**
Betriebsarzt:	**(Name/Firma)**	**000**
Stadtwerke XYZ:	Störungsstelle für **Strom, Gas** und **Wasser**:	**000**
Elektro-Verteilung Hauptschalter:	**Im Notfall** ausschalten (Kurzschluss)	***Standort:*** z. B. Elektro-Niederspannungsraum im UG (Zugang über Tiefgarage)
Haupthahn Wasser:	**Im Notfall** zudrehen (Rohrbruch)	***Standort***: z. B. Im Raum (UG) für Heizung und Kältemaschinen
Standorte der nächstgelegenen Feuer-löschgeräte, Feuermelder, Rauchabzugs-auslöser, Fluchtwege und Notausgänge:		**Siehe Flucht- und Rettungspläne!**
Sammelstelle:	**Nur für Mitarbeiter**	**xxxxxxxxx**

PERSONEN RETTEN - HILFE HOLEN - BRAND BEKÄMPFEN - STROM ABSCHALTEN - IN SICHERHEIT BRINGEN - VERKEHRSWEGE UND ZUFAHRTEN FREIHALTEN – ANWEISUNGEN BEFOLGEN !!!

(Quelle: B▪A▪D Gesundheitsvorsorge und Sicherheitstechnik GmbH)

11.3 Feuergefährliche Arbeiten – Richtlinien für den Brandschutz

VdS VERLAG

Feuergefährliche Arbeiten

Richtlinien für den Brandschutz

Die vorliegenden Richtlinien für den Brandschutz bei feuergefährlichen Arbeiten sind unverbindlich. Die Versicherer können im Einzelfall auch andere Sicherheitsvorkehrungen oder Installateur- oder Wartungsunternehmen zu nach eigenem Ermessen festgelegten Konditionen akzeptieren, die diesen technischen Spezifikationen oder Richtlinien nicht entsprechen.

1 Vorbemerkung

Die Richtlinien für den Brandschutz bei feuergefährlichen Arbeiten wurde gemeinsam mit der Hütten- und Walzwerks-Berufsgenossenschaft (HWBG), der Maschinenbau- und Metall-Berufsgenossenschaft (MMBG) sowie dem Bundesverband der Deutschen Industrie e.V. (BDI) ausgearbeitet und aufgestellt.

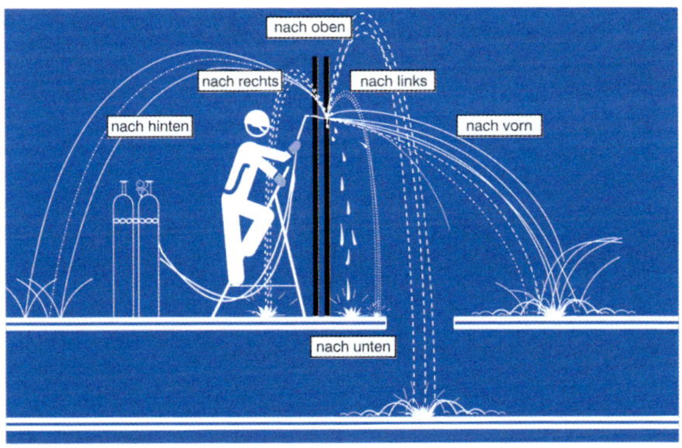

Bild 1: Ausbreitungsverhalten heißer Partikel bei schweißtechnischen Arbeiten

2 Geltungsbereich

Der Geltungsbereich der Richtlinien erstreckt sich auf alle feuergefährlichen Arbeiten wie z. B. Löten, Heißkleben, Schweißen, Brennschneiden, Trennschleifen oder verwandte Verfahren, die außerhalb hierfür vorgesehener Werkstätten vorgenommen werden. Die Richtlinien ersetzen weder die gesetzliche noch behördlichen Regelungen noch etwaige Sicherheitsvorschriften (z. B. VdS 2047 Sicherheitsvorschriften für Feuergefährliche Arbeiten), die im Versicherungsvertrag vereinbart wurden, sondern ergänzen diese gegebenenfalls.

3 Allgemeines

Nach Betriebssicherheitverordnung und Gefahrstoffverordnung ist eine Gefährdungsbeurteilung durchzuführen. Vor Aufnahme der feuergefährlichen Arbeiten sollte auch zur Konkretisierung der Gefährdungsbeurteilung grundsätzlich geprüft werden, ob anstelle dieser Arbeiten sogenannte kalte Verfahren (Sägen, Schrauben, Kaltkleben etc.) eingesetzt werden können. Der Einsatz von Schweiß-, Schneid-, Trennschleif-, Löt-, Auftau- und Heißklebegeräten, bei denen erhebliche Temperaturen auftreten, bedeutet regelmäßig eine enorme Brandgefahr. Brände werden vor allem verursacht durch

- offene Schweißflammen (ca. 3200 °C),
- elektrische Lichtbögen (ca. 4000 °C),
- Lötflammen (ca. 1800-2800 °C),
- Schweiß-, Schneid- und Schleiffunken (ca. 1200 °C),
- abtropfendes glühendes Metall (ca. 1500 °C),
- Wärmeleitung stark erhitzter Metallteile und heißer Gase.

Besonders gefährlich sind Schweiß-, Schneid- und Schleiffunken, die noch in einer Entfernung von 10 m und mehr von der Arbeitsstelle brennbare Stoffe entzünden können.

In feuergefährdeten Bereichen dürfen feuergefährliche Arbeiten nur von entsprechend ausgebildeten Personen ausgeführt werden, die über 18 Jahre alt sind. Auszubildende dürfen die Arbeiten nur unter Aufsicht ausführen.

Bei der Auftragsvergabe sind die einschlägigen Vorschriften über die Koordination bei der Zu-

(Quelle: VdS 2008:2009-07 [1])

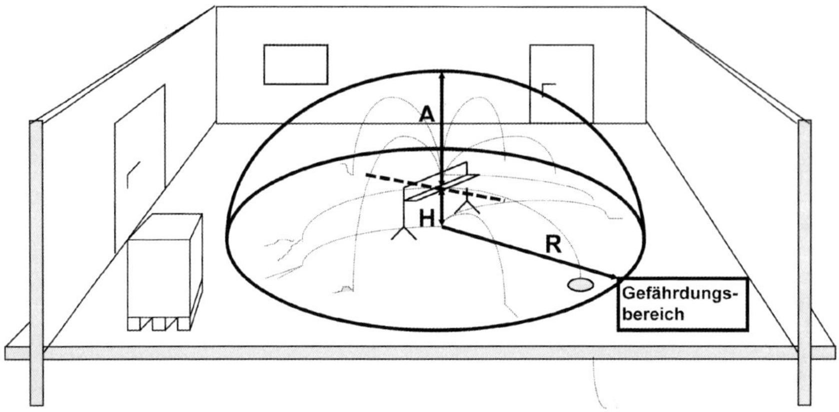

Bild 2: Gefährdungsbereich

sammenarbeit mehrerer Unternehmer zu beachten. Spätestens vor Beginn der feuergefährlichen Arbeiten ist insbesondere festzulegen, ob und wer ggf. den Brandposten und die erforderliche Brandwache stellt. Personen, die für den Brandposten vorgesehen sind, müssen entsprechend unterwiesen sein.

4 Erlaubnisschein

Vor Aufnahme der feuergefährlichen Arbeiten ist eine schriftliche Genehmigung des auftraggebenden Unternehmers (Auftraggeber/Versicherungsnehmer) oder eines Verantwortlichen des Auftraggebers einzuholen. Der Erlaubnisschein für feuergefährliche Arbeiten (z. B. VdS 2036 Erlaubnisscheine für feuergefährliche Arbeiten) ist an einen konkreten Arbeitsauftrag (Werk) sowie gleichbleibende Umgebungsbedingungen und Arbeitsverfahren gebunden. Ändern sich diese Umstände, muss die Gefährdungsbeurteilung und das Erlaubnisscheinverfahren erneut durchgeführt werden.

Bei länger anhaltenden Arbeiten unter gleich bleibenden Bedingungen kann als Ergänzung zum Erlaubnisschein für feuergefährliche Arbeiten, die in Kapitel 11 abgedruckte Tabelle verwendet werden. Unabhängig davon sind auch die berufsgenossenschaftlichen Anforderungen zu beachten.

5 Gefährdungsbereiche

Gefährdungsbereiche ergeben sich in Abhängigkeit vom jeweiligen Verfahren; sie sind in der Tabelle[1] aufgeführt und in Bild 2 schematisch dargestellt.

Bei Arbeitshöhen über 2 m ist der seitliche Radius (R) aller manuell ausgeführten feuergefährlichen Arbeiten pro zusätzlichen Meter Arbeitshöhe (H) um 0,5 m zu vergrößern.

Manuelle feuergefährliche Arbeiten	Seitlicher Radius R_{normal} Arbeitshöhe ≤ 2 m	Abstand (A) nach oben
Löten, Heißkleben	2 m	2 m
Schweißen Gas und Lichtbogen	7,5 m	4 m
Brenn-schneiden unabhängig vom Gasstrahldruck	10 m	4 m
Trennschleifen	6 m	3,5 m

Anmerkung: Arbeitshöhe ≥ 2 m

$R_{gross} = R_{normal} + 1/2(H - 2\ m)$

H = Höhe der Arbeitsstelle über Ebene

In Abhängigkeit von der Arbeitsstelle, z. B. bei Bodenöffnungen, kann sich der Gefährdungsbereich auch nach unten (Tiefe) erstrecken.

Tabelle 1: Gefährdungsbereiche

1) vgl. Michael Otte, S+S Report Nr.4, August 1998

6 Sicherheitsmaßnahmen – vor Beginn der Arbeiten –

Bild 3

Entfernung sämtlicher beweglicher brennbarer Gegenstände und Stoffe – auch Staubablagerungen – aus dem Gefährdungsbereich; dieser kann sich auch auf angrenzende Räume erstrecken.

Hinweis: Insbesondere bei Arbeiten an Rohrleitungen, Wärmeölträgerleitungen, Stahlträgern und dgl. können infolge von Wärmeleitung brennbare Materialien in angrenzenden Räumen entzündet werden. Derartige Materialien sind deshalb vor Aufnahme der Arbeiten zu entfernen.

Aufstellung von Gasflaschen außerhalb des Gefährdungsbereichs.

Bild 4

Entfernung von Umkleidungen und Isolierungen aus dem Gefährdungsbereich (bei Arbeiten an Rohrleitungen, Kesseln und Behältern).

Bild 5

Abdichtung von Öffnungen, Fugen, Ritzen, Rohr-/Kabeldurchführungen und offenen Rohrleitungen, die vom Gefährdungsbereich in andere Räume führen, mit nichtbrennbaren Stoffen; geeignet sind, z. B. Gips, Mörtel, Lehm, Mineralwolle oder Brandschutzmaterialien Auf keinen Fall dürfen Lappen, Papier oder andere brennbare Stoffe verwendet werden.

Bild 6

Abdeckung von unbeweglichen, aber brennbaren Gegenständen, die im Gefährdungsbereich vorhanden sind, z. B. Holzbalken und -wände, Fußböden, Maschinen und Kunststoffteile, mit Mineralfaserdecken und -platten oder ähnlichen Materialien.

Bild 7

Aufstellung eines Brandpostens mit geeignetem Löschgerät für die Arbeitsstelle und ihre Umgebung, wenn sich im Gefährdungsbereich brennbare Stoffe befinden; geeignete Löschgeräte sind z. B. wassergefüllte Eimer oder ein angeschlossener Wasserschlauch – besser noch Feuerlöscher sowie Wandhydranten. (Siehe auch VdS 2001/BGR 133)

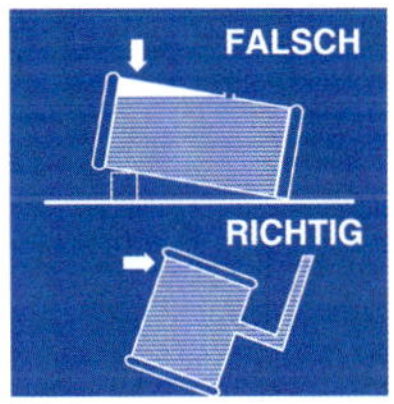

Bild 8

Überprüfung von Behältern und Rohrleitungen auf ihren früheren Inhalt; haben sie brennbare/explosionsfähige Stoffe enthalten oder ist der frühere Inhalt nicht mehr feststellbar, sind die Behälter zu reinigen und vor Beginn der Arbeiten mit Wasser zu füllen; anderenfalls müssen sie mit einem geeigneten Mittel gefüllt werden, z. B. flammenerstickenden Inertgasen wie, Stickstoff oder Kohlendioxid, oder mit Schaum. Bei der Verwendung erstickender Gase ist die Personengefährdung zu beachten.

Bild 9

Information sowohl des mit den feuergefährlichen Arbeiten Beauftragten als auch des Brandpostens über den Standort des nächstgelegenen Brandmelders und/oder Telefons samt Rufnummer.

Hinweis: Sofern kein betriebliches Verbot entgegen steht, empfiehlt sich – insbesondere bei exponierten Arbeitsstellen – der Einsatz eines Mobiltelefons.

Werden brandschutztechnische Anlagen (z. B. Feuerlösch- oder Brandmeldeanlagen) vorübergehend außer Betrieb gesetzt, sind sowohl die Feuerwehr als auch der Feuerversicherer vom Versicherungsnehmer davon in Kenntnis zu setzen (Obliegenheit). Erforderlichenfalls sind brandschutztechnische Ersatzmaßnahmen in Absprache mit der Feuerwehr, dem Feuerversicherer und dem Auftraggeber sowie dem Versicherungsnehmer vorzusehen. Bei Feuerarbeiten im Dachbereich sind besondere Brandschutzmaßnahmen zu ergreifen. Hinweise enthält das Merkblatt VdS 2216, Brandschutzmaßnahmen für Dächer.

7 Sicherheitsmaßnahmen - während der Arbeiten -

Es ist stets unbedingt darauf zu achten, dass durch Flammen, Funken, Schmelztropfen, heiße Gase und Dämpfe, oder durch Wärmeleitung usw. keine brennbaren Gegenstände oder Stoffe gefährdet oder entzündet werden.

- Bauteile, die durch Wärmeleitung gefährdet sind, müssen mit Wasser gekühlt werden.
- Die Arbeitsstelle samt den daneben, darüber und darunter liegenden Räumen ist von dem Brandposten laufend auf mögliche Brandherde hin zu kontrollieren.
- Es sind geeignete funktionstüchtige Löschgeräte bereit zu halten.
- Im Brandfall ist die Arbeit sofort einzustellen, die Feuerwehr zu alarmieren und die Brandbekämpfung unverzüglich einzuleiten.

8 Sicherheitsmaßnahmen - nach Abschluss der Arbeiten -

Viele Brände brechen erfahrungsgemäß erst mehrere Stunden nach Abschluss der feuergefährlichen Arbeiten aus. Deshalb ist die nachträgliche gewissenhafte Kontrolle (mehrmals) besonders wichtig.

Dazu ist erforderlich, dass die Brandwache die Umgebung der Arbeitsstelle einschließlich der benachbarten Räume sorgfältig auf Brandgeruch, verdächtige Erwärmung, Glimmstellen und Brandnester kontrolliert. Diese Kontrolle kann in kurzen Zeitabständen für mehrere Stunden erforderlich sein, bis mit an Sicherheit grenzender Wahrscheinlichkeit ausgeschlossen ist, dass ein Brand entstehen kann.

Hinweis: Wurden bei Arbeiten brandabschnittsbegrenzende Bauteile durchbrochen, müssen die entstandenen Öffnungen (ggf. zunächst provisorisch) mit allgemein bauaufsichtlich zugelassenen Abschottungsmitteln geschlossen werden. Je nach Situation vor Ort kann zusätzlich der Einsatz einer mobilen Brandmeldeanlage sinnvoll sein. Weitere Informationen sind beim Feuerversicherer erhältlich.

9 Literatur

Allgemeine Literatur

Untersuchungen zur Reichweite und Zündwirksamkeit glühender Partikel und Bemessung von brandgefährdeten Bereichen

Michael Otte; S+S Report Nr. 4, August 1998

Gesetze und Verordnungen, behördliche Richtlinien, Regeln und Empfehlungen

Arbeitsschutzgesetz (ArbSchG)
vom 07. August 1996 (BGBl. I S. 1246)

Bundesanzeiger Verlagsgesellschaft mbH
Postfach 1320, 53003 Bonn
Internet: www.bundesanzeiger.de

Betriebssicherheitsverordnung (BetrSichV)

BGV A1 Allgemeine Vorschriften und

BGR 133 Ausrüstung von Arbeitsstätten mit Feuerlöschern

BGR 500 Betreiben von Arbeitsmitteln / Teil 2, Kapitel 2.26

Carl Heymans Verlag KG
Luxemburger Str. 449, 50939 Köln
Internet: www.heymanns.de

VdS Publikationen

VdS 2001 Regeln für die Ausrüstung von Arbeitsstätten mit Feuerlöschern

VdS 2036 Erlaubnisschein für feuergefährliche Arbeiten

VdS 2038 Allgemeine Sicherheitsvorschriften der Feuerversicherer für Fabriken und gewerbliche Anlagen (ASF)

VdS 2047 Sicherheitsvorschriften für Feuerarbeiten

VdS 2216 Brandschutzmaßnahmen für Dächer

VdS Schadenverhütung GmbH
Amsterdamer Str. 174, 50735 Köln
Internet: www.vds.de

10 Muster Erlaubnisschein für feuergefährliche Arbeiten

Erlaubnisschein für feuergefährliche Arbeiten

wie ☐ Schweißen, Schneiden und verwandte Verfahren (Schweißerlaubnis) lfd. Nummer:________

☐ Trennschleifen ☐ Löten ☐ Auftauen ☐ Heißklebearbeiten ☐________

1	**Arbeitsort/-stelle**		
	Brand-/explosionsgefährdeter Bereich	Räumliche Ausdehnung um die Arbeitsstelle: Umkreis (Radius) von ....m, Höhe von ....m, Tiefe von ....m	
2	**Arbeitsauftrag** (z. B. Träger abtrennen) Arbeitsverfahren		Auszuführen von (Name):
3	**Sicherheitsmaßnahmen bei Brandgefahr**		
3a	Beseitigung der Brandgefahr	☐ Entfernen beweglicher brennbarer Stoffe und Gegenstände – ggf. auch Staubablagerungen ☐ Entfernen von Wand- und Deckenverkleidungen, soweit sie brennbare Stoffe abdecken oder verdecken oder selbst brennbar sind ☐ Abdecken ortsfester brennbarer Stoffe und Gegenstände (z. B. Holzbalken, -wände, -fußböden, -gegenstände, Kunststoffteile) mit geeigneten Mitteln und ggf. deren Anfeuchten ☐ Abdichten von Öffnungen (z. B. Fugen, Ritzen, Mauerdurchbrüchen, Rohröffnungen, Rinnen, Kamine, Schächte, zu benachbarten Bereichen mittels Lehm, Gips, Mörtel, feuchte Erde usw.) ☐	Name: Ausgeführt: (Unterschrift)
3b	Bereitstellung von Löschmitteln	☐ Feuerlöscher mit ☐ Wasser ☐ Pulver ☐ CO_2 ☐______ ☐ Löschdecken ☐ angeschlossener Wasserschlauch ☐ wassergefüllter Eimer ☐ Benachrichtigen der Feuerwehr ☐	Name: Ausgeführt: (Unterschrift)
3c	Brandposten	☐ während der feuergefährlichen Arbeiten Name:	
3d	Brandwache	☐ nach Abschluss der feuergefährlichen Arbeiten Dauer: Stunde/n Name:	
4	**Sicherheitsmaßnahmen bei Explosionsgefahr**		
4a	Beseitigung der Explosionsgefahr	☐ Entfernen sämtlicher explosionsfähiger Stoffe und Gegenstände – auch Staubablagerungen und Behälter mit gefährlichem Inhalt oder dessen Resten ☐ Explosionsgefahr in Rohrleitungen beseitigen ☐ Abdichten von ortsfesten Behältern, Apparaten oder Rohrleitungen, die brennbare Flüssigkeiten, Gase oder Stäube enthalten oder enthalten haben, ggf. in Verbindung mit lufttechnischen Maßnahmen ☐ Durchführen lüftungstechnischer Maßnahmen nach EX-RL in Verbindung mit messtechnischer Überwachung ☐ Aufstellen von Gaswarngeräten für________ ☐	Name: Ausgeführt: (Unterschrift)
4b	Überwachung	☐ Überwachen der Sicherheitsmaßnahmen auf Wirksamkeit Name:	
4c	Aufhebung der Sicherheitsmaßnahmen	nach Abschluss der feuergefährlichen Arbeiten nach Stunde/n Name:	
5	**Alarmierung**	Standort des nächstgelegenen Brandmelders ________ Telefons ________ Feuerwehr Ruf-Nr.	
6	Auftraggebender Unternehmer (Auftraggeber) Datum	Die Maßnahmen nach 3 und 4 tragen den durch die örtlichen Verhältnisse entstehenden Gefahren Rechnung. Unterschrift des Betriebsleiters oder dessen Beauftragten nach § 8 Abs. 2 ArbSchG	
7	Ausführender Unternehmer (Auftragnehmer) Datum	Die Arbeiten nach 2 dürfen erst begonnen werden, wenn die Sicherheitsmaßnahmen nach 3a-3c und/oder 4a, 4b durchgeführt sind. Unterschrift des Unternehmers oder seines Beauftragten	Kenntnisnahme des Ausführenden nach 2 Unterschrift

Original z.Hd. des Ausführenden – **1. Durchschlag** für den Auftraggeber – **2. Durchschlag** für den Auftragnehmer

11 Muster zur Organisation der feuergefährlichen Arbeiten über einen längeren Zeitraum

Erlaubnisschein für feuergefährliche Arbeiten vom ____/____/______; Lfd. Nr. ____________ - (nur gültig für die KW _______ / 20__)

1. Brandposten während der feuergefährlichen Arbeiten														
	MO		DI		MI		DO		FR		SA		SO	
Name Frühschicht														
Name Spätschicht														
Name Nachtschicht														
2. Brandwache nach Abschluss der feuergefährlichen Arbeiten														
	MO		DI		MI		DO		FR		SA		SO	
Verantwortlicher														
	Zeit	Kürzel	Zeit	Kürzel	Zeit	Kürzel	Zeit	Kürzel	Zeit	Kürzel	Zeit	Kürzel	Zeit	Kürzel
Kontrolle														
Kontrolle														
Kontrolle														
Kontrolle														
Kontrolle														
3. Ab- und Anschaltung von Meldergruppen Uhrzeit der Abschaltung/Anschaltung														
	MO		DI		MI		DO		FR		SA		SO	
abgeschaltet														
angeschaltet														
Verantwortlicher														
Unterschrift														
4. Ab- und Anschaltung von automatischen Löschanlagen Uhrzeit der Abschaltung/Anschaltung														
	MO		DI		MI		DO		FR		SA		SO	
abgeschaltet														
angeschaltet														
Verantwortlicher														
Unterschrift														

5. Verantwortliche Personen			
Name Auftraggeber:		Name Auftragnehmer:	
Telefon:	Mobil:	Telefon:	Mobil:
Unterschrift:		Unterschrift:	

11.4 Inhalte eines Brandschutzkonzeptes

Das Brandschutzkonzept wird in Kapitel eingeteilt, die mit Zahlen fortlaufend durchnummeriert werden. Abweichungen sind bei kleineren Konzepten oder Stellungnahmen möglich, wenn die Aufgabenstellung nur Teilbereiche enthält. Diese werden dann auch als „Brandschutztechnische Stellungnahme" bezeichnet. Ein Brandschutzkonzept kann folgendermaßen aufgebaut sein:

möglicher Aufbau

1 Aufgabenstellung

2 Gegebenheiten

2.1 Planunterlagen

2.2 Gesetze, Vorschriften, Richtlinien

3 Charakteristik des Bauwerks

3.1 Beschreibung, Gebäudenutzung

3.2 Rechtlicher Geltungsbereich

3.3 Schutzziele und Risiken

4 Baulicher Brandschutz/Vorbeugender Brandschutz

4.1 Brandschutzkonzept

4.2 Nutzungseinheiten

4.3 Brandabschnitte

4.4 Tragwerk

4.5 Decken

4.6 Dachhaut

4.7 Außenwände

4.8 Trennwände

4.9 Flucht- und Rettungswegkonzept

4.10 Türen mit Brandschutzanforderungen

4.11 Notwendige Flure

4.12 Treppen und Treppenräume

4.13 Aufzüge

4.14 Leitungen und Installationen, Lüftungsanlagen

5 Brandschutzeinrichtungen

5.1 Sicherheitstechnik

5.2 Rauch- und Wärmeabzugsvorrichtungen

5.3 Feuerlöscheinrichtungen

5.4 Flächen für die Feuerwehr

5.5 Löschwasserversorgung

6 Organisatorische Maßnahmen

6.1 Brandschutzordnung nach DIN 14096 [2–4]

6.2 Flucht- und Rettungspläne

6.3 Sicherheitskennzeichnung

6.4 Feuerwehrpläne nach DIN 14095 [5]

6.5 Wartungs- und Prüfpläne

6.6 Haustechnische Anlagen

6.7 Vorbeugende Maßnahmen

6.8 Versicherungstechnische Auswirkungen

7 Zusammenfassung

7.1 Abschließende Beurteilung

7.2 Schlussbemerkung

7.3 Abweichungen

7.4 Brandschutzmaßnahmen

7.5 Ausfertigungen

Anlage 1.0 Allgemeine Brandschutzhinweise

Anlage 2.0 Brandschutzberechnung nach DIN 18234 [6–9] (nur im Zusammenhang mit MIndBauRL [10] erforderlich)

Anlage 3.0 Bemessung von Rauch- und Wärmeabzugsanlagen nach DIN 18232-2 [11]

Anlage 4.0 Brandlastermittlung (nur im Zusammenhang mit MIndBauRL erforderlich)

Fotodokumentation

Zeichnerischer Teil

BS 1 Brandschutzplan Übersichtslageplan

BS 2 Brandschutzplan Grundriss Kellergeschoss

BS 3 Brandschutzplan Grundriss Erdgeschoss

BS 4 Brandschutzplan Grundriss 1. Obergeschoss

12 Literatur- und Quellenverzeichnis

Alle nicht besonders gekennzeichneten Abbildungen sind von den Autoren erstellt worden.

1 Geschichte der vfdb-Richtlinie

[1] Leitlinien zu Bestellung, Aufgaben, Qualifikation und Ausbildung von Brandschutzbeauftragten, BG-Fachausschuss Nahrungs- und Genussmittel, Arbeitskreis Feuerschutz, Januar 1998

[2] vfdb 12-09/01:2001-06 Bestellung, Aufgaben, Qualifikation und Ausbildung von Brandschutzbeauftragten, vfdb-Richtlinie, Vereinigung zur Förderung des Deutschen Brandschutzes e. V. (vfdb), Köln: VdS Schadenverhütung Verlag

[3] BGI 847 (bisher ZH 1/445) (2003-04) Aufgaben, Qualifikation, und Ausbildung von Brandschutzbeauftragten, BG-Information, Berufsgenossenschaft Nahrungsmittel und Gaststätten (BGN)

[4] vfdb 12-09/01a:2003-04 Rahmenprüfungsordnung Brandschutzbeauftragte, vfdb-Merkblatt, Vereinigung zur Förderung des Deutschen Brandschutzes e. V. (vfdb)

[5] VBBD 2007-01 Richtlinie für den Brandschutzbeauftragten (Entwurf), Verein der Brandschutzbeauftragten in Deutschland e. V.

[6] VdS 3111:2010-06 (01) Brandschutzbeauftragter (Fachkraft für Brandschutz) – Unverbindlicher Leitfaden für Aufgaben, Bestellung, Qualifikation und Stellung im Betrieb, Herausgeber: Gesamtverband der Deutschen Versicherungswirtschaft e. V. (GDV), Köln: VdS Schadenverhütung GmbH

[7] vfdb 12-09/01:2009-03 (02) Bestellung, Aufgaben, Qualifikation und Ausbildung von Brandschutzbeauftragten, vfdb-Richtlinie, Vereinigung zur Förderung des Deutschen Brandschutzes e. V. (vfdb), Köln: VdS Schadenverhütung Verlag

[8] Verordnung über Sicherheit und Gesundheitsschutz bei der Bereitstellung von Arbeitsmitteln (Betriebssicherheitsverordnung – BetrSichV) Februar 2015 (BGBl. I S. 49), die zuletzt durch Artikel 1 der Verordnung vom 30. April 2019 (BGBl. I S. 554) geändert worden ist

[9] Verordnung über Arbeitsstätten (Arbeitsstättenverordnung – ArbStättV) vom 12. August 2004 (BGBl. I S. 2179), die zuletzt durch Artikel 226 der Verordnung vom 19. Juni 2020 (BGBl. I S. 1328) geändert worden ist

[10] Verordnung zum Schutz vor Gefahrstoffen (Gefahrstoffverordnung – GefStoffV) vom 26. November 2010 (BGBl. I S. 1643, 1644), die zuletzt durch Artikel 148 des Gesetzes vom 29. März 2017 (BGBl. I S. 626) geändert worden ist

[11] DGUV Information 205-003/vfdb 12-09/01:2014-11(03)/VdS 3111: Aufgaben, Qualifikation, Ausbildung und Bestellung von Brandschutzbeauftragten; Herausgeber: Deutsche Gesetzliche Unfallversicherung e. V. (DGUV), Vereinigung zur Förderung des Deutschen Brandschutzes e. V. (vfdb) und Gesamtverband der Deutschen Versicherungswirtschaft e. V. (GDV), über: VdS Schadenverhütung Verlag, Köln

[12] DGUV Information 205-003/vfdb 12-09/01:2020-12/VdS 3111: Aufgaben, Qualifikation, Ausbildung und Bestellung von Brandschutzbeauftragten. Herausgeber: Deutsche Gesetzliche Unfallversicherung e. V. (DGUV), Vereinigung zur Förderung des Deutschen Brandschutzes e. V. (vfdb) und Gesamtverband der Deutschen Versicherungswirtschaft e. V. (GDV), über: VdS Schadenverhütung Verlag, Köln Dezember 2020

2 Rechtsstellung

[1] Gesetz über die Durchführung von Maßnahmen des Arbeitsschutzes zur Verbesserung der Sicherheit und des Gesundheitsschutzes der Beschäftigten bei der Arbeit (Arbeitsschutzgesetz – ArbSchG) vom 7. August 1996 (BGBl. I S. 1246), das zuletzt durch das Gesetz vom 22.12.2020 (BGBl. I S. 3334) geändert worden ist

[2] Musterbauordnung (MBO), Fassung 2002, zuletzt geändert durch Beschluss der Bauministerkonferenz vom 27.09.2019, Konferenz der für Städtebau, Bau- und Wohnungswesen zuständigen Minister und Senatoren der Länder (Bauministerkonferenz – ARGEBAU), Berlin

[3] Muster-Richtlinie über den baulichen Brandschutz im Industriebau (Muster-Industriebau-Richtlinie – MIndBauRL) Stand Mail 2019, Konferenz der für Städtebau, Bau- und Wohnungswesen zuständigen Minister und Senatoren der Länder (Bauministerkonferenz – ARGEBAU), Berlin

[4] Musterverordnung über den Bau und Betrieb von Verkaufsstätten (Muster-Verkaufsstättenverordnung – MVKVO), Fassung September 1995, zuletzt geändert durch Beschluss der Fachkommission Bauaufsicht vom Juli 2014, Konferenz der für Städtebau, Bau- und Wohnungswesen zuständigen Minister und Senatoren der Länder (Bauministerkonferenz – ARGEBAU), Berlin

[5] Muster-Richtlinie über den Bau und Betrieb von Hochhäusern (Muster-Hochhaus-Richtlinie – MHHR), Fassung April 2008, zuletzt geändert durch Beschluss der Fachkommission Bauaufsicht vom Februar 2012, Konferenz der für Städtebau, Bau- und Wohnungswesen zuständigen Minister und Senatoren der Länder (Bauministerkonferenz – ARGEBAU), Berlin

[6] Verordnung (EG) Nr. 352/2009 der Kommission vom 24. April 2009 über die Festlegung einer gemeinsamen Sicherheitsmethode für die Evaluierung und Bewertung von Risiken gemäß Artikel 6 Absatz 3 Buchstabe a der Richtlinie 2004/49/EG des Europäischen Parlaments und des Rate (CSM-Verordnung), Amtsblatt der Europäischen Union, 29.4.2009, Nr. L/108, S. 4–19

[7] Bauer, C. O.: Voraussetzungen zum Erstellen von Regeln der Technik. In: WB Werkstatt + Betrieb. Zeitschrift für spanende Fertigung (1987), Heft 12, S. 980–983

[8] DGUV Grundsatz 300-001 - Fachbereiche und Sachgebiete der Deutschen Gesetzlichen Unfallversicherung (DGUV) – Organisation und Aufgaben – (bisher: DGUV Grundsatz 401), Deutsche Gesetzliche Unfallversicherung (DGUV), Berlin Mai 2011

[9] Vereinigung zur Förderung des deutschen Brandschutzes e. V. (vfdb): Geschäftsordnung des Technisch-Wissenschaftlichen Beirates (TWB) der vfdb. Altenberge: vfdb, 2003

[10] Richtlinie zur Erstellung von Schadenverhütungskonzepten des Gesamtverbandes der Deutschen Versicherungswirtschaft e. V. (GDV), Gesamtverband der Deutschen Versicherungswirtschaft e. V. (GDV), Berlin Juli 2011

[11] Dipl.-Ing. (FH) Nico Richter: Arbeit zur Erlangung des akademischen Grades Master of Engineering: „Qualifizierung und Bestellung von Brandschutzbeauftragten“, Dresden Dezember 2012

[12] vfdb 12-09/01:2009-03 (02) Bestellung, Aufgaben, Qualifikation und Ausbildung von Brandschutzbeauftragten, vfdb-Richtlinie, Vereinigung zur Förderung des Deutschen Brandschutzes e. V. (vfdb), Köln: VdS Schadenverhütung Verlag

[13] vfdb 12-09/01:2001-06 Bestellung, Aufgaben, Qualifikation und Ausbildung von Brandschutzbeauftragten, vfdb-Richtlinie, Vereinigung zur Förderung des Deutschen Brandschutzes e. V. (vfdb), Köln: VdS Schadenverhütung Verlag

[14] BGI 847 (bisher ZH 1/445) (2003-04) Aufgaben, Qualifikation, und Ausbildung von Brandschutzbeauftragten, BG-Information, Berufsgenossenschaft Nahrungsmittel und Gaststätten (BGN)

[15] Verordnung über Sicherheit und Gesundheitsschutz bei der Verwendung von Arbeitsmitteln (Betriebssicherheitsverordnung – BetrSichV) v. Februar 2015 (BGBl. I S. 49), die zuletzt durch Artikel 1 der Verordnung vom 28. Mai 2021 (BGBl. I S. 1224) geändert worden ist

[16] Verordnung über Arbeitsstätten (Arbeitsstättenverordnung – ArbStättV) vom

12. August 2004 (BGBl. I S. 2179), die zuletzt durch Artikel 226 der Verordnung vom 19. Juni 2020 (BGBl. I S. 1328) geändert worden ist

[17] Verordnung zum Schutz vor Gefahrstoffen (Gefahrstoffverordnung – GefStoffV) vom 26. November 2010 (BGBl. I S. 1643, 1644), die zuletzt durch Artikel 148 des Gesetzes vom 29. März 2017 (BGBl. I S. 626) geändert worden ist

[18] Bundes-Immissionsschutzgesetz (Gesetz zum Schutz vor schädlichen Umwelteinwirkungen durch Luftverunreinigungen, Geräusche, Erschütterungen und ähnliche Vorgänge in der Fassung der Bekanntmachung vom 26. September 2002 (BGBl. I S. 3830), zuletzt geändert durch das Gesetz vom 20.11.2014 (BGBl. I S. 1740) m. W. v. 01.01.2015

[19] DIN EN 45020:2007-03 Normung und damit zusammenhängende Tätigkeiten – Allgemeine Begriffe (ISO/IEC Guide 2:2004); Dreisprachige Fassung EN 45020:2006

[20] ASR A2.2 Maßnahmen gegen Brände. Ausgabe Mai 2018 (zuletzt geändert GMBI 2021, S. 560)

[21] ISO 31000:2009-11 Risikomanagement Allgemeine Anleitung zu den Grundsätzen und zur Implementierung eines Risikomanagements, Beuth Verlag GmbH, Berlin, November 2009

[22] TRGS 800 – Brandschutzmaßnahmen – Ausgabe: Dezember 2010 GMBl 2011 Nr. 2 (v. 31.01.2011), S. 33–42

[23] Siebtes Buch Sozialgesetzbuch – Gesetzliche Unfallversicherung – Artikel 1 des Gesetzes vom 07.08.1996 (BGBl. I S. 1254), in Kraft getreten am 01.01.1997 bzw. 21.08.1996, zuletzt geändert durch Gesetz vom 23.12.2014 (BGBl. I S. 2462) m.W.v. 01.01.2015

3 Brandschutzorganisation

[1] DGUV Information 205-003/vfdb 12-09/01:2020-12/ VdS 3111: Aufgaben, Qualifikation, Ausbildung und Bestellung von Brandschutzbeauftragten; Herausgeber: Deutsche Gesetzliche Unfallversicherung e. V. (DGUV), Vereinigung zur Förderung des Deutschen Brandschutzes e. V. (vfdb) und Gesamtverband der Deutschen Versicherungswirtschaft e. V. (GDV), über: VdS Schadenverhütung Verlag, Köln Dezember 2020

[2] Gesetz über Betriebsärzte, Sicherheitsingenieure und andere Fachkräfte für Arbeitssicherheit, Arbeitssicherheitsgesetz – ASiG vom 12. Dezember 1973 (BGBl. I S. 1885), das zuletzt durch Artikel 3 der Verordnung vom 20.04.2013 (BGBl. I S. 868) geändert worden ist

4 Bestellung eines Brandschutzbeauftragten

[1] Musterbauordnung (MBO), Fassung 2002, zuletzt geändert durch Beschluss der Bauministerkonferenz vom 27. 09 2019, Konferenz der für Städtebau, Bau- und Wohnungswesen zuständigen Minister und Senatoren der Länder (Bauministerkonferenz – ARGEBAU), Berlin

[2] Gesetz über die Durchführung von Maßnahmen des Arbeitsschutzes zur Verbesserung der Sicherheit und des Gesundheitsschutzes der Beschäftigten bei der Arbeit (Arbeitsschutzgesetz – ArbSchG) vom 7. August 1996 (BGBl. I S. 1246), das zuletzt durch das Gesetz vom 22.12.2020 (BGBl. I S. 3334) geändert worden ist

[3] Muster-Richtlinie über den baulichen Brandschutz im Industriebau (Muster-Industriebau-Richtlinie – MIndBauRL) Stand Mail 2019, Konferenz der für Städtebau, Bau- und Wohnungswesen zuständigen Minister und Senatoren der Länder (Bauministerkonferenz – ARGEBAU), Berlin

[4] DGUV Information 205-003/vfdb 12-09/01:2020-12/ VdS 3111: Aufgaben, Qualifikation, Ausbildung und Bestellung von Brandschutzbeauftragten; Herausgeber: Deutsche Gesetzliche Unfallversicherung e. V. (DGUV), Vereinigung zur Förderung des Deutschen Brandschutzes e. V. (vfdb) und Gesamtverband der Deutschen Versicherungswirtschaft e. V. (GDV), über: VdS Schadenverhütung Verlag, Köln Dezember 2020

[5] Verordnung über Arbeitsstätten (Arbeitsstättenverordnung – ArbStättV) vom 12. August 2004 (BGBl. I S. 2179), die zuletzt durch Artikel 226 der Verordnung vom 19. Juni 2020 (BGBl. I S. 1328) geändert worden ist

[6] Verordnung zum Schutz vor Gefahrstoffen (Gefahrstoffverordnung – GefStoffV) vom 26. November 2010 (BGBl. I S. 1643, 1644), die zuletzt durch Artikel 148 des

Gesetzes vom 29. März 2017 (BGBl. I S. 626) geändert worden ist

[7] Verordnung über Sicherheit und Gesundheitsschutz bei der Bereitstellung von Arbeitsmitteln (Betriebssicherheitsverordnung – BetrSichV) Februar 2015 (BGBl. I S. 49), die zuletzt durch Artikel 1 der Verordnung vom 30. April 2019 (BGBl. I S. 554) geändert worden ist

[8] ASR A2.2 Maßnahmen gegen Brände (2018-05), (zuletzt geändert GMBI 2021, S. 560)

[9] Laschinsky, Lars Oliver: Brandschutz mit erweitertem Blickwinkel. Brandschutz Special 2010, Ernst & Sohn-Special, S. 8–10 (2010), Berlin September 2010

[10] Gesetz über Betriebsärzte, Sicherheitsingenieure und andere Fachkräfte für Arbeitssicherheit, Arbeitssicherheitsgesetz – ASiG vom 12. Dezember 1973 (BGBl. I S. 1885), das zuletzt durch Artikel 3 der Verordnung vom 20.04.2013 (BGBl. I S. 868) geändert worden ist

[11] Siebtes Buch Sozialgesetzbuch Gesetzliche Unfallversicherung (Artikel 1 des Gesetzes vom 7. August 1996 (BGBl. I S. 1254), in Kraft getreten am 01.01.1997 bzw. 21.08.1996, zuletzt geändert durch das Gesetz vom 23.12.2014 (BGBl. I S. 2462) m. W. v. 01.01.2015

[12] DGUV Vorschrift 1 Grundsätze der Prävention, Deutsche Gesetzliche Unfallversicherung e. V. (DGUV), Berlin November 2013

[13] Laschinsky, Lars Oliver: Brandschutz bewerten, steuern und gestalten: Integration des Brandschutzbeauftragten in Entscheidungs- und Führungsprozesse. die BG 06/2010, S. 156–158 (2010)

[14] Gesetz über Ordnungswidrigkeiten (OWiG) in der Fassung der Bekanntmachung vom 19. Februar 1987 (BGBl. I S. 602), das zuletzt durch Artikel 18 des Gesetzes vom 10.10.2013 (BGBl. I S. 3786) geändert worden ist

[15] DGUV Regel 100-001 Grundsätze der Prävention. Deutsche Gesetzliche Unfallversicherung e. V. (DGUV), Berlin Mai 2014

5 Gefährdungsbeurteilung im Brandschutz

[1] Gesetz über die Durchführung von Maßnahmen des Arbeitsschutzes zur Verbesserung der Sicherheit und des Gesundheitsschutzes der Beschäftigten bei der Arbeit (Arbeitsschutzgesetz – ArbSchG) vom 7. August 1996 (BGBl. I S. 1246), das zuletzt durch das Gesetz vom 22.12.2020 (BGBl. I S. 3334) geändert worden ist

[2] Europäische Kommission: Guidance on risk assessment at work. Luxemburg: Office for Official Publications of the European Communities, 1996

[3] Verordnung über Arbeitsstätten (Arbeitsstättenverordnung – ArbStättV) vom 12. August 2004 (BGBl. I S. 2179), die zuletzt durch Artikel 226 der Verordnung vom 19. Juni 2020 (BGBl. I S. 1328) geändert worden ist

[4] ASR V3 Gefährdungsbeurteilung, Ausgabe Juli 2014 (GMBl 2017, S. 390)

[5] Verordnung zum Schutz vor Gefahrstoffen (Gefahrstoffverordnung – GefStoffV) vom 26. November 2010 (BGBl. I S. 1643, 1644), die zuletzt durch Artikel 148 des Gesetzes vom 29. März 2017 (BGBl. I S. 626) geändert worden ist

[6] TRGS 400 (2010-12) Gefährdungsbeurteilung für Tätigkeiten mit Gefahrstoffen, Technische Regel für Gefahrstoffe, GMBl 2011 Nr. 2 S. 19-32 (31.01.2011) zuletzt geändert und ergänzt: GMBl 2012 S. 715 vom 13.09.2012

[7] TRGS 800 – Brandschutzmaßnahmen – Ausgabe: Dezember 2010, GMBl 2011 Nr. 2 (v. 31.01.2011), S. 33–42

[8] Verordnung über Sicherheit und Gesundheitsschutz bei der Verwendung von Arbeitsmitteln (Betriebssicherheitsverordnung – BetrSichV) v. Februar 2015 (BGBl. I S. 49), die zuletzt durch Artikel 1 der Verordnung vom 28. Mai 2021 (BGBl. I S. 1224) geändert worden ist

[9] TRGS 721 Gefährliche explosionsfähige Gemische – Beurteilung der Explosionsgefährdung, Ausgabe Oktober 2020, GMBI 2020 S. 1116 (v. 21.12.2020)

[10] DGUV Regel 113-001 (bisher: BGR 104) Explosionsschutz-Regeln (EX-RL), Aktualisierte Fassung Mai 2012, Sachgebiet „Explosionsschutz“ im Fachbereich „Rohstoffe und chemische Industrie“ der DGUV (Hrsg.), Carl Heymanns Verlag/Wolters Kluwer Deutschland GmbH, Köln

[11] TRBS 1111 Gefährdungsbeurteilung, Technische Regel für Betriebssicherheit, Bekanntmachung des Bundesministeriums für Arbeit und Soziales vom 26. März 2018: BAnz, geändert und ergänzt durch die Bek. vom 14. März 2019

[12] DGUV Information 209-046 „Lackierräume und -einrichtungen für flüssige Beschichtungsstoffe" (bisher BGI 740), 2008, Sachgebiet „Oberflächentechnik und Schweißen" im Fachbereich „Holz und Metall" der DGUV, Berufsgenossenschaft Holz und Metall (BGHM) (Hrsg.)

[13] DGUV Information 209-052 – Elektrostatisches Beschichten (bisher: BGI 764), Stand der Vorschrift: Oktober 2009, redaktioneller Stand Februar 2014, BGHM Berufsgenossenschaft Holz und Metall

[14] TRGS 510 Lagerung von Gefahrstoffen in ortsbeweglichen Behältern, Ausgabe: Dezember 2020, GMBl 2021 S. 178–216 (v. 16.02.2021)

[15] TRBS 1112 (2010-10) Instandhaltung, Technische Regel für Betriebssicherheit, Gemeinsames Ministerialblatt 2010 Nr. 60 vom 14.10.2010, S. 1219

[16] Musterbauordnung (MBO), Fassung 2002, zuletzt geändert durch Beschluss der Bauministerkonferenz vom 27. 09 2019, Konferenz der für Städtebau, Bau- und Wohnungswesen zuständigen Minister und Senatoren der Länder (Bauministerkonferenz – ARGEBAU), Berlin

[17] Böwe, Stephan: Brandschutz-Konzepte/Versicherungstechnische Aspekte. Werkfeuerwehr-Symposium „Recht", 1. Dezember 2009

[18] TRGS 723 Gefährliche explosionsfähige Gemische – Vermeidung der Entzündung gefährlicher explosionsfähiger Gemische, Ausgabe Juli 2019, GMBI 2019 S. 638–656 (v. 26.08.2019)

[19] DIN EN 1127-1:2011-10: Explosionsfähige Atmosphären – Explosionsschutz – Teil 1: Grundlagen und Methodik

[20] DIN EN 13478:2008-12: Sicherheit von Maschinen – Brandschutz

[21] Laschinsky, Lars Oliver/Wacker, Wolfgang: Brandschäden und deren Sanierung. Seminarunterlagen zum 3. Workshop für Brandschutzbeauftragte, Köln: Berufsgenossenschaft Energie Textil Elektro Medienerzeugnisse (BGETEM), 2009/2010

[22] EMKG-Modul „Brand- und Explosionsgefährdung" für das Einfache Maßnahmenkonzept Gefahrstoffe – Konzeptbeschreibung – Prototyp, 1. Auflage, Bundesanstalt für Arbeitsschutz und Arbeitsmedizin 2012, Dortmund

[23] Nohl, J./Thiemecke, H.: Systematik zur Durchführung von Gefährdungsanalysen, Teil I und II, Schriftenreihe der Bundesanstalt für Arbeitsschutz Fb 536 und Fb 542, Bremerhaven: Wirtschaftsverlag NW 1988

[24] DIN 25424-1:1981-09 – Fehlerbaumanalyse; Methode und Bildzeichen

[25] DIN 25419:1985-11 – Ereignisablaufanalyse; Verfahren, graphische Symbole und Auswertung

[26] DIN 4102-1:1998-05 Brandverhalten von Baustoffen und Bauteilen – Teil 1: Baustoffe; Begriffe, Anforderungen und Prüfungen

[27] DIN EN 13501-1:2010-01 Klassifizierung von Bauprodukten und Bauarten zu ihrem Brandverhalten – Teil 1: Klassifizierung mit den Ergebnissen aus den Prüfungen zum Brandverhalten von Bauprodukten

[28] Muster-Richtlinie über den baulichen Brandschutz im Industriebau (Muster-Industriebau-Richtlinie – MIndBauRL), Stand Mail 2019, Konferenz der für Städtebau, Bau- und Wohnungswesen zuständigen Minister und Senatoren der Länder (Bauministerkonferenz – ARGEBAU), Berlin

[29] vfdb 01/01:2008-04 Brandschutzkonzept, vfdb-Richtlinie, Vereinigung zur Förderung des Deutschen Brandschutzes e. V. (vfdb), Köln: VdS Schadenverhütung Verlag

[30] DIN 18230-1:2010-09 – Baulicher Brandschutz im Industriebau – Teil 1: Rechnerisch erforderliche Feuerwiderstandsdauer

[31] ASR A2.3 (2022-03) Fluchtwege und Notausgänge, Ausgabe: März 2022 (zuletzt geändert GMBl 2022, S. 227)

[32] ASR A1.3 (2013-02) Sicherheits- und Gesundheitsschutzkennzeichnung, Ausgabe: Februar 2013 (zuletzt geändert GMBl 2022, S. 242)

[33] ASR A2.2 Maßnahmen gegen Brände (2018-05), (zuletzt geändert GMBl 2021, S. 560)

[34] DGUV Vorschrift 1 Grundsätze der Prävention, Deutsche Gesetzliche Unfallversicherung, Berlin November 2013

[35] DGUV Information 205-023 Brandschutzhelfer – Ausbildung und Befähigung, Deutsche Gesetzliche Unfallversicherung (DGUV), Berlin, Ausgabe Februar 2014, aktualisierte Fassung November 2019

[36] VdS 2036:2009-07 Erlaubnisschein für feuergefährliche Arbeiten, Gesamtverbandes der Deutschen Versicherungswirtschaft e. V. (GDV), Köln: VdS Schadenverhütung Verlag

[37] Beck, Peter: Brandschutzmanagement aus Sicht eines international agierenden Unternehmens, Bureau Veritas Brandschutzsymposium 2008

[38] VdS 2009:2008-01 Brandschutz-Management, Leitfaden für die Verantwortlichen im Betrieb und Unternehmen, Gesamtverbandes der Deutschen Versicherungswirtschaft e. V. (GDV), Köln: VdS Schadenverhütung Verlag

6 Aufgaben des Brandschutzbeauftragten

[1] DGUV Information 205-003/vfdb 12-09/01:2020-12/VdS 3111: Aufgaben, Qualifikation, Ausbildung und Bestellung von Brandschutzbeauftragten; Herausgeber: Deutsche Gesetzliche Unfallversicherung e. V. (DGUV), Vereinigung zur Förderung des Deutschen Brandschutzes e. V. (vfdb) und Gesamtverband der Deutschen Versicherungswirtschaft e. V. (GDV), über: VdS Schadenverhütung Verlag, Köln Dezember 2020

[2] Verordnung über Arbeitsstätten (Arbeitsstättenverordnung – ArbStättV) vom 12. August 2004 (BGBl. I S. 2179), die zuletzt durch Artikel 226 der Verordnung vom 19. Juni 2020 (BGBl. I S. 1328) geändert worden ist

[3] Musterverordnung über den Bau und Betrieb von Verkaufsstätten (Muster-Verkaufsstättenverordnung – MVKVO), Fassung September 1995, zuletzt geändert durch Beschluss der Fachkommission Bauaufsicht vom Juli 2014, Konferenz der für Städtebau, Bau- und Wohnungswesen zuständigen Minister und Senatoren der Länder (Bauministerkonferenz – ARGEBAU), Berlin

[4] Musterordnung über den Bau und Betrieb von Versammlungsstätten (Muster-Versammlungsstättenverordnung – MVStättVO), Fassung Juni 2005, zuletzt geändert durch Beschluss der Fachkommission Bauaufsicht vom Juli 2014, Konferenz der für Städtebau, Bau- und Wohnungswesen zuständigen Minister und Senatoren der Länder (Bauministerkonferenz – ARGEBAU), Berlin

[5] Muster-Richtlinie über bauaufsichtliche Anforderungen an Schulen (MSchulbauR), Fassung April 2009

[6] DIN 14096:2014-05 Brandschutzordnung – Regeln für das Erstellen und das Aushängen

[7] „Neue Brandschutzordnung DIN 14096 und alte Sicherheitszeichen nach früherer ASR A 1.3“ des NA 031 Normenausschuss Feuerwehrwesen des DIN (2015-01). https://www.din.de/de/mitwirken/normenausschuesse/fnfw/2015-01-neue-brandschutzordnung-din-14096-und-alte-sicherheitszeichen-nach-frueherer-asr-a-1-3-69538, Zugriff: 17.06.2021

[8] Gesetz über die Durchführung von Maßnahmen des Arbeitsschutzes zur Verbesserung der Sicherheit und des Gesundheitsschutzes der Beschäftigten bei der Arbeit (Arbeitsschutzgesetz – ArbSchG) vom 7. August 1996 (BGBl. I S. 1246), das zuletzt durch das Gesetz vom 22.12.2020 (BGBl. I S. 3334) geändert worden ist

[9] Verordnung über Sicherheit und Gesundheitsschutz bei der Bereitstellung von Arbeitsmitteln (Betriebssicherheitsverordnung – BetrSichV) Februar 2015 (BGBl. I S. 49), die zuletzt durch Artikel 1 der Verordnung vom 30. April 2019 (BGBl. I S. 554) geändert worden ist

[10] Verordnung zum Schutz vor Gefahrstoffen (Gefahrstoffverordnung – GefStoffV) vom 26. November 2010 (BGBl. I S. 1643, 1644), die zuletzt durch Artikel 148 des Gesetzes vom 29. März 2017 (BGBl. I S. 626) geändert worden ist

[11] DGUV Information 205-023 Brandschutzhelfer – Ausbildung und Befähigung, Deutsche Gesetzliche Unfallversicherung (DGUV), Berlin, Ausgabe Februar

2014 aktualisierte Fassung November 2019

[12] ASR A2.2 Maßnahmen gegen Brände (2018-05), zuletzt geändert GMBI 2021, S. 560)

[13] DIN EN 3-7.2007-10 Tragbare Feuerlöscher – Teil 7: Eigenschaften, Leistungsanforderungen und Prüfungen

[14] DIN EN 2:2005-01 Brandklassen

[15] vfdb 01/01:2008-04 Brandschutzkonzept, vfdb-Richtlinie, Vereinigung zur Förderung des Deutschen Brandschutzes e. V. (vfdb), Köln: VdS Schadenverhütung Verlag

[16] DIN ISO 23601:2010-12 Sicherheitskennzeichnung – Flucht- und Rettungspläne (ISO 23601:2009)

[17] DIN 14095:2007-05 Feuerwehrpläne für bauliche Anlagen

[18] DGUV Information 205-001 Betrieblicher Brandschutz in der Praxis. Deutsche Gesetzliche Unfallversicherung e. V. (DGUV), Berlin Dezember 2020

[19] DGUV Vorschrift 1 Grundsätze der Prävention, Ausgabe November 2013, Deutsche Gesetzliche Unfallversicherung (DGUV), Berlin

[20] FBFHB-030 Zusätzliche Informationen zur Ausbildung von Brandschutzhelfern. Deutsche Gesetzliche Unfallversicherung (DGUV), Berlin Dezember 2020

[21] TRGS 510 Lagerung von Gefahrstoffen in ortsbeweglichen Behältern, Ausgabe: Dezember 2020, GMBl 2021 S. 178–216 (v. 16.02.2021)

[22] TRGS 509 Lagern von flüssigen und festen Gefahrstoffen in ortsfesten Behältern sowie Füll- und Entleerstellen für ortsbewegliche Behälter, Ausgabe September 2014, GMBl 2014 S. 1346–1400 (v. 19.11.2014), zuletzt berichtigt, geändert und ergänzt: GMBl 2020 S. 817 (v. 02.10.2020)

[23] DGUV Information 211-041 Sicherheits- und Gesundheitsschutzkennzeichnung. Deutsche Gesetzliche Unfallversicherung (DGUV), Berlin April 2016

[24] DIN ISO 3864-1:2012-06 Graphische Symbole – Sicherheitsfarben und Sicherheitszeichen – Teil 1: Gestaltungsgrundlagen für Sicherheitszeichen und Sicherheitsmarkierungen

[25] ASR A2.3 (2022-03) Fluchtwege und Notausgänge, Ausgabe: März 2022 (zuletzt geändert GMBl 2022, S. 227)

[26] Nationale Strategie zum Schutz Kritischer Infrastrukturen (KRITIS-Strategie) Stand Juni 2009, Bundesministerium des Innern, für Bau und Heimat

7 Qualifikation von Brandschutzbeauftragten

[1] Herbert, Thomas: Wann haftet der Brandschutzbeauftragte? FeuerTRUTZ Brandschutz Magazin, 6/2009

[2] Gesetz über die Durchführung von Maßnahmen des Arbeitsschutzes zur Verbesserung der Sicherheit und des Gesundheitsschutzes der Beschäftigten bei der Arbeit (Arbeitsschutzgesetz – ArbSchG) vom 7. August 1996 (BGBl. I S. 1246), das zuletzt durch das Gesetz vom 22.12.2020 (BGBl. I S. 3334) geändert worden ist

[3] DIN 14011:2010-06 Begriffe aus dem Feuerwehrwesen

[4] DGUV Information 205-003/vfdb 12-09/01:2020-12/ VdS 3111: Aufgaben, Qualifikation, Ausbildung und Bestellung von Brandschutzbeauftragten; Herausgeber: Deutsche Gesetzliche Unfallversicherung e. V. (DGUV), Vereinigung zur Förderung des Deutschen Brandschutzes e. V. (vfdb) und Gesamtverband der Deutschen Versicherungswirtschaft e. V. (GDV), über: VdS Schadenverhütung Verlag, Köln Dezember 2020

[5] DGUV Vorschrift 1 Grundsätze der Prävention, Deutsche Gesetzliche Unfallversicherung (DGUV), Berlin November 2013

[6] ASR A2.2 Maßnahmen gegen Brände (2018-05), (zuletzt geändert GMBI 2021, S. 560)

[7] DIN 14096:2014-05 Brandschutzordnung – Regeln für das Erstellen und das Aushängen

[8] DIN 14095:2007-05 Feuerwehrpläne für bauliche Anlagen

[9] Verordnung zum Schutz vor Gefahrstoffen (Gefahrstoffverordnung – GefStoffV) vom 26. November 2010 (BGBl. I S. 1643, 1644), die zuletzt durch Artikel 148 des Gesetzes vom 29. März 2017 (BGBl. I S. 626) geändert worden ist

[10] TRGS 800 Brandschutzmaßnahmen, Ausgabe: Dezember 2010, GMBl 2011 Nr. 2 (v. 31.01.2011), S. 33–42

[11] Verordnung über die Berufsausbildung zum Werkfeuerwehrmann und zur Werkfeuerwehrfrau (Werkfeuerwehrausbildungsverordnung – WFAusbV) vom 22. Mai 2015 (BGBl. I S. 830)

[12] Rahmenlehrplan für den Ausbildungsberuf Werkfeuerwehrmann/Werkfeuerwehrfrau (Beschluss der Kultusministerkonferenz vom 18. Juni 2009) zur Verordnung über die Entwicklung und Erprobung des Ausbildungsberufes Werkfeuerwehrmann/Werkfeuerwehrfrau (BAnz Nr. 129a vom 01.09.2009)

[13] Gesetz über Betriebsärzte, Sicherheitsingenieure und andere Fachkräfte für Arbeitssicherheit, Arbeitssicherheitsgesetz – ASiG vom 12. Dezember 1973 (BGBl. I S. 1885), das zuletzt durch Artikel 3 Absatz 5 des Gesetzes vom 20. April 2013 (BGBl. I S. 868) geändert worden ist

[14] DGUV Vorschrift 2 Betriebsärzte und Fachkräfte für Arbeitssicherheit, vom 15. Dezember 2009, in der Fassung vom 1. Januar 2012, Deutsche Gesetzliche Unfallversicherung (DGUV), Berlin, 2012

[15] Deutsche Gesetzliche Unfallversicherung (DGUV): DGUV Report 2/2012 – Die Ausbildung zur Fachkraft für Arbeitssicherheit – Optimierung 2012, Berlin, 2012

[16] Prüfsachverständigenverordnung (PrüfVBau) vom 29. November 2007 (GVBl. S. 829, BayRS 2132-1-10-B), die zuletzt durch § 6 des Gesetzes vom 23. Dezember 2020 (GVBl. S. 663) geändert worden ist

8 Aus- und Fortbildung des Brandschutzbeauftragten

[1] DGUV Information 205-003/vfdb 12-09/01:2020-12/VdS 3111: Aufgaben, Qualifikation, Ausbildung und Bestellung von Brandschutzbeauftragten; Herausgeber: Deutsche Gesetzliche Unfallversicherung e. V. (DGUV), Vereinigung zur Förderung des Deutschen Brandschutzes e. V. (vfdb) und Gesamtverband der Deutschen Versicherungswirtschaft e. V. (GDV), über: VdS Schadenverhütung Verlag, Köln Dezember 2020

[2] Verordnung über Arbeitsstätten (Arbeitsstättenverordnung – ArbStättV) vom 12. August 2004 (BGBl. I S. 2179), die zuletzt durch Artikel 226 der Verordnung vom 19. Juni 2020 (BGBl. I S. 1328) geändert worden ist

[3] Verordnung über Sicherheit und Gesundheitsschutz bei der Verwendung von Arbeitsmitteln (Betriebssicherheitsverordnung – BetrSichV) v. Februar 2015 (BGBl. I S. 49), die zuletzt durch Artikel 1 der Verordnung vom 28. Mai 2021 (BGBl. I S. 1224) geändert worden ist

[4] Musterverordnung über den Bau und Betrieb von Verkaufsstätten (Muster-Verkaufsstättenverordnung – MVKVO), Fassung September 1995, zuletzt geändert durch Beschluss der Fachkommission Bauaufsicht vom Juli 2014, Konferenz der für Städtebau, Bau- und Wohnungswesen zuständigen Minister und Senatoren der Länder (Bauministerkonferenz – ARGEBAU), Berlin

[5] Musterordnung über den Bau und Betrieb von Versammlungsstätten (Muster-Versammlungsstättenverordnung – MVStättVO), Fassung Juni 2005, zuletzt geändert durch Beschluss der Fachkommission Bauaufsicht vom Juli 2014, Konferenz der für Städtebau, Bau- und Wohnungswesen zuständigen Minister und Senatoren der Länder (Bauministerkonferenz – ARGEBAU), Berlin

[6] Muster-Verordnung über den Bau und Betrieb von Beherbergungsstätten (Muster-Beherbergungsstättenverordnung – MBeVO), Fassung Dezember 2000, zuletzt geändert durch den Beschluss der Fachkommission Bauaufsicht vom Mai 2014 (Bauministerkonferenz – ARGEBAU), Berlin

[7] Muster einer Verordnung über den Bau und Betrieb von Garagen (Muster-Garagenverordnung – M-GarVO), Fassung Mai 1993, geändert durch Beschlüsse vom 19.09.1996, 18.09.1997 und 30.05.2008 (Bauministerkonferenz – ARGEBAU), Berlin

[8] Muster-Richtlinie über den Bau und Betrieb von Hochhäusern (Muster-Hochhaus-Richtlinie – MHHR), Fassung April 2008, Konferenz der für Städtebau, Bau- und Wohnungswesen zuständigen Minister und Senatoren der Länder (Bauministerkonferenz – ARGEBAU), Berlin

[9] Muster-Richtlinie über den baulichen Brandschutz im Industriebau (Muster-Industriebaurichtlinie – MIndBauRL), Fassung Juli 2014, Konferenz der für Städtebau, Bau- und Wohnungswesen zuständigen Minister und Senatoren der Länder

(Bauministerkonferenz – ARGEBAU), Berlin

[10] Muster-Richtlinie über bauaufsichtliche Anforderungen an Schulen (Muster-Schulbau-Richtlinie – MSchulbauR), Fassung April 2009 (Bauministerkonferenz – ARGEBAU), Berlin

[11] DGUV Information 211-041 Sicherheits- und Gesundheitsschutzkennzeichnung. Deutsche Gesetzliche Unfallversicherung (DGUV), Berlin April 2016

[12] VdS 2357 Richtlinien zur Brandschadensanierung, Gesamtverband der Deutschen Versicherungswirtschaft (GDV), Köln: VdS Schadenverhütung GmbH, Juni 2014

[13] Musterbauordnung (MBO), Fassung 2002, zuletzt geändert durch Beschluss der Bauministerkonferenz vom 27. 09 2019, Konferenz der für Städtebau, Bau- und Wohnungswesen zuständigen Minister und Senatoren der Länder (Bauministerkonferenz – ARGEBAU), Berlin

[14] Verordnung über Bau und Betrieb von Sonderbauten (Sonderbauverordnung – SBauVO) vom 02. Dezember 2016, Ministerium des Innern des Landes Nordrhein-Westfalen

[15] DIN 4102-1:1998-05 Brandverhalten von Baustoffen und Bauteilen – Teil 1: Baustoffe; Begriffe, Anforderungen und Prüfungen

[16] DIN 4102-2:1977-09 Brandverhalten von Baustoffen und Bauteilen; Bauteile, Begriffe, Anforderungen und Prüfungen

[17] DIN 4102-3:1977-09 Brandverhalten von Baustoffen und Bauteilen; Brandwände und nichttragende Außenwände, Begriffe, Anforderungen und Prüfungen

[18] DIN 4102-4:2016-05 Brandverhalten von Baustoffen und Bauteilen – Teil4: Zusammenstellung und Anwendung klassifizierter Baustoffe, Bauteile und Sonderbauteile

[19] DIN 4102-5:1977-09 Brandverhalten von Baustoffen und Bauteilen; Feuerschutzabschlüsse, Abschlüsse in Fahrschachtwänden und gegen Feuer widerstandsfähige Verglasungen, Begriffe, Anforderungen und Prüfungen

[20] DIN 4102-7:2018-11 Brandverhalten von Baustoffen und Bauteilen – Teil 7: Bedachungen Anforderungen und Prüfungen

[21] Wiemann, Uwe/Schütz, Wolfgang: Brandschutzhelfer. Köln: Feuertrutz Network, 2. Auflage 2019, S. 119 ff.

[22] Gesetz über die Durchführung von Maßnahmen des Arbeitsschutzes zur Verbesserung der Sicherheit und des Gesundheitsschutzes der Beschäftigten bei der Arbeit (Arbeitsschutzgesetz – ArbSchG) vom 7. August 1996 (BGBl. I S. 1246), das zuletzt durch das Gesetz vom 22.12.2020 (BGBl. I S. 3334) geändert worden ist

[23] ASR A2.3 (2022-03) Fluchtwege und Notausgänge Ausgabe: März 2022 (GMBl 2022, S. 227)

[24] DIN EN 13501-1:2010-01 Klassifizierung von Bauprodukten und Bauarten zu ihrem Brandverhalten – Teil 1: Klassifizierung mit den Ergebnissen aus den Prüfun-gen zum Brandverhalten von Bauprodukten

[25] DIN EN 13501-2:2016-12 Klassifizierung von Bauprodukten und Bauarten zu ihrem Brandverhalten – Teil 2: Klassifizierung mit den Ergebnissen aus den Feuerwi-derstandsprüfungen, mit Ausnahme von Lüftungsanlagen

[26] Gesetz zur Ordnung des Wasserhaushalts (Wasserhaushaltsgesetz – WHG) vom 31. Juli 2009 (BGBl. I S. 2585), das zuletzt durch Artikel 3 des Gesetzes vom 9. Juni 2021 (BGBl. I S. 1699) geändert worden ist

[27] Allgemeine Verwaltungsvorschrift zum Wasserhaushaltsgesetz über die Einstufung wassergefährdender Stoffe und ihre Einstufung in Wassergefährdungsklassen (Verwaltungsvorschrift wassergefährdender Stoffe – 17. Mai 1999, Bundesanzeiger Nr. 98 a vom 29.05.1999)

[28] VdS 2557:2013-03 Leitlinien zur Schadenverhütung der deutschen Versicherer – Planung und Einbau von Löschwasser-Rückhalteeinrichtungen

[29] Muster-Richtlinien über Flächen für die Feuerwehr (MRFlF), Fassung Februar 2007

[30] Josef Mayr/Lutz Battran: Brandschutzatlas. Köln: FeuerTRUTZ Network, 2015

[31] DIN EN 3-7:2007-10 Tragbare Feuerlöscher – Teil 7: Eigenschaften, Leistungsanforderungen und Prüfungen

[32] Gesetz über Betriebsärzte, Sicherheitsingenieure und andere Fachkräfte für Arbeitssicherheit, Arbeitssicherheitsgesetz – ASiG vom 12. Dezember 1973 (BGBl. I S. 1885), das zuletzt durch Artikel 3 der Verordnung vom 20.04.2013 (BGBl. I S. 868) geändert worden ist

[33] http://de.wikipedia.org/wiki/Berufsfeuerwehr

[34] http://de.wikipedia.org/wiki/Freiwillige_Feuerwehr

[35] http://de.wikipedia.org/wiki/Werkfeuerwehr

[36] GDV 0100 Allgemeinen Bedingungen für die Feuerversicherung (AFB 2010), Gesamtverband der Deutschen Versicherungswirtschaft (GDV)

[37] VdS 2038 (2008-01) Allgemeinen Sicherheitsvorschriften der Feuerversicherer für Fabriken und gewerbliche Anlagen (ASF), Gesamtverband der Deutschen Versicherungswirtschaft (GDV), Köln: VdS Schadenverhütung GmbH

9 Verantwortung und Haftung des Brandschutzbeauftragten

[1] Strafgesetzbuch (StGB) in der Fassung der Bekanntmachung vom 13. November 1998 (BGBl. I S. 3322), das zuletzt durch Artikel 1 des Gesetzes vom 21. Januar 2015 (BGBl. I S. 10) geändert worden ist

[2] Gesetz über Ordnungswidrigkeiten (OWiG) in der Fassung der Bekanntmachung vom 19. Februar 1987 (BGBl. I S. 602), das zuletzt durch Artikel 18 des Gesetzes vom 10. Oktober 2013 (BGBl. I S. 3786) geändert worden ist

[3] LASI-Veröffentlichung LV 56: Bußgeldkataloge zur Arbeitsstättenverordnung, Herausgeber: Länderausschuss für Arbeitsschutz und Sicherheitstechnik (LASI), Februar 2013

[4] Verordnung über Arbeitsstätten (Arbeitsstättenverordnung – ArbStättV) vom 12. August 2004 (BGBl. I S. 2179), die zuletzt durch Artikel 226 der Verordnung vom 19. Juni 2020 (BGBl. I S. 1328) geändert worden ist

[5] Bürgerliches Gesetzbuch (BGB) in der Fassung der Bekanntmachung vom 2. Januar 2002 (BGBl. I S. 42, 2909; 2003 I S. 738), das durch Artikel 1 des Gesetzes vom 21. April 2015 (BGBl. I S. 610) geändert worden ist

[6] Herbert, Thomas: Wann haften Brandschutzbeauftragte? FeuerTRUTZ Brandschutz Magazin, Ausgabe 6/2009

[7] Gesetz über die Durchführung von Maßnahmen des Arbeitsschutzes zur Verbesserung der Sicherheit und des Gesundheitsschutzes der Beschäftigten bei der Arbeit (Arbeitsschutzgesetz – ArbSchG) vom 7. August 1996 (BGBl. I S. 1246), das zuletzt durch Artikel 1 des Gesetzes vom 22.Dezember 2020 (BGBl. I S. 3334) geändert worden ist

[8] DGUV Information 205-003/ vfdb 12-09/01:2020-12/ VdS 3111: Aufgaben, Qualifikation, Ausbildung und Bestellung von Brandschutzbeauftragten; Herausgeber: Deutsche Gesetzliche Unfallversicherung e. V. (DGUV), Vereinigung zur Förderung des Deutschen Brandschutzes e. V. (vfdb) und Gesamtverband der Deutschen Versicherungswirtschaft e. V. (GDV), über VdS Schadenverhütung Verlag, Köln Dezember 2020

[9] Siebtes Buch Sozialgesetzbuch - Gesetzliche Unfallversicherung - Artikel 1 des Gesetzes vom 07.08.1996 (BGBl. I S. 1254), in Kraft getreten am 01.01.1997 bzw. 21.08.1996, zuletzt geändert durch Gesetz vom 23.12.2014 (BGBl. I S. 2462) m. W. v. 01.01.2015

[10] DIN EN 15221-1:2007-01: Facility Management – Teil 1: Begriffe; Deutsche Fassung EN 15221-1:2006

10 Erste Schritte als Brandschutzbeauftragter

[1] DGUV Information 205-003/vfdb 12-09/01:2020-12/ VdS 3111: Aufgaben, Qualifikation, Ausbildung und Bestellung von Brandschutzbeauftragten, Anhang 1 – Bestellungsschreiben zur Aufgabenübertragung; Hrsg.: Deutsche Gesetzliche Unfallversicherung e. V. (DGUV), Vereinigung zur Förderung des Deutschen Brandschutzes e. V. (vfdb) und Gesamtverband der Deutschen Versicherungswirtschaft e. V. (GDV), über VdS Schadenverhütung Verlag, Köln Dezember 2020

[2] Musterbauordnung (MBO), Fassung 2002, zuletzt geändert durch Beschluss der Bauministerkonferenz vom September 2019, Konferenz der für Städtebau, Bau- und Wohnungswesen zuständigen Minister und Senatoren der Länder (Bauministerkonferenz – ARGEBAU), Berlin

[3] vfdb 01/01:2008-04 (02) Brandschutzkonzept, vfdb-Richtlinie, Vereinigung zur Förderung des Deutschen

Brandschutzes e. V. (vfdb), Köln: VdS Schadenverhütung Verlag, 2009

[4] Gesetz zur Ordnung des Wasserhaushalts (Wasserhaushaltsgesetz-WHG) vom 31.07.2009 (BGBl. I S. 2585), das zuletzt durch Artikel 1 des Gesetzes vom 19. Juni 2020 (BGBl. I S. 1408) geändert worden ist

[5] Verordnung über Anlagen zum Umgang mit wassergefährdenden Stoffen (AwSV) vom 18. April 2017 (BGBl. I S. 905), die zuletzt durch Verordnung vom 19. Juni 2020 (BGBl. I S. 1328) geändert worden ist

[6] Verordnung über Arbeitsstätten (Arbeitsstättenverordnung – ArbStättV) vom 12. August 2004 (BGBl. I S. 2179), die zuletzt durch Artikel 4 des Gesetzes vom 22. Dezember 2020 (BGBl. I S. 3334) geändert worden ist

[7] Verordnung zum Schutz vor Gefahrstoffen (Gefahrstoffverordnung – GefStoffV) vom 26. November 2010 (BGBl. I S. 1643, 1644), die zuletzt durch Artikel 148 des Gesetzes vom 29. März 2017 (BGBl. I S. 626) geändert worden ist

[8] Verordnung über Sicherheit und Gesundheitsschutz bei der Verwendung von Arbeitsmitteln (Betriebssicherheitsverordnung – BetrSichV) vom 3. Februar 2015 (BGBl. I S. 49), die zuletzt durch Artikel 1 der Verordnung vom 30. April 2019 (BGBl. I S. 554) geändert worden ist

[9] Gesetz über die Durchführung von Maßnahmen des Arbeitsschutzes zur Verbesserung der Sicherheit und des Gesundheitsschutzes der Beschäftigten bei der Arbeit (Arbeitsschutzgesetz – ArbSchG) vom 7. August 1996 (BGBl. I S. 1246), das zuletzt durch Artikel 1 des Gesetzes vom 22. Dezember 2020 (BGBl. I S. 3334) geändert worden ist

[10] VdS 2038 – Allgemeine Sicherheitsvorschriften der Feuerversicherer für Fabriken und gewerbliche Anlagen (ASF), Ausgabe:2008-01; VdS Schadenverhütung Verlag, Köln

[11] Klauseln für die Feuerversicherung (SK AFB 2010) Version 01.06.2020 Gesamtverband der Deutschen Versicherungswirtschaft e. V. (GDV), Berlin

[12] Vierte Verordnung zur Durchführung des Bundes-Immissionsschutzgesetzes (Verordnung über genehmigungsbedürftige Anlagen – 4. BImSchV) vom 31. Mai 2017 (BGBl. I S. 1440), die durch Artikel 1 der Verordnung vom 12. Januar 2021 (BGBl. I S. 69) geändert worden ist

[13] Gesetz zum Schutz vor schädlichen Umwelteinwirkungen durch Luftverunreinigungen, Geräusche, Erschütterungen und ähnliche Vorgänge (Bundes-Immissionsschutzgesetz – BImSchG) vom 17. Mai 2013 (BGBl. I S. 1274; 2021I S. 123), das zuletzt durch Artikel 2 Absatz 1 des Gesetzes vom 9. Dezember 2020 (BGBl. I S. 2873) geändert worden ist

[14] Gesetz über Betriebsärzte, Sicherheitsingenieure und andere Fachkräfte für Arbeitssicherheit (AsiG) vom 12. Dezember1973 (BGBl. I S. 1885), das zuletzt durch Artikel 3 Absatz 5 des Gesetzes vom 20. April 2013 (BGBl. I S. 868) geändert worden ist

[15] Betriebsverfassungsgesetz (BetrVG) vom 25. September 2001 (BGBl. I S. 2518), das zuletzt durch Artikel 6 des Gesetzes vom 20. Mai 2020 (BGBl. I S. 1044) geändert worden ist

[16] Das Siebte Buch Sozialgesetzbuch – Gesetzliche Unfallversicherung – (SGB VII) vom 7. August 1996, BGBl. I S. 1254), das zuletzt durch Artikel 14d des Gesetzes vom 24. Februar 2021 (BGBl. I S. 274) geändert worden ist

[17] Sozialgesetzbuch Neuntes Buch – Rehabilitation und Teilhabe von Menschen mit Behinderungen – (Neuntes Buch Sozialgesetzbuch – SGB IX) vom 23. Dezember 2016 (BGBl. I S. 3234), das zuletzt durch Artikel 3 Absatz 6 des Gesetzes vom 9. Oktober 2020 (BGBl. I S. 2075) geändert worden ist

[18] Richtlinie 2006/42/EG des Europäischen Parlaments und des Rates vom 17. Mai 2006 über Maschinen und zur Änderung der Richtlinie 95/16/EG (Neufassung)

[19] TRGS 800 Brandschutzmaßnahmen, Ausgabe: Dezember 2010, GMBl 2011 Nr. 2 (v. 31.1.2011), S. 33–42

11 Musterformulare und Beispiele

[1] VdS 2008 (2009-07) Feuergefährliche Arbeiten, Richtlinien für den Brandschutz

[2] DIN 14096-1:2014-05 – Regeln für das Erstellen und das Aushängen

[3] DIN 14096-2:2014-05 Teil B (für Personen ohne besondere Brandschutzaufgaben); Regeln für das Erstellen

[4] DIN 14096-3:2014-05 Teil C (für Personen mit besonderen Brandschutzaufgaben); Regeln für das Erstellen

[5] DIN 14095:2007-05 Produktabbildung – Feuerwehrpläne für bauliche Anlagen

[6] DIN 18234-1:2003-09 Produktabbildung – Baulicher Brandschutz großflächiger Dächer – Brandbeanspruchung von unten – Teil 1: Begriffe, Anforderungen und Prüfungen; Geschlossene Dachflächen

[7] DIN 18234-2:2018-05 Produktabbildung – Baulicher Brandschutz großflächiger Dächer – Brandbeanspruchung von unten – Teil 3: Begriffe, Anforderungen und Prüfungen, Durchdringungen, Anschlüsse und Abschlüsse von Dachflächen

[8] DIN 18234-3:2003-09 Produktabbildung – Baulicher Brandschutz großflächiger Dächer – Brandbeanspruchung von unten – Teil 2: Verzeichnis von Dächern, welche die Anforderungen nach DIN 18234-1 erfüllen; Geschlossene Dachflächen

[9] DIN 18234-4:2003-09 Produktabbildung – Baulicher Brandschutz großflächiger Dächer – Brandbeanspruchung von unten – Teil 4: Verzeichnis von Durchdringungen, Anschlüssen und Abschlüssen von Dachflächen, welche die Anforderungen nach DIN 18234-3 erfüllen

[10] Muster-Richtlinie über den baulichen Brandschutz im Industriebau (Muster-Industriebaurichtlinie – MIndBauRL), Fassung Juli 2014 (Bauministerkonferenz – ARGEBAU), Berlin

[11] DIN 18232-2:2007-11 Produktabbildung – Rauch- und Wärmefreihaltung – Teil 2: Natürliche Rauchabzugsanlagen (NRA); Bemessung, Anforderungen und Einbau

12 Stichwortverzeichnis

Laschinsky · Wiemann **Brandschutzbeauftragter**